21世纪农业部高职高专规划教材

全国农业职业院校教学工作指导委员会审定

园 林 树 木

邱国金 主编

U0321368

中国农业出版社

内 容 提 要

　　园林树木是园林类专业主要的专业课程之一。本教材分为"绪论"、"总论"、"各论"和"实验实训指导"四部分。总论着重理论论述，以树种各论为重点，裸子植物部分按郑万钧教授的系统（1978 年）编写，被子植物部分按恩格勒（Engler）系统编写。共编列 77 个科 520 多个种及常见变种、栽培品种和变型 160 多个，树种图片 420 张。详细介绍了各种园林树木的识别要点、分布、习性、繁殖、观赏特性和用途，内容丰富，言简意赅，图文并茂，具有实用性、实践性、针对性和先进性。本教材除作为全国高职高专园林类及相近专业教材外，还可供农、林、城建、师范等院校有关专业师生和园林工作者参考。

主　编　邱国金（江苏农林职业技术学院）

副主编　石进朝（北京农业职业技术学院）

　　　　　刘　才（黑龙江农垦林业职业技术学院）

编　者（按姓氏笔画排列）

　　　　　王　强（重庆三峡职业技术学院）

　　　　　石进朝（北京农业职业技术学院）

　　　　　刘　才（黑龙江农垦林业职业技术学院）

　　　　　李瑞昌（山东潍坊职业技术学院）

　　　　　邱国金（江苏农林职业技术学院）

主　审　郝日明（南京农业大学）

前　　言

园林树木是园林专业主要的专业课程之一。在进行园林规划设计、绿化工程、园林建筑、城市园林的管理和养护等方面工作中，都要具备园林树木的知识，也就是必须能够识别和鉴定各类树木，了解其形态、分布、习性、繁殖、观赏特性和园林应用等，才能为园林事业做出贡献。

本教材分为"绪论"、"总论"、"各论"和"实验实训指导"四部分。总论着重理论论述，以树种各论为重点，裸子植物部分按郑万钧教授的系统（1978年）编写，被子植物部分按恩格勒（Engler）系统编写。编写的内容及方式力求简明，分清主次。对园林中常见的主要树种和代表性树种，编写内容较为全面，对相近树种和地区性树种，编写时适当照顾，编写中注意反映最新科技成果，注意联系生产实际。

由于我国幅员辽阔，树种资源丰富，为了适应全国各地园林专业教学的需要，在编列树种时，将大纲中所列树种全部编入，同时兼顾地区性的代表树种，以提高教材利用率。共编列77个科520多个种及常见变种、栽培品种和变型160多个，树种图片420张。本教材除作为全国高职高专园林类及相近专业教材外，还可供农、林、城建、师范等院校有关专业师生和园林工作者参考。

本教材在编写时，各论部分的参考书籍为《中国树木志》、《中国高等植物图鉴》、《中国植物志》、《辽宁植物志》、《山东植物志》、《江苏植物志》、《浙江植物志》、《树木学》和《园林树木学》等。插图除自绘外，部分采用上述书籍中的插图和附图，为节省篇幅，在书中未标明出处，在此一并致谢。

　　本教材的绪论、总论和裸子植物部分由邱国金编写，木麻黄科至紫茉莉科由李瑞昌编写，芍药科至豆科由王强编写，芸香科至木棉科由刘才编写，梧桐科至百合科、附录由石进朝编写。

　　本教材由南京农业大学郝日明教授主审，并在编写过程中给予关怀和具体指导，特此致谢。

　　由于编写人员水平有限，谬误之处在所难免，敬请批评指正。

编　者

2005 年 12 月

目　录

前言

绪论 ……………………………………………………………………… 1

　一、园林树木的概念及本课程的内容与学习方法 ……………… 1

　二、园林树木在园林建设中的地位 ……………………………… 2

　三、我国园林树木资源的特点 …………………………………… 2

　四、我国园林树木的引种驯化历史及现状 ……………………… 3

总　　论

第一章　园林树木的分类 ……………………………………………… 7

　第一节　系统分类法 ……………………………………………… 7

　一、系统分类历史 ………………………………………………… 7

　二、植物的分类系统 ……………………………………………… 8

　三、植物分类单位和植物学名 …………………………………… 8

　四、植物分类检索表 ……………………………………………… 10

　第二节　人为分类法 ……………………………………………… 11

　一、按生长习性分类 ……………………………………………… 11

　二、按观赏性状分类 ……………………………………………… 11

　三、按在园林绿化中的用途分类 ………………………………… 12

第二章　园林树木的作用 ……………………………………………… 15

　第一节　园林树木的美化作用 …………………………………… 15

　一、园林树木的色彩美 …………………………………………… 15

　二、园林树木的形态美 …………………………………………… 17

　　三、园林树木的风韵美 ………………………………………… 21
　第二节　园林树木的防护作用与生产作用 ………………………… 21
　　一、园林树木改善环境的作用 …………………………………… 21
　　二、园林树木的保护作用 ………………………………………… 24
　　三、园林树木的生产作用 ………………………………………… 25

第三章　园林树木的习性 ……………………………………… 26

　第一节　园林树木的生物学习性 …………………………………… 26
　第二节　园林树木的生态学习性 …………………………………… 26
　　一、气候因素 ……………………………………………………… 26
　　二、土壤因素 ……………………………………………………… 28
　　三、地形因素 ……………………………………………………… 29
　　四、生物因素 ……………………………………………………… 29

第四章　园林树木的分布 ……………………………………… 30

　第一节　树种分布区的概念及其形成 ……………………………… 30
　第二节　分布区的类型 ……………………………………………… 30
　　一、天然分布区 …………………………………………………… 30
　　二、栽培分布区 …………………………………………………… 31

第五章　园林树木的选择与配置 …………………………… 32

　第一节　园林树木的选择与配置原则 ……………………………… 32
　第二节　园林树木的配置方式 ……………………………………… 33
　　一、规则式配置 …………………………………………………… 33
　　二、自然式配置 …………………………………………………… 34
　第三节　园林树木配置的艺术效果 ………………………………… 35
　总论复习思考题 ……………………………………………………… 37

各　论

第六章　裸子植物门　Gymnospermae ………………………… 41

　　一、苏铁科　Cycadaceae ………………………………………… 41
　　二、银杏科　Ginkgoaceae ……………………………………… 42

三、南洋杉科　Araucariaceae ……………………………… 43

四、松科　Pinaceae 44

五、杉科　Taxodiaceae ……………………………………… 64

六、柏科　Cupressaceae ……………………………………… 69

七、罗汉松科（竹柏科）　Podocarpaceae …………………… 79

八、三尖杉科　Cephalotaxaceae …………………………… 81

九、红豆杉科（紫杉科）　Taxaceae ………………………… 82

十、麻黄科　Ephedraceae …………………………………… 85

第七章　被子植物门　Angiospermae ……………………………… 86

第一节　双子叶植物纲　Dicotyledoneae …………………… 86

一、木麻黄科　Casuarinaceae ……………………………… 86

二、杨柳科　Salicaceae ……………………………………… 87

三、杨梅科　Myricaceae ……………………………………… 96

四、胡桃科　Juglandaceae …………………………………… 97

五、桦木科　Betulaceae ……………………………………… 102

六、壳斗科　Fagaceae ………………………………………… 106

七、榆科　Ulmaceae …………………………………………… 115

八、桑科　Moraceae …………………………………………… 122

九、山龙眼科　Proteaceae …………………………………… 127

十、紫茉莉科　Nyctaginaceae ……………………………… 128

十一、芍药科（牡丹科）　Paeoniaceae …………………… 129

十二、小檗科　Berberidaceae ……………………………… 130

十三、木兰科　Magnoliaceae ……………………………… 134

十四、连香树科　Cercidiphyllaceae ……………………… 143

十五、蜡梅科　Calycanthaceae …………………………… 143

十六、樟科　Lauraceae ……………………………………… 145

十七、海桐花科　Pittosporaceae ………………………… 153

十八、虎耳草科　Saxifragaceae …………………………… 154

十九、金缕梅科　Hamamelidaceae ………………………… 158

二十、杜仲科　Eucommiaceae ……………………………… 161

二十一、悬铃木科　Platanaceae …………………………… 162

二十二、蔷薇科　Rosaceae ………………………………… 163

二十三、豆科　Leguminosae ………………………………… 191

二十四、芸香科　Rutaceae ……………………………… 210

二十五、苦木科　Simarubaceae ……………………… 215

二十六、楝科　Meliaceae …………………………… 217

二十七、大戟科　Euphorbiaceae ……………………… 219

二十八、黄杨科　Buxaceae …………………………… 225

二十九、漆树科　Anacardiaceae ……………………… 226

三十、冬青科　Aquifoliaceae ……………………… 233

三十一、卫矛科　Celastraceae ……………………… 235

三十二、槭树科　Aceraceae …………………………… 239

三十三、七叶树科　Hippocastanaceae ……………… 244

三十四、无患子科　Sapindaceae ……………………… 245

三十五、鼠李科　Rhamnaceae ……………………… 250

三十六、葡萄科　Vitaceae …………………………… 252

三十七、杜英科　Elaeocarpaceae …………………… 255

三十八、椴树科　Tiliaceae …………………………… 257

三十九、锦葵科　Malvaceae ………………………… 260

四十、木棉科　Bombacaceae ……………………… 263

四十一、梧桐科　Sterculiaceae ……………………… 264

四十二、猕猴桃科　Actinidiaceae …………………… 266

四十三、山茶科　Theaceae …………………………… 267

四十四、山竹子科（藤黄科）　Clusiaceae …………… 274

四十五、柽柳科　Tamaricaceae ……………………… 277

四十六、瑞香科　Thymelaeaceae …………………… 278

四十七、胡颓子科　Elaeagnaceae …………………… 281

四十八、千屈菜科　Lythraceae ……………………… 284

四十九、石榴科　Punicaceae ………………………… 286

五十、珙桐科（蓝果树科）　Nyssaceae …………… 287

五十一、桃金娘科　Myrtaceae ……………………… 290

五十二、五加科　Araliaceae ………………………… 294

五十三、山茱萸科（四照花科）　Cornaceae ………… 297

五十四、杜鹃花科　Ericaceae ……………………… 302

五十五、柿科　Ebenaceae …………………………… 304

五十六、木犀科　Oleaceae …………………………… 305

五十七、马钱科　Loganiaceae ……………………… 319

五十八、夹竹桃科　Apocynaceae ………………………………………… 321

五十九、马鞭草科　Verbenaceae ………………………………………… 325

六十、茄科　Solanaceae ………………………………………………… 332

六十一、玄参科　Scrophulariaceae …………………………………… 334

六十二、紫葳科　Bignoniaceae ………………………………………… 336

六十三、茜草科　Rubiaceae …………………………………………… 341

六十四、忍冬科　Caprifoliaceae ……………………………………… 344

第二节　单子叶植物纲　Monocotyledoneae ……………………… 354

一、禾本科　Poaceae …………………………………………………… 354

二、棕榈科　Palmaceae ………………………………………………… 370

三、百合科　Liliaceae …………………………………………………… 376

各论复习思考题 …………………………………………………………… 379

实验实训指导 …………………………………………………………… 384

实训一　园林树木标本的采集与制作 ………………………………… 384

实训二　园林树木物候期观察 ………………………………………… 387

实训三　园林树木的识别 ……………………………………………… 391

实训四　园林树木检索表的编制 ……………………………………… 392

实训五　园林树木应用调查 …………………………………………… 395

附录 ……………………………………………………………………… 398

附录一　木本植物常用形态术语 ……………………………………… 398

附录二　拉丁语语音 …………………………………………………… 424

附录三　实验实训考核项目与标准 …………………………………… 427

主要参考文献 …………………………………………………………… 428

Apocynaceae
Verbenaceae
Labiatae
Scrophulariaceae
Solanaceae
Bignoniaceae
Rubiaceae
Caprifoliaceae
Monocotyledoneae
Pandanaceae
Palmae
Juncaceae

绪　论

一、园林树木的概念及本课程的内容与学习方法

(一) 园林树木的概念

1. 园林　狭义的园林是指一般的公园、花园、庭园等。广义的园林除公园、庭园以外，还包括风景区、旅游区、城市绿化、公路绿化以及机关、学校、厂矿的建设和家庭的装饰，甚至自然保护区，还包括各种专类园如野趣园 (原野)、百草园、岩石园、沼泽园、叶生园、海滨园等，以及单一树种建立的专类园如桂花园、杜鹃园、月季园、山茶园、牡丹园、木兰园等。

2. 树木　树木是木本植物的统称，包括乔木、灌木和木质藤本。乔木是指具有明显直立的主干而上部有分枝的树木，通常主干高度在 3m 以上。乔木分大乔木、中乔木和小乔木等，如雪松、悬铃木等。灌木是指不具明显主干而由地面分出多数枝条，或虽具主干而高度不超过 3m，如石榴、千头柏、大叶黄杨等。木质藤本是指茎干柔软，只能依附他物支撑而上的树木，如紫藤、凌霄等。

3. 园林树木　园林树木是指在城市各类绿地及风景区栽植应用的各种木本植物。

(二)《园林树木》的内容

《园林树木》的内容包括总论和各论两部分。总论主要包括园林树木的分类、作用、习性、分布、树种选择与配置等基础理论知识；各论主要介绍全国 500 多种重要园林树木的学名、常用中文名、识别要点、分布、习性、繁殖、观赏特性及其在园林中的应用。

熟练掌握植物学的形态术语，根据植物形态特征，正确识别和鉴定树木种类，是学习《园林树木》的基础；认识园林树木生态学和生物学特性，是合理栽培和配置园林树木的依据；根据园林绿化的综合功能要求，对各类园林绿地的树种进行选择、搭配和布置，是学习《园林树木》的目的。

(三)《园林树木》的学习方法

《园林树木》是一门实践性、季节性及分类理论较强的课程，在学习过程

中存在烦琐、难记、易忘等现象，必须理论联系实际，注意观察和比较，多看、多闻、多问、勤思考，同时还应善于类比和归纳，在同中求异，在异中求同，反复实践，反复认识，达到举一反三，培养自学能力。

二、园林树木在园林建设中的地位

园林是在一定的地块，以山石、水体、建筑和植物等物质要素，遵循科学和艺术的原则创作而成的优美空间环境。

园林植物是指园林建设中所需的一切植物材料，包括木本植物和草本植物。园林中没有植物，就不能称为真正的园林，而园林植物又以园林树木在绿地中占有较大的比重。园林树木是构成园林风景的主要素材，也是发挥园林绿化效益的主要植物群体。

园林树木在园林绿化中是骨干材料。有人将乔木比作园林风景中的"骨架"和支体，灌木比作园林风景中的"肌肉"或副体，藤本比作园林风景中的"筋络"和支体。配以花卉与草坪、地被植物等，紧密结合，形成相对稳定的人工群落。从平面美化到立体构图，形成各种引人入胜的景境，情趣各异。因此，园林树木是优良环境的创造者，又是园林美的构成者。

三、我国园林树木资源的特点

我国具有"世界园林之母"的美称。目前世界的每个角落几乎都有原产于中国的树木。如北美从我国引种的乔木及灌木就达1 500种以上，且多见于庭园之中。被欧洲人誉为"活化石"的银杏、水杉、银杉、穗花杉等都是我国特有种。银杏早在宋代传入日本，18世纪初再传至欧洲，1730年传入美洲，现遍及全世界。1941年才在我国发现的水杉，1948年成功引入美国后，很快传遍世界，现已有近100个国家和地区有栽培。世界五大公园树种之一的金钱松也是我国特有种，1853年引至英国，次年又引入美国。

我国园林树木资源具有以下两个特点：

1. 树木种质资源丰富　据不完全统计，地球上约有35万种高等植物，我国约有3万种，其中木本植物约有8 000种。如具有较高观赏价值的山茶属，全球约250种，90％以上的种产于我国。我国的园林树木种质资源在月季、山茶、杜鹃等育种工作中已做出了不可取代的作用，当今世界上风行的现代月季、杜鹃及山茶，虽然品种上百逾千，但大多数都含有中国种质资源的血缘。

2. 特有科、属、种众多，且多具观赏价值　我国特有植物科有银杏科、水青树科、昆栏树科、杜仲科、珙桐科等。特有的木本植物属有金钱松属、银杉属、水松属、水杉属、白豆杉属、青钱柳属、青檀属、拟单性木兰属、蜡梅属、石笔木属、金钱槭属、梧桐属、喜树属等。我国的特有种更是不胜枚举。

四、我国园林树木的引种驯化历史及现状

引种是把单种栽培或野生植物突破原有的分布区引进到新地区种植的过程。驯化是把当地野生或从外地引种的植物经过人工培育，使之适应新环境条件生长发育的过程。

我国在引种和驯化国外树种方面有着悠久的历史。最早的文献记载见于周代。目前在我国广泛种植的石榴和葡萄是在西汉时期从西域引入的。我国古代从国外引进的树种大都来自东南亚、马来群岛、中亚和西亚地区，如诃子和菩提树等是从印度引入的。19 世纪中叶以后，我国引进树种的种类和数量得到了很大的发展，其中不少是由华侨、留学生、外国传教士、外国使节和洋商传入的，绝大多数是城市绿化树种、果树和其他各种经济树种。引种地区主要为沿海地区或通商城市，过去的教会学校的校园往往成为国外树种的标本园。国外树种的引种南方多于北方。如我国南方各种桉树、相思树、木麻黄、非洲桃花心木、石栗、凤凰木、南洋杉、银桦、紫檀、榄仁树均是从国外引进的。在长江流域城市中常见的外来树种有雪松、日本黑松、日本柳杉、池杉、落羽杉、悬铃木和广玉兰等。

随着我国经济建设和城市绿化建设的迅猛发展，近年来从国外引入了许多新的树木种类和栽培变种，大大丰富了我国各城市的园林景观。虽然我国树木种质资源丰富，但乡土树种的驯化研究比较薄弱，许多具有较高观赏价值的种类仍处于野生状态。"谁占有资源，谁就占有未来。"我们一定要把祖国丰富多彩的园林树木种质资源充分发掘和利用起来，在充分发挥本地资源优势的基础上，合理引入外来树种，营造幽雅、健康和生态平衡的城市景观，是当前城市园林建设的重要课题。

总　论

[总论提要] 园林树木总论部分主要介绍园林树木的分类、作用、习性、分布、树种选择和配置等基本概念和基础理论知识，为园林树木的各论学习奠定基础。

第一章
园林树木的分类

地球上的植物约有 50 万种，仅高等植物就达 35 万种以上，这些高等植物中已经用于园林绿化的种类仅为很少一部分。为了更好地挖掘利用园林树木，有效地为人类服务，首先必须正确识别园林树木，并科学地进行分类。由于人们在进行分类时所应用的依据和目的不同，对园林树木分类的方式也不同。总体来说，园林树木分类的方法有两大类：系统分类法和人为分类法。

第一节　系统分类法

植物系统分类法是依据植物亲缘关系的远近和进化过程进行分类的方法，着重反映植物界的亲缘关系和由低级到高级的系统演化关系。其任务不仅要识别物种，鉴定名称，还要阐明物种之间的亲缘关系和分类系统，进而研究物种的起源、分布中心、演化过程和演化趋向。

一、系统分类历史

地球上种子植物约有 20 万种，其分类历史可分以下几个时期：

1. 草本分类期　明朝我国著名的医学家李时珍（1518—1593）历尽了千辛万苦，走遍了全国各地，花了 27 年时间，写出了一部闻名世界的《本草纲目》，共 52 卷，记录了 1 195 种植物，于 1595 年发表。他依据植物的外形和用途分为草、谷、果、木、菜等五个部。

2. 机械分类期　瑞典植物分类学家林奈于 1753 年根据雄蕊的有无、数目及着生情况分为 24 个纲，其中 1～23 纲为显花植物（如一雄蕊纲、二雄蕊纲），第 24 纲为隐花植物，林奈当时自称是自然分类系统，其实是人为的机械分类系统。

3. 系统分类期　举世闻名的英国博物学家、进化论的创始人达尔文经过长期艰苦的野外考察、采集标本和科研实践，他的进化论思想开始形成。1859年，达尔文按生物的系统进化进行分类。著名的《进化论》为 19 世纪自然科学的三大发现之一，恩格斯高度评价了《进化论》，把它同能量转化规律和细胞学说并列为 19 世纪自然科学的三大发现。

自从达尔文的进化论提出后，各家学说很多，现在我国和世界上较通用的是两个自然分类系统，即恩格勒系统和哈钦松系统，前者又称假花学说，后者又称真花学说。

二、植物的分类系统

目前分类系统在裸子植物门部分是根据郑万钧编著的《中国植物志》第七卷系统排列，被子植物门常采用恩格勒分类系统和哈钦松分类系统。

1. 恩格勒（Adolf Engel，1844—1930）**分类系统的特点**

（1）被子植物门分为单子叶植物和双子叶植物两个纲，单子叶植物纲在前（1964 年新系统为双子叶植物纲在前）。

（2）双子叶植物纲分为离瓣花和合瓣花两个亚纲，离瓣花亚纲在前。

（3）离瓣花亚纲按无被花、单被花、异被花的次序排列，因此把柔荑花序类作为原始的双子叶植物处理，放在最前面。

（4）在各类植物中大致按子房上位→子房半下位→子房下位的次序排列。

由于恩格勒系统极其丰富，其系统较为稳定和实用，所以世界各国及我国北方多采用，如《中国树木分类学》和《中国高等植物图鉴》等书均采用该系统。本教材被子植物采用恩格勒系统。

2. 哈钦松（John Hutchinson，1884—1972）**分类系统的特点**

（1）认为单子叶植物比较进化，故排在双子叶植物之后。

（2）在双子叶植物中将木本与草本分开，并认为木本为原始性状，草本为进化性状。

（3）认为花的各部分呈离生状态、花的各部分呈螺旋状排列、具有多数离生雄蕊、两性花等性状为原始性状，而花的各部分呈合生、附生、合生雄蕊、单性花为进化性状。

（4）单叶和互生是原始性状，复叶或对生为进化性状。

（5）单子叶植物起源于毛茛科，较双子叶植物进化。

目前很多人认为哈钦松系统较为合理，我国南方广泛采用，如《广州植物志》、《海南植物志》等就是按哈钦松分类系统编写，但该系统未包括裸子植物。

三、植物分类单位和植物学名

1. 分类单位　界、门、纲、目、科、属、种是各级分类单位。有时因在某一等级中不能确切而完全地包括其性状或系统关系时，可加设亚门、亚纲、亚目、亚科、亚属、亚种、变种、变型或栽培品种等细分。

"种"是分类的基本单位，集相近的种成属，由类似的属成科，科并为目，目集成纲，纲汇成门，最后由门合成界。这样循序定级，构成了植物界的自然分类单位。

物种简称"种"，是具有一定的形态和生理特征以及一定的自然分布区的生物种群，物种之间在生殖上是隔离的。亚种和变种两者均是种内变异类型。亚种除了在形态构造上有显著的变化特点外，也有一定范围的地域性分布区；而变种仅在形态构造上有显著变化，没有明显的地域性分布区。变型是指在形态特征上变异比较小的类型，如花色不同、花的重瓣或单瓣，毛的有无，叶面上有无色斑等。

2. 植物学名 植物学名是用拉丁文表示的植物名称，在国际上是统一的，应用于各方面的学术交流。地球上约有植物 50 万种，其中高等植物约 35 万种。由于种类繁多，产地不同，生长和利用状况不同，往往出现"同物异名"和"同名异物"的状况。如胡桃科的 *Pterocarya stenoptera*，其中文名为枫杨、枫柳、燕子树、大叶头杨树、鬼头杨、元宝杨树等。而"酸枣"可指两种植物：一种是在北方干旱的石灰岩山坡上常见的酸枣，是鼠李科的一种小灌木，其拉丁学名为 *Ziziphus jujuba* var. *spinosa*；而另一种是南方速生喜光树种酸枣，是漆树科的大乔木，其拉丁学名是 *Choerospondias axillaris*。这种"同名异物"和"同物异名"的现象，不仅使人们分辨植物受到阻碍，在利用植物方面，特别是药用植物方面，表现尤为突出。后来德堪多在 1912 年提出《国际植物命名法规》，1961 年蒙特利在德堪多的基础上重新修改法规，植物学名才有了共同的章程和规则。植物学名为植物的正确鉴定和利用，在国际上沟通提供了极大的方便，有利于科学的发展和国际学术交流。

植物学名采用双名法，即每一学名由属名和种名两部分组成，属名多为名词，第一个字母必须大写，种名多为形容词，种名后附以命名人姓氏。如银杏的学名为 *Ginkgo biloba* L.，其属名 *Ginkgo* 为中国广东话的拉丁文拼音；种名 *biloba* 为形容词，意为二裂的，形容银杏的叶片先端二裂状；最后的"L."为命名人 Car von Linne（即林奈 Linnaeus）的缩写。

（1）科名。由该科中代表属的属名去掉词尾加科名的词尾 aceae。如松属 *Pinus*，松科 Pinaceae；桦木属 *Betula*，桦木科 Betulaceae。

（2）属名。多为古拉丁或古希腊对该属的称呼，也有表示植物的特征和产地的。如松属 *Pinus* 为古拉丁名称，枫香属 *Liquidambar* 表示枫香体内含琥珀酸，杜鹃花属 *Rhododendron* 意为玫瑰色树木，台湾杉属 *Taiwania* 表示产于台湾。也有以人名或神话中人物命名的，如杉木属 *Cunninghamia* 是为了纪念英国人 Cunningham，他在 1702 年发现杉木。

（3）种加词。通常表示植物的形态特征、产地、用途和特性，也有的用人的姓氏作为种名，表示纪念，还有少数种名是拉丁化的原产地俗名。如 *lanceolata* 表示叶披针形的，*officinalis* 表示药用的，*chinensis* 表示原产中国的。不同植物可能出现相同种加词，但各种植物的属名决不重复。如毛白杨 *Populus tomentosa* Carr.，毛泡桐 *Paulownia tomentosa*（Thunb.）Steud.。

（4）变种、变型和栽培品种。

①变种：变种以下的分类等级。变种名就是在种名之后加上 var.（varietas 的缩写）及变种名并附命名人姓氏。如凹叶厚朴 *Magnolia officinalis* var. *biloba* Rehd. et Wils.。

②变型：变种以下的分类等级。在种名后加 f.（forma 的缩写）及变型名，同时列命名人于后。如无刺刺槐 *Robinia pseudoacacia* L. f. *inermis* Rehd.。

③栽培品种：栽培品种名第一个字母大写，外加‘’，后不附命名人姓氏。如龙柏 *Sabina chinensis*（Linn.）Ant. 'Kaizuca'。

（5）命名人。根据《国际植物命名法规》，植物各级分类单位之后均有命名人，命名人通常以缩写形式出现，林奈 Linnaeus 缩写 L.，如柏木属 *Cupressus* L.。一种植物如两人合作命名时，则在两个命名人之间加 et（"和"的意思），如水杉 *Metasequoia glyptostroboides* Hu et Cheng 是由胡先骕和郑万钧两人合作发表的。如果命名人并未公开发表，由别人代他发表时，则在命名人之后加 ex（"由"的意思），再加上代为发表人的名字，如榛子 *Corylus heterophylla* Fisch. ex Bess. 表示由 Bess. 代 Fisch. 发表这种新植物。如命名人建立的名称，其属名错误而为别人改正时，则原定名人加括号附于种名后。如丽江云杉 *Picea likiangensis*（Franch.）Pritz.，表示 Franch. 开始把丽江云杉命名为 *Abies likiangensis*，后来 Pritz. 研究发现它是云杉属而不是冷杉属，他重新组合了这个种。又如杉木 *Cunninghamia lanceolata*（Lamb.）Hook.，表示 Lamb. 把杉木命名为 *Pinus lanceolata*，后来 Hook. 研究并发现了错误，把它移到杉木属。

四、植物分类检索表

植物分类检索表是鉴定植物种类的重要工具之一。通常植物志、植物分类手册等都附有植物分类检索表。通过检索表，初步查出科、属、种的名称，从而方便鉴定植物。

在检索表的编制中，首先要大量采集植物标本，熟悉它的各部分特征，一般是对比，找出特殊区别特征，再依次做更细小的特征区别。常用的植物分类检索表有定距检索表和平行检索表两种形式，这里介绍常用的定距检索表。

1. 胚珠裸露，无子房包被 …………………………………… 裸子植物门 Gymnospermae
　2. 茎不分枝，叶大型，羽状复叶 ……………………………… 苏铁科 Cycadaceae
　2. 茎正常分枝，单叶 ……………………………………………………
　　3. 叶扇形，落叶乔木 …………………………………………… 银杏科 Ginkgoaceae
　　3. 叶非扇形，常为鳞片状、线形、鳞形
　　　4. 球果种鳞和苞鳞分离，2 个倒生胚珠 ……………………… 松科 Pinaceae
　　　4. 球果种鳞和苞鳞愈合，2～9 个直立胚珠 ………………… 杉科 Taxodiaceae
1. 胚珠包藏于子房内，真花 …………………………………… 被子植物门 Angiospermae

第二节　人为分类法

　　人为分类法是以植物系统分类法中的"种"为基础，根据园林树木的生长习性、观赏特性、园林用途等方面的差异及其综合特性，将各种园林树木主观地划为不同的类型。人为分类法具有简单明了、操作和实用性强等优点，在园林生产上普遍采用。

一、按生长习性分类

　　按照园林树木的生长习性大致可分为以下几类：

　　1. 乔木类　树体高 5m 以上，有明显主干（3m 以上），分枝点距地面较高的树木。可分为常绿针叶乔木，如黑松、雪松、柳杉等；落叶针叶乔木，如金钱松、水杉、水松等；常绿阔叶乔木，如樟树、榕树、冬青等；落叶阔叶乔木，如槐树、毛白杨、七叶树等。

　　2. 灌木类　树体矮小，通常在 5m 以下，没有明显的主干，多数呈丛生状或分枝较低。如南天竹、桃叶珊瑚、月季、金钟花等，常用作观花、观叶、观果以及基础种植、盆栽观赏树种。

　　3. 藤蔓类　地上部分不能直立生长，常借助茎蔓、吸盘、吸附根、卷须、钩刺等攀附在其他支持物上生长。藤蔓类主要用于园林垂直绿化，如爬山虎、凌霄、络石、常春藤等。按攀附特性可分为缠绕攀缘类、钩刺攀缘类、卷须与叶攀缘类及吸附攀缘类等。

二、按观赏性状分类

　　按照园林树木的观赏性状大致可分为以下几类：

1. 观叶树木类 叶色、叶形具有较高观赏价值的树木。如红乌桕、红背桂、花叶榕、黄榕、金连翘、银杏、鹅掌楸、鸡爪槭、黄栌、红叶李、八角金盘、日本五针松等。

2. 观姿树木类 树冠在形状和姿态上有较高观赏价值的树木。如苏铁、南洋杉、雪松、龙爪槐、榕树、假槟榔、椰子、棕竹、垂柳等。

3. 观花树木类 在花色、花形、花香上有突出表现的树木。如白玉兰、含笑、米兰、牡丹、蜡梅、珙桐、梅花、月季、山茶、杜鹃等。

4. 观果树木类 果实显著、丰满且挂果时间长的一类树木。如南天竹、火棘、金橘、石榴、柿子、木瓜、山楂、杨梅等。

5. 观枝干树木类 枝、干具有独特风姿或奇特色泽、附属物等的一类树木。如木棉、柠檬桉、龙爪槐、梧桐、悬铃木、白皮松、白桦、榔榆、红瑞木等。

此外还有观根树，如落羽杉具有屈膝根、桑科榕属树种常有气生根等，这些在园林中均可用作观赏。

三、按在园林绿化中的用途分类

按照园林树木在园林绿化中的用途大致可分为以下几类：

1. 风景林木类 多以丛植、群植、林植等方式，配置在建筑物、广场、草地周围，也可用于湖滨、山坡营造风景林或开辟森林公园、建设疗养院、度假村、乡村花园等的乔木树种。

风景林木类树种以适应性强，耐粗放管理，栽植成活率高，种苗供给充足，少病虫危害，生长快，寿命长，对区域环境改善、保护效果显著者为好。应用上应优先选用乡土树种，并根据习性、功能等方面的差异性，进行树种间的搭配。

2. 防护林类 能从空气中吸收有毒气体、阻滞尘埃、削弱噪声、防风固沙、保持水土的一类树木。根据其功能可分为防护林带和城市绿化林带。如我国营造的大面积绿色长城"三北"防护林工程，就是一条巨型的防护林带。近年来，天津、上海、合肥等城市结合城区建设种植 500m 宽的城市外围环状林带就是城市绿化林带，这种城市绿化林带可以与农田、果园、桑园、农田防护林等融为一体。

3. 行道树类 栽植在道路系统，如公路、街道、园路、铁路等两侧，整齐排列，以遮荫、美化为目的的乔木树种。行道树为城乡绿化的骨干树，能统一、组合城市景观，体现城市与道路特色，创造宜人的空间环境。

公路、街道的行道树要求树冠整齐，冠幅大，树姿优美，树干下部及根部不萌生新枝，抗逆性强，根系发达，抗倒伏，生长迅速，寿命长，耐修剪，落叶整齐，无恶臭或其他凋落物污染环境，大苗栽种容易成活的种类。

我国树种资源丰富，适宜各地作公路、街道行道树的种类多，包括水杉、银杏、朴树、广玉兰、樟树、桉树、小叶榕、黄葛榕、木棉、重阳木、羊蹄甲、女贞、椰子、大王椰子、鹅掌楸、椴树、悬铃木、七叶树等。适宜作园路种植的花木和色叶木本植物有夹竹桃、黄槐、红叶李、合欢、鸡爪槭、紫薇、朱槿、桂花等。

4. 孤植类　以单株形式布置在花坛、广场、草地中央、道路交叉点、河流曲线转折处外侧、水池岸边、缓坡山冈、庭院角落、假山、登山道及园林建筑等处，起主景、局部点缀或遮荫作用的一类树木。

孤植树类表现的主题是树木的个体美，可以独立成为景物供观赏。以姿态优美、开花结果茂盛、四季常绿、叶色秀丽、抗逆性强的阳性树种较为适宜，如苏铁、落羽杉、池杉、南洋杉、雪松、黄葛榕、小叶榕、广玉兰、悬铃木、樟树、木棉、凤凰木、紫薇、枫香、假槟榔、棕竹、蒲葵及其他造型类树木等。

5. 垂直绿化类　绿化墙面、栏杆、山石、棚架等处的藤本植物。如墙面绿化可选用爬山虎、蛇葡萄、络石、薜荔、常春藤等具有吸盘或不定根的种类；棚架绿化宜用紫藤、葡萄、凌霄、叶子花、买麻藤等种类；陡岩绿化可用蔷薇和爬山虎等种类。

6. 绿篱类　园林中密集列植代替篱笆、栏杆、围墙等起隔离、防护和美化作用的一类植物。通常以耐密植、耐修剪、养护管理简便、有一定观赏价值的种类为主。绿篱种类不同，选用的树种也有一定差异。依绿篱高度可分为三类：

（1）高篱类。篱高 2m 左右，起围墙作用，多不修剪。应以生长旺、高大的种类为主，如侧柏、罗汉松、厚皮香、桂花、红叶石楠、丛生竹类等。

（2）中篱类。篱高 1m 左右，多配置在建筑物旁和路边，起联系与分割作用，常做轻度修剪。多选用小蜡树、福建茶、日本珊瑚树、假连翘、六月雪、女贞等。

（3）矮篱类。篱高 50cm 以内，主要植于规则式花坛、水池边缘，起装饰作用，需做强度修剪。应由萌芽力强的树种如瓜子黄杨、金叶女贞、紫叶小檗、大叶黄杨等组成。

7. 造型类及树桩盆景、盆栽类　经过人工整形制成的各种物象的单株或绿篱，故也称为球形类树木。这类树木的要求与绿篱类基本一致，但以常绿种类、生长较慢者更佳，如罗汉松、叶子花、六月雪、瓜子黄杨、日本五针松等。

　　树桩盆景是在盆中再现大自然风貌或表达特定意境的艺术品，对树种的选用要求与盆栽类有相似之处，均以适应性强，根系分布浅，耐干旱瘠薄，耐粗放管理，生长速度适中，能耐阴，寿命长，花、果、叶有较高观赏价值的种类为宜。树桩盆景多要进行修剪与艺术造型，故材料选择较盆栽类更严格，要求树种能耐修剪盘扎，萌芽力强，节间短缩，枝叶细小。比较常见的种类有银杏、金钱松、短叶罗汉松、榔榆、朴树、六月雪、紫藤、南天竹、紫薇等。

　　8. 木本地被类　　高度在 50cm 以内，铺展力强，处于园林绿地底层的一类树木。地被植物的应用可以避免地表裸露，防止尘土飞扬和水土流失，调节小气候，丰富园林景观。地被类以耐阴、耐践踏、适应能力强的常绿种类为主，如蔓马缨丹、金连翘、铺地柏等。

第二章

园林树木的作用

园林树木是城乡绿地及风景区绿化的主要植物材料，在园林中起着骨干作用。园林树木的作用在于其观赏价值，主要处于美的支配之下。此外，园林树木还可改善和保护环境，有利于人们身心健康并具生产作用。

第一节　园林树木的美化作用

园林树木不论是乔木、灌木、藤木，还是观花、观果、观叶的树种，都具有色彩美、姿态美、风韵美，不同的树种各有所长。或孤植、丛植、列植，或成片、成林、成林带，都能发挥其个体或群体美的观赏作用。树木之美除其固有的色彩、姿态、风韵外，还能随着季节和年龄的变化而有所丰富和发展，而且随着光线、气温、气流、雨、霜、雪、雾等气象上的复杂变化而形成朝夕不同、四时互异、千变万化、丰富多彩的景色变化，使人们感受到动态美和生命的节奏。欧阳修在《醉翁亭记》中赞美了大自然的园林景观："朝而往，暮而归，四时之景不同，而乐亦无穷也。"

一、园林树木的色彩美

园林树木的各个部分如花、果、树干、树冠、树皮等，具有各种不同的色彩，并且随着季节和年龄的变化而呈现多种多样的色彩。群花开放时节，争芳竞秀；果实成熟季节，绿树红果，点缀林间，为园林增色不浅。苏轼《初冬诗》："一年好景君须记，正是橙黄橘绿时。"

1. **花**　花朵是色彩的来源，是季节变化的标志，它既能反映大自然的天然美，又能反映人类匠心的艺术美，人们往往把花作为美好、幸福、吉祥、友谊的象征。以观花为主的树木有其独具的优越性，可组成立体图案，在园林中常以之为主景，或孤植或团状群植，每当花季群芳争艳，芬芳袭人，配置得当，可四季花开不绝。根据花的不同色彩举例如下：

(1) 红色系花。如山茶、红牡丹、海棠、桃花、梅花、蔷薇、月季、红玫瑰、垂丝海棠、皱皮木瓜、绯红晚樱、石榴、红花夹竹桃、杜鹃、木棉、合欢、木本象牙红等。红色能形成热情兴奋的气氛。

（2）黄色系花。如迎春、金钟花、连翘、棣棠、金桂、蜡梅、瑞香、黄花杜鹃、黄木香、黄月季、黄花夹竹桃、金丝桃、金缕梅、黄蝉等。黄色象征高贵。

（3）白色系花。如白玉兰、广玉兰、白兰、白丁香、绣球花、白牡丹、刺槐、六月雪、珍珠梅、麻叶绣线菊、白木香、白桃、梨、白鹃梅、溲疏、山梅花、白梓树、白花夹竹桃、八角金盘、络石等白色花在花坛和切花中最引人注目，和其他色彩配置在一起，能够形成强烈的对比作用，把其他花色烘托出来。同时，也显示自己的恬静和优雅的风姿，给人以清新的感受。白色象征纯洁。

（4）蓝色系花。如紫藤、木槿、紫丁香、紫玉兰、醉鱼草、毛泡桐、八仙花、牡荆等。蓝色或紫色的花朵给人以安宁和静穆之感。蓝色象征幽静。

2. 果　一般果实的色彩以红、紫为贵，黄色次之。果实成熟多在盛夏和凉秋之际，在夏季浓绿、秋季黄绿的冷色系中，有红紫、淡红、黄色等暖色果实点缀其中，可以打破园景寂寞单调之感，与花具有同等地位。在园林中适当配置一些观赏果树，美果盈枝，可以给人以丰富繁荣的感受，尤其在秋季，园林花卉渐少，树叶也将凋落，如配以果树，可打破园景萧条之感。根据果实的不同色彩举例如下：

（1）红色或紫色。如天竺桂、冬青、葡萄、石榴、榆叶梅、枸骨、南天竹、花椒、杨梅、樱桃、花红、苹果、山楂、枣、火棘、黄连木、荚蒾、金银木、忍冬、小檗类等。

（2）橙黄色。如银杏、杏、枇杷、梨、木瓜、番木瓜、柚、柑橘类、无患子、栾树、柿等。

（3）蓝黑色。如八角金盘、女贞、樟树、桂花、野葡萄、毛梾、十大功劳、君迁子、五加、常春藤等。

果实的美化作用除色彩鲜艳外，其花纹、光泽、透明度、浆汁的多少、挂果时间的长短等均影响园林景色。大多数果实均具有较高的经济价值，有的美味可口、营养丰富，是人们生活中不可缺少的副食品。

3. 叶　叶的色彩随着树种及所处的环境不同而不同，尤其是叶色不但随树种不同而异，而且还随着季节的交替而变化。有早春的新绿，夏季的浓绿，秋季的红叶、黄叶之交替，变化极为丰富，若能充分掌握，精巧安排，可组成色彩斑斓的自然景观。根据叶色特点分为以下几类：

（1）绿色类。绿色属于叶子的基本颜色，可以进一步分为淡绿和浓绿。淡绿的叶色如杨、柳、悬铃木、刺槐、槭类、竹类、水杉、金钱松等；浓绿的叶色如松类、圆柏、柳杉、雪松、云杉、冬青、枸骨、厚皮香、女贞、桂花、黄杨、八角金盘、榕树、广玉兰、枇杷、棕榈等。绿色象征和平。

（2）春色叶类。春季新发的嫩叶叶色有显著变化的树种称"春色叶树"。如石栎、樟树入春新叶黄色，远望如黄花朵朵，幽雅如画；石楠、山麻杆、卫矛、臭椿、五角枫、茶条槭早春嫩叶鲜红，艳丽夺目，给早春的园林带来生机勃勃的气氛。

（3）秋色叶类。秋季叶色有显著变化的树种称"秋色叶树"。秋季观叶树种的选择至关重要，如果树种的选择与搭配得当，可以创造出优美的景色，给人以层林尽染、"不似春光，胜似春光"之感。秋色叶树以红叶树种最多，观赏价值最大，如槭类、枫香、火炬树、盐肤木、黄栌、黄连木、卫矛、榉树、爬山虎等。秋季叶呈黄色的如银杏、鹅掌楸、栾树、悬铃木、水杉、落羽杉、金钱松等。

（4）异色叶类。有些树种的变种、变型其叶常年均为异色，称为"异色叶树"。叶全年呈紫红色的如紫叶李、紫叶桃、紫叶小檗等。叶全年为金黄色的如金叶鸡爪槭、金叶雪松、金叶圆柏等。

（5）双色叶类。凡叶片两面颜色显著不同者称"双色叶树"。如银白杨、胡颓子、红背桂等。

4. 树皮 树皮的颜色具有一定的观赏价值，特别在冬季具有更大的意义。如白桦树皮洁白雅致，斑叶稠李树皮褐色发亮，山桃树皮红褐色而有光泽。还有紫色树皮的紫竹、红色树皮的红瑞木、绿色树皮的梧桐、具斑驳色彩的黄金嵌碧玉竹等均很美丽。如将绿色枝条的棣棠、终年鲜红色枝条的红瑞木配置在一起，或植为绿篱，或丛植在常绿树间，在冬季衬以白雪，可相映成趣，色彩效果更为显著。

二、园林树木的形态美

园林树木种类繁多，体态各异。如松树的苍劲挺拔，毛白杨的高大雄伟，牡丹的娇艳，碧桃的妩媚，各有其独特之美。园林树木的千姿百态是设计构景的基本因素，对园林意境的创造起着巨大的作用，不同形态的树木经过艺术配置可以产生丰富的层次感和韵律感。而树木的形态主要是由树干、树冠以及树皮、根脚组成。

1. 树干的主要形态

（1）直立干。亦称独立干，高耸直立，给人以挺拔雄伟之感，如毛白杨、桉树、假槟榔、鱼尾葵、落羽杉、水杉、梧桐、泡桐、悬铃木等。

　　(2) 并生干。亦称对立干或双株干，两干从下部分枝而对立生长，如栎、刺槐、臭椿、楝、泡桐等萌生性强的树种。

　　(3) 丛生干。由根部产生多数枝干，如千头柏、南天竹、金钟花、迎春、珍珠梅、李叶绣线菊、麻叶绣线菊等。

　　(4) 匍匐干。树干向水平方向发展成匍匐于地面者，如铺地柏、偃柏以及一般木质藤本。

　　此外，还有侧枝干、横曲干、光秃干、悬崖干、半悬崖干等各种形态。

2. 树冠的主要形态 (图 2-1)

　　(1) 圆柱形。如塔柏、钻天杨等。

　　(2) 笔形。如铅笔柏、塔杨等。

　　(3) 尖塔形。如雪松、窄冠侧柏等。

　　(4) 圆锥形。如毛白杨、圆柏等。

　　(5) 卵形。如球柏、加杨等。

　　(6) 广卵形。如侧柏等。

　　(7) 钟形。如欧洲山毛榉等。

　　(8) 球形。如五角枫等。

　　(9) 扁球形。如榆叶梅等。

　　(10) 倒钟形。如槐等。

　　(11) 倒卵形。如刺槐、千头柏等。

　　(12) 馒头形。如馒头柳等。

　　(13) 伞形。如龙爪槐等。

　　(14) 风致形。由于自然环境因子形成的各种富于艺术风格的体形。

　　(15) 棕榈形。如棕榈、椰子等。

　　(16) 芭蕉形。如芭蕉等。

　　(17) 垂枝形。如垂柳等。

　　(18) 龙枝形。如龙爪柳等。

　　(19) 半球形。如金老梅等。

　　(20) 丛生形。如翠柏等。

　　(21) 拱枝形。如黄金条等。

　　(22) 偃形。如鹿角柏等。

　　(23) 匍匐形。如铺地柏等。

　　(24) 悬崖形。如生于高山岩石中的松树。

　　(25) 扯旗形。如在山脊多风区生长的树木。

　　还有不规则形的老柿树，枝条苍劲古雅的松柏类。树冠的形状是相对稳定

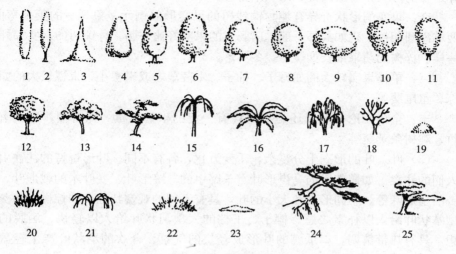

图 2 - 1　树冠形态

1. 圆柱形　2. 笔形　3. 尖塔形　4. 圆锥形　5. 卵形　6. 广卵形　7. 钟形　8. 球形　9. 扁球形
10. 倒钟形　11. 倒卵形　12. 馒头形　13. 伞形　14. 风致形　15. 棕榈形　16. 芭蕉形　17. 垂枝形
18. 龙枝形　19. 半球形　20. 丛生形　21. 拱枝形　22. 偃形　23. 匍匐形　24. 悬崖形　25. 扯旗形

的，并非绝对的，它随着环境条件以及树龄的变化而不断变化，形成各种富于艺术风格的体形。总的来说，凡具有尖塔状及圆锥状树形者，多有严肃端庄的效果；具有柱状较狭窄树冠者，多有高耸静谧的效果；具有圆钝、卵形树冠者，多有雄伟、浑厚的效果；丛生者多有朴素、浑美之感，而拱形及垂枝类型者，常形成优雅、和平的气氛，且多有潇洒的姿态；匍匐生长的有清新开阔、生机盎然之感，可创造大面积的平面美；大型缠绕的藤本给人以苍劲有力之感。

3. 树木的花、果、叶、皮、枝以及附属物等均有各种美丽的形态

（1）. 花。花的观赏效果除色彩之外，还有各式各样的形状和大小。有单花的，有排成式样各异花序的。如花朵硕大的牡丹，春天盛开，气息豪放。梅花的花朵虽小，"一树独先天下春"。玉兰树之花，亭亭玉立。拱手花篮，朵朵红花好似古典的宫灯，垂于枝叶间。合欢的头状花序呈伞房状排列，花丝粉红色，细长如缨。络石的花排成右旋的风车形。龙吐珠未开放时，花瓣抱若圆球形，红白相映，如蟠龙吐珠。七叶树圆锥花序呈圆柱状竖立于叶簇中，似一个华丽的大烛台，蔚为奇观。

（2）果。许多园林树木的果实既有很高的经济价值，又有突出的美化作用，在园林中以观赏为主要目的选择观果树种时，除了色彩以外，还要注意选择果实的形状，一般以奇、巨、丰为佳。

奇：果实的形状奇异有趣。铜钱树的果实形似铜元。象耳豆的荚果弯曲，两端浑圆相接，犹如象耳一般。腊肠树的果实好比香肠。秤锤树的果实如秤锤一样。梓树的蒴果细长如筷，经冬不落。

巨：单体果实较大的如椰子、柚子、木菠萝，或果实小、果穗较大的如油棕、鱼尾葵等。

丰：全树无论是单果还是果穗均有一定的丰盛数量。如石榴、枣、南天竹、鸡树条荚蒾等。

（3）叶。叶的形态十分复杂，千变万化，各有不同。叶形奇特的往往引起人们的注意。如鹅掌楸的马褂形叶、羊蹄甲的羊蹄形叶、变叶木的戟形叶、银杏的扇形叶等。不同形态和大小的叶，具有不同的观赏特性，如棕榈、蒲葵大型掌状叶给人以朴素之感。椰子、王棕的大型羽状叶给人以轻快、洒脱的联想，具有热带情调。鸡爪槭的叶形成轻快的气氛。合欢的羽状叶产生轻盈的效果。

（4）皮。树皮的外形不同，给人以不同的观赏效果，还可随树龄的变化呈现不同的观赏特性。如老年的核桃、栎树呈不规则的沟状裂，给人以雄劲有力之感。白皮松、悬铃木、木瓜、榔榆、青檀等具有片状剥落的树皮，斑驳可爱。紫薇树皮细腻光滑，给人以清洁亮丽的印象。白桦树皮大面积纸状剥落，用皮代纸写信从古至今为人们所喜爱。还有大腹便便的佛肚竹，别具风格。

（5）枝。枝条的粗细、长短、数量和分枝角度的大小，都直接影响树姿优美。如油松侧枝轮生、水平伸展，使树冠呈层状，尤其（树冠）老时更为苍劲。垂柳的小枝轻盈婀娜，摇曳生姿，植于水边，低垂于碧波之上，能衬托水面的优美。一些落叶树种，冬季枝条像画一样清晰，衬托蔚蓝色的天空或晶莹的雪地，其观赏价值更具特殊的意义。

（6）附属物。树木的裸根突出地面，形成一种独特的景观。如水杉、落羽杉的板状根、膝状呼吸根给人以力的美感。榕树类盘根错节，郁郁葱葱，树上布满气生根，倒挂下来，犹如珠帘下垂，落至地上又可生长成粗大树干，奇特异常，给人以新奇的感受。很多树木的刺、毛也有一定的观赏价值。如黄榆、卫矛的木栓翅，枸、橘的枝条绿色而多刺，刺楸具粗大皮刺等，均富有野趣。楤木属被刺与绒毛，红毛悬钩子的小枝密生红褐色刺毛，紫红色的皮刺基部常膨大，尤为可观。另外，花器和附属物的变化，也形成了许多奇趣。如长柱金丝桃花朵上的金黄色雄蕊长长地伸出花冠之外；叶子花的叶状苞片紫红色，似盛开的美丽花朵；珙桐（鸽子树）开花时，两片白色的大苞片宛若群鸽栖上枝梢，蔚为奇观，象征着勤劳、勇敢、智慧的中国人民热爱和平的性格。

三、园林树木的风韵美

风韵美亦称"内容美"、"象征美"，指树木除了色彩美、形态美之外的抽象美，多为历史形成的传统美，是极富于思想感情的联想美。它与各国、各民族的历史发展、各地区的风俗习惯、文化教育水平等密切关系。在我国的诗词、神话、歌赋及风俗习惯中，人们往往以某一树种为对象，而成为一种事物的象征，广为传颂，使树木"人格化"。

如四季常青的松柏类象征坚贞不屈的革命精神，《荀子》中有"松柏经隆冬而不凋，蒙霜雪而不变，可谓其'贞'矣。"花大艳丽的牡丹"国色天香"象征繁荣兴旺，富丽堂皇，"总领群芳，唯我独尊"。花色艳丽、姿态娇美的山茶象征长命、友情、坚强、优雅和协调。花香袭人的桂花象征庭桂流芳。春花满园的桃、李象征桃李满天下。松、竹、梅三者配置在一起称为岁寒"三友"，象征文雅高尚。玉兰、海棠、牡丹、桂花配置在一起象征满堂富贵。

以上这些园林树木的艺术效果形成并不是孤立的，而必须全面考虑和安排，作为园林工作者，在美化配置之前必须深刻体会和全面掌握不同树种各个部位的观赏特性，从而进行细致搭配，才能创造出优美的园林景色。

第二节　园林树木的防护作用与生产作用

一、园林树木改善环境的作用

园林树木改善环境的作用表现在以下两方面：

1. 净化空气　植物能制造氧气，对各种有害气体有吸收积累的能力，且能减尘杀菌。因此在城市和工矿区周围造林绿化，可以起到净化空气、美化环境的作用。

（1）植物可以制造氧气。植物能通过光合作用吸收 CO_2，放出 O_2，然后又通过呼吸作用吸收 O_2，放出 CO_2。一般由光合作用吸收的 CO_2 要比呼吸作用排出的 CO_2 多 20 倍，因此植物能减少空气中的 CO_2，增加空气中的 O_2，有"氧气加工厂"之称。试验证明：$1\ hm^2$ 阔叶林在生长季节一天可以消耗 1 000 kg CO_2，放出 730kg O_2。绿化造林的面积越大，制造的 O_2 就越多。因此，庭园植物、行道树、森林、草坪绿地等对调节空气均有一定的作用。城市人口比较稠密，不仅人的呼吸排出 CO_2，吸收 O_2，燃料燃烧时也排出大量 CO_2 和消耗大量 O_2，所以有时城市空气中的 CO_2 含量可达 0.05%～0.07%。CO_2 虽是无毒气体，但是当其在空气中的体积分数达 0.05% 时，人的呼吸已感不适，当体积分数达到 0.3%～0.6% 时，人就会感到头痛，出现呕吐、脉搏缓慢、血压增高等现象，对人体就有害。因此，为保持空气清新，应在城市工矿区多植树造林。

（2）吸滞烟灰和粉尘。空气中的灰尘和工厂里飞出的粉尘都是污染环境的有害物质。这些微尘颗粒虽小，但在大气中的总重量却是惊人的。一些工业城市每年每平方千米平均降尘量约 500t，在一些工业集中的城市有时甚至高达 1 000 t 以上。在城市每燃烧 1 t 煤，就要排放 11 kg 粉尘。除了煤烟尘沙，还有许多金属粉尘、矿物粉尘、植物性粉尘及动物性粉尘，粉尘中不仅含有碳、铅等微粒，有时还含有病原菌，进入人的鼻腔和气管中，容易引起鼻炎、气管炎和哮喘等疾病，有些微尘进入肺部，就会引起矽肺、肺炎等严重疾病。

树木能大量减少空气中的灰尘和粉尘。树木吸滞和过滤灰尘的作用表现在两方面：①由于树林林冠茂密，具有强大的降低风速的作用，随着风速的降低，气流中携带的大粒灰尘下降；②由于有些树木叶片表面粗糙不平，多绒毛，分泌黏性油脂或汁液，能吸附空气中大量微尘及飘尘。吸尘的树木经过雨水冲洗后，又能恢复其滞尘作用。

树木的总叶面积很大。据统计，森林叶面积的总和为森林占地面积的数十倍，因此，吸滞烟尘的能力是很大的。我国对一般工业区的初步测定表明，绿化地区上空的粉尘体积分数较非绿化地区少 10%～50%。因此，树木是空气的天然过滤器。

防尘类树木以树冠浓密、叶片密集、叶面粗糙、多毛、能分泌黏性油脂、叶片细小、总叶面积大、气孔抗尘埃堵塞强者为佳。如马尾松、湿地松、火炬松、柳杉、侧柏、圆柏、广玉兰、樟树、厚皮香、枫香、枇杷、橘、盐肤木、黄杨、紫薇、桉树、红千层等。

（3）吸收有害气体。工业生产过程中产生有毒气体，如 SO_2 是冶炼企业产生的主要有害气体，它数量多，分布广，危害大。当空气中 SO_2 体积分数达到 0.001% 时，人呼吸困难，不能持久工作；当达到 0.04% 时，人迅速死亡。HF 则是磷肥厂和玻璃加工厂产生的另一种剧毒气体，这种气体对人体危害比 SO_2 大 20 倍。很多树木可吸收有害气体，如 $1hm^2$ 柳杉每年可以吸收 SO_2 720kg，上海地区 1975 年对一些常见的绿化植物进行了吸硫量测定，发现臭椿、夹竹桃不仅抗 SO_2 能力强，并且吸收 SO_2 的能力也很强。臭椿在 SO_2 的污染情况下，叶中含硫量可达正常含硫量的 29.8 倍，夹竹桃可达 8 倍。对几种大气有毒气体具有较强抗性及吸收能力的树种见表 2-1。

2. 调节气候　树木具有吸热、遮荫和增加空气湿度的作用。因此，城市绿地有城市之"肺"、天然"空调机"和"空气清洁器"之称。

表 2-1 对几种大气有毒气体具有较强抗性及吸收能力的树种

有毒气体	抗 性 树 种
SO₂	苏铁、银杏、圆柏、罗汉松、木麻黄、垂柳、桉树、构树、无花果、高山榕、印度榕、粗叶榕、黄葛榕、广玉兰、樟树、十大功劳、厚皮香、山茶、海桐、台湾相思、九里香、乌桕、无患子、黄杨、梧桐、紫薇、蒲桃、石榴、柿、女贞、夹竹桃、棕榈等
HF	侧柏、圆柏、罗汉松、朴树、桑、悬铃木、海桐、乌桕、梧桐、石榴、小叶女贞、夹竹桃、泡桐、金银花、棕榈等
Cl₂	侧柏、圆柏、木麻黄、板栗、朴树、无花果、印度榕、榕树、黄葛榕、构树、樟树、枫香、海桐、柿、紫藤、樟叶槭、栀子、梧桐、柽柳、紫薇、蒲桃、夹竹桃、蒲葵等
HCl	侧柏、龙柏、罗汉松、桑、海桐、紫藤、橘、南酸枣、梧桐、柽柳、小蜡树、夹竹桃、棕榈、木槿、合欢、杨树等
O₃	银杏、柳杉、樟树、海桐、女贞、夹竹桃、刺槐、悬铃木等

（1）提高空气湿度。树木能蒸腾水分，提高空气湿度。树木在生长过程中，要形成 1kg 干物质，需要蒸腾 300～400kg 水，因为树木根部吸进水分的 99.8％都要蒸发掉，只留下 0.2％用作光合作用，所以森林中空气湿度比城市高 38％，公园的湿度也比城市中其他地方高 27％。1hm² 阔叶林在夏季能蒸腾 2 500t 水，相当于一个同等面积的水库蒸发量，比同等面积的土地蒸发量高 20 倍。据调查，油松林的蒸腾量为 43.6～50.2t/（hm²·d），加拿大白杨林的蒸腾量为 51.2 t/（hm²·d）。由于树木强大的蒸腾作用，水汽增多，空气湿润，使绿化区内湿度比非绿化区大 10％～26％。

（2）调节气温。绿化地区的气温常较建筑地区低，这是由于树木可以减少阳光对地面的直射，能消耗许多热量，用以蒸腾从根部吸收来的水分和制造养分，尤其在夏季绿地内的气温较非绿地低 3～5℃，而较建筑物地区低 10℃左右，森林公园或浓密成荫的行道树下效果更为显著。即使在没有树木遮荫的草地上，其温度也要比无草皮的空地低。据测定，7～8 月沥青路面的温度为 30～40℃，而草地只有 22～24℃。在炎热的夏季，城市裸露地表温度极高，远远超过气温，空旷的广场在 1.5m 高度最高气温为 31℃时，地面的最高地温可达 43℃，而绿地地温要比空旷广场低得多。

树木防风的效果也很显著。冬季绿地不但能降低风速，而且有提高防风效果的作用。春季多风，绿地减低风速的效应，随风速的增大而增加，这是因为风速大，枝叶的摆动和摩擦也大，同时气流穿过绿地时，受树木的阻截、摩擦和过筛作用，消耗了气流的能量。秋季绿地能减低风速 70％～80％，静风时间长于非绿化区。

二、园林树木的保护作用

园林树木的保护作用表现在以下三方面：

1. 减弱噪声　茂密的树木能吸收和隔挡噪声。据测定，40m 宽的林带可以降低噪声 10～15dB（A），公园中成片的树林可降低噪声 26～43dB（A），绿化的街道比不绿化的街道可降低噪声 8～10dB（A）。据报道，爆炸 3kg 三硝基甲苯炸药，声音在空气中传播 4km，而在森林中只能传到 400m 左右。在森林中声音传播距离小，因为树木对声波有散射作用，声波通过时，枝叶摆动，使声波减弱并逐渐消失。同时，树叶表面的气孔和粗糙的毛，就像电影院里的多孔纤维吸音板一样，能把噪声吸收掉。防噪声类树木以叶面大而坚硬或叶片呈鳞片状重叠排列、树体自上至下枝叶密集的常绿树较理想，如柳杉、圆柏、柏木、栎类、榕树、樟树、海桐、桂花、交让木等。

2. 杀死细菌　植物可以减少空气中的细菌数量。一方面是由于绿化地区空气中的灰尘减少，从而减少了细菌量；另一方面植物本身有杀菌作用。如榆树根的水浸液能在 1min 内杀死伤寒、副伤寒 A 和副伤寒 B 的病原和痢疾杆菌。$1hm^2$ 圆柏林每天能分泌出 30kg 杀菌素，可以杀死白喉、肺结核、伤寒、痢疾等病菌。有些植物能产生丁香酚、天竺葵油、肉桂油、柠檬油等挥发性油。松树林、柏树林及樟树林灭菌能力较强，可能与它们的叶子能散发某些挥发性物质有关。杀菌类树木以常绿针叶树及其他能挥发芳香性物质的树种为主，如马尾松、雪松、湿地松、火炬松、柳杉、侧柏、圆柏、柏木、广玉兰、樟树、天竺桂、木姜子、厚皮香、枫香、盐肤木、黄杨、木槿、紫薇、桉树、蒲桃、红千层等。

3. 监测环境　有些植物可用于监测环境污染。有些植物对污染物质比较敏感，当其受到毒害时会以各种形式表现出来。植物的这种反应就是环境污染的"信号"，人们可以根据植物发出的"信号"来分析鉴别环境污染的状况，这类对污染敏感而发出"信号"的植物称为"环境污染指示植物"或"监测植物"。

各种敏感性植物都可用于监测环境污染，如雪松对有害气体十分敏感，特别是春季长新梢时，遇到 H_2S 或 HF 危害，便会出现针叶发黄、变枯的现象。在春季，凡是雪松针叶出现发黄、枯焦的地方，在其周围可找到排放 HF 或 H_2S 的污染源，因此，雪松有"大气污染报警器"之称。另外，月季、苹果、油松、落叶松、马尾松、枫杨、加杨、杜仲对 H_2S 反应敏感；唐菖蒲、郁金香、樱花、葡萄、杏、李等对 HF 较敏感；悬铃木、向日葵、番茄、秋海棠对 CO_2 敏感；女贞、樟树、皂荚对 O_3 敏感。利用敏感植物监测环境污染，既经济便利，又简单易行，便于群众参与协助监测工作，故敏感植物有"绿色哨兵"、"监视三废的眼睛"之美誉。

三、园林树木的生产作用

园林树木的生产作用有直接生产作用和结合生产作用两个方面。直接生产作用指作为苗木、桩景、大树、木材出售产生的商品价值，也指作为风景区、园林绿地主要题材而产生的风景游览价值。园林树木的结合生产作用则是在发挥其园林绿化多种功能与作用的前提下，因地制宜、实事求是地结合生产，恰当地提供一些副产品。如樟树、乌桕、油茶的种子可以榨油；柠檬桉、月季可提供香精原料；银杏、柿、梨、枇杷、橘、葡萄、杧果和荔枝果实可供食用及制酒、制罐头；桉树、松树、竹类等可提供造纸原料；青皮竹和粉丹竹可以编筐；绝大部分树木的新叶、花、果实、种子、树皮可供药用。其他如桑叶可养蚕，漆树可割漆，杜仲可提制硬橡胶，松树可取树脂，这些树种都为工业提供重要的原料。

第三章
园林树木的习性

园林树木的习性主要指园林树木的生物学习性和生态学习性。

第一节 园林树木的生物学习性

园林树木的生物学习性是指园林树木生长发育的规律。即树木由种子萌发，经过幼苗、幼树逐步发育到开花结实，最后衰老死亡的整个生命过程。包括树木外形、生长速度、寿命长短、繁殖方式、开花结实等特性。树木的生物学习性是一种内在的特性。如泡桐速生，银杏生长缓慢；侧柏寿命可达千年以上，而桃树寿命很短。又如树木的开花结实习性，白玉兰花早春先叶开放，而紫薇则先叶后花。还有树木的生长类型，有乔木或灌木等。树木的生物学习性决定于遗传因素，但受生长环境的影响。如大戟科的蓖麻，在南京地区为 1 年生，而在气候温暖的南方则为多年生，长成大灌木；又如某些树种在人们的精心管理下，可以提前开花结子，银杏在自然条件下一般 20 年左右才开始结子，而在水肥条件优越、人为管理下可提前 5～7 年结子。这都说明植物的生物学习性是与生态学习性紧密相关的。

第二节 园林树木的生态学习性

园林树木的生态学习性是指园林树木对环境条件的要求和适应能力。凡是对树木生长发育有影响的因素称生态因素，其中树木生长发育必不可少的因子称为生存因子，如光照、温度、水分、空气等。生态因素大致可分为气候、土壤、地形和生物四大类。

一、气候因素

气候因素包括温度、光、水分、空气和风。

1. 温度 不同树种芽的萌动、生长、休眠、发叶、开花、结果等生长发育过程中要求一定的温度条件，有一定的温度范围，超过极限高温与极限低温，树木就难以生长。各种不同的树木对温度的要求是不同的，根据树木对温度的要求和适应范围分最喜温树种、喜温树种、耐寒树种和最耐寒树种4类。

（1）最喜温树种。如橡胶树、椰子、木棉、红树等，橡胶树在年平均温度20～30℃范围内都能正常生长，幼嫩组织低于10℃会受到轻微寒害，小于5℃出现枯梢、黑斑，低于0℃严重冻寒。

（2）喜温树种。如杉木、马尾松、毛竹、油茶等只能在温暖地区生长。

（3）耐寒树种。如油松、刺槐、毛白杨、苹果等能忍受低温。

（4）最耐寒树种。如落叶松、樟子松、红松等耐寒力极强。

不同树种都有自身的适应范围，树木对温度的要求和适应范围决定了树木的分布范围。有些树种既能耐寒又能耐高温，如麻栎、桑树等全国各地都有分布；而有些树种对温度的适应范围很小，仅具有较小的分布区，如橡胶树的分布范围必定在绝对最低温度大于10℃的地区。当然，橡胶树受害程度除绝对低温外，与降温的性质、低温持续时间、橡胶树的品种有关。有些耐寒树种在南移时，由于温度过高和缺乏必要的低温阶段，或者因湿度过大而生长不良，如东北的红松移至南京栽培，虽然不至死亡，但生长极差，呈灌木状。

同一树木对温度的要求和适应范围随树龄和所处的环境条件不同而有差异，在通常情况下，树木随年龄的增加而适应性加强，而在幼苗和幼树阶段则适应性较弱。

2. 光照　根据树种的喜光程度可分为喜光树种、耐阴树种和中性树种3类。

（1）喜光树种。凡在壮龄和壮龄以后不能在其他树木的树冠下正常生长的树种，如马尾松、落叶松、合欢等。

（2）耐阴树种。凡在壮龄和壮龄以后能在其他树木的树冠下正常生长的树种，如桃叶珊瑚、紫金牛、女贞等。

（3）中性树种。界于喜光和耐阴树种之间的树种，如杉木、柳杉、苦槠、樟树等。

同一树种对光照的需要随生长环境、本身的生长发育阶段和年龄的不同而有差异，一般情况下，在干旱瘠薄环境下生长的比在肥沃湿润环境下生长的需光较强，有些树种在幼苗阶段需要一定的庇荫条件，随年龄的增长，需光量逐渐增加。

了解树种的需光性和所能忍耐的庇荫条件对园林树种的选择和配置是十分重要的。

3. 水分　树木的生长发育离不开水分，因此水分是决定树木的生存、影响分布和生长发育的重要条件之一。不同树木对水分的要求及适应不同。根据树木对水分的需要和适应能力可分为耐旱树种、喜湿树种和中生树种3类。

(1) 耐旱树种。能在土壤干燥、空气干燥的条件下正常生长的树种，如相思树、梭梭树、木麻黄、马尾松等，这类树木由于长期生长在极为干旱的环境条件下，形成了适应这种环境条件的一些形态特征，如根系发达，叶常退化为膜质或针刺形，叶面具有厚的角质层、蜡质及茸毛等。

(2) 喜湿树种。能在低湿环境中生长的树种，在干旱条件下常致死或生长不良，如红树、水松、垂柳等，这类树木根系短而浅，在长期水淹条件下，树干茎部膨大，具有呼吸根。

(3) 中生树种。介于二者之间，既不耐干旱又不耐低湿的树种，多生长于湿润的土壤上，大多数树种都属此类，如杉木、毛竹等。

许多树种对水分条件的适应性很强，在干旱和低湿条件下均能生长，有时在间歇性水淹条件下也能生长，如旱柳、柽柳、紫穗槐等；一些树种则对水分的适应幅度较小，既不耐干旱，也不耐水湿，如白玉兰等。

了解树种对水分的需要和适应性对在不同条件下选择树种造园是很重要的，如合欢能耐干旱瘠薄，但不耐水湿，在选择立地的时候就应该注意，不能栽植在地势低洼容易积水或地下水位较高的地方。

4. 空气　绿色植物在进行光合作用时，吸收 CO_2，呼出 O_2。在进行呼吸作用时，吸收 O_2，呼出 CO_2。树木有净化空气的功用，近年来由于工业的迅速发展，大气污染日趋严重，这给人类和植物造成的危害也日趋严重，树木对于大气污染的抵抗能力是不同的，了解树木对烟尘、有害气体的抗性，可以正确地选择城市和工矿企业的绿化树种，特别是一些化工厂和排放有害气体较多的工厂，必须选择抗性强的树种如臭椿、杨树、冷杉、悬铃木等，而不能选择抗性弱的树种如雪松、梅等。

5. 风　风对树木的直接影响主要表现在大风或台风对树木的机械损伤，吹折主干，长期生长在风口上的树种形成偏冠、偏心材。风对树木有利的方面表现在：风媒树种靠风为传粉的媒介，风播的果实靠风力传播。风对树木的影响主要是间接的，如长时间的旱风使空气变得干燥，增强蒸腾作用，使树木枯萎等。

风对树木虽然有不利的影响，但人们却又利用树木来防止风对树木的危害，如营造防风林，一些树种在孤立的状态下抗风力是很差的，成片营造可增强抗风力，如浅根性树种刺槐等。

二、土壤因素

土壤的水分、肥力、通气、温度、酸碱度及微生物等条件，都影响着树木的分布及其生长发育。土壤的酸碱度以 pH 表示，pH 等于 7 为中性，小于 7 为酸性，高于 7 则为碱性。一些树种要求生于酸性土壤上，pH 小于 6.8 为宜，如马尾松、杜鹃、茶树、油茶等，这些树种为酸性土壤的指示植物，在盐碱土或钙质土上生长不良或不能生长。有些树种则在钙质土上生长最佳，成为石灰岩山地的主要造林树种，如侧柏、青檀、柏木等。有些树种对土壤的酸碱度适应范围较大，既能生长在酸性土上，也能在中性土、钙质土及轻盐碱土上生长，如刺槐、楝树、黄连木等，还有的树种能在盐碱土上生长，如柽柳、紫穗槐、梭梭树等。

三、地形因素

地形因素包括海拔高度、坡向、坡位、坡度等。地形的变化影响气候、土壤及生物等因素的变化，特别是在地形复杂的山区尤为明显，在这些因素中，海拔高度和坡向对树木的分布影响最大。南坡（阳坡）日照时间长、温度高、湿度较低，常分布阳性旱生树种；而北坡（阴坡）日照时间短、温度相对较低，常分布耐阴湿生树种。

四、生物因素

在自然界中，树木和其他动植物生长在一起，相互间关系密切，不同种类的动植物之间既有有益的影响，也有不利的影响，如同为喜光树种，彼此间便因争夺光照而发生激烈的竞争。因此，在利用树木造景时，应充分考虑树种对环境的需求。

为了在园林生产实践中做到适地适树，必须了解和掌握园林树木的生物学特性和生态学特性。

第四章

园林树木的分布

第一节　树种分布区的概念及其形成

　　每一个树种都有一定的适宜生长地区，即在自然界占有一定范围的分布区域，这就是该树种的分布区。树种分布区是受气候、土壤、地形、生物、地史变迁及人类活动等因子的综合影响而形成的。它反映着树种的历史、散布能力及其对各种生态因素的要求和适应能力，如银杏、水杉等孑遗树种在第四纪冰川时，由于所处的地形、地势优越，而得以在我国继续保存，繁衍生长，并通过引种驯化扩大了栽培区域。水杉自 1941 年在湖北省利川县发现以来，目前已在我国 20 多个省（直辖市、自治区）栽培，世界各国竞相引种，已在近百个国家有栽培。

第二节　分布区的类型

一、天然分布区

　　依靠自身繁殖、侵移和适应环境的能力而形成的分布区称树种的天然分布区，又称原产地。如宝华玉兰天然分布（原产）在江苏句容宝华山。天然分布区又分水平分布区和垂直分布区两种。

　　1. 水平分布区　树种在地球表面依经纬度所占有的分布范围，一般按植被带来表示。我国植被带由南向北的顺序为：热带雨林、季雨林→亚热带常绿阔叶林→暖温带落叶阔叶林→温带针阔混交林→寒温带针叶林。由东向西的顺序为：湿润森林区→半干旱草原区→干旱荒漠区。还有的按行政区划（国别和省、直辖市、自治区）、地形（河流、山脉、平原、沙漠）或经纬度来表示。

　　2. 垂直分布区　树种在山地自低而高所占有的分布范围。它与自低纬度至高纬度水平分布的植被带在外貌上大致相似。一般以海拔或垂直分布带（热带雨林带→常绿阔叶林带→落叶阔叶林带→针叶林带→灌丛带→高山苔原带）

来表示。如马尾松在华东、华中的垂直分布在海拔800m以下山地。油松水平分布在北纬33°～41°、东经102°～118°之间，即以华北为分布中心；其垂直分布是在东北南部（辽宁）海拔500m以下，在华北北部海拔1 500m以下，在华北南部则在海拔1 900m以下。

二、栽培分布区

由于科学研究和生产发展的需要，自国外或国内其他地区引入树种，在新地区进行栽培而形成的分布区称栽培分布区。如原产江苏句容宝华山的宝华玉兰目前浙江杭州植物园、江西庐山植物园等地有引种栽培。又如刺槐原产北美，我国自19世纪末引种以来，在北纬23°～46°、东经124°～86°的广大区域内都有栽培，尤以黄淮流域最盛，多栽植于平原及低山丘陵。了解园林树种栽培分布区域，对开发利用树种和进一步掌握本地区园林树种具有现实意义。

第五章
园林树木的选择与配置

园林树木的选择是指根据园林绿地的立地条件，选择和其立地条件相适应的树种。园林树木的配置是指园林树木在园林中栽植时的组合和搭配方式，即通过人为手段将园林树木进行科学的组合，以满足园林各种功能和审美的要求，创造出生机盎然的园林景观。

第一节　园林树木的选择与配置原则

在园林中如何正确地选择树种，并合理地加以配置，成功地组织和建立园景，是一个十分重要的问题。在一个公园或风景区里，树木的栽培绝不是简单罗列、任意拼凑乱栽，而要从园林树木的审美和实用出发，充分发挥园林树木的综合功能，把树木布置得主次分明，构成一幅错落有致、疏密相间、晦明变化的美丽图景，在构图上能与各种环境条件相适应、相调和，使人们感到美观大方、合情合理，不致产生生硬做作、枯寂无味的感觉。因此，在树种的选择与配置上应遵循几项原则。

1. 满足功能要求的原则　园林树木的配置首先要从园林的性质和主要功能出发。城乡有各种各样的园林绿地，因其设计目的不同，主要功能要求也不一样。如以提供绿荫为主的行道树地段，应选择冠大荫浓、生长快的树种，并按列植方式配置在行道两侧，形成林荫路；以美化为主的地段，应选择树冠、叶、花或果实部分具有较高观赏价值的种类，以丛植或列植方式在行道两侧形成带状花坛；在公园的娱乐区，树木配置以孤植树为主，使各类游乐设施半掩半映在绿荫中，供游人在良好的环境下游玩；在公园的安静休息区，应配置有利于游人休息和野餐的自然式疏林草地、树丛和孤植树为主。

2. 同环境条件协调的原则　园林树木的配置必须根据当地生态条件选择树种，因地制宜，适地适树。如东北地区不宜选择常绿阔叶树作行道树，因其不耐东北的严寒气候。对一个特定的绿化小区，要分析具体地段的小环境条件，如在楼南、楼北、河边、山腰等位置应选择与其生境相适应的树种。当周围都是规则的建筑物且建筑物有严格的中轴对称时，树木的配置也要选择规则式，在自然山水之中配置观赏树木则一定要用自然式。

3. 美观、实用、经济相结合的原则　园林建设的主要目的是美化环境、保护和改善环境，为人们创造一个优美、宁静、舒适的环境。美观应该给予较多的考虑，实用即在考虑发挥园林综合功能时，应重点满足该树种配置的主要目的。如道路两侧栽植的树种，应给人以庄重、肃静的感受等。此外，有许多树种具有各种经济用途，应对生长快、材质好的速生、珍贵、优质树种，以及其他一些能提供贵重林副产品的树种给予应有的位置。

第二节　园林树木的配置方式

配置方式是指在园林中树木搭配的样式，要根据具体绿化环境条件而定，一般可分为规则式配置和自然式配置两大类。前者排列整齐，有固定的形式，有一定的株行距；后者自然灵活，参差有致，没有一定的株行距。两者应用于不同的场合，树种选择也各有差异。

一、规则式配置

树木的栽植按几何形式，即按照一定的株行距和角度有规律地栽植（图5-1）。多应用于建筑群的正前面、中间或周围，配置的树木要呈庄重端正的形象，使之与建筑物协调，有时还把树木作为建筑物的一部分或美术工艺来运用。

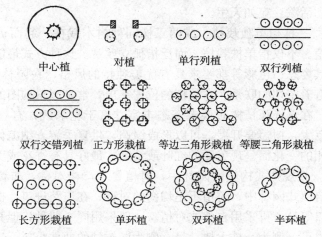

中心植　　　对植　　　单行列植　　　双行列植

双行交错列植　正方形栽植　等边三角形栽植　等腰三角形栽植

长方形栽植　　单环植　　　双环植　　　半环植

图 5-1　园林树木规则式配置的各种方式

1. 中心植　栽植于广场、树坛、花坛等构图的中心位置，以强调视线的交点。选用树形整齐、轮廓线鲜明、生长慢的常绿树种为宜，如铅笔柏、云杉、雪松、苏铁等。

2. 对植　两株或两丛同种、同龄的树木左右对称栽植在中轴线的两侧。常运用于建筑物前、大门或门庭的入口处，以强调主景。要求树木形态整齐美观，大小一致，多用常绿树种，如龙柏、云杉、冷杉、柳杉、广玉兰等。

3. 列植　树木按一定几何形式行列式栽植，有单列、双列、多列等方式。一般为同种、同龄树木组成。多用于行道树、防护林带、绿篱及水边等。

4. 三角形植　株行距按等边三角形或等腰三角形形式，每株树冠前后错开，可在单位面积内比正方形方式栽植较多的株数，经济利用土地。但通风透光较差，机械化操作不及正方形栽植便利。

5. 正方形栽植　按方格网在交叉点种植树木，株行距相等。优点是透通性良好，便于管理和机械化操作。

6. 长方形栽植　正方形的一种变形，特点为行株大于株距。

7. 环植　按一定株距把树木栽成圆环，有环形、半环形、弧形、单星、复星、多角星等几何图案，可使园林构图富于变化。

二、自然式配置

仿效树木自然群落构图的配置方式，以创造一个供人们休息、游乐的自然环境。采用的树种最好树姿生动，叶色富于变化，有鲜艳花果者为好。配置形式不是直线形或对称的，而是三五成群，有远有近，有疏有密，有大有小，相互掩映，生动活泼，宛如天生。

1. 孤植　一株树单独栽植，或两三株同种树木栽在一起而仍起一株树效果的称为孤植。不仅指单株栽植，而泛指孤立欣赏。这种方式最能体现树木个体自然美，其姿态、色彩等都要求具有优美独特的风格，在园林的统一体中，与周围环境有着密切的联系。它栽植的位置突出，常是园景构图的中心焦点和主体。因此，在选择孤植树时要求姿态丰富，富于轮廓线，有苍翠欲滴的枝叶。体型要巨大，树冠要开展，可以形成绿荫，供夏季游人纳凉休息。色彩要丰富，随季相的变化而呈现美丽的红叶或黄叶。最好具有香花或美果。

2. 对植　在规则式构图的园林中，对植要求严格对称，布置在中轴线的两侧。而在自然式园林中，对植不是均衡的对称，在道路进口、桥头、石级两旁、河流入口等处，可采用自然式对植。一般采用同一树种，但其大小、姿态必须不同，也可一侧为一株大树，另一侧为同树种的两株小树，还可是两个树丛或树群的对植，树丛或树群的组合树种必须相近。

3. 丛植　2 株以上至 10 余株树栽植在一起谓之丛植。树丛在园景构图上以群体来考虑。主要表现群体美，同时还要表现出个体美。树丛和孤植树是园林中华丽的装饰部分，其功能是作主景、配景和遮荫。作主景用的树丛其配置手法与孤植树相同。

4. 群植　比树丛更大的群体称为树群。一般组成树群的株数应在 20 株以上。树群不同于树丛，在构图上只表现群体美，而不表现个体美，而且树群内部各植株之间的关系比树丛更加密切。树群又不同于森林，对小环境的影响没有森林显著，不能像森林那样形成独特的社会和森林环境条件。树群有单纯树群和混交树群两种类型。

（1）单纯树群。以同一树种组成的单纯树群，如圆柏、松树、水杉、杨树等，给人以壮观、雄伟的感觉。多以常绿树种为好，但这种林相单纯，显得单调呆板，而且生物学上的稳定性小于混交树群。

（2）混交树群。在一个树群中有多种树种，由乔木、灌木等组成。在配置时如果常绿树种和落叶树种混交，常绿树种应为背景，落叶树种在前面；高的树在后面，矮的树在前面；矮的常绿树可以在前面或后面；具有华丽叶片、花色的树在外缘，组成有层次的垂直构图。树群的树种不宜过多，最多不超过 5 种，通常以 1～2 种为主，作基调。要注意每种树的生长速度尽量一致，以使树群有一个相对稳定的理想外形。

5. 片林　较大面积的多数植株成片栽植，如城乡周围的林带、工矿区的防护林带、自然风景区的风景林等。片林形成独特的森林社会，对小气候的影响与森林相似。在结构上与树群相同，可以组成单纯片林或混交片林。在自然风景林区应配置色彩丰富、季相变化的树种，还应注意林冠线的变化、疏林和密林的变化。在林间设计山间小道，创造供游人小憩的自然景色。

在一个大面积的绿化地上，从孤植树、树丛、树群、树群组到片林的配置，应协调分布，渐次过渡，产生深远的感觉。如以风景林或树群作背景；配上颜色不同而和谐的树丛和孤植树，可以形成各种不同的风景。巧妙的配置可以使游人从不同的方向眺望，都可以看到许多情趣不同的优美画面。

第三节　园林树木配置的艺术效果

园林树木配置的艺术效果是多方面的、复杂的，需要细致的观察和体会才能领会其奥妙之处。配置的艺术效果可以从下面几点来考虑。

1. 丰富感　图 5 - 2 示建筑物配置植物前后的外貌。配置前建筑物的立面简单枯燥，配置后则优美丰富。

2. 平衡感　平衡分对称的平衡和不对称的平衡两类。前者是用体量上相

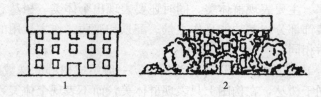

图 5-2　建筑物配置
1. 配置前　2. 配置后

等或相近的树木，以相等的距离进行配置而产生的效果；后者是用不同的体量，以不同距离进行配置而产生的效果。

3. 稳定感　在园林局部或远景一隅中常可见到一些设施的稳定感是配置后产生的。图 5-3 示园林中的桥头植物配置。配置前桥头有秃硬不稳定感，配置之后则感稳定。

图 5-3　园林桥头配置
1. 配置前　2. 配置后

4. 严肃与轻快感　应用常绿针叶树，尤其是尖塔形的树种形成庄严肃穆的气氛，如莫斯科列宁墓两旁配置的冷杉产生了很好的艺术效果，杭州西子湖畔的垂柳形成了柔和轻快的气氛。

5. 强调　运用树木的体形、色彩特点加强某个景物，使其突出的配置方法称为强调。具体配置常用对比、烘托、陪衬及透视线等手段。

6. 缓解　对于过分突出的景物，用配置的手段使之从"强调"变为"柔和"，称为缓解。景物经缓解后可与周围环境更为协调，而且可增加艺术感受的层次感。

7. 韵味　配置上的韵味效果，颇有"只可意会不可言传"的意味，只有修养较高的园林工作者和游人能体会其真谛，每个不懈努力观摩的人都能领略其意味。

　　欲充分发挥树木配置的艺术效果，除考虑美学构图的原则外，还必须了解树木是具有生命的有机体，它有自己的生长发育规律和各异的生态习性要求。在掌握有机体自身及其与环境因子相互影响的规律基础上，还应具备较高的栽培管理技术知识，并有较深的文学、艺术修养，使配置艺术达到较高的水平。

总论复习思考题

1. 恩格勒分类系统和哈钦松分类系统各具哪些特点？

2. 用定距式编制当地常见树种分种检索表。

3. 树木按生长习性和观赏特性各分成哪几类？

4. 可以用作垂直绿化的树种有哪些？它们有哪些共同点？

5. 行道树有哪些功能？适合在本地作行道树的树种有哪些？

6. 什么叫绿篱？你见过的绿篱树种有哪些？

7. 在校园、公园等地重点掌握园林树木的各种树形、花色、花期及叶的形态特征。

8. 请用当地实例说明园林树木的形态美。举例说明园林树木的抽象美。

9. 举例说明园林树木的改善环境作用、保护作用和生产作用。

10. 名词解释：园林树木的习性；喜温树种；喜光树种；喜湿树种；喜酸树种。

11. 以具体树种说明其生物学特性和生态学特性。

12. 列出本地区抗有毒气体树种、耐盐碱树种、耐水湿树种、耐阴树种。

13. 名词解释：园林树木的水平分布区、垂直分布区、自然分布区和栽培分布区。

14. 举出你所在的地区用于园林绿化的 10 种乡土树种和 10 种外来树种。

15. 园林树木的选择和配置原则有哪些？

16. 园林树木规则式配置方式有哪些？在公园以实例说明。

17. 园林树木自然式配置方式有哪些？在公园以实例说明。

18. 举例说明园林树木配置的艺术效果。

各 论

[各论提要] 园林树木均属于种子植物中的木本植物。它们最突出的特征是有种子，通过有性过程产生种子，以种子繁殖后代，区别于孢子植物。种子植物分裸子植物门和被子植物门。园林树木各论主要介绍全国重要科园林树木的中名、学名、识别要点、分布、习性、繁殖及其在园林中的应用。

第六章

裸子植物门 Gymnospermae

乔木或灌木，稀木质藤本。叶通常为针形、鳞形、条形、披针形，稀为扇形，多呈旱生结构。球花单性，雌雄同株或异株，胚珠裸露，不为子房所包围。木质部无导管，具管胞，稀具导管。种子有胚乳，胚直伸，子叶1至多数。

裸子植物发生发展的历史悠久。现代的裸子植物最繁盛期是中生代，它历经了古生代、中生代和新生代。经过新生代第四纪冰川时期保留下来，繁衍至今。

全世界共4纲9目12科71属约800种；我国4纲8目11科41属236种47变种。

一、苏铁科 Cycadaceae

常绿木本，茎干圆柱形，粗壮，不分枝或少分枝。叶二型：一为互生于主干上呈褐色的鳞片状叶，外有粗糙绒毛；一为集生茎部呈羽状深裂的营养叶。雌雄异株。小孢子叶球单生树干顶端，具多数小孢子叶，下面生有多数小孢子囊；大孢子叶扁平，上部通常羽状分裂，胚珠2～10，生于大孢子叶柄的两侧。种子核果状，具三层种皮，胚乳丰富。

共10属约110种；我国1属10种。

苏铁属 Cycas L.

干圆柱形，直立，密被宿存的木质叶基。营养叶羽状深裂，裂片窄长，条形或条状披针形，仅具1条中脉；小孢子叶鳞片状或盾状，螺旋状排列；大孢子叶全体密被黄褐色毡毛，扁平，上部羽状分裂，中下部两侧各生1个或2～4个裸露的直生胚珠。

约17种，分布于亚、澳、非洲及中国南部；我国有14种。

1. 苏铁（铁树、避火蕉）Cycas revoluta Thunb.（图6-1）

图6-1 苏铁
1. 羽片叶的一段 2. 羽状裂片的横切面 3. 大孢子叶及种子 4. 小孢子叶的背面 5. 聚生的花药 6. 幼苗

[识别要点] 树干高通常 2m，稀达 8m。羽状深裂叶长 75～200cm，羽片条形，长 9～18cm，宽 0.4～0.6cm，边缘显著反卷；小孢子叶球圆柱形，长 30～70cm；大孢子叶球顶生，球形；大孢子叶长 14～22cm，羽状分裂，胚珠 2～6，生于大孢子叶柄的两侧。种子成熟时红褐色或橘红色。花期 6～7 月；种子 10 月成熟。

[分布] 产于我国华南、西南部，在福建、台湾、广东多露地栽培，长江流域及华北多盆栽。

[习性] 性喜温暖湿润气候，不耐严寒，低于 0℃ 即受害。生长缓慢，寿命长达 200 余年。在华南 10 年以上树龄者，每年能开花。

[繁殖] 播种、分蘖、埋插繁殖。

[用途] 树形古朴，主干粗壮坚硬，叶形似羽毛，四季常青，落叶痕斑似鱼鳞，为重要观赏树种。常植于花坛中心，孤植或丛植草坪一角，对植门口两侧。亦可作大型盆栽，装饰居室，布置会场。羽叶是插花的好材料。

2. 四川苏铁 Cycas szechuanensis Cheng et L. K . Fu (图 6-2)

[识别要点] 高 2～5m。羽状叶长 100～300cm，羽片条形，长 18～40cm，宽 1.2～1.4cm，边缘微卷曲，基部不等宽，两侧不对称，上侧较窄，几近中脉，下侧较宽，下延。大孢子叶长 9～11cm，边缘篦齿状分裂，在中上部每边着生胚珠 2～5，胚珠无毛。

[分布] 产四川峨眉、乐山、雅安及福建南平等地。

其他同苏铁。

图 6-2　四川苏铁

二、银杏科 Ginkgoaceae

落叶乔木，有长枝和短枝。叶扇形，叶脉二叉状，在长枝上螺旋状互生，在短枝上簇生。雌雄异株。雄球花生于短枝顶部叶腋，雄蕊多数，每雄蕊有花药 2，雄精细胞有纤毛，能游动，雄球花呈柔荑花序状；雌球花有长柄，顶端常分为二叉，各着生 1 胚珠，种子核果状。具 3 层种皮。

本科植物在古生代至中生代繁盛，为新生代第四纪冰川期后孑遗植物。

1 属 1 种，为我国特产的世界著名树种。

银杏属 Ginkgo L.

银杏（白果树、鸭掌树）Ginkgo biloba L.（图 6-3）

［识别要点］树高达 40m。树冠广卵形，大枝斜上伸展，近轮生，雌株的大枝常较雄株的开展或下垂。叶先端常 2 裂，有长叶柄。种子椭圆形或近球形，成熟时淡黄色或橙黄色，被白粉，有臭味，中种皮骨质，白色，具 2～3 条纵脊。花期 3～4 月；种熟期 8～10 月。

① 黄叶银杏（f. *aurea* Beiss.）：叶鲜黄色。

② 塔状银杏（f. *fastigiata* Rehd.）：大枝的开展度较小，树冠呈尖塔柱形。

③ 裂叶银杏（'Laciniata'）：叶形大而缺刻深。

④ 垂枝银杏（'Pendula'）：枝下垂。

⑤ 斑叶银杏（f. *variegata* Carr.）：叶有黄斑。

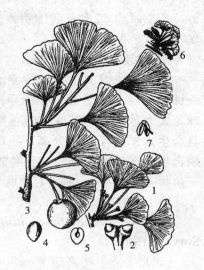

图 6-3 银杏
1. 雌球花枝 2. 雌球花上端 3. 长、短枝及种子 4. 去外种皮的种子 5. 去外、中种皮种子纵剖面（示胚乳与子叶）6. 雄球花枝 7. 雄蕊

［分布］我国特产，为孑遗植物，被称为"活化石"，浙江天目山有野生，现广泛栽培于沈阳以南、广州以北、云南和四川以东的广大地区。

［习性］喜光，耐干旱，不耐水涝。对土壤的适应性强，喜深厚湿润、肥沃、排水良好的中性或酸性沙质壤土。耐寒性较强。具有一定的抗污染能力。深根性，寿命长，可达千年以上。

［繁殖］播种、扦插、分蘖和嫁接繁殖，以播种及嫁接最多。

［用途］树姿挺拔、雄伟，古朴有致，树冠浓荫如盖，叶形奇特似鸭掌，春叶嫩绿，秋叶金黄。可孤植于草坪中，丛植或混植于槭类、黄栌、乌桕等秋天红叶树种当中，列植于甬道、广场、街道两侧作行道树、庭荫树，对植于前庭入口等均极优美，也可作树桩盆景，是结合生产的好树种。为国家二级重点保护树种。

三、南洋杉科 Araucariaceae

常绿乔木，大枝轮生。叶钻形、鳞形、宽卵形或披针形，螺旋状排列。雌雄异株，稀同株。雄球花圆柱形，单生、簇生叶腋或枝顶；雌球花椭圆形或近球形，单生枝顶。珠鳞不发育或与苞鳞合生，仅先端分离，每珠鳞有 1 倒生胚珠。球果大，2～3 年成熟，熟时苞鳞脱落。种子扁平。

共 2 属约 40 种；我国引入栽培 2 属 4 种。

南洋杉属 *Araucaria* Juss.

大枝平展或斜上展，冬芽小。同一株上的叶大小悬殊。雌雄异株。雄球花大而球果状；雌球花的苞鳞腹面具合生珠鳞，仅先端分离，胚珠与珠鳞合生。球果大，直立，苞鳞先端具三角状或尾状尖头，种子有翅或无翅。

约 18 种；我国引入 3 种。

南洋杉 *Araucaria cunninghamii* Sweet. （图 6 - 4）

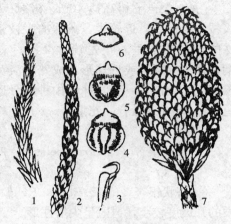

图 6 - 4 南洋杉
1、2. 枝叶 3～6. 苞鳞背、腹面 7. 球果

[识别要点] 树高达 60～70m。幼树树冠呈整齐的尖塔形，老树则平顶状，大枝平展，侧生小枝密集下垂。叶二型：侧枝及幼枝上的叶多呈针状，质软，开展，排列疏松；老枝上的叶排列紧密，三角状钻形。球果卵形，苞鳞先端有长尾状尖头向后反曲。种子椭圆形，两侧具翅。

[分布] 原产大洋洲东南沿海地区。我国厦门、广州、福建、广西、云南、海南等地露地栽培，其他各地温室栽培。

[习性] 最适于温暖湿润的亚热带气候条件，不耐干燥与严寒。喜肥沃土壤，较抗风。生长迅速，再生力强。

[繁殖] 播种或扦插繁殖。

[用途] 树形优美，与雪松、日本金松、金钱松、巨杉（世界爷）合称为世界五大公园树种。宜孤植为园景树或纪念树，亦可作行道树，群植作背景。北方常盆栽作室内装饰树种。

四、松科 Pinaceae

常绿或落叶乔木，稀为灌木。叶条形、四棱形或针形，螺旋状排列、簇生或束生。雌雄同株或异株。雄球花具多数雄蕊；雌球花具多数珠鳞和苞鳞，均呈螺旋状排列，每珠鳞具 2 倒生胚珠，珠鳞与苞鳞分离。球果种鳞扁平，木质或革质，宿存或脱落，发育种鳞腹面基部有 2 粒种子。种子上端具 1 膜质翅，稀无翅。

共 10 属约 230 种；我国有 10 属 117 种 29 变种，另引入 24 种 2 变种。

分 属 检 索 表

1. 叶条形、四棱状条形或针状，均不成束

2. 枝有长、短枝之分，叶在长枝上螺旋状着生，在短枝上簇生
  3. 常绿，叶针状，通常三棱形，坚硬，球果翌年成熟 ……………（一）雪松属 *Cedrus*
  3. 落叶，叶条形，柔软，球果当年成熟
    4. 雄球花单生于短枝顶端，种鳞革质，宿存；叶较窄，宽 1.8mm
    …………………………………………………………（二）落叶松属 *Larix*
    4. 雄球花数个簇生于短枝顶端，种鳞木质，脱落；叶较宽，达 2～4mm
    …………………………………………………（三）金钱松属 *Pseudolarix*
2. 枝条均为长枝，无短枝，叶在长枝上螺旋状着生
  5. 球果腋生，直立，成熟时种鳞自中轴脱落，枝上有圆形平伏的叶痕 …………
  …………………………………………………………………（四）冷杉属 *Abies*
  5. 球果成熟后种鳞宿存
    6. 球果顶生，小枝节间均匀，上下等粗，叶在节间着生均匀
      7. 球果直立，雄球花簇生枝顶，叶条形，中脉两面隆起 …………
      ………………………………………………………（五）油杉属 *Keteleeria*
      7. 球果下垂，稀直立，雄球花单生叶腋
        8. 1 年生枝上有微隆起的叶枕，叶条形扁平 …………（六）铁杉属 *Tsuga*
        8. 1 年生枝上有显著隆起的木钉状叶枕，叶四棱形或条形扁平…………
        …………………………………………………………（七）云杉属 *Picea*
    6. 球果腋生，叶在节间上端排列紧密似簇生状 …………（八）银杉属 *Cathaya*
1. 叶针形，2、3、5 针一束，种鳞有鳞盾和鳞脐之分 …………（九）松属 *Pinus*

（一）雪松属 *Cedrus* Trew

常绿乔木，树干直。大枝平展或斜展，有长枝和短枝。叶针状，坚硬，在长枝上螺旋状散生，在短枝上簇生。雌、雄球花分别单生于短枝顶端。球果翌年成熟，种鳞木质脱落。种子具宽大膜质翅。

共 5 种；我国引种 3 种。

雪松（喜马拉雅松）*Cedrus deodara* （Roxb.） G. Don（图 6 - 5）

［识别要点］树高 70m。树冠塔形。大枝平展，小枝细长、微下垂，枝下高极低。叶针状，通常三棱形，坚硬，灰绿色，幼时被白粉。球果大，卵圆形，熟时红褐色。花期 10～11 月；球果翌年 9～10 月成熟。

① 垂枝雪松（'Pendula'）：大枝散展而下垂。

② 金叶雪松（'Aurea'）：针叶春季金黄色，入秋变黄绿色，至冬季转为粉绿黄色。

③ 银梢雪松（'Albospica'）：小枝顶端呈绿白色。

④ 银叶雪松（' Argentea'）：叶较长，银灰蓝色。

［分布］原产喜马拉雅山西部及喀喇昆仑山海拔 1 200～3 300m 地带。现长江流域各大城市多有栽植，最北至辽宁大连。

[习性] 喜光,稍耐阴,喜温暖湿润气候,适宜于深厚、肥沃、疏松、排水良好的微酸性土壤上生长,不耐水湿,在盐碱土上生长不良。浅根性,抗风性弱。不耐烟尘,对氟化氢、二氧化硫反应极为敏感,受害后叶迅速枯萎脱落,严重时导致树木死亡。可作大气监测树种。

[繁殖] 播种、扦插及嫁接繁殖。

[用途] 树体高大雄伟,树形优美,为世界著名的观赏树。最宜孤植于草坪、花坛中央、建筑前庭中心、广场中心,丛植于草坪边缘,对植于建筑物两侧及园门入口处,列植于干道、甬道两侧,极为壮观。

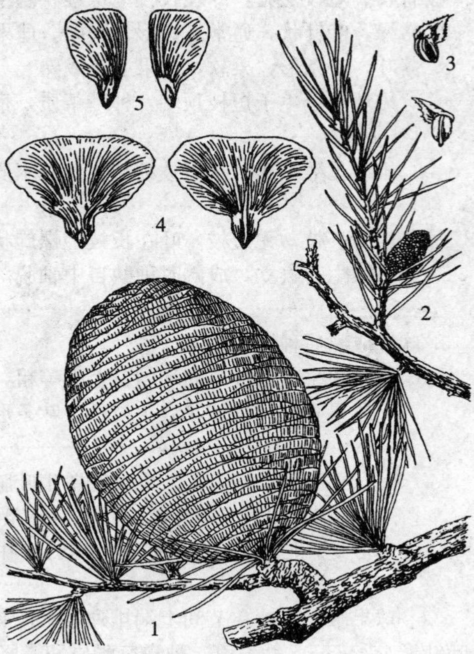

图 6-5　雪　松
1. 球果枝　2. 雄球花枝　3. 雄蕊　4. 种鳞　5. 种子

(二) 落叶松属 *Larix* Mill.

落叶乔木。具长枝和短枝。叶条形扁平,柔软,在长枝上螺旋状散生,在短枝上簇生。雌雄同株,雌、雄球花分别单生于短枝顶端。球果当年成熟,直立;种鳞革质,宿存;苞鳞短小,不露出。种子上端有膜质长翅。

约 18 种;我国 10 种 1 变种,另引入 2 种。

分 种 检 索 表

1. 小枝不下垂,苞鳞比种鳞短
　2. 小枝有白粉,种鳞先端显著向外反卷 ·····················1. 日本落叶松 *L. kaempferi*
　2. 小枝无白粉,种鳞先端不反卷
　　3. 球果长 2~4cm,种鳞 26~45 枚,熟时不张开 ··················
　　·· 2. 华北落叶松 *L. principis-rupprechtii*
　　3. 球果长 1.2~3cm,种鳞 14~30 枚,熟后张开·········3. 落叶松 *L. gmelini*
1. 小枝下垂,苞鳞比种鳞长,显著外露 ····················· 4. 红杉 *L. potaninii*

1. 日本落叶松 *Larix kaempferi* (Lamb.) Carr. (图 6-6)

[识别要点] 高达 30m。树冠塔形。1 年生枝淡黄色或淡褐色,有白粉。叶长 1.5~3.5cm,宽 1~2mm,背面气孔带多而明显。球果长 2~3.5cm,种

鳞46～65枚，先端显著向外反卷。花期4月下旬；球果9～10月成熟。

[分布] 原产日本。我国引种栽培已有60余年历史，在东北东部北纬45°以南山区已成为主要的造林树种。山东、河北、河南、江西、北京、天津、西安等地均有栽培。

[习性] 喜光，浅根性，对气候适应性强。生长快，抗病力强，对土壤肥力和水分反应很敏感。在风大、干旱、土层瘠薄的地方生长不良，呈"小老树"状态。

[用途] 可在园林中光照充足、风害较小的地方栽植，是有希望推广的绿化树种。

2. 华北落叶松 *Larix principis-rupprechtii* Mayr. （图6-7）

[识别要点] 树高达30m。1年生枝淡褐黄色或淡褐色，常无白粉。叶长2～3cm，宽约1mm。球果长圆状卵形或卵圆形，长2～4cm，种鳞26～45枚，排列紧密，熟时不张开。苞鳞短于种鳞。花期4～5月；球果9～10月成熟。

[分布] 我国华北地区特有树种，主要分布于河北和山西。辽宁、内蒙古、山东、陕西、甘肃、宁夏、新疆等地引种栽培。

[习性] 喜光，耐寒性强。有一定的耐湿和耐旱能力。对土壤适应性强，喜深厚湿润而排水良

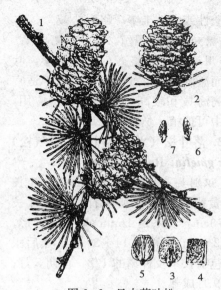

图6-6 日本落叶松
1. 球果枝 2. 球果 3. 种鳞背面及苞鳞 4. 种鳞背面局部 5. 种鳞腹面 6、7. 种子背、腹面

图6-7 华北落叶松
1. 球果枝 2. 球果 3. 种鳞 4. 种子

好的酸性或中性土壤，略耐盐碱。

[繁殖] 种子繁殖。

[用途] 树冠整齐，呈圆锥形，叶轻柔而潇洒，可形成美丽的景观。适宜于较高海拔和较高纬度地区栽植应用，园林中可孤植、丛植或成片栽植。

3. 落叶松（兴安落叶松、意气松）*Larix gmelini* Rupr.（图 6-8）

[识别要点] 树高达 35m。1 年生长枝淡黄褐色，短枝顶端有柔毛。叶长 1.5～3cm，宽不足 1mm。球果卵圆形，长 1.2～3cm，种鳞 14～30 枚，熟后张开，苞鳞长不及种鳞的 1/2。花期 5 月；球果 9 月成熟。

[分布] 产于黑龙江大兴安岭、小兴安岭。

[习性] 喜光，耐寒，对水分要求较高，对土壤适应能力强。生长较快。抗烟力较弱。

[用途] 树冠整齐，呈圆锥形，叶轻柔而潇洒，叶色鲜绿。可孤植、群植、片植，或与阔叶树混植。

4. 红杉（西南落叶松）*Larix pot-aninii* Batal.（图 6-9）

[识别要点] 高达 50m。小枝下垂，1 年生枝红褐色或淡紫褐色。叶长 1.2～3.5cm，宽 0.1～1.5mm。球果长 3～5cm，种鳞 35～65 枚，先端边缘稍内曲，苞鳞比种鳞长，显著外露。花期 4～5 月；球果 10 月成熟。

[分布] 分布于我国西南部高山，见于甘肃南部、四川、云南等地。

[习性] 为强阳性树种，耐瘠薄和湿地。

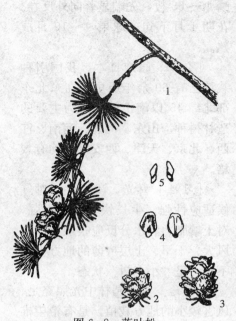

图 6-8　落叶松
1. 球果枝　2、3. 球果　4. 种鳞　5. 种子

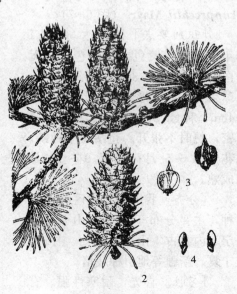

图 6-9　红杉
1. 球果枝　2. 球果　3. 种鳞背腹面　4. 种子

［用途］可与云杉、松、栎、红桦、杜鹃、箭竹等混植。

（三）金钱松属 _Pseudolarix_ Gord.

仅 1 种，我国特产，孑遗植物。

金钱松 _Pseudolarix kaempferi_ (Lindl.) Gord. （图 6-10）

［识别要点］落叶乔木。树高达 40m。叶条形，柔软，叶长 2～5.5cm，宽 1.5～4mm，在长枝上螺旋状排列，在短枝上簇生，呈辐射状平展。雌雄同株。雄球花簇生于短枝顶端，雌球花单生于短枝顶端。球果卵形或倒卵形，直立，熟时淡红褐色；种鳞木质，熟时脱落，苞鳞小，不露出。种子有宽大的种翅。花期 4～5 月；球果 10～11 月成熟。

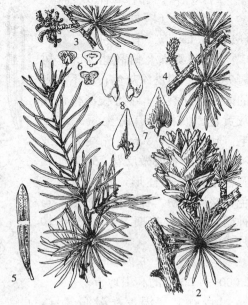

图 6-10　金钱松
1. 长、短枝　2. 球果枝　3. 雄球花枝　4. 雌球花枝　5. 叶　6. 雄蕊　7. 种鳞　8. 种子

　① 垂枝金钱松（'Annesleyana'）：小枝下垂，高约 30m。

　② 矮生金钱松（'Dawsonii'）：树形矮化，高 30～60cm。

［分布］分布于安徽、江苏、浙江、江西、福建、湖南、湖北、四川等地。

［习性］喜光，喜温凉湿润气候及深厚、肥沃、排水良好的中性或酸性土壤，不耐干旱瘠薄，不适应盐碱地和长期积水地。深根性，耐寒，抗风能力强。

［繁殖］播种、扦插，也可嫁接繁殖。

［用途］树姿优美，挺拔雄伟，雅致悦目，新叶翠绿，秋叶金黄，为珍贵的观赏树，为世界五大公园树种之一。可孤植、对植、丛植，与阔叶树混植，并衬以常绿灌木，效果更好。

（四）冷杉属 Abies Mill.

常绿乔木。小枝具圆形平伏叶痕。叶条形扁平，上面中脉凹下，下面有 2 条白色气孔带，螺旋状排列或基部扭转呈二列状。雌雄同株，球花单生于叶腋。球果直立；种鳞木质，熟时种鳞和苞鳞从中轴上同时脱落。苞鳞微露或不露出。种翅宽长。

约 50 种；我国 22 种 3 变种。

1. 冷杉（塔杉）*Abies fabri* (Mast.) Craib. （图 6-11）

[识别要点] 树高达 40m，树冠尖塔形。树皮深灰色，呈不规则的薄片状开裂。1 年生枝淡褐色或灰黄色。凹槽内有疏生短毛或无毛。叶长 1.5～3cm，先端微凹或钝，边缘反卷或微反卷。球果卵状圆柱形或短圆柱形，熟时暗蓝黑色，略被白粉。种子长椭圆形，与种翅近等长。花期 5 月；球果 10 月成熟。

[分布] 产于四川西部海拔 2 000～4 000m 的高山地带。

[习性] 喜温凉、湿润气候，耐阴性强；喜中性或微酸性土壤。

[繁殖] 播种繁殖。

[用途] 树姿古朴，树冠形状优美。丛植、群植，易形成庄严、肃静的气氛。

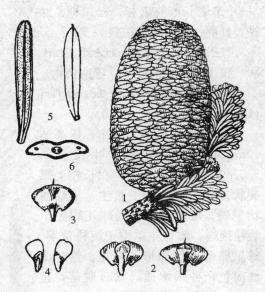

图 6-11　冷　杉
1. 球果枝　2、3. 种鳞背腹面　4. 种子
5. 叶　6. 叶横切面

2. 辽东冷杉（杉松）*Abies holophylla* Maxim. （图 6-12）

[识别要点] 树高达 30m，树冠阔圆锥形。树皮暗褐色，浅纵裂。1 年生枝淡黄褐色，无毛。叶长 2～4cm，先端渐尖或突尖，叶缘不反卷。球果圆柱形，熟时褐色。种子倒三角形，种翅宽大。花期 4～5 月，球果 10 月成熟。

[分布] 产于辽宁东部、吉林及黑龙江，但小兴安岭无，为长白山及牡丹江山区主要树种之一。

[习性] 耐阴，极耐寒。喜凉湿气候及深厚湿润、排水良好的酸性土壤。浅根

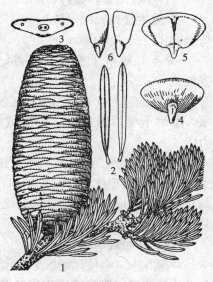

图 6-12　辽东冷杉
1. 球果枝　2. 叶　3. 叶横切面
4、5. 种鳞背、腹面　6. 种子

性。抗病虫害及烟尘能力强，对二氧化硫及氟化氢抗性较强。

[用途]树姿雄伟端庄，可植于大型花坛中心或纪念性建筑物周围，对植门口，列植在公园、陵园、甬道两侧，还可群植在草坪、林缘及疏林空地，混植及植为风景林，极为葱郁优美。

3. 臭冷杉（臭松） *Abies nephrolepis*（**Trauev.**）**Maxim.**（图 6-13）

[识别要点]树高达 30m，树冠尖塔形至圆锥形。树皮具横列的疣状皮孔。1 年生枝密被褐色短柔毛。营养枝叶先端凹缺或 2 裂。球果紫褐色或紫黑色。

[分布]产于辽宁东部小兴安岭南坡、长白山、河北、山西等地。

其他同辽东冷杉。

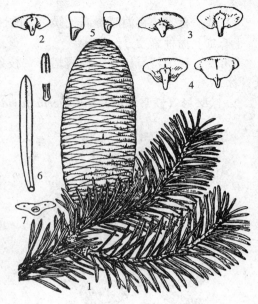

图 6-13 臭冷杉

1. 球果枝 2～4. 种鳞 5. 种子 6. 叶 7. 叶横剖面

4. 日本冷杉 *Abies firma* **Sieb. et Zucc.**

[识别要点]树冠塔形。1 年生枝淡黄灰色，幼树或徒长枝叶先端二叉状，果枝上叶先端钝或微凹。

[分布]产于日本，我国园林中常见栽培。

（五）油杉属 *Keteleeria* **Carr.**

常绿乔木。叶条形，扁平，螺旋状着生，中脉两面隆起，下面有 2 条气孔带；叶柄短，常扭转。雌雄同株。雄球花 4～8，簇生于枝顶；雌球花单生枝顶。球果直立，圆柱形，当年成熟；种鳞木质，具长柄、宿存；苞鳞不露出；连翅种子与种鳞近等长。

本属共 12 种，均产东亚；我国 10 种，均为特有种。

1. 油杉 *Keteleeria fortunei*（**Murr.**）**Carr.**（图 6-14）

[识别要点]树高达 30m，树冠塔形。1 年生枝黄红色，无毛或被疏毛。叶长 1.2～3cm，宽 2～4mm。球果长 6～18cm，径 5～6.5cm。中部种鳞宽圆形，上缘微向内曲。花期 3～4 月，球果 10 月成熟。

[分布]产浙江南部、福建、广东及广西南部。常与常绿阔叶树混生

成林。

[习性] 喜光，喜温暖湿润气候，喜酸性红壤或黄壤。

[繁殖] 播种繁殖。

[用途] 我国特有树种，树冠塔形，枝条开展，叶色常青。可作园景树或风景林。

2. 铁坚杉（铁坚油杉）*Keteleeria davidiana*（Bertr.）Beissn. （图 6 - 15）

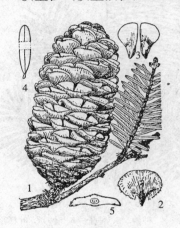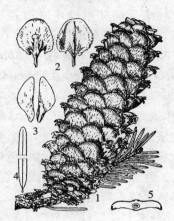

图 6 - 14　油　杉
1. 球果枝　2. 种鳞　3. 种子
4. 叶　5. 叶横剖面

图 6 - 15　铁坚杉
1. 球果枝　2. 种鳞　3. 种子
4. 叶　5. 叶横剖面

[识别要点] 常绿乔木，树高达 50m，树冠广圆形。1 年生枝淡黄灰色或灰色，常有毛。叶长 2～5cm，宽3～4mm。球果长 8～21cm，径 3.5～6cm。中部种鳞卵形或近斜方状卵形，边缘反曲，有细齿。花期 4 月，球果 10 月成熟。

[分布] 产于陕西南部、四川、湖北西部、贵州北部、湖南、甘肃等地。

[习性] 喜光，喜温暖湿润气候，在酸性、中性或微石灰性土壤上均能生长。

[用途] 本种为油杉属中耐寒性最强的种类。可作园景树、风景林。

（六）铁杉属 *Tsuga* Carr.

常绿乔木。1 年生枝细，微下垂，有微隆起的叶枕。叶条形扁平，有短柄，排成假二列状；上面中脉凹下，无气孔带；下面中脉隆起，两侧各具 1 灰白色气孔带。雄球花单生叶腋，雌球花单生枝顶。种鳞木质，熟后张开，不脱落。

约 16 种；我国 7 种 1 变种。

铁杉（假花板、仙柏）*Tsuga chinensis* (Franch.) Pritz. （图 6 - 16）

[识别要点] 树高达 50m，树冠塔形。1 年生枝淡灰黄色，叶枕凹槽内有短毛。叶长 1.2～2.7cm，先端有凹缺，仅下面有气孔带，灰绿色。球果长 1.5～2.5cm；种鳞微内曲；苞鳞不露出。花期 4 月；球果 10 月成熟。

[分布] 产于甘肃、陕西、河南、湖北、四川、贵州等地，辽宁大连有栽培。

[习性] 极耐阴，喜凉湿、排水良好的酸性土壤。抗风雪能力强。

[用途] 干直冠大，巍然挺拔，枝叶茂密整齐，壮丽可观。可植成风景林及作孤植树等。

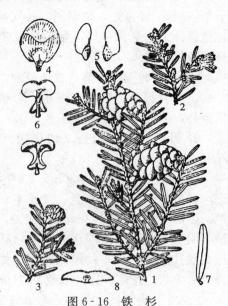

图 6 - 16 铁 杉

1. 球果枝 2. 雄花枝 3. 雌花枝 4. 种鳞
5. 种子 6. 苞鳞 7. 叶 8. 叶横剖面

（七）云杉属 *Picea* Dietr.

常绿乔木。枝轮生，树冠塔形或圆柱状塔形。1 年生枝上有木钉状叶枕，基部芽鳞宿存。叶四棱状条形，四面有气孔线，或为条形扁平，中脉两面隆起，上面有 2 条气孔线。雌雄同株。雄球花单生叶腋，雌球花单生枝顶。球果下垂或斜垂，种鳞革质，宿存，苞鳞小或退化，种子有翅。

约 40 种；我国 20 种 5 变种，另引种栽培 2 种。

1. 云杉（粗皮云杉）*Picea asperata* Mast. （图 6 - 17）

[识别要点] 树达高 45m。1 年生枝粗壮，有毛和白粉，淡黄色至黄褐色。针叶长 1～2cm，叶先端尖，稍弯曲。球果圆柱状长圆形，长 5～16cm，成熟时灰褐色或栗褐色。种鳞倒卵形，先端全缘，露出部分带有纵纹。花期 4～5 月；球果 9～10 月成熟。

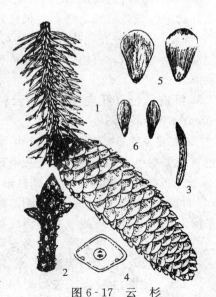

图 6 - 17 云 杉

1. 球果枝 2. 小枝及芽 3、4. 叶及其横剖面
5. 种鳞 6. 种子

　　[分布] 我国西南高山地区特有树种，四川、陕西、甘肃等地均有分布。

　　[习性] 较喜光，稍耐阴。喜气候凉润，在土层深厚、排水良好的微酸性棕色森林土上生长良好，耐干燥及寒冷的环境条件。对风、烟抗性均弱。

　　[用途] 树冠尖塔形，枝叶茂密，苍翠壮丽。适宜孤植、群植、列植、对植，作风景林，或在草坪中栽植。

2. 青杆（细叶云杉、刺儿松）*Picea wilsonii* Mast.（图6-18）

　　[识别要点] 树高达50m。1年生枝较细，淡黄绿色至淡黄灰色，常无毛。叶较短，细密，长0.8~1.3cm，先端尖，气孔带不明显，四面均为绿色。球果卵状圆柱形或圆柱状长卵形，种鳞倒卵形，先端圆或有急尖头。花期4月；球果10月成熟。

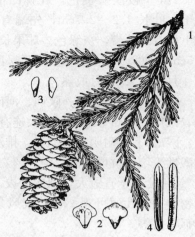

图6-18　青　杆
1. 球果枝　2. 种鳞　3. 种子　4. 叶

　　[分布] 我国特有树种，分布于河北、山西、陕西、青海、甘肃、四川、湖北、内蒙古等地。

　　[习性] 适应性较强。耐阴、耐寒，喜气候温凉，在土壤湿润、深厚、排水良好的中性或微酸性土壤上生长良好。

　　[用途] 树形整齐，叶较细密。可用作花坛中心植、孤植、丛植草地、对植门前，也可列植、群植公园绿地或作盆栽室内装饰。

3. 红皮云杉（红皮臭、高丽云杉）*Picea koraiensis* Nakai（图6-19）

　　[识别要点] 树高达35m。1年生枝淡红褐色或淡黄褐色，无白粉，无毛或有疏毛。叶长1.2~2.2cm，先端尖。球果圆柱形，长5~8cm。种鳞三角状倒卵形，先端圆，露出部分常平滑。花期5月；球果9月下旬成熟。

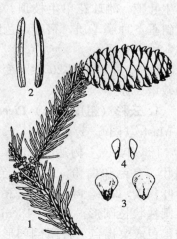

　　[分布] 产于大兴安岭、小兴安岭、吉林山区、辽宁东部、内蒙古等地。

　　[习性] 耐阴性较强，较耐干旱，但不耐过度水湿。幼树生长慢，后期生长快，浅根性，易风倒。

图6-19　红皮云杉
1. 球果枝　2. 叶　3. 种鳞　4. 种子

［用途］树冠为尖塔形，可作为独赏树及行道树，也可植成风景林或在草坪中栽植。

4. 白杆（白儿松）*Picea meyeri* Rehd. et Wils. （图 6 - 20）

［识别要点］树高约 30m。1 年生枝淡黄褐色，常有短柔毛。叶长 1.3～3cm，微弯曲，先端钝尖或钝。球果矩圆状圆柱形，种鳞倒卵形，先端圆或钝三角形，背面有条纹。花期 4～5 月；球果 9～10 月成熟。

［分布］我国特有树种，分布于河北、山西、陕西及内蒙古等地，为华北高山区主要树种之一。北京、沈阳、山西及江西庐山等地有栽培。

［习性］阴性树种，耐寒，喜湿润气候。

［用途］最宜孤植，也可丛植或作行道树。

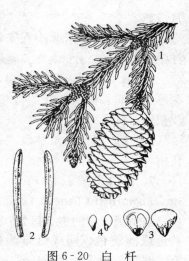

图 6 - 20　白　杆
1. 球果枝　2. 叶　3. 种鳞　4. 种子

5. 天山云杉（雪岭云杉）*Picea schrenkiana* Fisch. et Mey. （图 6 - 21）

［识别要点］树高达 40m。1～2 年生枝淡黄色或黄色，下垂。叶长 2～3.5cm。球果圆柱形，长 8～10cm，种鳞三角状倒卵形。花期 5～6 月；球果 9～10 月成熟。

［分布］产新疆天山及昆仑山西部。

［习性］幼树耐阴，浅根性，在适度湿润及全光条件下生长旺盛。

［用途］是产地优良的风景树。

6. 鱼鳞云杉（鱼鳞松）*Picea jezoensis* var. *microsperma* （Lindl.） Cheng et L. K. Fu（图 6 - 22）

［识别要点］树高达 50m。1 年生枝褐色、淡黄褐色或淡褐色，无毛或疏生短毛。叶条形扁平，微弯，长 1～2cm，上面有 2 条白色气孔带，下面无气线。球果长圆状圆柱形或长卵形，长 4～6（9）cm。种鳞卵状椭圆形或菱状椭圆形，上部平或圆，边缘有不规则的细缺齿。花期 5～6 月；球果 9～10

图 6 - 21　天山云杉
1. 球果枝　2. 小枝及芽　3、4. 叶及其横剖面
5. 种鳞　6. 种子

月成熟。

[分布] 产于东北小兴安岭及松花
江中下游林区。

[习性] 耐阴，耐寒力强，适生于
深厚、湿润、排水良好的微酸性土壤，
浅根性，抗风力弱。

[用途] 用于风景林及"四旁"绿
化树种。

**7. 长白鱼鳞云杉 *Picea jezoensis*
var. *komarovii* Cheng et L. K. Fu**

与鱼鳞云杉的主要区别：1年生枝
黄色或淡黄色，间或微带淡褐色，无
毛。球果较短，长 3～4cm，中部种鳞
菱状卵形。产大兴安岭、小兴安岭、
长白山、辽宁东部。

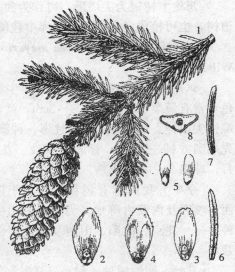

图 6-22 鱼鳞云杉
1. 球果枝　2～4. 种鳞　5. 种子
6～8. 叶及其横剖面

（八）银杉属 *Cathaya* Chun et Kuang
仅 1 种，我国特产。为古老子遗植物。

银杉（杉公子）*Cathaya argyrophylla* Chun et Kuang（图 6-23）

[识别要点] 常绿乔木，树高达 30m，树
冠塔形。小枝节间上端生长缓慢，较粗，叶在
节间上端排列紧密，似簇生状。叶条形扁平，
微镰状弯曲，上面中脉凹下，下面有 2 条银白
色气孔带。雄球花单生于 2 至多年生老枝的叶
腋；雌球花单生于新枝的下部或基部叶腋。球
果卵圆形，初直立，后下垂，暗褐色，当年成
熟。种鳞 13～16，木质较硬，宿存，近圆形，
蚌壳状。种子有翅。

[分布] 产于广西龙胜、大瑶山，重庆金佛
山，贵州道真及湖南新宁等地。

[习性] 喜温暖、湿润气候及排水良好的酸
性土壤。

[繁殖] 播种或嫁接繁殖。

图 6-23 银 杉
1. 球果枝　2. 种鳞　3. 种子

[用途] 树势如苍虬，壮丽可观。适宜孤植于大型建筑物前，群植于草坪
中，列植甬道两侧，疏植园路左右，作风景林。为国家一级保护树种。

（九）松属 *Pinus* L.

常绿乔木，稀灌木。大枝轮生，冬芽显著，芽鳞多数。叶二型：鳞叶（原生叶）、苗期叶扁平条形，后退化成膜质苞片状；针叶（次生叶）2、3 或 5 针一束，基部为芽鳞状的叶鞘所包。雌雄同株。雄球花多数，聚生于新枝下部；雌球花生于新枝近顶端处。球果翌年成熟；种鳞木质，宿存，有鳞盾和鳞脐；有鳞脊或无，种子多数具翅。

80 余种；我国 22 种 10 变种，另引入 16 种 2 变种。

分 种 检 索 表

1. 叶鞘早落，叶内维管束 1
　2. 叶 5 针一束
　　3. 小枝密被褐色毛
　　　4. 针叶长，长 6～12cm；球果大，长 9～14cm ⋯⋯⋯⋯⋯⋯ 1. 红松 *P. koraiensis*
　　　4. 针叶短，长 3.5～5.5cm；球果小，长 4～7.5cm ⋯⋯ 2. 日本五针松 *P. parviflora*
　　3. 小枝光滑无毛，有光泽 ⋯⋯⋯⋯⋯⋯⋯⋯⋯⋯⋯⋯ 3. 华山松 *P. armandii*
　2. 叶 3 针一束，小枝无毛 ⋯⋯⋯⋯⋯⋯⋯⋯⋯⋯⋯⋯ 4. 白皮松 *P. bungeana*
1. 叶鞘宿存，叶内维管束 2
　5. 叶 2 针一束
　　6. 叶内树脂道边生
　　　7. 针叶细软而短；1 年生枝淡橘黄色，微被白粉 ⋯⋯⋯⋯⋯ 5. 赤松 *P. densiflora*
　　　7. 针叶粗硬或细软而长；1 年生枝淡黄褐色或灰褐色，无白粉
　　　　8. 针叶细软而长，长 12～20cm ⋯⋯⋯⋯⋯⋯⋯⋯ 6. 马尾松 *P. massoniana*
　　　　8. 针叶粗硬
　　　　　9. 针叶短，长 3～9cm，球果长卵形 ⋯⋯⋯ 7. 樟子松 *P. sylvestris* var. *mongolica*
　　　　　9. 针叶长，长 10～15cm，球果卵圆形 ⋯⋯⋯⋯ 8. 油松 *P. tabulaeformis*
　　6. 叶内树脂道中生
　　　10. 冬芽深褐色，针叶稍粗硬 ⋯⋯⋯⋯⋯⋯⋯⋯⋯ 9. 黄山松 *P. taiwanensis*
　　　10. 冬芽银白色，针叶粗硬 ⋯⋯⋯⋯⋯⋯⋯⋯⋯⋯ 10. 黑松 *P. thunbergii*
　5. 叶 3 针一束或与 2 针一束并存
　　11. 针叶柔软下垂，鳞脐微凹 ⋯⋯⋯⋯⋯⋯⋯⋯⋯⋯ 11. 云南松 *P. yunnanensis*
　　11. 针叶硬，鳞脐瘤状或基部具粗壮而反曲的尖刺
　　　12. 叶长 18～30cm，叶鞘长 1.3cm ⋯⋯⋯⋯⋯⋯⋯ 12. 湿地松 *P. elliottii*
　　　12. 叶长 15～25cm，叶鞘长 2.5cm ⋯⋯⋯⋯⋯⋯⋯ 13. 火炬松 *P. teada*

1. 红松（海松、果松）*Pinus koraiensis* Sieb. et Zucc.（图 6-24）

［识别要点］树高达 50m。树冠卵状圆锥形，树皮灰褐色，内皮红褐色，块状脱落。小枝密被黄褐色绒毛。叶 5 针一束，长 6～12cm，粗硬而直，叶鞘

早落。球果大，长 9～14cm，圆锥状长卵形，成熟后种鳞不张开，先端反卷，鳞脐顶生。种子大，无翅。花期 5～6 月；球果翌年 9～10 月成熟。

　　[分布] 产于东北各地，长白山、完达山、小兴安岭极多。

　　[习性] 喜光，幼树较耐阴。喜凉爽和空气湿润的近海洋性气候，耐寒性强，不耐酷热和干燥。喜深厚肥沃、排水良好湿润的微酸性土壤。浅根性，水平根系发达，易风倒。生长速度较慢，寿命长。

　　[繁殖] 播种繁殖。

　　[用途] 树形雄伟高大，适宜于作北方风景林树种或栽植于庭园中。

图 6-24　红　松

1. 球果　2. 种鳞　3. 种子

2. 日本五针松（日本五须松） *Pinus parviflora* Sieb. et Zucc.（图 6-25）

　　[识别要点] 树高 25m。树冠圆锥形，1 年生小枝淡褐色，密生淡黄色柔毛。叶 5 针一束，长 3.5～5.5cm，较细短，基部叶鞘脱落。球果小，长 7～7.5cm，卵圆形，熟时淡褐色，种子无翅。花期 4～5 月；球果翌年 6 月成熟。

　　① 银尖五针松（'Albo-terminata'）：叶先端黄白色。

　　② 短针五针松（'Brevifolia'）：叶细而短、密生。

　　③ 龙爪五针松（'Tortuosa'）：叶呈螺旋状弯曲。

　　[分布] 原产日本，我国长江流域部分城市及青岛等地园林中有栽培。

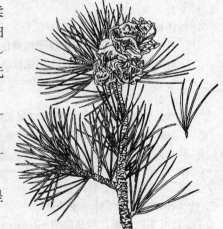

图 6-25　日本五针松

　　[习性] 喜光，也能耐阴，以深厚、排水良好的微酸性土壤最适宜，不耐低湿及高温。生长速度缓慢。

　　[用途] 珍贵的园林观赏树种之一。宜与山石配置形成优美的园景，可孤植为主景，也可对植于门庭建筑物两侧，适宜制作各类盆景。

3. 华山松（青松、五须松） *Pinus armandii* Franch.（图 6-26）

［识别要点］树高达 35m。树冠广圆锥形，幼树树皮灰绿色或淡灰色，光滑。小枝光滑无毛，有光泽。叶 5 针一束，8～15cm，质柔软，叶鞘早落。球果圆锥状长卵形，成熟后种鳞张开，种子脱落，先端不反卷，鳞脐顶生。种子倒卵形，无翅。花期4～5月；球果翌年9～10月成熟。

［分布］产于山西、陕西、甘肃、青海、河南、西藏、四川、湖北、云南、贵州、台湾等地。

［习性］较喜光，喜温凉湿润的气候和深厚、湿润、排水良好的酸性土壤，不耐水涝及盐碱。

［用途］树体高大挺拔，针叶苍翠，冠形优美，是优良的庭园绿化树种。可作园景树、庭荫树、行道树及林带树，也可丛植、群植及植为风景林。

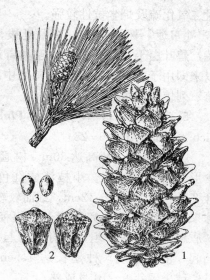

图 6-26 华山松
1. 球果枝 2. 种鳞 3. 种子

4. 白皮松（白骨松、虎皮松）*Pinus bungeana* Zucc. ex Endl.（图 6-27）

［识别要点］树高达 30m。树冠阔圆锥形。幼树树皮灰绿色，平滑；老树树皮灰褐色，薄鳞片状脱落，内皮乳白色。小枝灰绿色，无毛。叶 3 针一束，粗硬，叶鞘早落。球果圆锥状卵圆形，鳞盾多为菱形，横脊显著，鳞脐背生，有三角状短尖刺。种子有短翅。花期 4～5月；球果翌年9～11月成熟。

［分布］我国特产树种，是东亚惟一的三针松。分布于陕西、山西、河南、河北、山东、四川、湖北、甘肃等地。

［习性］喜光，幼年稍耐阴。适生于干冷气候，不耐湿热。在深厚、肥沃的钙质土或黄土上生长良好，不耐积水和盐碱土，耐干旱。深根性，生长慢，寿命长。

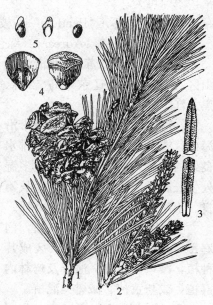

图 6-27 白皮松
1. 球果枝 2. 雄球花枝 3. 叶
4. 种鳞 5. 种子

对二氧化硫及烟尘抗性较强。

[用途] 树姿优美，苍翠挺拔，树皮斑驳奇特，碧叶白干，宛若银龙，独具奇观。我国自古以来即用于宫廷、寺院及名园之中。可对植、孤植、列植或群植成林。

5. 赤松（日本赤松）*Pinus densiflora* Sieb. et Zucc. （图6-28）

[识别要点] 树高达30m。树冠圆锥形或扁平伞形。树皮橙红色，小枝淡橘红色，微被白粉。叶2针一束，长5～12cm，细而较软，叶鞘宿存。球果圆锥状卵形或卵圆形，有短柄。种鳞较薄，鳞盾扁菱形，较平坦，横脊微隆起。鳞脐平或微凸起，常有短刺。种翅长达1.5cm。花期4～5月；球果翌年9～10月成熟。

① 千头赤松（伞形赤松，'Umbraculifera'）：高达7～8m，无主干，形成宽伞形树冠。枝叶茂密，翠绿可爱。

② 垂枝赤松（'Pendula'）：枝下垂或匍匐状，矮生，半球形树冠。叶较短。

③ 黄叶赤松（'Aurea'）：绿色叶中夹有淡黄色条斑。

图6-28　赤　松

[分布] 产于江苏、华北沿海低山区、山东半岛及辽东半岛、吉林、黑龙江。

[习性] 极喜光，适生于温带沿海山区或平地。喜酸性或中性排水良好的土壤，在石灰质沙地及多湿处生长略差，在黏重土壤上生长不良。不耐盐碱，深根性，抗风力强。

[用途] 可在草坪上孤植，门庭、入口两侧对植，风景区成片种植，瀑口、溪流、池畔及树林内群植，或与黄栌、槭树类混植。

6. 马尾松 *Pinus massoniana* Lamb. （图6-29）

[识别要点] 树高达45m。树

图6-29　马尾松

冠壮年期狭圆锥形，老年期伞状。叶2针一束，细软，长12～20cm，叶鞘宿存。球果卵圆形，熟时栗褐色。鳞盾菱形，平或微隆起，微具横脊；鳞脐微凹，常无刺。种子有长翅。花期4～5月；球果翌年10～12月成熟。

[分布]我国分布最广、数量最多的一种松树。北自河南、山东南部，东起沿海，西南至四川、贵州，遍布华中、华南各地。

[习性]极喜光，喜温暖湿润气候，耐寒性差。对土壤要求不严，喜土层深厚、肥沃、酸性或微酸性土壤。在钙质土、黏重土上生长不良。耐干旱瘠薄，不耐水涝及盐碱土。深根性。对氯气有较强的抗性。为酸性土壤指示植物。

[用途]树形高大雄伟，树冠如伞，姿态古奇。适于孤植或丛植在庭前、亭旁、假山之间，也可植于山涧、岩际、池畔及道旁。

7. 樟子松（蒙古赤松）*Pinus sylvestris* L. var. *mongolica* Litv. （图6-30）

[识别要点]树高达30m。树冠幼时尖塔形，老时圆或平顶。叶2针一束，长4～9cm，粗硬，常扭曲，短而宽，叶鞘宿存。球果长卵形，黄绿色，果柄下弯。鳞盾长菱形，肥厚，特别隆起，向后反曲，纵脊及横脊显著。鳞脐小，疣状凸起，有短刺尖，易脱落。种子具翅。花期5～6月；球果翌年9～10月成熟。

[分布]分布于黑龙江大兴安岭、海拉尔以西和以南的沙丘地带及内蒙古等地。

[习性]极喜光，适应严寒干旱的气候，为我国松属中最耐寒的树种。喜酸性土壤，在干燥瘠薄地、岩石裸露地、沙地、陡坡均可生长良好。深根性，抗风沙。

[用途]东北地区速生用材、防护林和"四旁"绿化的理想树种之一，也是东北、西北城市中有发展前途的园林树种。国家三级保护树种。

8. 油松（东北黑松、短叶马尾松）*Pinus tabulaeformis* Carr. （图6-31）

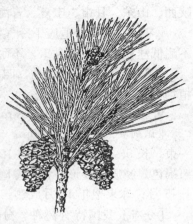

图6-30 樟子松

图6-31 油 松

[识别要点]树高达30m。树冠青壮年期广卵形，老树冠呈平顶状。叶2针一束，长10～15cm，粗硬，叶鞘宿存。球果卵圆形，熟时淡褐色。鳞盾肥厚隆起，扁菱形，横脊显著，鳞脐凸起有刺。种子有翅。花期4～5月；球果翌年9～10月成熟。

[分布]我国特有树种。产于辽宁、吉林、内蒙古、河北、河南、山西、陕西、山东、甘肃、宁夏、青海、四川北部等地。

[习性]喜光，适应干冷气候。喜深厚肥沃、排水良好的酸性、中性土壤。不耐低洼积水或土质黏重，不耐盐碱。深根性，耐干旱瘠薄。

[用途]树干挺拔苍劲，四季常青。宜作行道树，孤植、丛植、群植、混植均可。

9. 黄山松(台湾松)*Pinus taiwanensis* **Hayata**

[识别要点]树高达30m。老树冠呈广卵形。冬芽褐色或栗褐色。叶2针一束，长5～13cm（多为7～10cm），稍粗硬，叶鞘宿存。球果卵圆形，熟时栗褐色。鳞盾扁菱形，稍肥厚隆起，横脊显著，鳞脐有短刺。种子具翅。花期4～5月；球果翌年10月成熟。

[分布]我国特有树种，分布于台湾、福建、浙江、安徽、江西、湖南、湖北、河南、贵州等地。

[习性]极喜光，喜凉润的高山气候，在空气相对湿度较大、土层深厚、排水良好的酸性黄壤上生长良好。深根性，抗风雪。

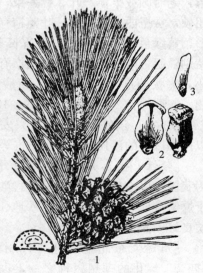

[用途]树姿雄伟，极为美观。适宜于自然风景区成片栽植。园林中可植于岩际、道旁，或聚或散，或与枫、栎混植。可作树桩盆景。

10. 黑松（日本黑松、白芽松）*Pinus thunbergii* **Parl.** （图6-32）

[识别要点]树高达35m。冬芽圆柱形，银白色。叶2针一束，粗硬，叶鞘宿存。球果圆锥状卵形至圆卵形，有短柄，熟时褐色。鳞盾微肥厚，横脊显著，鳞脐凹下，有短尖刺。种子有长翅。花期4～5月；球果翌年9～10月成熟。

图6-32 黑松
1. 球果枝　2. 种鳞　3. 种子
4. 针叶横剖面

[分布]原产日本及朝鲜。我国山东沿海、辽东半岛、江苏、浙江、安徽、福建、台湾等地均有栽培。

[习性] 喜光，喜温暖湿润的海洋性气候。耐干旱瘠薄及盐碱，不耐积水。以排水良好的适当湿润、富含腐殖质的中性壤土生长最好。极耐海潮风、海雾。深根性。对二氧化硫和氯气抗性强。

[用途] 著名的海岸绿化树种，可作防风、防潮、防沙林带及海滨浴场附近的风景林、行道树或庭荫树。姿态古雅，易盘扎造型，是制作树桩盆景的好材料。可用于厂矿绿化。

11. 云南松（飞松、长毛松）Pinus yunnanensis Franch.

[识别要点] 树高达 30m。叶 3 针一束，间或 2 针一束，柔软下垂，长 10～30cm。冬芽红褐色，粗大，无树脂。球果鳞盾微肥厚，鳞脐微凹，具短刺。种子有翅。花期 4～5 月；球果期翌年 10～12 月。

[分布] 产区以云南为中心，西藏东部、四川西南部、贵州西部及广西西部等均有分布。北京植物园有栽培。

[习性] 喜光，耐干瘠。生长快，适应西南季风区域气候。

[用途] 天然更新强，能飞子成林，是西南高原主要造林用材及绿化树种。

12. 湿地松 Pinus elliottii Engelm. （图 6-33）

[识别要点] 原产地高达 40m。树冠圆形。叶 2 针、3 针一束并存，长18～30cm，粗硬，叶鞘宿存，长 1.2cm。球果鳞盾肥厚，鳞脐瘤状，具短尖刺。种子有翅，但易脱落。花期2～4 月；球果翌年 9～11 月成熟。

[分布] 原产于美国东南部。我国 20 世纪 30 年代开始引栽，现在长江以南各地广为栽种。

[习性] 极喜光，适应性强。适生于中性至强酸性土壤。耐水湿，可生长在低洼沼泽地、湖泊、河边，故名湿地松。深根性，抗风力强。

[用途] 在园林中可孤植、列植、丛植。

图 6-33 湿地松
1. 球果枝 2. 叶横剖面

13. 火炬松（火把松）Pinus taeda L. （图 6-34）

[识别要点] 原产地高达 54m。树冠紧密圆头状。叶 3 针一束，罕 2 针一束并存，长 15～25cm，刚硬，稍扭转，叶鞘长达 2.5 cm。球果卵状长圆形，鳞盾沿横脊显著隆起，鳞脐具基部粗壮而反曲的尖刺。花期 3～4 月；球果翌年 10 月成熟。

[分布] 原产于美国东南部，是我国引种驯化成功的国外松树之一。华东、华中、华南均有引种。

[习性] 喜光，喜温暖湿润气候。适生于酸性或微酸性土壤，在土层深厚肥沃、排水良好处生长较快。不耐水涝及盐碱土。深根性。生长速度超过马尾松。

[用途] 树姿优美挺拔，树冠枝条层层上展，形似火炬。可供园林观赏，植成风景林。

图 6-34　火炬松
1. 球果枝　2. 叶横剖面
3. 种鳞及种子　4. 鳞盾和鳞脐

五、杉科 Taxodiaceae

常绿或落叶乔木。叶鳞形、披针形、钻形或条形，同型或异型，螺旋状互生，稀交叉对生。雌雄同株。雄球花单生、簇生或呈圆锥花序状，具多数雄蕊，每雄蕊各具花药 2～9；雌球花单生于枝顶或近枝顶，具多数珠鳞，珠鳞与苞鳞半合生或完全合生，每珠鳞腹面具胚珠 2～9。球果当年成熟，熟时种鳞张开，种鳞扁平或盾形，木质或革质，宿存或成熟后脱落。发育的种鳞内具种子 2～9 粒，种子常有翅。

共 10 属 16 种，主要分布于北温带；我国有 5 属 7 种，引入栽培 4 属 7 种。

分属检索表

1. 叶常绿性；无冬季脱落的小枝；种鳞木质或革质
　2. 种鳞（或苞鳞）扁平、革质；叶条状披针形 ……………（一）杉木属 Cunninghamia
　2. 种鳞盾形，木质；叶钻形 ………………………………（二）柳杉属 Cryptomeria
1. 叶脱落性或半常绿性；有冬季脱落的小枝；种鳞木质
　3. 叶和种鳞均螺旋状着生
　　4. 小枝绿色；种鳞扁平，种子椭圆形，下端有长翅 ………（三）水松属 Glyptostrobus
　　4. 小枝淡黄褐色；种鳞盾形，种子不规则三角形，棱脊上有厚翅 …………………
　　………………………………………………………………（四）落羽杉属 Taxodium
　3. 叶和种鳞均对生；叶条形，排成二列；种子扁平，周围有翅 …………………………
　……………………………………………………………………（五）水杉属 Metasequoia

（一）杉木属 Cunninghamia R. Br.

常绿乔木。叶条状披针形，基部下延生长，叶缘有细锯齿，螺旋状着生，侧枝上的叶常扭转成二列状。雄球花簇生于枝顶；雌球花单生或 2～3 个集生枝顶，苞鳞与珠鳞下部合生，苞鳞大，珠鳞小，胚珠3。种子两侧具窄翅。

2种，我国均产。

杉木（沙木、刺杉）*Cunninghamia lanceolata* (Lamb.) Hook.（图6-35）

[识别要点] 树高达30m。幼树冠尖塔形，大树为广圆锥形。小枝对生或轮生。叶扁平，革质，先端锐尖，下面有2条白色气孔带。珠鳞顶端3裂。球果卵圆形至圆球形，苞鳞先端有坚硬的刺状尖头，边缘有不规则的细锯齿。种子长卵形，扁平。花期3～4月；球果10～11月成熟。

[分布] 产于长江流域秦岭以南的16个省、直辖市、自治区。其中浙江、安徽、江西、福建、湖南、广东、广西是杉木的主产区。

[习性] 喜光，喜温暖湿润气候，怕风、怕旱、不耐寒，最适于生长在温暖多雨、静风多雾的环境。喜深厚肥沃、排水良好的酸性土壤，不耐盐碱。浅根性，生长快，萌芽、萌蘖力强。对毒气有一定的抗性。

[用途] 树干端直，树冠参差，极为壮观。适于大面积群植，可作风景林，或在山谷、溪边、林缘与其他树种混植，也可列植于道旁。

（二）柳杉属 *Cryptomeria* D. Don.

常绿乔木。叶螺旋状排列，钻形。雄球花单生于叶腋，多数密集成穗状；雌球花单生于枝顶，珠鳞与苞鳞合生，仅先端分离，每珠鳞具2～5胚珠。球果近球形，种鳞木质，盾形，宿存，上部肥大，有3～7裂齿，背面中部以上具三角状分离的苞鳞尖头，发育种鳞具2～5粒种子。

共2种；我国产1种，引入栽培1种。

1. 柳杉（孔雀杉）*Cryptomeria fortunei* Hooibrenk ex Otto et Dietr.（图6-36）

[识别要点] 树高达40m。树冠塔状圆锥

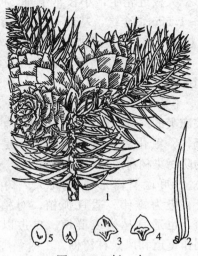

图6-35 杉 木
1.球果枝 2.叶 3.苞鳞背面
4.苞鳞腹面及种鳞 5.种子

图6-36 柳 杉
1.球果枝 2.种鳞 3.种子 4.叶

形。大枝近轮生，小枝常下垂。叶钻形，两侧扁，先端尖而微向内弯曲，长1～1.5cm，全缘，基部下延生长。球果近圆球形，种鳞约20枚，发育种鳞具2粒种子。种子近椭圆形，褐色，周围有窄翅。花期4月；球果10月成熟。

[分布] 我国特有树种，产长江流域以南至广东、广西、云南、贵州、四川等地。

[习性] 中等喜光，略耐阴。喜温暖湿润、空气湿度大、云雾弥漫、夏季较凉爽的气候。怕夏季酷热或干旱。在积水处易烂根。浅根性，对二氧化硫、氯气、氟化氢均有一定抗性，是优良的防污染树种。

[用途] 树形圆整高大，树干粗壮，极为雄伟。适宜孤植、对植、列植，也适宜丛植或群植。自古以来常用作墓道和风景林树种。

2. 日本柳杉 *Cryptomeria japonica* (L. f.) D. Don. （图6-37）

与柳杉的主要区别是：叶直伸，通常先端不内曲。种鳞多数，为20～30枚，先端裂齿和苞鳞的尖头均较长，每种鳞具2～5种子。

园艺品种较多，如千头柳杉、矮丛柳杉、圆球柳杉等。

[分布] 原产日本。我国山东、河南至长江流域各地广泛栽培。

[习性] 在气候凉爽湿润、空气湿度大的条件下生长极为良好，在夏季炎热地区生长不良。耐修剪。

图6-37　日本柳杉
1. 球果枝　2. 雄球花枝　3. 雄球花
4. 种鳞背面及腹面　5. 种子

[用途] 作绿篱，从幼树根际切断萌发形成烛台式树形，每年春秋季略加修剪即可。

（三）水松属 *Glyptostrobus* Endl.

仅1种，第四纪冰川期后的孑遗植物。

水松 *Glyptostrobus pensilis* (Staunt.) Koch. （图6-38）

[识别要点] 落叶或半常绿乔木，树高8～16m。树干基部常膨大，常有伸出地面或水面的呼吸根，树干具扭纹。1～3年生小枝冬季保持绿色。叶互生，有三种类型：鳞形叶较小，紧贴于1年生短枝及萌生枝上，冬季宿存；条形叶

和条状钻形叶较长，柔软，在小枝上各排成 2～3 列，冬季和小枝同时脱落。球花单生于枝顶。球果倒卵状球形，直立，种鳞木质，发育种鳞具 2 粒种子。种子椭圆形，微扁，种子下部具长翅。花期 1～2 月；球果 10～11 月成熟。

[分布] 我国特有树种，产于广东、福建、广西、江西、四川、云南等地。长江流域各城市有栽培。

[习性] 极喜光，喜温暖湿润气候，不耐低温。最适于富含水分的冲积土，极耐水湿，不耐盐碱。浅根性，根系发达，萌芽力强。

[用途] 树形美丽，最适河边、

图 6-38　水　松
1. 球果枝　2. 种鳞　3. 种子

湖畔及低湿处栽植，若于湖中小岛群植数株，尤为雅致，也可作防风护堤树。

（四）落羽杉属 *Taxodium* Rich.

落叶或半常绿乔木。树干基部膨大，常有膝状呼吸根，小枝经冬呈褐色。叶互生，有二型：条形叶着生在无芽的 1 年生枝上，排成二列，冬季和小枝同时脱落；钻形叶冬季宿存。雄球花卵圆形，在枝端排成圆锥花序状；雌球花单生枝顶。种鳞木质，盾形，苞鳞与种鳞仅先端分离，向外凸起呈三角状小尖头，发育种鳞具 2 粒种子。种子呈不规则三角形，边缘有锐状厚脊。

共 3 种，产于北美及墨西哥。我国均有引种。

1. 落羽杉 *Taxodium distichum*（L.）Rich.（图 6-39）

[识别要点] 落叶乔木，树高达 50m。大枝水平开展，幼树树冠圆锥形，老时伞形。叶窄条形，长 1～1.5cm，排成二列羽状。球果卵圆形，径 2.5cm，被白粉。花

图 6-39　落羽杉

期 3～4 月；球果 10～11 月成熟。

　　[分布] 原产于北美东南部沼泽地区。我国长江以南部分地区引种栽培。

　　[习性] 极喜光，耐寒性差；喜深厚肥沃、湿润的酸性或微酸性土壤；耐水湿，耐轻度盐碱；抗风力强，生长快。

　　[用途] 树形优美，枝叶秀丽婆娑，秋叶棕褐色，是观赏价值较高的园林树种。特别适宜于水滨、河滩、湖边、低湿草地成片栽植、孤植或丛植。

　　2. 池杉（池柏） *Taxodium ascendens* **Brongn.** （图 6-40）

　　与落羽杉的主要区别是：大枝向上伸展，树冠窄尖塔形。叶多钻形，长4～10mm，螺旋状着生，紧贴小枝上，仅上部稍分离。

　　3. 墨西哥落羽杉 *Taxodium mucronatum* **Tenore**

　　与落羽杉的主要区别是：半常绿或常绿乔木。叶细条形扁平，长约 1cm，排成紧密的羽状二列。

　　（五）水杉属 *Metasequoia* **Miki ex Hu et Cheng**

仅 1 种。第四纪冰川期后的孑遗植物。

　　水杉 *Metasequoia glyptostroboides* **Hu et Cheng** （图 6-41）

图 6-40　池　杉

图 6-41　水　杉

1. 球果枝　2. 雄球花枝　3. 种子　4. 雄蕊
5. 球果　6. 雄球花

　　[识别要点] 落叶乔木。树高达 50m。干基膨大，大枝近轮生。叶条形，柔软，叶长 0.8～3.5cm，宽 1～2.5mm，在枝上交互对生，基部扭转排成羽

状，冬季与无芽小枝同时脱落。雌雄同株。雄球花单生于叶腋和枝顶，排成总状或圆锥花序状；雌球花单生于枝顶。球果近球形，径 1.6～2.5cm，熟时深褐色，下垂，种鳞木质，盾形，发育种鳞内有种子 5～9 粒。种子扁平，周围有翅，先端有凹缺。花期 2～3 月；球果 10～11 月成熟。

　　[分布] 我国特有的古老珍稀树种，天然分布于四川石柱县、湖北利川县及湖南龙山县和桑植县等地。新中国成立以来各地普遍引种栽培。现已成为长江中下游各地平原河网地带重要的"四旁"绿化树种之一。

　　[习性] 喜光，喜温暖湿润气候，对环境条件适应性较强。在深厚肥沃的酸性土壤上生长最好，喜湿又怕涝。浅根性，生长速度快。对有毒气体抗性弱。

　　[繁殖] 扦插或播种繁殖。

　　[用途] 树姿优美挺拔，叶色秀丽，秋叶转棕褐色。宜在园林中丛植、列植或孤植，也可成片栽植，是城郊区、风景区绿化的重要树种。亦可作防护林。国家一级重点保护树种。

六、柏科 Cupressaceae

　　常绿乔木或灌木。树皮长条状剥裂。叶鳞形或刺形，或同一树上二者兼有，鳞形叶交互对生，刺形叶 3 枚轮生。雌雄同株或异株。雄蕊和珠鳞交互对生或 3 枚轮生；雌球花具珠鳞 3～16，每珠鳞具 1 至数个直生胚珠，苞鳞与珠鳞合生，仅尖头分离。球果小，种鳞交互对生，革质，木质，熟时张开，或肉质合生。种子具窄翅或无翅。

　　22 属约 150 种；我国有 8 属 30 种 6 变种，引栽 1 属 15 种。

分 属 检 索 表

1. 球果种鳞木质或近革质，熟时开裂；种子通常有翅，稀无翅
　2. 种鳞扁平或鳞背隆起，不为盾形；球果当年成熟
　　3. 种鳞木质，厚，背部近顶端有一弯曲钩状尖头；种子无翅 …………………………
　　………………………………………………………………（一）侧柏属 *Platycladus*
　　3. 种鳞薄革质，顶端有钩状突起；种子两侧有翅 …………（二）崖柏属 *Thuja*
　2. 种鳞盾形；球果次年或当年成熟
　　4. 鳞叶小，长 2mm 以内；球果具 4～8 对种鳞，种子两侧具窄翅
　　　5. 小枝扁平；球果当年成熟，发育的种鳞有种子，多 3 …………………………
　　　………………………………………………………（三）扁柏属 *Chamaecyparis*
　　　5. 小枝圆筒状或四方形，稀扁平状；球果翌年成熟，发育的种鳞具 5 至多粒种子
　　　………………………………………………………（四）柏木属 *Cupressus*

4. 鳞形叶较大，两侧鳞形叶长 3～6mm；球果具 6～8 对种鳞，种子上部具翅 ……
……………………………………………………（五）福建柏属 *Fokienia*

1. 球果肉质合生，浆果状，熟时不开裂；种子无翅

6. 刺形叶或鳞形叶，或同一植株上二者兼有，刺形叶基部无关节，下延生长；球花单生
枝顶 ……………………………………………………（六）圆柏属 *Sabina*

6. 叶全为刺形叶，基部有关节，不下延生长；球花单生叶腋 ……………………
……………………………………………………（七）刺柏属 *Juniperus*

（一）侧柏属 *Platycladus* Spach.

仅 1 种，我国特产。

侧柏（扁桧、扁柏）*Platycladus orientalis* (L.) Franco（图 6-42）

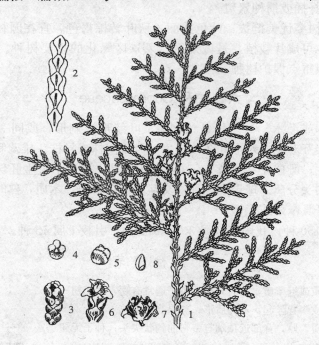

图 6-42　侧　柏
1. 球果枝　2. 鳞叶枝放大　3. 雄球花　4、5. 雄蕊腹背面
6. 雌球花　7. 球果　8. 种子

［识别要点］树高达 20m。小枝扁平呈一平面，两面同型，斜上展，不下垂。鳞形叶长 1～3mm，先端微钝，背面有腺点。雌雄同株。球花单生于小枝顶端，雄球花有雄蕊 6 对；雌球花有 4 对珠鳞。球果卵圆形，长1.5～2.5cm，熟时红褐色，开裂；种鳞木质，厚，背部近顶端有一反曲的钩状尖头，发育种鳞

内有 1～2 粒种子。种子长卵圆形,无翅。花期 3～4 月;球果 9～10 月成熟。

① 千头柏(子孙柏、扫帚柏,'Sieboldii'):丛生灌木,无明显主干,高 3～5m,枝密生,直伸,树冠呈紧密的卵圆形或球形。叶绿色。

② 金塔柏(金枝侧柏,'Beverleyensis'):小乔木,树冠窄塔形。叶金黄色。

③ 洒金千头柏(金枝千头柏,'Aurea'):矮生密丛,树冠圆形至卵形,高 1.5m。叶淡黄绿色,入冬略转褐绿色。

④ 金黄球柏(金叶千头柏,'Semperaurescens'):矮形紧密灌木,树冠近球形,高达 3m。叶全年金黄色。

⑤ 窄冠侧柏('Zhaiguancebai'):树冠窄,枝向上伸展或微向上伸展。叶光绿色,生长旺盛。

[分布] 产于我国北部及西南部,全国各地有栽培。

[习性] 喜光,喜温暖湿润气候,喜深厚肥沃、湿润、排水良好的钙质土壤,但在酸性、中性或微盐碱土上均能生长,抗盐性很强。耐旱,较耐寒。浅根性,侧根发达,萌芽力强,耐修剪。生长偏慢,寿命极长,可达 2000 年以上。对二氧化硫、氯化氢等有害气体有一定的抗性。

[用途] 我国广泛应用的园林树种之一,自古以来多栽于庭园、寺庙、墓地等处。在园林中需成片种植时,与圆柏、油松、黄栌、臭椿等混交为佳。可用于道旁庇荫或作绿篱,亦可用于工厂和"四旁"绿化。也可作花坛中心植,装饰建筑、雕塑、假山石或对植入口两侧。

(二)崖柏属 *Thuja* L.

乔木或灌木。生鳞形叶的小枝呈平展状。雌雄同株,单生枝顶;雌球花单生枝顶,有珠鳞 3～5 对。球果卵状长椭圆形,种鳞薄革质,扁平,顶端具钩状突起。发育的种鳞各具 2 粒种子;种子扁平,两侧有翅。

共 6 种;我国 2 种,另引入 3 种。

香柏(美国侧柏、北美香柏)*Thuja occidentalis* L. (图 6-43)

[识别要点] 树高达 20m。树冠圆锥形。生鳞形叶的小枝扁平,排成一平面。叶长 1.5～3mm,两侧鳞形叶先端尖,内弯,中间鳞形叶明显隆起并有透明的

图 6-43 香 柏
1. 球果枝 2. 鳞叶枝放大

圆腺点，叶下无白粉，鳞形叶揉碎时有香气。种鳞常5对，下面2～3对发育，各具1～2种子。

[分布] 原产于北美。我国上海、杭州、南京、郑州、武汉、庐山、黄山、青岛、北京等地有栽培。

[习性] 喜光，有一定的耐阴能力。耐修剪，耐瘠薄，能生长在潮湿的碱性土壤上。抗烟尘和有毒气体能力强。

[繁殖] 播种、扦插或嫁接繁殖。

[用途] 树冠整齐美观。可孤植和丛植于庭园、广场、草坪边缘，或点缀装饰花坛，还可作风景小品，尤以栽作绿篱最佳。

（三）扁柏属 *Chamaecyparis* Spach.

乔木。生鳞形叶的小枝扁平，排成一平面，叶背面常有白粉。叶鳞形。雌雄同株，球花单生于枝顶。球果种鳞3～6对，木质，盾形，顶部中央有小尖头，当年成熟。发育的种鳞有种子3（1～5），种子两侧有翅。

共5种1变种；我国1种1变种，另引入4种。

1. 日本花柏(花柏) *Chamaecyparis pisifera* **(Sieb. et Zucc.)Endl.**（图6-44）

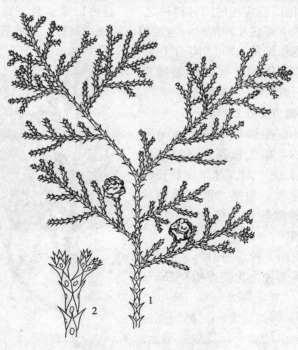

图6-44　日本花柏
1. 球果枝　2. 鳞叶枝放大

［识别要点］高达 50m。树冠尖塔形。鳞形叶表面暗绿色，下面明显有白粉，先端锐尖，略开展。球果圆球形，径约 6mm，种鳞 5～6 对。花期 3 月；球果 11 月成熟。

① 线柏（'Filifera'）：灌木或小乔木。树冠球形，小枝细长而下垂。鳞形叶小，先端锐尖。原产日本。我国庐山、南京、杭州等地引种栽培。生长良好。

② 绒柏（'Squarrosa'）：灌木或小乔木。树冠塔形，大枝斜展，枝叶浓密。叶全为柔软的条形刺叶，先端尖，下面有 2 条白色气孔带。原产日本。我国庐山、南京、黄山、杭州、长沙等地有栽培。

③ 羽叶花柏（'Plumosa'）：小乔木，高 5m。树冠圆锥形，枝叶紧密，小枝羽状。鳞形叶较细长，开展，稍呈刺状，但质软，长 3～4mm，表面绿色，背面粉白色。

［分布］原产日本。我国青岛、庐山、南京、上海、杭州等地有栽培。

［习性］中性而略耐阴，喜温暖湿润气候，喜湿润土壤。适应平原环境能力较强，较耐寒，耐修剪。

［用途］孤植、丛植或作绿篱用。枝叶纤细，优美秀丽，特别是栽培品种具有独特的姿态，有较高的观赏价值。

2. 日本扁柏（扁柏） *Chamaecyparis obtusa* **(Sieb. et Zucc.) Endl.**（图 6-45）

［识别要点］在原产地高达 40m。树冠尖塔形。鳞形叶背面微有白粉，肥厚，先端较钝，紧贴小枝。球果圆形，径 0.8～1cm，种鳞 4 对。花期 4 月；球果 10～11 月成熟。

① 台湾扁柏［ var. *formosana* (Hayata) Rehd.］：与原种的区别：鳞叶较薄，先端常钝尖。球果较大，径 10～11mm，种鳞 4～5 对。台湾特产。

② 云片柏（'Breviramea'）：小乔木，高达 5m。树冠窄塔形。生鳞叶的小枝呈云片状。原产日本。我国庐山、南京、上海、杭州等地引种。

③ 凤尾柏（'Filicoides'）：丛生灌木，小枝短，末端鳞叶枝短，扁平，在主枝上排列紧密，外观凤尾蕨

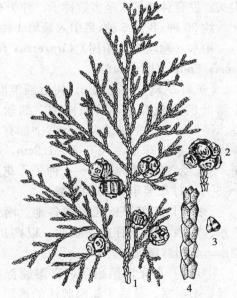

图 6-45　日本扁柏
1. 球果枝　2. 球果　3. 种子　4. 鳞叶排列

状。鳞形叶小而厚，顶端钝，背具脊，常有腺点。我国庐山、南京、杭州等地栽培观赏。生长缓慢。

④ 孔雀柏（'Tetragona'）：灌木或小乔木。枝近直展，生鳞叶的小枝辐射状排列，或微排成平面，短，末端鳞叶枝四棱形。鳞形叶背部有纵脊，叶亮金黄色。原产日本，我国北京以南有栽培。

[分布] 原产于日本。我国青岛、上海、河南、浙江、广东、广西、庐山、南京、杭州、台湾等地引种栽培。

[习性] 中等喜光，略耐阴。喜温暖湿润气候，在肥沃湿润、排水良好的中性或微酸性沙土上生长最佳。

[繁殖] 播种繁殖，品种可扦插、压条或嫁接繁殖。

[用途] 树形及枝叶均美丽可观，许多品种具有独特的枝形或树形。可作园景树、行道树，丛植、群植、列植或作绿篱用。也可植于园路、台坡或山旁，对植于门厅入口。

（四）柏木属 Cupressus L.

乔木，稀灌木。着生鳞叶的小枝四棱形或圆柱形，稀扁平，通常不排成一个平面。鳞形叶小，仅幼苗及萌生枝上的叶为刺形。雌雄同株，球花单生枝顶。球果圆球形，种鳞 4～8 对，翌年成熟。种鳞木质，盾形，顶端中央有短尖头。发育种鳞具 5 至多数种子，种子有窄翅。

约 20 种；我国 5 种，另引入栽培 4 种。

柏木（垂丝柏、柏树）Cupressus funebris Endl.（图 6-46）

[识别要点] 树高 35m。树冠圆锥形。生鳞叶的小枝扁平，两面同型，细软下垂。鳞形叶小，先端锐尖，叶背中部有纵腺点。球果近球形，径 0.8～1.2cm，种鳞 4 对，发育种鳞内具 5～6 种子。花期 3～5 月；球果翌年 5～6 月成熟。

[分布] 广布于长江流域各地，南达广东、广西，西至甘肃、陕西，以四川、湖南、贵州栽植最多。

[习性] 喜光，稍耐阴，喜温暖湿润气候，不耐寒，最适于深厚肥沃的钙质土壤。耐干旱瘠薄，又略耐水湿。是亚热带地区石灰岩山地钙质土的指示树种。浅根

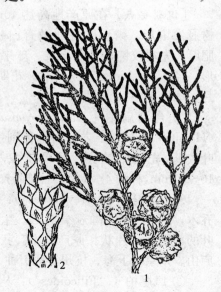

图 6-46 柏 木
1. 球果枝 2. 鳞叶排列

性，萌芽力强，耐修剪。抗有毒气体能力强。寿命长。

〔繁殖〕播种繁殖。

〔用途〕树姿秀丽清雅。可孤植、丛植、群植，适宜于风景区成片栽植。也可对植、列植于园路及庭园入口两侧。

（五）福建柏属 *Fokienia* Henry et Thomas

仅 1 种，我国特产。

福建柏（建柏） *Fokienia hodginsii* **Henry et Thomas**（图 6-47）

〔识别要点〕高达 20m。三出羽状分枝。叶、枝扁平，排成一平面。鳞形叶二型：中央的叶较小；两侧的鳞形叶较长，长 3～6mm，明显成节，上面绿色，下面被白粉。雌雄同株。球果翌年成熟。种鳞 6～8 对，木质，盾形，顶部中间微凹，有小凸起尖头，熟时开裂，种脐明显，上部有两个大小不等的翅。花期 3～4 月；球果翌年10～11 月成熟。

〔分布〕产于浙江、福建、江西、湖南、广东、广西、贵州、四川、云南等地。

〔习性〕喜光，稍耐阴，适生于温暖湿润气候，在肥沃、湿润的酸性或强酸性黄壤上生长良好，较耐干旱、瘠薄。浅根性，侧根发达。

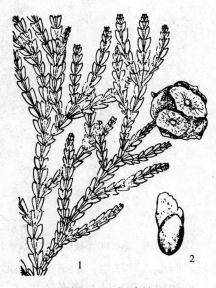

图 6-47　福建柏
1. 球果枝　2. 种子

〔用途〕树干挺拔雄伟，鳞形叶紧密，蓝白相间，奇特可爱。在园林中片植、列植、混植或孤植草坪，亦可盆栽作桩景。国家二级保护树种。

（六）圆柏属 *Sabina* Spach.

乔木或灌木。直立或匍匐。叶刺形或鳞形。刺形叶 3 枚轮生，基部下延生长，无关节；鳞形叶交叉对生。雌雄异株或同株，球花均单生于枝顶。球果肉质浆果状。种鳞 4～8 枚，交叉对生或轮生，翌年成熟，不开裂。种子 1～6 粒，无翅。

约 50 种；我国 17 种数变种，引入栽培 2 种。

1. 圆柏（桧柏、刺柏） *Sabina chinensis* **（L.）Ant.**（图 6-48）

〔识别要点〕树高达 20m。干有时呈扭转状。树冠尖塔形或圆锥形，老树

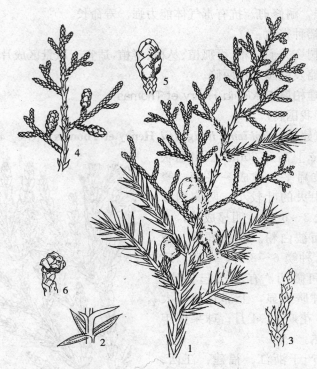

图 6-48　圆　柏
1. 球果枝　2. 刺叶小枝放大　3. 鳞叶小枝放大　4. 雄球花枝　5. 雄球花　6. 雌球花

则呈广圆形。叶二型：幼树全为刺形叶，3枚轮生；老树多为鳞形叶，交叉对生。壮龄树则刺形叶与鳞形叶并存。球果近球形，熟时暗褐色，被白粉，不开裂，内有种子1～4粒。花期4月；球果翌年10～11月成熟。

①垂枝圆柏 [f. *pendula* (Franch.) Cheng et W. T. Wang]：野生变型。枝长，小枝顶下弯。

②偃柏 [var. *sargentii* (Henry) Cheng et L. K. Fu]：野生变种。匍匐灌木，小枝上伸，呈密丛状，树高0.6～0.8m。老树多鳞形叶，幼树刺形叶。交叉对生，排列紧密。球果带蓝色，被白粉，内具种子3粒。

③龙柏 ('Kaizuka')：树冠柱状塔形，侧枝短而环抱主干，端梢扭曲斜上展，形似龙"抱柱"。小枝密，全为鳞形叶，密生，幼叶淡黄绿，后呈翠绿色。球果蓝黑色，微被白粉。

④金叶桧 ('Aurea')：圆锥状直立灌木，高3～5m，枝上伸。有刺形叶和鳞形叶，鳞形叶初为深金黄色，后渐变为绿色。

⑤金球桧 ('Aureaglobosa')：丛生灌木。树冠近球形，枝密生。叶多为

鳞形叶，在绿叶丛中杂有金黄色枝叶。

⑥ 球柏（'Globosa'）：丛生灌木。树冠近球形，枝密生。叶多为鳞形叶，间有刺形叶。

⑦ 鹿角桧（'Pfitzeriana'）：丛生灌木。干枝自地面向四周斜上伸展。

⑧ 塔柏（'Pyramidalis'）：树冠圆柱状或圆柱状尖塔形。枝密生，向上直展。叶多为刺形，稀间有鳞形叶。

［分布］产于东北南部及华北各地、长江流域至广东和广西北部、西南各地。

［习性］喜光，幼树耐荫蔽，喜温凉气候，较耐寒。在酸性、中性及钙质土上均能生长，以深厚、肥沃、湿润、排水良好的中性土壤生长最佳。耐干旱瘠薄，深根性，耐修剪，易整形，寿命长。对二氧化硫、氯气和氟化氢等多种有毒气体抗性强，阻尘和隔音效果良好。

［繁殖］播种、扦插繁殖为主，也可嫁接繁殖。

［用途］树形优美，青年期呈整齐的圆锥形，老年则干枝扭曲，奇姿古态，可独成一景。多配置于庙宇、陵墓作甬道树和纪念树。宜与宫殿式建筑相配合，能起到相互呼应的效果。可群植、丛植、作绿篱或用于工矿区绿化。应用时应注意勿在苹果及梨园附近栽植，以免锈病猖獗。部分品种、变种可根据树形对植、列植、中心植，或作盆景、桩景等。

2. 铺地柏（匍地柏）Sabina procumbens（Endl.）Iwata et Kusaka

［识别要点］匍匐小灌木，高达 75cm。枝梢及小枝向上斜展。叶全为刺形，3 枚轮生，上面凹，有 2 条上部会合的白粉气孔带，下面蓝绿色，叶基下延生长。球果近圆球形，熟时黑色，外被白粉。种子 2～3，有棱脊。

［分布］原产日本。我国各地园林常见栽培。

［习性］喜光，喜海滨气候及肥沃的石灰质土壤，不耐低湿。耐寒，萌芽力强。

［繁殖］以扦插为主，也可嫁接、压条或播种。

［用途］姿态蜿蜒匍匐，色彩苍翠葱茏，是理想的木本地被植物。在园林中可配置在悬崖、假山石、斜坡、草坪角隅，群植、片植，创造大面积平面美。可盆栽，悬垂倒挂，古雅别致。

3. 铅笔柏（北美圆柏）Sabina virginiana（L.）Ant.

［识别要点］在原产地高达 30m。树冠柱状圆锥形。刺形叶交互对生，不等长，上面凹，被白粉。生鳞形叶的小枝细，先端尖。球果近球形或卵圆形，熟时蓝绿色，被白粉，内有种子 1～2。花期 3 月；球果 10 月成熟。

［分布］原产于北美。华东地区引种栽培。

[习性] 喜温暖，适应性强，能在酸性土、轻碱土及石灰岩山地生长。抗锈病能力强，对二氧化硫及其他有害气体抗性较强。

[用途] 树形挺拔，枝叶清秀。宜在草坪中群植、孤植，列植甬道两侧。在大片水杉、池杉林中成丛散植，既增加层次感，又可避免冬季萧条。

（七）刺柏属 *Juniperus* L.

乔木或灌木。小枝圆柱状或四棱状。叶全为刺形叶，3枚轮生，基部有关节，不下延生长。球花单生于叶腋。球果肉质，浆果状，种鳞3，合生，苞鳞与种鳞合生，仅顶端尖头分离，2～3年成熟，熟时不张开或球果顶端微张开。种子通常3粒，无翅。

约10种；我国3种，引入栽培1种。

1. 刺柏（刺松、山刺柏）*Juniperus formosana* Hayata. （图6-49）

[识别要点] 乔木高达12m。树冠窄塔形或圆柱形。小枝稍下垂。叶条状刺形，长1.2～2cm，先端渐尖，具锐尖头，上面微凹，中脉绿色，两侧各有1条白色气孔带。球果径6～10mm，熟时淡红褐色，被白粉或脱落。花期3月；球果翌年10月成熟。

[分布] 东起台湾，西至西藏，西北至甘肃、青海、长江流域各地普遍分布。

[习性] 喜光，适应性广，耐干瘠，常出现于石灰岩上或石灰质土壤中。

[繁殖] 播种或嫁接繁殖。

[用途] 因其枝条斜展，小枝下垂，树冠塔形或圆柱形，姿态优美。适宜于庭园和公园中对植、列植、群植。也可作水土保持林树种。

2. 杜松（刺松、山刺柏）*Juniperus rigida* Sieb. et Zucc. （图6-50）

[识别要点] 高达10m。树冠塔形或圆锥形。小枝下垂。叶条状刺形，长1.2～

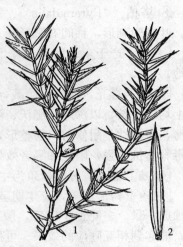

图6-49 刺　柏
1. 球果枝　2. 叶

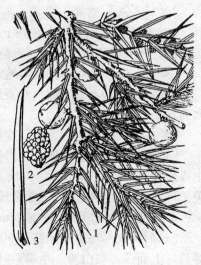

图6-50 杜　松
1. 球果枝　2. 雄球花　3. 刺形叶

1.7cm，先端锐尖，上面凹槽深，内有1条窄白粉带，无绿色中脉。球果径6～8mm，熟时淡褐黑色，被白粉。花期5月；球果翌年10月成熟。

　　[分布] 产于东北、华北，西至陕西、甘肃、宁夏等地。

　　其他同刺柏。

七、罗汉松科（竹柏科）Podocarpaceae

　　常绿乔木或灌木。叶条形、披针形、椭圆形或鳞形，螺旋状散生，稀对生或近对生。雌雄异株，稀同株。雄球花穗状，单生或簇生于叶腋，稀顶生；雌球花腋生或顶生，基部有数枚苞片，花梗上部或顶端的苞腋着生1枚倒生胚珠。种子核果状或坚果状，全部或部分为肉质或薄而干的假种皮所包，或苞片与轴愈合发育为肉质种托。

　　共7属130余种；我国3属14种3变种。

罗汉松属 *Podocarpus* L. Her. er Pers.

　　乔木，稀灌木。叶条状披针形，互生。雌雄异株。雄球花柔荑状，单生或簇生叶腋；雌球花1～2生于叶腋，基部有苞片数枚，最上部苞腋有套被和倒生胚珠1，花后套被增厚成肉质假种皮，苞片发育成种托。种子核果状，全部为肉质假种皮所包，着生于肉质或干瘦的种托上，具长梗。

　　约100种；我国10种2变种。

1. 竹柏（猪油木、罗汉柴）*Nageia nagi* (Thunb.) O. Kuntge. （图6-51）

　　[识别要点] 树高达20m。树冠广圆锥形。树皮平滑。叶卵形至椭圆状披针形，长3.5～9cm，似竹叶。种子球形，径1.4cm，熟时假种皮紫黑色，被白粉。花期3～5月；种子9～10月成熟。

　　[分布] 产于浙江、江西、湖南、四川、台湾、福建、广东、广西等地。

　　[习性] 耐阴树种，喜温暖湿润气候，适生于深厚、肥沃、疏松的酸性沙质壤土，在贫瘠干旱土壤上生长极差。不耐修剪，不耐移植。种子忌暴晒。

　　[繁殖] 播种或扦插繁殖。

　　[用途] 树冠浓郁，树形美观，枝叶青翠而有光泽，四季常青。适宜于建筑物南侧、门庭入口、园路两边配置，还可丛植林缘、池畔及疏林草地，是良

图6-51　竹　柏
1. 种子枝　2. 种鳞　3. 雄球花

好的庭荫树和行道树，亦是城乡"四旁"绿化的优良树种。著名的木本油料树种，叶、树皮可药用。

2. 罗汉松（土杉）*Podocarpus macrophyllus* (Thunb.) D. Don（图 6-52）

[识别要点] 高达 20m。树冠广卵形。树皮浅纵裂，枝叶稠密。叶条状披针形，长7～12cm，螺旋状排列，先端尖，基部楔形，两面中脉明显。种子卵圆形，长约1cm，熟时紫色，被白粉，肉质种托短柱状，红色或紫红色，有柄。花期4～5月；种子8月成熟。

① 狭叶罗汉松（var. *angustifolius* Bl.）：灌木或小乔木。叶较窄，长5～9cm，宽3～6mm，先端渐窄成长尖头。

② 短叶罗汉松 [var. *maki*（Sieb.）Endl.]：小乔木或呈灌木状，枝条向上斜展。叶短而密生，长2.5～7cm，宽3～7mm，先端钝或圆。

③ 小叶罗汉松（珍珠罗汉松）[var. *maki* f. *condensatus* Mak.]：叶特短小，为珍贵的桩景树种。

[分布] 产于江苏、浙江、福建、安徽、江西、湖南、四川、云南、贵州、广西、广东等地。在长江以南各地均有栽培。

[习性] 喜光，耐半阴，喜温暖湿润气候，耐寒性较差，喜肥沃湿润、排水良好的沙质壤土。萌芽力强，耐修剪，对有毒气体及病虫害均有较强的抗性。寿命长。

[繁殖] 播种或扦插繁殖。

[用途] 树姿秀丽葱郁。可孤植于庭园或对植、列植于建筑物前，亦可作盆景观赏。适于工矿区及海岸绿化。

3. 鸡毛松（异叶罗汉松、爪哇罗汉松）*Podocarpus imbricatus* Bl.（图 6-53）

[识别要点] 树高 30m。叶二型：幼树、萌生枝或小枝顶端的叶钻状条形，长6～12mm，

图 6-52　罗汉松
1. 种子枝　2. 雄球花枝

图 6-53　鸡毛松
1. 种子枝　2. 种子

排成二列，形似鸡毛；老枝及果枝上的叶鳞形或钻形，覆瓦状排列紧密，长仅2～3mm。种子着生于枝顶，无梗，熟时假种皮红色，生于肥大肉质红色的种托上。花期4月；种子10月成熟。

［分布］产于台湾、海南、广东、广西、云南等地。

［用途］枝叶秀丽，可供华南地区园林绿化及造林用。国家三级保护树种。

八、三尖杉科 Cephalotaxaceae

常绿乔木或灌木。髓心中部具树脂道。小枝常对生。叶条形或条状披针形，螺旋状着生，在侧枝基部扭转排列成二列，上面中脉隆起，下面有2条宽气孔带。球花单性，常异株。雄球花6～11聚生成头状，腋生，基部着生多数苞片；雌球花具长梗，通常生于苞腋，花梗上具数对交互对生的苞片，每苞腋有直生胚珠2，胚珠基部具囊状珠托。种子翌年成熟，核果状，全包于由珠托发育而成的假种皮内，外种皮骨质，内种皮膜质。

1属9种；我国7种3变种，引栽1变种。

三尖杉属（粗榧属） *Cephalotaxus* Sieb. et Zucc. ex Endl.

1. 三尖杉（山榧树、三尖松）*Cephalotaxus fortunei* Hook. f. （图 6-54）

［识别要点］高达 20m。树冠广圆形，枝细长；稍下垂。叶条状披针形，略弯，长 4～13cm，先端渐尖，叶基楔形。种子椭圆状卵形，熟时假种皮紫色或紫红色。顶端有小尖头。花期 4 月；种子 8～10 月成熟。

［分布］主产长江流域及河南、陕西、甘肃的部分地区。

［习性］耐阴树种，喜温暖湿润气候，不耐寒，适生于富含有机质的湿润土壤。萌芽力强。

［用途］作隐蔽树、背景树及绿篱，植于草坪边缘或与其他树种混植，可修剪成各种姿态供观赏。

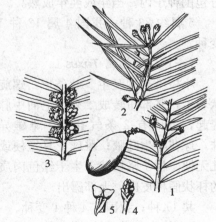

图 6-54 三尖杉

1. 种子及雌球花枝 2. 雌球花枝 3. 雄球花枝 4. 雌球花 5. 雌球花上之苞片与胚珠

2. 粗榧（中国粗榧）*Cephalotaxus sinensis* （Rehd. et Wils.）Li （图 6-55）

［识别要点］灌木或小乔木，高 12m。叶条形，通常直，长 2～5cm，先端渐尖，叶基圆形或圆截形。花期 3～4 月；种子 10～11 月成熟。

［分布］产于长江流域及其以南地区。

［习性］喜光。不耐移植。生长慢，萌芽力强，耐修剪。有一定耐寒性，北京引种栽培成功。

［用途］作基础种植，在草坪边缘、林下或与其他树种配置。

九、红豆杉科（紫杉科）Taxaceae

常绿乔木或灌木。叶条形或条状披针形。球花单性，常雌雄异株。雄球花单生于叶腋或排成穗状花序或头状花序，集生枝顶，雄蕊多数；雌球花单生或成对生于叶腋，胚珠单生于顶部的苞片发育的杯状、盘状或囊状的珠托内，花后珠托发育成肉质假种皮，全包或部分包围种子内。当年或翌年成熟。

5属约23种；我国4属12种1变种。

（一）红豆杉属 *Taxus* L.

小枝不规则互生。叶条形，螺旋状着生，基部扭转成二列，上面中脉隆起，下面有2条气孔带。雌雄异株，球花单生叶腋；雌球花具短梗或几无梗。种子坚果状，生于红色肉质的杯状假种皮内，上部露出。

共11种；我国有4种1变种。

1. 东北红豆杉（紫杉）*Taxus cuspidata* Sieb. et Zucc.（图6-56）

［识别要点］树高达20m。树冠卵形或倒卵形。枝平展或斜展。叶长1～2.5cm，宽2.5～3.0mm，先端突尖，通常直，在主枝上呈螺旋状排列，在侧枝上呈不规则的羽状排列，

图6-55　粗　榧
1. 种子枝　2. 雌球花枝　3. 雄球花枝　4. 雌球花　5. 雌球花上的苞片与胚珠

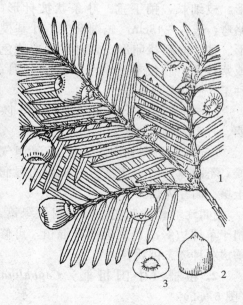

图6-56　东北红豆杉
1. 种子枝　2. 种子　3. 种子横剖面

上面绿色，有光泽，叶背有 2 条淡黄绿色气孔带，中脉带上无角质乳头状突起点。种子卵圆形，长约 6mm，上部具 3～4 钝脊，顶端有小钝尖头，紫红色。花期 5～6 月；种子 9～10 月成熟。

① 矮丛紫杉（枷罗木，'Nana'）：半球状矮生密丛灌木。

② 微型紫杉（'Minima'）：高度仅在 15cm 以下。

[分布] 产于黑龙江、松花江流域以南老爷岭、张广才岭及长白山，辽宁东部。

[习性] 阴性树种。喜生于肥沃、湿润、疏松、排水良好的棕色森林土上，在积水地、沼泽地、岩石裸露地生长不良。浅根性。耐寒性强。生长慢，耐修剪，寿命长。

[用途] 树形端正优美，枝叶茂密，浓绿如盖。园林中可孤植、群植或列植，也可修剪成各种整形绿篱。既耐寒又有极强的耐阴性，是高纬度地区园林绿化的良好材料。

2. 红豆杉（观音杉）*Taxus chinensis* （Pilger） Rehd. （图 6-57）

与东北红豆杉的区别：叶长 1～3.2cm，宽 2～2.5mm，先端渐尖，叶缘微反曲。通常微弯，排成二列，叶背有 2 条宽黄绿色或灰绿色气孔带，中脉带上密生微小圆形角质乳头状突起，叶缘绿带极窄。种子扁卵圆形，上部渐狭，上部常具 2 钝棱脊。

[分布] 甘肃、陕西、四川、云南、贵州、湖北、湖南、广西、安徽等地。喜温湿气候。可供园林绿化用。

3. 南方红豆杉（美丽红豆杉）*Taxus mairei* （Lemee et Levl.） S. Y. Hu ex Liu （*Taxus chinensis* var. *mairei* Cheng et L. K. Fu）（图 6-58）

[识别要点] 叶通常较宽较长，多呈弯镰状，长 2～3.5cm，宽 3～4.5mm，叶缘不反曲，叶背绿色边带较宽，中脉带上凸点较大，呈片状分节，或无凸点。种子卵形或倒卵形，微具 2 纵棱脊。

[分布] 长江流域以南各地。

[习性] 喜较温暖多雨的地方。

（二）榧树属 *Torreya* Arn.

乔木。小枝对生或近对生。叶二列，交互对生或近对生，基部扭转排成二列，条形或条状披针形，坚硬，先端有刺状尖头，上面中脉不明显或微明显。雌雄异株。雄球花单生于叶腋，有短梗；雌球花 2 个对生叶腋，无梗，每雌球花具胚珠 1，直生于杯状的珠托上。种子核果状，大，全包于肉质假种皮内。

共 7 种；我国 4 种，另引栽 1 种。

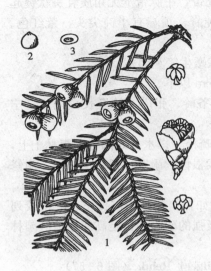

图 6-57 红豆杉
1. 种子枝 2. 种子
3. 种子横剖面

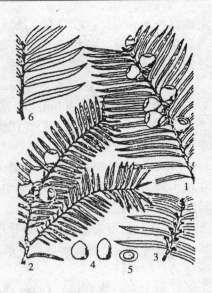

图 6-58 南方红豆杉
1、2. 种子枝 3. 花枝 4. 种子
5. 种子横剖面 6. 营养枝

榧树（玉榧、野杉）*Torreya grandis* Fort. et Lindl.（图 6-59）

[识别要点] 高达 25m。树冠广卵形。1年生小枝绿色。叶条形直伸，叶上面绿色，有光泽，中脉不明显，叶下面有 2 条黄白色气孔带。种子椭圆形或卵圆形，成熟时假种皮淡紫褐色，外被白粉。花期 4 月；种子翌年 10 月成熟。

[分布] 我国特有树种。产于江苏、浙江、福建、江西、贵州、安徽及湖南等地。

[习性] 耐阴树种。喜温暖、湿润、凉爽、多雾气候；不耐寒，适宜于深厚、肥沃、排水良好的酸性或微酸性土壤上生长。在干旱瘠薄、排水不良、地下水位较高的地方生长不良。寿命长，抗烟尘。

[用途] 树冠圆整，枝条繁密。适于孤植、列植、对植、丛植、群植，可作主景树，也可作背景树。为我国特有的观

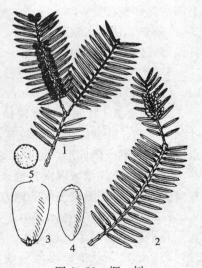

图 6-59 榧 树
1. 雄球花枝 2. 雌球花枝
3. 4. 种子 5. 种子横剖面

赏兼干果树种，可园林结合种子生产栽植。

十、麻黄科 Ephedraceae

灌木、半灌木或草本状。次生木质部具导管。茎直立或匍匐，多分枝，小枝对生或轮生，绿色，圆筒状，具节。叶退化为膜质的鞘，对生或轮生，基部多少合生。雌雄异株，稀同株。球花具苞片 2～8 对，交互对生或 2～8 轮（每轮 3 片）苞片。雄球花每苞片的腹面有 1 雄花，雄蕊 2～8 枚，花丝联合成 1～2 束；雌球花仅顶端 1～3 枚苞片有雌花，每雌花具 1 顶端开口的囊状假花被。种子 1～3，当年成熟，熟时苞片肉质或干膜质，假花被发育成革质假种皮。

仅 1 属约 40 种；我国 12 种 4 变种。

麻黄属 *Ephedra* Tourn. ex L.

草麻黄（麻黄）*Ephedra sinica* Stapf（图 6 - 60）

［识别要点］草本状灌木，高 20～40cm。木质茎短或匍匐状。小枝直伸或略曲，节间长 3～4cm。叶对生，鞘状。雄花序多呈复穗状，常具总柄，雌球花单生。种子通常 2，包于肉质红色的苞片内，不外露，或与肉质苞片等长，黑红或灰褐色。花期 5～6 月；种子 6～9 月成熟。

［分布］产于河南、河北、陕西、山西、内蒙古、辽宁、吉林等地。

［习性］性强健，耐寒，适应性强，在山坡、平原、干燥荒地及草原均能生长。常形成大面积的单纯群体。

［用途］茎绿色，四季常青。可作地被植物，固沙保土，宜丛植于假山、岩石园、坡地。

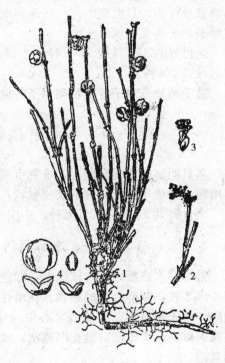

图 6 - 60　草麻黄
1. 成熟的雌球花植株　2. 雄花枝　3. 雄花
4. 种子及苞片

第七章

被子植物门 Angiospermae

木本或草本。单叶或复叶，叶多宽阔。次生木质部具导管及管胞，韧皮部具筛管及伴胞。具典型的花，胚珠包藏于由心皮封闭而成的子房内，胚珠发育成种子，子房发育成果实。

全世界共 424 科约 25 万种；中国产 240 科约 25 000 种，其中木本植物占 1/3，约 8 000 种。

被子植物分双子叶植物和单子叶植物两个纲。

第一节　双子叶植物纲 Dicotyledoneae

茎具明显的皮层和髓心，维管束成环状排列，有形成层，木本植物的茎每年增粗，形成年轮。叶脉羽状或掌状，花通常为 4～5 基数，子叶 2。

全世界共 344 科约 20 万种；中国产 204 科 2 390 属约 20 000 种。

一、木麻黄科 Casuarinaceae

常绿乔木或灌木。小枝纤细，绿色，多节，具棱脊。叶退化成鳞片状，每节 4～12 枚，基部合生成鞘状。花单性，雌雄同株或异株，无花被。雌花头状花序，生于短枝顶，雌蕊由 2 心皮合成，外被 2 小苞片，子房上位，1 室，2 胚珠；雄花具 1 雄蕊，雄花序穗状，风媒传粉。果序球果状，木质，小坚果上端具翅。

共 1 属约 65 种，主产于大洋洲；我国南部引入栽培，常见有 3 种。

木麻黄属 Casuarina L.

木麻黄 Casuarina equisetifolia L.（图 7 - 1）

[识别要点] 高达 30～40m。树皮暗褐色，狭长条状脱落。小枝灰绿色，细长似松针，长 10～27cm，径 0.6～0.8mm，节间长 4～6mm，节间有棱脊 7 条。叶退化成三角鳞片状生于节间，鳞叶 7 枚。花单性同株。果序球形，径 1～1.6cm，木质苞片被柔毛。坚果具翅。花期 5 月；果熟期 7～8 月。

　　[分布] 原产于大洋洲及其附近太平洋地区。我国南部沿海地区有栽培。

　　[习性] 强阳性树种，喜湿热，耐旱，耐盐碱，耐瘠薄，耐潮湿，不耐寒，适应性强。生长快，寿命短。

　　[繁殖] 播种或嫩枝扦插繁殖。

　　[用途] 防风固沙能力极强，我国沿海地区营造防风林的良好树种，也是南方沿海轻盐碱地造林的先锋树种，还可作行道树、遮荫树。

二、杨柳科 Salicaceae

　　落叶乔木或灌木。单叶互生，稀对生，有托叶。花单性异株，柔荑花序，花生于苞片腋部，无花被。雄蕊 2 至多数，子房上位，1 室，2 心皮，侧膜胎座，花柱短。蒴果 2～4 裂，种子小，基部有白色丝状长毛，无胚乳。

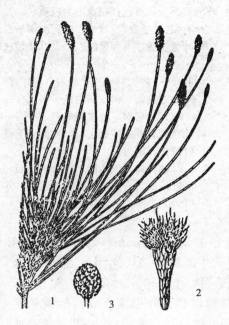

图 7-1　木麻黄
1. 花枝　2. 雌花序　3. 果序

　　共 3 属约 600 种，分布于寒温带、温带、亚热带；我国产 3 属约 300 种，全国均有分布。

分 属 检 索 表

1. 髓心五角形；顶芽发达，芽鳞多数；叶较宽，叶柄长；花序下垂 … （一）杨属 *Populus*
1. 髓心近圆形；顶芽缺，侧芽芽鳞 1 枚；叶较窄长，叶柄短；花序直立 ………………
…………………………………………………………………………… （二）柳属 *Salix*

（一）杨属 *Populus* L.

　　乔木。小枝较粗，髓心五角形。顶芽发达，芽鳞多数。叶柄较长，叶片常宽大。花序下垂，苞片具不规则缺裂，花盘杯状。雄蕊 4 至多数，花丝较短，花药红色。风媒传粉。

　　约 100 种，分布于北温带；我国 60 余种。

分 种 检 索 表

1. 叶两面灰蓝色，无毛；花盘膜质；叶形多变 ………………… 1. 胡杨 *P. euphratica*

1. 叶两面不为灰蓝色；花盘不为膜质
　2. 叶有裂、缺刻或波状齿，叶背面密被白色或灰色绒毛；芽有柔毛
　　3. 叶缘波状或不规则缺裂，老叶或短枝叶下面及叶柄上绒毛渐脱落 ⋯⋯⋯⋯
　　　⋯⋯⋯⋯⋯⋯⋯⋯⋯⋯⋯⋯⋯⋯⋯⋯⋯⋯⋯ 2. 毛白杨 *P. tomentosa*
　　3. 叶 3～5 掌状裂或波状缺刻，老叶背面密具白毛
　　　4. 树冠宽阔，树皮灰白色 ⋯⋯⋯⋯⋯⋯⋯⋯ 3. 银中杨 *P. alba×berolinensis*
　　　4. 树冠窄塔形，树皮暗绿色 ⋯⋯⋯⋯⋯⋯ 4. 新疆杨 *P. alba* var. *pyramidalis*
　2. 叶缘有较整齐的钝锯齿，叶背面无毛或仅有短柔毛或幼叶背面疏有毛；芽无毛
　　5. 叶缘细钝锯齿
　　　6. 叶柄侧扁，无沟槽，叶缘半透明 ⋯⋯⋯⋯⋯⋯⋯⋯ 5. 加杨 *P. canadensis*
　　　6. 叶柄圆，有沟槽，叶缘不透明 ⋯⋯⋯⋯⋯⋯⋯⋯ 6. 青杨 *P. cathayana*
　　5. 叶缘为具腺点的浅钝锯齿 ⋯⋯⋯⋯⋯⋯⋯⋯⋯ 7. 响叶杨 *P. adenopoda*

1. 胡杨 *Populus euphratica* Oliv. （图 7 - 2）

［识别要点］乔木，稀呈灌木状。树冠球形。树皮厚，灰黄色，基部纵裂。叶形多变化：幼树和萌条叶披针形，全缘或 1～2 疏齿；成年树上的叶卵圆形、扁圆形或肾形，长 2～2.5cm，宽 3～7cm，先端有粗齿，基部楔形或平截，有 2 腺点，两面同为灰蓝或灰绿色。花期 5 月；果 6～7 月成熟。

［分布］产于内蒙古西部、甘肃、青海、宁夏、新疆等地。常生于荒漠、河滩沿岸。

［习性］喜光，耐干旱、寒冷，抗盐碱，抗风沙。根萌蘖性强，要求沙质土壤。

［繁殖］播种、扦插繁殖。

［用途］沙荒地、盐碱地的重要绿化树种，是沙漠地区绿化的主要树种。

图 7-2　胡　杨
1. 大树枝条　2. 幼树枝条　3～5. 叶的变异　6. 果枝　7、8. 雄蕊及苞片　9、10. 雌蕊及苞片　11. 果

2. 毛白杨 *Populus tomentosa* Carr. （图 7-3）

［识别要点］高达 30m，胸径 1.5～2m。树冠卵圆形或卵形。树干通直。

树皮灰绿色至灰白色，皮孔菱形，老时树皮纵裂，呈暗灰色。芽卵形，略有绒毛。叶卵形、宽卵形或三角状卵形，先端渐尖或短渐尖，基部心形或平截，叶缘具波状缺刻或锯齿，背面密生白绒毛，后渐脱落。叶柄扁平，顶端常有2～4腺体。蒴果2裂，三角形。花期2～3月，叶前开花；果熟期4～5月。

[分布] 原产我国，分布广，北起辽宁南部、内蒙古，南至江苏、浙江，西至甘肃，西南至云南都有分布，以黄河中下游为分布中心。

[习性] 喜光，喜凉爽湿润气候。对土壤要求不严，喜深厚肥沃沙壤土，在酸性至碱性土上均能生长。深根性，生长较快，寿命较长，长达200年。

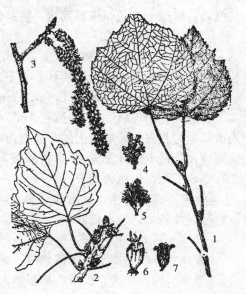

图7-3　毛白杨
1.长枝　2.短枝　3.雄花枝　4.雄花
5.苞片　6.雌花　7.果

[繁殖] 无性繁殖为主，多用埋条、留根、扦插、分蘖繁殖。也可用欧美杨作砧木芽接或枝接繁殖，成活率高。

[用途] 树体高大挺拔，姿态雄伟，冠大荫浓。常用作行道树、庭荫树或营造防护林。可孤植、丛植于建筑周围、草坪、广场；在城镇、街道、公路、学校、运动场、工厂、牧场、水滨列植、群植，不但可以遮荫，而且可以隔音、挡风、遮尘。还是"四旁"绿化及用材林的重要树种。为防止种子污染环境，绿化宜选用雄株。木材供建筑、家具、胶合板、造纸及人造纤维等用。

3. 银中杨 *Populus alba×berolinensis* L.

[识别要点] 树干通直，树冠呈圆锥形。树皮灰绿色，被白粉。叶大型，叶面深绿色，叶背密生白色绒毛。幼枝、叶及芽密被白色绒毛，老叶背面及叶柄密被白色绒毛。长枝的叶广卵形或三角状卵形，常掌状3～5浅裂，裂片先端钝尖，缘有粗齿或缺刻，叶基截形或近心形；短枝的叶较小，卵形或椭圆状卵形，缘有不规则波状钝齿。叶柄微扁，无腺体。花期3～4月；果熟期4～5月。

[分布] 东北南部、华北、西北等地有栽培。

[习性] 喜光，抗旱耐寒，喜湿润、肥沃、排水良好的沙壤土，也能在沙

荒及轻盐碱地上生长。根系发达，抗逆性强，根系发达，速生性。

　　[繁殖]　扦插繁殖。

　　[用途]　树干通直，树形优美，可用作庭荫树、行道树，或于草坪上孤植、丛植。也可用作营造防风固沙林、水土保持林。

4. 新疆杨 *Populus alba* L. var. *pyramidalis* Bge.　（图7-4）

　　[识别要点]　高达30m，胸径1m。树冠圆柱形，枝条直立。树皮灰绿色，光滑，老时灰白色。短枝上的叶初有白绒毛，后渐脱落，叶广椭圆形，缘有粗钝锯齿；长枝上的叶常3～7掌状深裂，边缘具不规则粗锯齿，表面光滑或局部有毛，下面有白色绒毛。

　　[分布]　产于新疆，且南疆较多。陕西、甘肃、内蒙古、宁夏、北京等北方地区引种栽培，生长良好。

　　[习性]　喜光，耐严寒，耐盐碱，耐干热，不耐湿热，适应大陆性气候。

　　[繁殖]　扦插、埋条、嫁接繁殖。嫁接最好用胡杨作砧木。

　　[用途]　树姿优美、挺拔，是新疆人民最喜爱的树种之一。常用作行道树、"四旁"绿化及防护林。材质较好，可供建筑、家具等用。

5. 加杨 *Populus canadensis* Moench.　（图7-5）

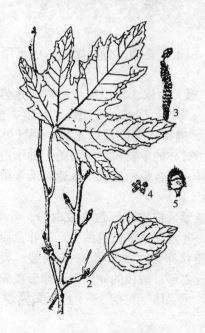 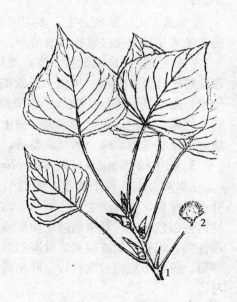

图7-4　新疆杨
1.长枝叶　2.短枝叶　3.雌花序　4.雌花　5.苞片

图7-5　加杨
1.枝　2.果（已开裂）

[识别要点] 高达 30m，胸径 1m。树冠开展卵圆形，树干通直。树皮灰褐色，纵裂。小枝无毛，芽先端反曲。叶近三角形，先端渐尖，基部截形，无腺体或很少有 1～2 个腺体，锯齿钝圆，叶缘半透明。花期 4 月；果熟期 5～6月。

① 沙兰杨（'Sacrau 79'）：树冠圆锥形、卵圆形，枝层明显。树皮灰白或灰褐色，基部浅纵裂。树干不直，树冠平滑带白色。侧枝轮生，小枝灰绿色至黄褐色。叶两面有黄色胶质，先端长渐尖，基部两侧偏斜，齿密。花期 4 月；果熟期 4～5 月。

② 214 杨（'I-214'）：干通直，树皮初光滑后变厚、纵裂、灰褐色。侧枝密集，不轮生，嫩枝红褐色。叶三角形，无胶质，先端渐尖或短渐尖，基部平截，有 2～4 个腺点。

[分布] 美洲黑杨（*P. deltoides* Marsh.）与欧洲黑杨（*P. nigra* L.）的杂交种，有许多品种。广植于欧、亚、美各洲。我国 19 世纪中叶引入，各地普遍栽培，尤以华北、东北及长江流域为多。

[习性] 喜光，耐寒，亦适应暖热气候，喜肥沃湿润壤土、沙壤土，对水涝、盐碱和瘠薄土地均有一定耐性。生长快，抗二氧化硫。

[繁殖] 扦插繁殖。

[用途] 树体高大，冠大荫浓，叶片大而有光泽，宜作行道树、庭荫树及防护林树种。华北及江淮平原常见的绿化树种，适宜工矿区绿化及"四旁"绿化。也是速生用材林树种，木材轻软，纹理较细，易加工，可供造纸及火柴杆等。

6. 青杨 *Populus cathayana* Rehd.

[识别要点] 高达 30m，胸径 1m。树冠宽卵形，树干通直。树皮灰绿色平滑。小枝圆柱形，冬芽多黄黏胶。枝叶均无毛。短枝的叶卵形、椭圆状卵形，长 5～10cm，先端渐尖，基部圆或近心形，叶缘细钝锯齿，无毛或微有毛，下面白色；长枝的叶心形，叶柄圆。花期 4 月；果熟期 5～6 月。

[分布] 产于我国东北、华北、西北和西南各地海拔800～3 200m 地带，多生于沟谷、山麓、溪边。

[习性] 喜光，喜温凉气候，较耐寒。对土壤要求不严，喜深厚、肥沃、湿润的沙壤土、河滩、沙土。忌低洼积水。根系发达，耐干旱，不耐盐碱。生长较快，萌蘖性强。

[繁殖] 扦插繁殖，也可播种繁殖。

[用途] 冠大荫浓，干皮清丽。常用作庭荫树、行道树或营造防护林、河滩绿化、固堤护岸。

7. 响叶杨 *Populus adenopoda* Maxim. （图 7 - 6）

[识别要点] 乔木，树高可达 30m。幼树皮灰绿色，不裂，大树皮深灰色，纵裂。幼枝被柔毛，老枝无毛。叶片卵状三角形、卵形或卵圆形，长 5～20cm，先端渐尖，基部宽楔形或近圆形，叶缘为具腺点的浅钝锯齿，近叶基部有 2 个显著腺体，多呈红色。

[分布] 华东、华中、西南及陕西、甘肃海拔100～2 500m 的山地。

[习性] 喜光，不耐庇荫。对土壤要求不严，对土壤酸碱度适应幅度较大，酸性、微碱性土都能生长。生长迅速。

[繁殖] 常用播种繁殖，随采随播。也可用萌发枝条扦插。

[用途] 可作为山地造林和"四旁"绿化树种。

图 7 - 6　响叶杨
1. 果枝　2. 果　3. 花枝

（二）柳属 *Salix* L.

落叶乔木或灌木。髓近圆形。小枝细，无顶芽，芽鳞1。单叶互生，少对生，托叶早落，叶片通常狭长，叶柄较短。花序直立，苞片全缘，花有腺体1～2，无花盘，花药黄色。蒴果 2 裂，种子细小，基部围有白色长毛。

约 520 种，主产北半球；我国约 260 种。

分 种 检 索 表

1. 乔木
 2. 叶狭长，披针形或条状披针形，稀倒披针形
  3. 小枝细长下垂；叶柄长，5～15mm；子房仅腹面具腺体 1 ⋯ 1. 垂柳 *S. babylonica*
  3. 枝条直伸或斜展；叶柄短，2～4mm；子房背腹各具腺体 1 ⋯⋯⋯⋯⋯⋯⋯⋯
  ⋯⋯⋯⋯⋯⋯⋯⋯⋯⋯⋯⋯⋯⋯⋯⋯⋯⋯⋯⋯⋯ 2. 旱柳 *S. matsudana*
 2. 叶较宽阔，卵状披针形至长椭圆形 ⋯⋯⋯⋯ 3. 河柳 *S. chaenomeloides*
1. 灌木
 4. 芽互生
  5. 叶下面无毛或初被柔毛，易脱落，苍白色
   6. 叶条形或条状披针形，缘具疏锯齿，叶柄无毛 ⋯⋯ 4. 西北沙柳 *S. psammophila*
   6. 叶条状倒披针形，缘具细齿，叶柄有短柔毛 ⋯⋯⋯⋯ 5. 簸箕柳 *S. suchowensis*

5. 叶下面密被白色绢毛，不脱落，银白色 ···················· 6. 银芽柳 S. leucopithecia
4. 芽对生 ·· 7. 红皮杞柳 S. sino-purpurea

1. 垂柳 *Salix babylonica* L. （图 7 - 7）

［识别要点］乔木，高达 18m，胸径 1m，树冠倒广卵形。小枝细长下垂，淡黄褐色。叶互生，披针形或条状披针形，长 8～16cm，先端渐长尖，基部楔形，无毛或幼叶微有毛，具细锯齿，托叶披针形。雄蕊 2，花丝分离，花药黄色，腺体 2。雌花子房无柄，腺体 1。花期 3～4 月；果熟期 4～5 月。

‘金枝’垂柳：枝条金黄色，观赏价值极高。有两个类型，即‘841’、‘842’。均系欧洲黄枝白柳（父本）与南京垂柳（母本）杂交育成。均为乔木，雄性，落叶期间枝条金黄色，晚秋及早春枝条特别鲜艳。‘841’枝条下垂，叶平展似竹叶，树冠长卵圆形；‘842’枝条细长下垂、光滑，树冠卵圆形。

图 7-7　垂　柳
1. 叶枝　2. 果枝　3. 雄花　4. 雌花　5. 果

［分布］产于长江流域及其以南平原地区，华北、东北有栽培。

［习性］喜光。极耐水湿，树干在水中能生出大量不定根。高燥地及石灰性土壤亦能适应，过于干旱或土质过于黏重生长差，喜肥沃湿润土壤。耐寒性不及旱柳。发芽早，落叶迟。吸收二氧化硫能力强。

［繁殖］扦插繁殖。

［用途］枝条细长，柔软下垂，随风飘舞，婀娜多姿，清丽潇洒，最宜配置在湖岸水边，纤条拂水，别有风致。若间植桃花，桃红柳绿为江南园林春景的特色配置方式之一。也可作庭荫树，孤植草坪、水滨、桥头，亦可列植作行道树、园路树。亦适用于工厂绿化，还是固堤护岸的重要树种。

2. 旱柳（柳树）*Salix matsudana* Koidz. （图 7 - 8）

［识别要点］乔木，高达 20m，胸径 1m。树冠倒卵形，大枝斜展，嫩枝有毛，后脱落，淡黄色或绿色。叶披针形或条状披针形，先端渐长尖，基部窄圆或楔形，无毛，下面略显灰白色，细锯齿，嫩叶有丝毛、后脱落。雄蕊 2，花

丝分离，基部有长柔毛，雌花腺体2。花期4月；果熟期4～5月。

①龙须柳［f. *tortuosa*（Vilm.）Rehd.］：小乔木，枝条扭曲。各地庭院有栽培，供观赏。

②馒头柳（f. *umbraculifera* Rehd.）：树冠半圆形，馒头状。各地有栽培，供观赏或作行道树。

③绦柳（f. *pendula* Schneid.）：枝条细长下垂。园林中栽培供观赏或作行道树。

［分布］原产我国，东北、华北平原、黄土高原、甘肃、青海等地皆有栽培，以黄河流域为栽培中心。是我国北方平原地区最常见的乡土树种之一。

［习性］喜光，不耐庇荫。较耐寒旱，耐水湿。在土壤深厚、排水良好的沙壤土上生长最好，在黏土、盐碱地生长不良。深根性，固土抗风能力强，萌芽力强，生长快，寿命长达400年以上。

［繁殖］扦插繁殖极易成活，亦可播种繁殖。

［用途］枝条柔软，树冠丰满，是我国北方常用的庭荫树、行道树。常栽植在湖、河岸边或孤植于草坪，对植于建筑两旁。亦用作营造防护林及沙荒造林、农村"四旁"绿化等。为防止环境污染，绿化宜选用雄株。

3. 河柳 *Salix chaenomeloides* Kimura.（图7-9）

［识别要点］小乔木，小枝褐色或红褐色，有光泽。叶长椭圆形至椭圆状披针形，长4～10cm，边缘有腺齿，两面无毛，下面苍白色，嫩叶常呈紫红色。

图7-8　旱柳
1. 叶枝　2. 果枝　3. 雄花　4. 雌花　5. 果

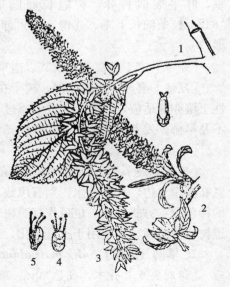

图7-9　河柳
1. 叶枝　2. 雄花序　3. 果序　4. 雄花　5. 雌花

叶柄顶端有腺点，托叶半圆形，边缘有腺点。花序长 4～5cm，花序轴基部的叶很小，苞片卵形。雄蕊 3～5，花丝基部有毛，腺体 2。子房仅腹面有 1 腺体。果穗中轴有白色柔毛。

[分布] 产于辽宁南部、黄河中下游至长江中下游。

其他同垂柳。

4. 西北沙柳 *Salix psammophila* C. Wang et Ch. Y. yang

[识别要点] 灌木，高 3～4m。当年生枝被短柔毛，后几无毛。叶片条形或条状披针形，长 4～8（12）cm，先端渐尖，基部楔形，边缘有疏齿，下面常苍白色，幼时微有柔毛，后无毛，叶柄无毛。花期 4 月；果期 5 月。

[分布] 产于内蒙古南部、陕西北部、宁夏及山西。

[习性] 较耐旱，根系发达。速生。

[繁殖] 扦插繁殖极易成活，亦可播种繁殖。

[用途] 优良的防风固沙树种，枝条供编织。

5. 簸箕柳 *Salix suchowensis* Cheng

[识别要点] 灌木。当年生枝淡黄绿色或淡紫色，初被柔毛，后无毛。叶片条状倒披针形，长 7～11cm，先端短渐尖，基部楔形，边缘具细锯齿，下面苍白色，幼叶有短柔毛，下面沿脉尤密，叶柄有短绒毛。花期 3 月；果熟期 4～5 月。

[分布] 产于江苏、山东南部、河南东部等地。

[习性] 喜水湿，耐旱，喜光。

[用途] 根系发达，可用作护坡固堤树种。枝条供编织。

6. 银芽柳 *Salix leucopithecia* Kimura.

[识别要点] 灌木，高 2～3m。枝条绿褐色，具红晕。冬芽红褐色，有光泽。叶长椭圆形，长 9～15cm，缘具细锯齿，叶背面密被白毛，半革质。雄花序椭圆状圆柱形，长 3～6cm，早春叶前开放，盛开时花序密被银白色绢毛，颇为美观。

[分布] 原产日本，我国江南一带有栽培。

[习性] 喜光，喜湿润。较耐寒，北京可露地过冬。

[繁殖] 扦插繁殖，栽培后每年需重剪，以促其萌发更多的开花枝条。

[用途] 早春花序开放银白色，犹如满树银花，基部围以红色芽鳞，极为美观。是重要的春季切花材料。

7. 红皮杞柳（红皮柳）*Salix sino-purpurea* C. Wang et Ch. Y. Yang

[识别要点] 丛生灌木。芽红褐色，常对生。叶互生或近对生，倒披针形，长 7～13cm，先端尖，全缘或上部具尖锯齿，幼叶下面微被柔毛，老叶无毛。

［分布］产于东北、内蒙古、陕西、甘肃、河北、河南、湖南、江苏等地。

［习性］喜光，喜冷凉气候，耐旱、耐涝。根系发达，固土性能好。栽植于沟坡、湖边、低湿地，用于固堤护岸、防风固沙。

［繁殖］扦插繁殖。

［用途］用于沟边、湖边、低湿地绿化，能固堤护岸、保持水土、防风固沙。

三、杨梅科 Myricaceae

常绿或落叶，灌木或乔木。单叶互生，具油腺点，芳香。花单性同株或异株，柔荑花序，无花被；雄蕊 4～8；雌蕊由 2 心皮合成，子房上位，1 室，1 胚珠，柱头 2。核果，外被蜡质瘤点及油腺点。

2 属约 50 种；我国产 1 属 4 种。

杨梅属 *Myrica* L.

常绿灌木或乔木。叶脉羽状，叶柄短。花雌雄异株，雄花序圆柱形，雌花序卵形或球形。核果，外果皮有乳头状突起。

杨梅 *Myrica rubra* （Lour.） Sieb. et Zucc.（图 7-10）

［识别要点］高达 12m。树冠近球形。树皮灰色，老时浅纵裂。幼枝及叶背有黄色小油腺点。叶倒披针形，长 4～12cm，先端钝圆，基部狭楔形，全缘或近端部有浅齿。雌雄异株，雌花序红色。核果球形，径 1～1.5cm，外果皮肉质，有小疣状突起，熟时深红色，亦有紫、白等色，味甜酸。花期 3～4 月；果熟期 6～7 月。

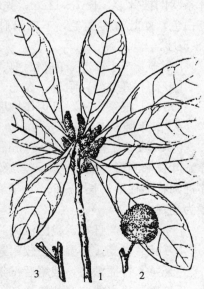

图 7-10 杨 梅
1. 雄花枝 2. 果枝 3. 雌花枝

［分布］产于长江流域以南各地，以浙江栽培最多。日本、朝鲜也有分布。

［习性］喜温暖湿润，稍耐阴，对土壤要求不严，以酸性、排水良好的土壤为好。深根性，萌芽力强，对二氧化硫等有毒气体抗性较强。

［繁殖］播种、压条及嫁接繁殖。

［用途］枝繁叶茂，树冠圆整，初夏红果可赏可食，宜丛植、孤植于草坪、庭院，适作盆景，是园林绿化结合生产的优良树种。

四、胡桃科 Juglandaceae

落叶乔木，稀常绿。奇数羽状复叶互生，无托叶。花单性同株。雄花成柔荑花序，生于去年生枝叶腋或新枝基部；雌花序穗状或柔荑花序，生于枝顶，花被4裂或无花被，雌蕊由2心皮合成，子房下位，基生胚珠1。核果状或翅果状坚果，种子无胚乳。

本科9属约63种，主产于北半球温带，少数分布至亚洲热带；我国8属24种，南北均有分布。

分 属 检 索 表

1. 枝髓实心
  2. 雄柔荑花序3个簇生，下垂；核果，外果皮木质，4瓣裂 ……（一）山核桃属 *Carya*
  2. 雄柔荑花序均直立；果序球果状，坚果具翅，有果苞 ………（二）化香属 *Platycarya*
1. 枝髓片状
  3. 核果无翅 ……………………………………………………（三）核桃属 *Juglans*
  3. 坚果具翅
    4. 果翅较狭长，两侧展开 ……………………………（四）枫杨属 *Pterocarya*
    4. 果翅圆形，扁平，围绕坚果周围而生 …………（五）青钱柳属 *Cyclocarya*

（一）山核桃属 *Carya* Nutt.

落叶乔木。枝髓充实。奇数羽状复叶互生，小叶具锯齿。雄花柔荑花序3生一总柄，雄花无花被，具1大苞片，2小苞片；雌花3～10集生成穗状。核果状，外果皮木质，4瓣裂，果核圆滑或有纵脊。

约21种，产北美及东亚；我国产4种，引入1种。

1. 山核桃 *Carya cathayensis* Sarg.
（图7-11）

［识别要点］乔木，树高可达30m，树冠开展，呈扁球形。树皮灰白色，平滑，裸芽。芽、幼枝、叶下面、果皮均被褐黄色腺鳞。小叶5～7，椭圆状披针形或倒卵状披针形，长10～18cm，先

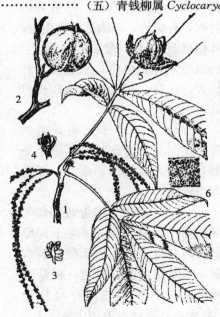

图 7-11 山核桃
1. 花枝 2. 果枝 3. 雄花 4. 雌花
5. 果 6. 叶下面

端渐尖，基部楔形，锯齿细尖。雌花1～3生于枝顶。果卵球形或倒卵形，长2.5～2.8cm，具4纵棱，核卵圆形、倒卵形，长2～2.5cm，坚硬，顶端具1短尖头。花期4～5月；果熟期9～10月。

　　[分布] 我国特产。产长江以南、南岭以北的广大山区和丘陵，集中分布在浙江西北部至安徽东南部一带山区。

　　[习性] 喜光，但能耐侧方庇荫。喜温暖湿润、夏季凉爽、雨量充沛、光照不太强烈的山区环境，不耐寒。对土壤要求不严，能耐瘠薄，最适于在深厚、富含有机质及排水良好的沙壤土上生长。生长缓慢，寿命长达200年。

　　[繁殖] 播种繁殖为主。

　　[用途] 宜孤植于草坪作庭荫树。为南方山区重要的木本油料和干果树种，可作山区绿化造林树种。木材质优，纹理美观，可供雕刻和精致家具之用。

2. 薄壳山核桃（美国山核桃）*Carya illinoensis* K. Koch（图7-12）

　　[识别要点] 原产地高达55m，一般能达20m，胸径2m。树冠广卵形。幼枝有灰色毛。小叶11～17，长卵状披针形，先端渐长尖，常镰状弯曲，叶基部不对称，有锯齿，下面脉腋簇生毛，叶柄叶轴有毛。果3～10集生，长圆形，有4纵脊，果壳薄，种仁大。花期5月；果熟期10～11月。

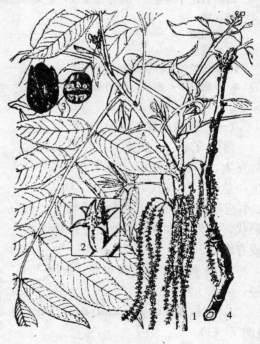

　　[分布] 原产于北美及墨西哥。我国北自河北、南至海南岛都有栽培，以江苏、浙江、福建等地较多。

　　[习性] 喜光，喜温暖湿润气候，有一定耐寒性，适生于深厚肥沃的沙壤土。不耐干瘠，耐水湿。深根性，根系发达，根部有菌根共生。生长快，寿命长达500年，在原产地可达千年以上。

图7-12　薄壳山核桃
1. 花枝　2. 雄花　3. 果及果核横剖面　4. 冬态枝

　　[繁殖] 播种、扦插、分根及嫁接繁殖。

　　[用途] 树体高大，根深叶茂，树姿雄伟壮丽。在适生地区宜孤植于草坪

作庭荫树。耐水湿，适于河流沿岸、湖泊周围及平原地区"四旁"绿化。也可用作行道树，作风景林。木材质优，供军工或雕刻用。种仁味美，含油率70%以上，比一般核桃含量高、质量好，是重要的干果油料树种。

（二）化香属 *Platycarya* Sieb. et Zucc.

落叶乔木，枝髓实心，鳞芽。奇数羽状复叶，小叶有锯齿。雄花为直立柔荑花序，呈伞房状排列在枝顶，一丛花序四周均为雄花序，仅中央有1两性花序，雌花序在下，雄花序在上。花无花被，生于苞片腋部。果序球果状，小坚果扁平，两侧具2窄翅。

共2种，产中国和日本。

化香 *Platycarya strobilacea* Sieb. et Zucc.

[识别要点] 小乔木，高4～6m。树皮灰色，浅纵裂。小叶（5）7～19（23），对生或上部小叶互生，无小叶柄，卵状至矩圆状披针形，长4～14cm，先端渐长尖，基部偏斜，不对称，边缘有细尖重锯齿，下面初被毛，后仅沿中脉或脉腋有毛。果序球果状，卵状椭圆形或长椭圆状圆柱形，长3～5cm，果苞披针形，先端刺尖，黑褐色，小坚果两侧具狭翅。花期5～6月；果熟期10月。

[分布] 主要分布于长江流域及西南低山丘陵。

[习性] 极喜光，耐瘠薄，萌芽性强。

[用途] 可作为荒山绿化的先锋树种。又可作为嫁接胡桃、山核桃和薄壳山核桃的砧木。

（三）核桃属 *Juglans* L.

落叶乔木。枝有片状髓心。鳞芽，芽鳞少数。奇数羽状复叶，揉之有香味，小叶全缘或有疏锯齿。花萼1～4裂，雄蕊8～40，子房不完全2～4室。核果状坚果，果核有不规则皱脊。

约18种；我国4～5种1变种，引入栽培2种。

1. 核桃楸（胡桃楸）*Juglans mandshurica* Maxim.（图7-13）

[识别要点] 乔木，树高可达25m，树冠宽卵形或扁球形，幼枝密被毛。小叶15～23，矩圆形、椭圆形或卵状椭圆形，长6～18cm，先端尖，基部偏斜，缘具细锯齿。小

图7-13　核桃楸

叶幼时上面有腺毛,后脱落,仅沿叶脉有星状毛,下面密被星状毛。雌花序有花 4～10 朵,密被腺毛。果卵形,近球形,长 3.5～7.5cm,被褐色腺毛。果核长 2.5～5cm,先端尖,具 8 条纵脊及不规则凹窝。花期 4～5 月;果熟期 8～9 月。

[分布] 产于东北,华北、内蒙古有少量分布。

[习性] 强阳性,耐寒性强。喜湿润、深厚、肥沃而排水良好的土壤,不耐干瘠。深根性,抗风力强。

[繁殖] 播种繁殖为主。

[用途] 树冠开展,枝叶茂密,浓荫覆地,姿态壮美,宜孤植或丛植庭院、公园、草坪、隙地、池畔、建筑旁。也可作庭荫树、行道树及成片栽植。北方地区常作核桃的砧木。为东北地区三大珍贵用材树种,国家三级重点保护树种。

2. 核桃（胡桃）*Juglans regia* L.（图 7-14）

[识别要点] 高达 25m,胸径 1m。树冠广卵形至扁球形。树皮灰白色,老时浅纵裂。新枝无毛。小叶 5～9（13）,近椭圆形,先端钝圆或微尖,全缘,揉之有香味,下面脉腋簇生淡褐色毛。雌花 1～3 朵集生枝顶,总苞有白色腺毛。果球形,径 4～5cm,外果皮薄,中果皮肉质,内果皮骨质。花期 4～5 月;果熟期 9～11 月。

[分布] 原产中国新疆及伊朗、阿富汗等地。我国新疆霍城、新源、额敏一带海拔 1 300～1 500m 的山地有大面积野核桃林。现东北南部以南有栽培,以西北、华北为主要栽培区。

[习性] 喜光,喜温暖凉爽气候。耐干冷,不耐湿热。对土壤肥力要求较高,不耐干瘠和盐碱,在黏土、酸性、地下水位高处生长不良。深根性,有粗大的肉质根,怕水淹。生长快,寿命可达 300 年以上。

图 7-14　核桃
1. 果枝　2. 雄花枝　3. 雄花　4. 果核纵剖面　5. 果核横剖面

[繁殖] 播种、嫁接繁殖。播种繁殖,北方多春播,暖地可秋播。嫁接繁殖可用芽接和枝接,砧木北方用核桃楸,南方用枫杨或化香。

[用途] 树冠开展,庞大雄伟,枝叶茂密,浓荫覆地,干皮灰白色,姿态壮美,宜孤植或丛植庭院、公园、草坪、隙地、池畔、建筑旁。因其花、果、枝、叶挥发的气味具有杀菌、杀虫、保健功效,居民新村、风景疗养区亦可作

庭荫树、行道树及成片栽植。还是优良的园林结合生产树种。国家二级重点保护树种。木材供雕刻等用。种仁除食用外可制高级油漆及绘画颜料配剂。树皮、果肉提取栲胶。果核制活性炭。

（四）枫杨属 *Pterocarya* Kunth

落叶乔木，枝髓片状，鳞芽或裸芽。小叶有细锯齿。花序下垂，雄花序单生叶腋，雌花序单生新枝顶。果序下垂，坚果有翅，翅由2小苞片发育而成。

约9种，分布于北温带；我国7种1变种。

枫杨（枰柳）*Pterocarya stenoptera* C. DC. （图7-15）

[识别要点] 高达30m，胸径1m以上。树冠广卵形。树皮幼年赤褐色，平滑；老时灰褐色，浅纵裂。裸芽密生锈褐色毛。羽状复叶互生，叶轴具翅，幼叶上面有腺鳞，沿脉有毛，小叶9～23，矩圆形，缘有细锯齿，顶生小叶常不发育。果序下垂，长20～30cm，果近球形，果具2椭圆状披针形果翅。花期4～5月；果熟期8～9月。

[分布] 产于我国华北、华东、华中、华南和西南等地，黄河、淮河、长江流域最常见。多生于海拔1 500m以下的溪水河滩及低湿地。

[习性] 喜光，稍耐庇荫，喜温暖湿润气候。对土壤要求不严，耐水湿，喜山谷、河滩、溪边低湿地。稍耐干瘠，耐轻度盐碱。深根性，萌芽力强，萌蘗性强，耐烟尘。

[繁殖] 播种繁殖。

[用途] 冠大荫浓，常用作庭荫树孤植草坪、堤岸及水池边，亦可作行道树。也是黄河、长江流域以南"四旁"绿化、风景区造林、固堤护岸的优良速生树种。耐烟尘，对有毒气体有一定的抗性，也适于工矿区绿化。干是培养木耳的好材料。

图7-15　枫　杨
1. 果枝　2. 翅果

（五）青钱柳属 *Cyclocarya* Iljinsk.

落叶乔木，枝具片状髓心。裸芽。奇数羽状复叶，叶轴无翼。雄花序2～4集生于去年生枝叶腋，雄花具2小苞片及2片花萼；雌花序单生枝顶，雌花具 2 小苞片及 4 片花萼。坚果，周围具圆盘状翅。

1 种，我国特产。

青钱柳（麻柳、摇钱树）Cyclocarya paliurus (Batal.) Iljinsk.

［识别要点］乔木，树高可达 30m。芽被褐色腺鳞。幼树树皮灰色，平滑；老树皮灰褐色，深纵裂。幼枝密被褐色毛，后渐脱落。叶轴被白色弯曲毛及褐色腺鳞，小叶 7～9（13），椭圆形或长椭圆状披针形，长 3～14cm，先端渐尖，基部偏斜，具细锯齿，上面中脉密被褐色毛及腺鳞，下面被灰色腺鳞，叶脉及脉腋被白色毛。果翅圆形。花期 5～6 月；果熟期 9 月。

［分布］产于华东、华中、华南及西南。

［习性］喜光，稍耐旱，萌芽性强，抗病虫害。

［繁殖］播种、嫁接繁殖。

［用途］树形高大雄伟，果形奇特，可作庭荫树、行道树。

五、桦木科 Betulaceae

落叶乔木或灌木。单叶互生，托叶早落。花单性同株，柔荑花序，常圆柱形。雄花 2～6 朵生于苞腋；雌花 2～3 朵生于苞腋，雌蕊由 2 心皮合成，子房下位，2 室，每室胚珠 1。果序圆柱形或卵球形。每果苞具坚果 2～3，坚果小而扁，有翅。

共 6 属约 140 种，主产北半球温带及较冷地区；我国 6 属均有分布，共 90 多种。

分 属 检 索 表

1. 坚果扁平有翅
　2. 冬芽无柄，果苞薄，3 裂，脱落 ……………………………………（一）桦木属 Betula
　2. 冬芽常有柄，果苞厚，木质，5 裂，宿存 ……………………………（二）赤杨属 Alnus
1. 坚果无翅 ………………………………………………………………（三）鹅耳枥属 Carpinnus

（一）桦木属 Betula L.

落叶乔木，稀灌木。叶缘多具重锯齿。雄花有雄蕊 2，花丝顶端 2 裂，各具花药；雌花每 3 朵生于苞腋，果苞小，薄革质，先端 3 裂，成熟时脱落。小坚果常具膜质翅。

我国 30 余种。

分 种 检 索 表

1. 树皮黑褐色或暗橘红色，果翅宽为坚果的一半或近等宽
　2. 树皮黑褐色，幼枝密生毛，果翅宽为果的 1/2 ………………… 1. 黑桦 B. dahurica
　2. 树皮暗橘红色，幼枝无毛，果翅与果近等宽 ………… 2. 红桦 B. utilis var. sinensis

1. 树皮白色，纸片状分层剥落，果翅较坚果宽 ·················· 3. 白桦 *B. platyphylla*

1. 黑桦（棘皮桦）*Betula dahurica* Pall.（图 7-16）

［识别要点］乔木，树高可达 20m。树皮黑褐色，龟裂状，呈不规则小块状剥落。幼枝密被长毛。叶片卵形、菱状卵形或长圆状卵形，长 6～8cm，近无毛，下面密生腺点，叶柄密生长柔毛。果翅宽为果的 1/2。

［分布］产于东北及内蒙古东部。

［习性］喜光，耐寒，耐干旱瘠薄土壤。抗火力强。

［繁殖］播种繁殖。

［用途］树姿优美，树干修直，干皮洁白雅致，可孤植、群植、列植，或与其他树种混植。若在坡地成片栽植，为别具一格的风景林相。

图 7-16　黑　桦
1. 果枝　2. 果苞　3. 果

2. 红桦（纸皮桦）*Betula utilis* var. *sinensis* (Franch.) Winkl.（图7-17）

［识别要点］乔木，树高可达 30m，树皮暗橘红色。小枝无毛，紫褐色，具腺点。叶片卵形或椭圆状卵形，长 5～10cm，尖端渐尖，基部圆形或宽楔形，叶缘有重锯齿。果翅膜质，与果近等宽。

［分布］产华北南部、华中及西南等地海拔1 000～3 500m处。

［习性］喜光，稍耐阴，喜湿润，常生于阴坡、半阴坡。

［繁殖］播种繁殖。

［用途］树皮光亮美观，宜作园景树。

3. 白桦 *Betula platyphylla* Sukats

［识别要点］乔木，树高可达

图 7-17　红　桦
1. 果枝　2. 果苞　3. 果

25m，树冠卵圆形。树皮粉白色，纸片状分层剥落。小枝细，暗灰色或红褐色，外被白色蜡层。叶片三角状或菱状卵形，先端渐尖，基部平截或宽楔形，缘有不规则重锯齿，叶下面疏生油腺点，无毛或脉腋有毛。果序单生，圆柱形，坚果小而扁，两侧果翅较果稍宽。花期5～6月；果熟期8～10月。

［分布］东北、华北、西北及西南各地。

［习性］喜光，耐严寒，耐瘠薄，适应性强。深根性，生长快，寿命短。

［繁殖］播种繁殖。

［用途］枝叶扶疏，姿态优美，树干修直，干皮洁白雅致，可孤植、群植、列植，或与其他树种混植。若在坡地成片栽植，为别具一格的风景林相。

（二）赤杨属 *Alnus* Mill.

乔木或灌木，冬芽具柄。叶片多具单锯齿，稀重锯齿。雄花3朵生于苞腋，雄蕊4，花丝顶端不分裂；雌花2朵生于苞腋。果序球果状，果苞木质，5裂，宿存。

约40种，我国约有11种。

分 种 检 索 表

1. 果序单生，果序梗细长下垂 ……………………………… 1. 桤木 A. cremastogyne
1. 果序2～8个集生于总梗上
  2. 叶片先端渐尖，基部楔形 ……………………………… 2. 赤杨 A. japonica
  2. 叶片先端短尖，基部圆形 ……………………………… 3. 江南桤木 A. trabeculosa

1. 桤木 *Alnus cremastogyne* Burkill
（图7-18）

［识别要点］乔木，树高可达25m。树皮褐色，老后斑块状开裂。小枝有棱，幼时被毛，后渐脱落。叶片倒卵形至倒卵状椭圆形，长4～14cm，幼时下面被毛，后脱落或仅脉腋有毛。果序椭圆形，单生，果序梗细长下垂。花期4月；果熟期10～11月。

［分布］四川、贵州和陕西等地。

［习性］喜光，喜湿润气候，耐水湿。对土壤的适应性强，根系发达，生长快。

［繁殖］播种繁殖。

图7-18 桤 木
1. 果枝 2. 果苞 3. 小坚果

[用途] 宜栽植在湿地、湖畔，颇具野趣，也可用于农田防护林、公路绿化、河滩绿化，是护岸固堤的优良树种。

2. 赤杨 *Alnus japonica* Sieb. et Zucc. （图 7-19）

[识别要点] 乔木，树高可达 25m。小枝无毛，具树脂点。叶片狭椭圆形、卵状矩圆形，长 3～12cm，先端渐尖或突短尖，基部楔形，下面脉腋具簇生毛，叶缘具细尖单锯齿。果序 2～6 个集生于总梗上。花期 3 月；果熟期 9～10 月。

[分布] 产中国东北南部及山东、江苏、安徽等地。

其他同桤木。

3. 江南桤木 *Alnus trabeculosa* Hand.-Mazz.

[识别要点]乔木,树高可达 10m。小枝有棱，无毛。芽具柄，无毛。叶片椭圆状长圆形或倒卵形，长4～16cm。花期2～3月；果熟期8～9月。

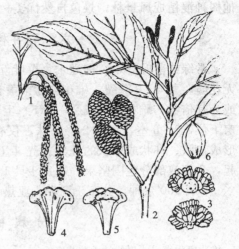

图 7-19　赤　杨
1. 花枝　2. 果枝　3. 雄花
4、5. 果苞腹、背面　6. 果

[分布] 产河南、江苏、安徽、福建、江西、湖北、湖南、广东、广西等地。

[习性] 喜温暖湿润气候，耐水湿，生于山谷或河岸边。

[用途] 用于水滨、湿地、湖畔、河岸边及河滩绿化，也是护岸固堤的优良树种。

(三) 鹅耳枥属 *Carpinnus*

乔木。共 40 余种，分布于北温带，主产亚洲东部；我国 30 余种。

鹅耳枥 *Carpinnus turczaninowii* Hance

[识别要点] 落叶乔木，高达 15m。树冠紧密，不整齐。树皮暗褐灰色，浅纵裂。幼枝密生细绒毛，后渐脱落，小枝细。叶卵形、长卵形或卵圆形，先端渐尖，基部圆或近心形，叶缘重锯齿钝尖或有短尖头，脉腋有簇生毛，网脉不明显，叶柄细，有毛。果穗稀，果苞扁长圆形，一边全缘，一边有齿；坚果卵圆形有肋条，疏生油腺点。花期4～5月；果熟期8～9月。

[分布] 广布于我国东北南部、华北至西南各地。

[习性] 稍耐阴，耐寒，喜肥沃湿润的石灰质土壤，耐干旱、瘠薄。干旱

阳坡、湿润河谷及林下都能生长。萌芽力强。

　　[繁殖] 播种繁殖或萌芽更新。

　　[用途] 叶形秀丽，果穗奇特，枝叶茂密。宜草坪孤植、路边列植或与其他树种混植成风景林，景色自然优美。亦可作桩景材料。

六、壳斗科 Fagaceae

　　常绿或落叶乔木，稀灌木。单叶互生，羽状脉，托叶早落。花单性同株，无花瓣，萼 4～6 深裂。雄花多为柔荑花序，稀头状花序，雄蕊常与萼片同数或为其倍数；雌花单生或 2～3（5）生于总苞内，总苞单生或排成短穗状，子房下位，3～6 室，每室 2 个胚珠，仅有 1 个发育。总苞在果熟时木质化，并形成盘状、杯状或球状的壳斗，壳斗上的苞片鳞形、刺形、披针形或粗糙突起，全部或部分包围坚果，每壳斗具 1～3 个坚果。种子无胚乳。

　　8 属 900 余种，分布于温带、亚热带和热带；我国产 7 属 300 余种。

分 属 检 索 表

1. 雄花序为直立或斜伸的柔荑花序
　2. 落叶，枝无顶芽；总苞球形，密生针刺，内含 1～3 个坚果 …… （一）栗属 Castanea
　2. 常绿，枝有顶芽
　　3. 壳斗全包坚果，稀杯状包住坚果下部，果脐隆起 ………… （二）栲属 Castanopsis
　　3. 壳斗包住坚果的下部或基部，果脐凹陷或隆起 ……… （三）石栎属 Lithocarpus
1. 雄花序为下垂的柔荑花序
　4. 常绿，壳斗的苞片鳞形，结合成轮状的同心环 ……… （四）青冈栎属 Cyclobalanopsis
　4. 落叶，稀常绿，壳斗的苞片鳞形、线形或钻形，覆瓦状排列，不结合成同心环 …
　………………………………………………………………………… （五）栎属 Quercus

　　（一）栗属 Castanea Mill.

　　落叶乔木，稀灌木，无顶芽。叶二列状互生，叶缘锯齿芒状。雄柔荑花序直立，雌花 2～3 朵聚生于总苞内，着生于雄花序基部或单独成花序，子房 6 室。壳斗近球形，密生分枝长刺。总苞内有坚果 1～3，果大，褐色，全为壳斗所包围。

　　约 12 种；我国 4 种。

　　板栗 Castanea mollissima Bl. （图 7-20）

　　[识别要点] 乔木，高达 20m，树冠扁球形。树皮灰褐色，交错深纵裂。小枝有灰色绒毛。叶卵状椭圆形至椭圆状披针形，长 9～18cm，先端渐尖，基部圆形或广楔形，缘齿尖芒状，下面被灰白色星状短柔毛。雌花常 3 朵生于总

苞内，排在雄花序基部。总苞球形或扁球形，直径 6～8cm，密被长针刺，内有坚果 2～3 个。花期5～6 月；果熟期 9～10 月。

［分布］我国特产树种，产于辽宁以南各地，栽培历史悠久，以华北及长江流域各地栽培最为集中。

［习性］喜光，对气候和土壤适应性强，耐寒，耐旱，较耐水湿。在阳坡、肥沃湿润、排水良好、富含有机质的沙壤土上生长最好，在黏重土、钙质土和盐碱地上生长不良。深根性，根系发达，寿命长。生长较快，萌芽力较强，较耐修剪。

［繁殖］播种繁殖为主，也可嫁接繁殖。

［用途］树冠宽圆，枝茂叶大，为著名干果，是园林绿化结合生产的优良树种。在公园草坪及坡地孤植或群植均适宜。亦可用作山区绿化和水土保持树种。

图 7 - 20 板 栗
1. 花枝 2. 雄花 3. 雌花 4. 叶之背面
5. 果枝 6. 壳斗及果 7. 果

（二）栲属 Castanopsis Spach.

常绿乔木，稀灌木。小枝有顶芽。叶常二列状互生，有锯齿或全缘，基部不对称。花序直立，萼 5～6 裂，雄蕊 10～12，雌花单生或 2～5 朵聚生于总苞内，子房 3 室。壳斗近球形，稀杯状，苞片针刺形，稀鳞形或瘤状，常全包，内有坚果 1～3。果脐隆起。

约 130 种；我国 60 余种。

分 种 检 索 表

1. 壳斗苞片针刺形，果翌年成熟，叶全缘或近顶部有锯齿
　2. 叶厚革质，下面灰绿色，无毛亦无鳞秕，壳斗刺疏生……………… 1. 甜槠 C. eyrei
　2. 叶薄革质，下面被深褐色或褐色鳞秕，壳斗刺密生 ………………… 2. 栲树 C. fargesii
1. 壳斗苞片鳞形或瘤状突起，果当年成熟，叶缘中部以上有锯齿 …………………
………………………………………………………………… 3. 苦槠 C. sclerophylla

1. 甜槠（甜槠栲） *Castanopsis eyrei* （champ） Tutch

[识别要点] 乔木，树高可达 20m。树皮浅纵裂。叶片卵形、卵状长椭圆形或披针形，长 5～13cm，全缘或上部有疏钝齿，先端尾尖，基部明显歪斜，无毛。坚果单生，壳斗外被粗短刺，分叉或不分叉，排成间断 4～6 环。花期 4～5 月；果熟期翌年 10 月。

[分布] 产于长江流域以南各地。

[习性] 较耐阴，喜湿润、肥沃土壤，在沟谷阴坡生长最好。

[繁殖] 播种繁殖。

[用途] 枝叶浓密，树冠浑圆，适于孤植、丛植草坪或山麓坡地，混植于片林中作常绿基调树种或作花木丛的背景树。抗毒、防尘、隔音及防火性能好，宜作工厂绿化和防护林树种。

2. 栲树（丝栗树、丝栗栲） *Castanopsis fargesii* Franch.

[识别要点] 乔木，树高可达 30m。树皮浅裂。幼枝被红棕色粉状鳞秕，后脱落，无毛。叶薄革质，长椭圆形至长椭圆状披针形，长 9～12cm，全缘或近顶端有 1～2 对浅钝齿，先端尾尖，基部圆形或楔形，上面亮绿色，下面密被棕红色或黄棕色鳞秕。坚果单生，壳斗苞片为分枝刺状。花期 4～5 月；果熟期翌年 8～10 月。

[分布] 长江流域以南，至西南各地。

其他同甜槠。

3. 苦槠 *Castanopsis sclerophylla* **(Lindl.) Schott**（图 7-21）

[识别要点] 乔木，树高可达 20m，树冠球形。树皮暗灰色，浅纵裂。小枝无毛，常有棱沟。叶厚革质，长椭圆形至卵状矩圆形，长 7～14cm，顶端渐尖或短尖，基部楔形或圆形，叶缘中部以上有疏生锐锯齿。叶下面有灰白色或浅褐色蜡层。坚果单生于球状壳斗内，外被环列的瘤状苞片。壳斗成串生于干枝上。花期 4～5 月；果熟期 10 月。

[分布] 长江中下游以南各地，南至南岭以北，为该属中分布最北的 1 种。

[习性] 喜温暖湿润气候，能耐阴。喜深厚、湿润的中性和酸性土壤，亦能

图 7-21 苦槠
1. 果枝　2. 果

耐干旱和瘠薄。深根性，主根发达，萌芽力极强，寿命长。

其他同甜槠。

（三）石栎属 *Lithocarpus* Bl.

常绿乔木，枝有顶芽。叶全缘或有锯齿。雄花序直立，雌花在雄花序的下部，萼 4～6 裂，雄蕊 10～12，子房 3 室。壳斗杯状或盘状，部分包围坚果，果单生壳斗内。

约 300 种；我国约 110 种。

石栎（柯、椆木） *Lithocarpus glaber* **(Thunb.) Nakai**（图 7-22）

［识别要点］乔木，树高可达 20m，树皮灰色不裂，树冠半球形。小枝密生灰黄色绒毛。叶厚革质，椭圆形或椭圆状卵形，长 6～14cm，先端尾尖，基部楔形，全缘或近顶端有几个浅齿，上面深绿色，下面有灰白色蜡层。壳斗浅碗状，苞片三角形，排列紧密，坚果椭圆形，包住坚果基部 1/5，果略具白粉。花期 8～9 月；果熟期翌年 9～10 月。

［分布］长江流域以南各地，南达广东、广西。

［习性］喜光，稍耐阴，喜温暖气候和湿润、深厚土壤，能耐干旱瘠薄，萌芽力强。

图 7-22　石　栎
1. 果枝　2. 果

［繁殖］播种繁殖。

［用途］树冠浑圆，枝叶茂密，绿荫深浓，宜作庭园树，也适于在庭园、草坪孤植或丛植为其他花木的背景树。对有毒气体抗性强，防火阻燃效果好，可作厂矿绿化和隔音、防火林的优良树种。

（四）青冈栎属 *Cyclobalanopsis* Oerst.

常绿乔木，枝有顶芽。叶全缘或有锯齿。雄柔荑花序下垂；雌花序穗状，直立。花萼 5～6 深裂，雄蕊 5～6，雌花单生于总苞内，子房通常 3 室。壳斗小苞片结合紧密，形成同心环带，坚果单生，当年或翌年成熟。

约 150 种；我国约 75 种。

分 种 检 索 表

1. 叶下面有白色平伏毛

2. 叶片倒卵状椭圆形至长椭圆形，叶缘中部以上具粗锯齿 ………… 1. 青冈栎 *C. glauca*

2. 叶片卵形至卵状披针形，叶缘 1/3 以上有细尖锯齿 ………… 2. 细叶青冈 *C. gracilis*

1. 叶下面无毛，有白粉 …………………………………… 3. 青栲 *C. myrsinaefolia*

1. 青冈栎（青冈）*Cyclobalanopsis glauca* (Thunb.) Oerst. （图 7-23）

［识别要点］乔木，树高可达 20m，树皮平滑不裂，树冠扁球形。小枝无毛。叶片倒卵状椭圆形至长椭圆形，长 8～14cm，先端渐尖或短尾状，基部宽楔形或圆形，边缘中部以上有钝锯齿，上面深绿色，有光泽，下面灰绿色，有整齐平伏白色单毛。壳斗杯状，包围坚果 1/3～1/2，苞片合生成 5～8 条同心环带，环带全缘或有稀缺刻。花期 4 月；果熟期 10 月。

［分布］产长江流域以南各地，南达广东、广西，西南至云南、西藏，北至河南、陕西、青海、甘肃南部，是本属中分布范围最广、最北的 1 种。

［习性］较耐阴，喜温暖多雨气候，对土壤适应能力强，在酸性、弱碱性和石灰性土壤上均能生长。生长速度中等，萌芽力强，耐修剪。深根性，抗有毒气体能力较强。

［繁殖］播种繁殖。

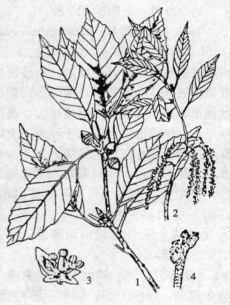

图 7-23　青冈栎
1. 果枝　2. 雄花枝　3. 雄花　4. 雄花序

［用途］树姿优美，枝叶茂密，四季常绿，是良好的绿化、观赏和造林树种。宜丛植或群植，组成树群和片林时，多作常绿基调树种，可作观花灌木的背景树。也可作隔音林带和防火林带、厂矿绿化树种。

2. 细叶青冈（小叶青冈栎）*Cyclobalanopsis gracilis* (Rehd. et Wils.) Cheng et Hong

［识别要点］树高可达 30m，与青冈栎相似。叶型较小，呈卵状披针形，长 4.5～9cm，宽 1.5～3cm，基部窄楔形至圆形，边缘 1/3 以上有细尖锯齿，侧脉纤细，不明显，上面亮绿色，下面灰白色，有平伏单毛。壳斗苞片合生成 6～10 条同心环带，环带边缘通常有裂齿。

［分布］长江流域及其以南各地和陕西、甘肃、贵州、四川等地。

其他同青冈栎。

3. 青栲（小叶青冈）*Cyclobalanopsis myrsinaefolia*（Bl.）Oerst.（图 7-24）

［识别要点］乔木，树高可达 25m。小枝无毛，被凸起淡褐色长圆形皮孔。叶片卵状披针形或椭圆状披针形，长 5～12cm，先端长渐尖或短尾状，基部窄楔形或近圆形，边缘 1/3 以上有细锯齿，叶上面绿色，下面粉白色，无毛。壳斗杯形，壁薄而脆，苞片合生成 6～9 条同心环带，环带全缘。花期 6 月；果 10 月成熟。

［分布］长江流域以南各地和陕西、甘肃，西南至贵州、四川等地。

其他同青冈栎。

图 7-24 青 栲
1. 果枝 2. 果

（五）栎属 *Quercus* Linn.

落叶乔木，稀灌木。枝有顶芽。叶螺旋状互生，边缘具细或粗的锯齿，少有深裂或全缘。雄柔荑花序下垂，子房 3 室。壳斗杯状、碗状、盘状等，苞片线形、鳞形、钻形，覆瓦状排列。坚果单生，当年或翌年成熟。

约 300 种，主产北半球温带及亚热带；我国约 60 种，南北各地均有分布。

分 种 检 索 表

1. 叶片长椭圆状披针形，叶缘有细尖芒状锯齿；坚果翌年成熟
　2. 叶片下面绿色，无毛或微有毛 …………………………………… 1. 麻栎 *Q. acutissima*
　2. 叶片下面密被灰白色星状毛…………………………………… 2. 栓皮栎 *Q. variabilis*
1. 叶片倒卵形或椭圆形，叶缘具波状缺刻或粗锯齿；坚果当年成熟
　3. 叶柄极短，长不足 1cm，叶缘具波状缺刻
　　4. 小枝密被毛，叶下面密被星状绒毛
　　　5. 小枝粗壮，被黄色星状毛；叶缘波状缺刻深 ………………… 3. 槲树 *Q. dentata*
　　　5. 小枝较细，被灰褐色绒毛；叶缘波状缺刻较浅 ………… 4. 白栎 *Q. fabri*
　　4. 小枝无毛，叶下面无毛或沿叶脉有毛 ………… 5. 辽东栎 *Q. liaotungensis*
　3. 叶柄较长，为 1～3cm
　　6. 叶下面淡绿色，无毛或疏生毛，叶缘具粗尖锯齿，尖头微内弯 …………
　　………………………………………………………… 6. 泡树 *Q. glandulifera*
　　6. 叶下面密被灰白色星状毛层，叶缘具波状锯齿，先端钝圆 …… 7. 槲栎 *Q. aliena*

1. 麻栎（橡树、柴栎） *Quercus acutissima* **Carr.** （图 7 - 25）

[识别要点] 落叶乔木，树高可达 25m，树皮交错深纵裂，树冠广卵形。小枝褐黄色，幼枝初被毛，后光滑。叶片长椭圆状披针形，长 8～18cm，先端渐尖，基部圆形或宽楔形，叶缘锯齿刺芒状；幼叶有短绒毛，后脱落；老叶下面无毛或仅脉腋有毛，淡绿色，侧脉直达齿端。壳斗杯状，包围坚果 1/2，苞片锥形，粗长刺状，反曲，有毛。果卵球形或长卵形，果顶圆形。花期 4～5 月；果翌年 10 月成熟。

[分布] 分布极广，北起辽宁、河北，南至广东、广西，东至华东各地，西至云南、四川及西藏东部。

[习性] 喜光，不耐阴，耐寒、耐旱、耐瘠薄，以深厚、湿润、肥沃、排水良好的中性至酸性土壤生长最好。深根性，萌芽力强，寿命长。抗火耐烟能力也较强。

图 7 - 25　麻　栎
1. 果枝　2. 果

[繁殖] 播种繁殖或萌芽更新。

[用途] 树冠开展，树姿雄伟，浓荫如盖，叶入秋转橙褐色，季相变化明显。可孤植、群植或与其他树混植成风景林。同时也是营造防风林、水源涵养林及防火林的重要树种。为我国著名的硬阔叶树优良用材树种。叶可饲养柞蚕，枝及朽木是培养食用菌的好材料，种子含淀粉，酿酒或作饲料，壳斗及树皮含单宁，可作工业原料。

2. 栓皮栎（软木栎） *Quercus variabilis* **Bl.** （图 7 - 26）

[识别要点] 落叶乔木，树高可达 25m，树冠广卵形。树皮灰褐色，深纵裂，栓皮层发达，特别厚。小枝淡褐黄色，无毛。叶形和叶缘与麻栎极相似，但叶下面密生灰白色星状毛。坚果果顶平圆，为其与麻栎的区别点。花期 4～5 月；果翌年 10 月成熟。

其他与麻栎相似。

3. 槲树（菠萝叶） *Quercus dentata* **Thunb.**

[识别要点] 落叶乔木，树高可达 25m，树冠椭圆形，不整齐。小枝粗壮，有沟棱，密生黄褐色绒毛。叶片倒卵形，长 10～20 (30) cm，先端钝圆，基部耳形或楔形，叶缘具波状圆裂齿，下面灰绿色，密被星状绒毛，叶柄极短，

密被棕色绒毛。壳斗杯状，包围坚果1/2～2/3，苞片长披针形，棕红色，柔软，反曲。坚果卵圆形或椭圆形。花期4～5月；果9～10月成熟。

[分布] 产东北、华北及长江流域一带。

[习性] 喜光，耐寒，耐干旱瘠薄。深根性，萌芽力强，抗风、抗烟尘和有毒气体，抗病虫害能力强。

[繁殖] 播种繁殖。

[用途] 树姿优美，枝叶扶疏，叶形奇雅，入秋叶呈紫红色，别具风格。可于庭园中孤植，或与其他树种混交成风景林。也可用于厂矿绿化和华北、东北南部荒山绿化造林。

4. 白栎（白皮栎、青冈树）*Quercus fabri* Hance（图7-27）

[识别要点] 落叶乔木或灌木，树高可达20m。小枝密生灰褐色绒毛及沟槽。叶片倒卵形至椭圆状倒卵形，长7～15cm，顶端钝尖，基部窄楔形，叶缘具波状齿或粗钝齿，下面有灰褐色星状绒毛，叶柄长3～5mm，有毛。壳斗杯状，包围坚果1/3，苞片鳞状，形小，排列紧密。坚果圆柱状卵形。花期4月；果10月成熟。

[分布] 广布于淮河以南、长江流域至华南、西南各地。

[习性] 喜光，喜温暖气候，耐干旱瘠薄。萌芽力强。

[繁殖] 播种繁殖。

[用途] 树冠开展，树姿优美，宜群植或与其他树混植成风景林。也是营造防风林、水源涵养林及防火林的良好树

图7-26 栓皮栎
1. 果枝 2. 雄花序 3～5. 雄花
6. 叶的下面 7. 果及壳斗

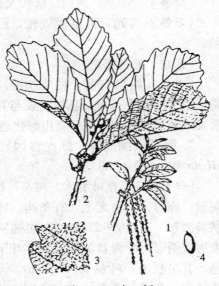

图7-27 白 栎
1. 雄花序枝 2. 果枝 3. 叶的下面 4. 果

种。

5. 辽东栎（辽东柞、柴树）Quercus liaotungensis Koidz

［识别要点］落叶乔木，树高可达 15m，有时呈灌木状。小枝无毛。叶多集生枝顶，叶片倒卵形，长 5～14cm，叶基耳形或近圆形，叶缘具深波状圆钝锯齿，叶下面无毛或沿脉微有毛，叶柄长 2～4 mm。壳斗浅碗状，包围坚果约 1/3，苞片鳞状，排列紧密。坚果卵形或椭圆形。花期 5 月；果熟期 9～10月。

［分布］产东北东部及南部，河北、山西、山东、甘肃、宁夏、青海、陕西、四川等地均有分布。

［习性］喜光，耐寒，抗干旱瘠薄。

［繁殖］播种繁殖。

［用途］树姿奇丽，枝叶扶疏，丛植、植成片林或与其他树种混交成风景林均可。也可用于荒山绿化造林。

6. 泡树（泡栎、小橡树）Quercus glandulifera Bl.

［识别要点］落叶乔木，树高可达 25 m。幼枝有毛，后无毛。叶片椭圆状倒卵形或倒卵状披针形，长 6～15cm，先端尖、锐尖或渐尖，基部楔形或圆形，叶缘有粗锯齿，齿端具内弯的尖头，下面具平伏毛或无毛。叶柄长 1～2.5cm。壳斗浅碗形，苞片排列紧密，有毛。坚果长卵形。

［分布］产山东、河南、陕西及长江流域各地，南至华南，西南达贵州。

［习性］喜光，喜温暖气候，耐干旱瘠薄。

［繁殖］播种繁殖。

［用途］树形奇丽，枝叶扶疏，独具风格。可于庭园中孤植、丛植，或与其他树种混交成风景林。也可用于荒山绿化造林。

7. 槲栎（细皮栎、细皮青冈）Quercus aliena Bl.（图 7-28）

［识别要点］落叶乔木，树高可达 20 m，树冠广卵形。小枝无毛，有条沟。叶片倒卵状椭圆形，长 10～22cm，先端钝圆，基部楔形或圆形，叶缘具波状粗齿，叶下面灰绿色，有星状毛，叶柄长 1～3cm，无毛。壳斗杯状，包着坚果约 1/2，苞片鳞状。坚果椭圆状卵形。花期 4～5 月；果熟期 10 月。

图 7-28 槲 栎
1. 雄花枝　2. 果枝　3. 果

锐齿槲栎（var. *acutiserrata* Maxim.）：与槲栎的区别在于锐齿槲栎的叶缘波状粗齿的先端锐尖，内弯，齿尖有腺体。

［分布］产于辽宁、华北、华中、华南及西南各地。

［习性］喜光，稍耐阴，耐寒、耐干旱瘠薄，喜湿润深厚而排水良好的酸性至中性土壤。

［繁殖］播种繁殖。

［用途］树冠开展，树姿雄伟，叶入秋转黄褐色，可群植或与其他树混植成风景林。也是营造防风林及防火林的重要树种。

七、榆科 Ulmaceae

落叶乔木或灌木。小枝细，无顶芽。单叶互生，排成二列，有锯齿，基部常不对称，羽状脉或 3 出脉，托叶早落。花小，两性或单性同株，单被花，雄蕊 4～8 与花萼同数对生，子房上位，1～2 室，柱头羽状 2 裂。翅果、坚果或核果。种子通常无胚乳。

约 16 属 230 种，主产北温带；我国 8 属约 60 种，遍布全国。

分 属 检 索 表

1. 叶具羽状脉，侧脉 7 对以上
  2. 花两性，翅果 ···（一）榆属 *Ulmus*
  2. 花杂性，坚果 ···（二）榉属 *Zelkova*
1. 叶具 3 出脉，侧脉 6 对以下
  3. 核果球形
    4. 叶基部歪斜，侧脉直达齿端 ·················（三）糙叶树属 *Aphananthe*
    4. 叶基部常歪斜，侧脉不伸入齿端 ·················（四）朴属 *Celtis*
  3. 坚果，周围具木质翅·····························（五）青檀属 *Pteroceltis*

（一）榆属 Ulmus L.

乔木，稀灌木。芽鳞栗褐色或紫褐色，花芽近球形。叶多为重锯齿，羽状脉。花两性，簇生或组成短总状花序；萼钟形，宿存，4～9 裂；雄蕊与花萼同数对生。翅果扁平，顶端凹缺，果核周围有翅。

约 45 种，分布于北半球；我国约 25 种，遍布全国。

分 种 检 索 表

1. 花在秋季开放，簇生于叶腋 ·································· 1. 榔榆 *U. parvifolia*
1. 花在早春展叶前开放，生于去年生枝上

2. 小枝无木栓翅，果核位于翅果中部·······················2. 白榆 U. pumila
2. 小枝常具木栓翅，果核位于果翅近缺口处·········3. 春榆 U. davidiana var. japonica

1. 榔榆 (小叶榆) *Ulmus parvifolia* Jacq. (图 7-29)

[识别要点] 树皮不规则薄鳞片状剥落。叶较小而质厚，易折断，长 2～5cm，缘具单锯齿。秋季开花。翅果长椭圆形，长约 1cm。花期 8～9 月；果期 10～11 月。

[分布] 主产长江流域及其以南地区，北至河北、山东、山西、河南等地。

[习性] 喜光，稍耐阴。喜温暖气候，也能耐寒，喜肥沃湿润土壤，亦有一定耐干旱瘠薄能力。在酸性、中性、石灰性的坡地、平原、溪边均能生长。生长速度中等，寿命较长。深根性，萌芽力强，对烟尘及有毒气体的抗性较强。

[繁殖] 播种繁殖。

[用途] 树形优美，姿态潇洒，树皮斑驳可爱，枝叶细密，观赏价值较高。在园林中孤植、丛植、或与亭、

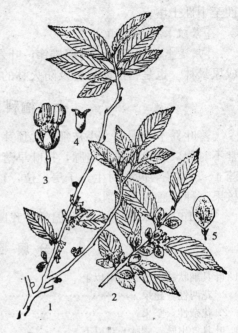

图 7-29 榔 榆
1. 花枝　2. 果枝　3. 花　4. 雌蕊　5. 果

树、山石配置都十分合适，也可栽作行道树、庭荫树或制作盆景，并适合作厂矿区绿化树种。

2. 白榆 (榆树) *Ulmus pumila* L. (图 7-30)

[识别要点] 高达 25m。树冠圆球形。树皮纵裂，粗糙，暗灰色。小枝灰色，细长，排成二列。叶二列状互生，卵状长椭圆形，长 2～6cm，先端尖，基部偏斜，缘具重锯齿。花簇生于去年生枝上，叶前开花。翅果近圆形，顶端有缺口，种子位于中央。花期 3～4 月；果期 4～5 月。

龙爪榆 (var. *pendula* Rehd.)：枝卷曲下垂。华北地区园林中栽培供观赏。

[分布] 产于华东、华北、东北、西北等地区，华北、淮北平原常见。

[习性] 喜光，耐寒，适应干冷气候。对土壤要求不严，耐干旱瘠薄，耐轻度盐碱。根系发达，抗风，萌芽力强，耐修剪，生长迅速，寿命可达百年以

上。对烟尘和有毒气体的抗性较强。

［繁殖］播种繁殖，也可分蘗繁殖。

［用途］树干通直，树形高大，树冠浓荫，在城乡绿化中宜作行道树、庭荫树、防护林及"四旁"绿化，掘取残桩可制作树桩盆景。也是营造防风林、水土保持林和盐碱地造林的主要树种之一。幼叶及幼果可食。

3. 春榆（白皮榆、沙榆）*Ulmus davidiana* var. *japonica* Nakai

［识别要点］乔木，树高可达30m，树冠圆形，树皮不规则开裂。幼枝密被淡灰色柔毛，小枝常具不规则木栓翅。叶倒卵形或椭圆形，长 8～12cm，先端突短尖，基部楔形或近圆形，不对称，缘具重锯齿；叶上面具短硬毛，粗糙，下面被灰

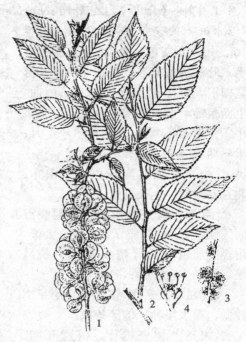

图 7-30　白　榆
1. 果枝　2. 叶枝　3. 花枝　4. 花

色毛。果倒卵形或倒卵状椭圆形，长 1.5～2cm，无毛，果核位于果翅的近缺口处。花期 4～5 月；果熟期 5～6 月。

［分布］华北、东北及江苏、安徽、山东、陕西、甘肃等地。

其他同白榆。

（二）榉属 *Zelkova* Spach.

落叶乔木。冬芽卵形，先端不紧贴小枝。单叶互生，羽状脉，具桃尖形单锯齿。花杂性同株，雄花 4～5 簇生新枝下部，雌花 1～3 簇生新枝上部。坚果小，上部歪斜，无翅。

本属有 6 种；我国 4 种。

分 种 检 索 表

1. 小枝密被白色柔毛；叶上面被脱落性硬毛，粗糙 ………………… 1. 榉树 *Z. schneideriana*
1. 小枝无毛；叶上面无毛，不粗糙
　2. 叶薄纸质，下面脉腋有簇生毛，缘具钝尖锯齿 ……………………… 2. 大果榉 *Z. sinica*
　2. 叶厚纸质，下面有疏毛或无毛，缘具锐尖锯齿……………………… 3. 光叶榉 *Z. serrata*

1. 榉树（大叶榉）*Zelkova schneideriana* **Hand. - Mazz.** （图 7 - 31）

[识别要点] 高达 25m，胸径 1m。树皮深灰色，光滑。1 年生枝有毛。叶椭圆状卵形，先端渐尖，基部宽楔形，桃形锯齿排列整齐，内曲，上面粗糙，下面密生灰色柔毛。坚果小，歪斜且有皱纹。花期 3～4 月；果熟期 10～11 月。

图 7 - 31　榉　树
1. 果枝（新枝）　2. 花枝　3. 雄花
4. 雌花　5. 果

[分布] 黄河流域以南。山东、北京有栽培，生长良好。

[习性] 喜光略耐阴。喜温暖湿润气候，喜深厚、肥沃、湿润的土壤，耐轻度盐碱，不耐干瘠。深根性；抗风强。耐烟尘，抗污染，寿命长。

[繁殖] 播种繁殖。种子发芽率较低，温水浸种，催芽条播。

[用途] 树姿雄伟，树冠开阔，枝细叶美，绿荫浓密，秋叶红艳。可作庭园秋季观叶树。列植人行道、公路旁作行道树，也可林植、群植作风景林。居民区、农村"四旁"绿化都可应用，也是长江中下游各地的造林树种。室内装饰用材。

2. 大果榆（小叶榉）*Zelkova sinica* **Schneid.**

[识别要点] 小枝常无毛。叶薄纸质，叶片卵形或卵状长圆形，小桃尖形锯齿钝尖，下面脉腋有毛，叶柄被柔毛。果径大，为 5～7mm，无毛，顶端几乎不偏斜。

[分布] 产河南、山西、陕西、甘肃、江苏、浙江、湖北、四川、贵州、广西。
其他同榉树。

3. 光叶榉（台湾榉）*Zelkova serrata* **Makino**

[识别要点] 乔木，树高可达 30m，小枝无毛。叶片卵形、椭圆状卵形或卵状披针形，厚纸质，小桃尖形锯齿锐尖，齿尖向外斜张，上面微粗糙，下面淡绿色，无毛或稍有疏毛。

[分布] 东北南部、陕西、甘肃、湖南、湖北、东部沿海和西南各地。
[习性] 喜光，较耐寒冷和瘠薄土壤。
其他同榉树。

（三）糙叶树属 *Aphananthe* Planch.

落叶乔木或灌木。冬芽卵形，先端尖且贴近小枝。叶基部以上有锯齿，3出脉，侧脉直伸叶缘齿端。花单性同株，雄花总状或伞房花序，生于新枝基部，雌花单生于新枝上部的叶腋。核果近球形，花萼及花柱宿存。

共 5 种；我国产 1 种。

糙叶树（糙叶榆）*Aphananthe aspera* Planch.　（图 7-32）

［识别要点］乔木，树高可达 20m。小枝暗褐色，初具平伏毛，后脱落。叶片卵形或椭圆状卵形，长 4～13cm，先端渐尖或长渐尖，基部宽楔形或圆形，基部以上有细尖单锯齿，两面具平伏硬毛，粗糙。核果小球形，径 5～8mm，被平伏硬毛。成熟时黑色。花期 4～5 月；果熟期 10 月。

［分布］产长江流域及其以南地区。

［习性］喜光，较耐阴。喜温暖湿润气候及潮湿、肥沃而深厚的土壤。寿命长。

［繁殖］播种繁殖。种子采后需堆放后熟。

［用途］树干挺拔，树冠广阔，枝叶茂密，是良好的庭荫树及谷地、溪边绿化树种。

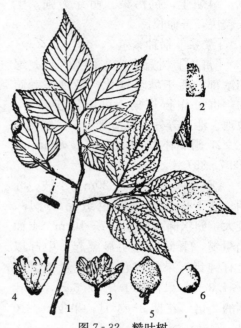

图 7-32　糙叶树
1. 果枝　2. 叶的正背面　3. 雄花
4. 雌花　5. 果　6. 种子

（四）朴属 *Celtis* L.

落叶乔木。树皮深灰色，不裂。单叶互生，叶中上部以上有单锯齿，下部全缘；3 出脉弧状弯曲，不达叶缘。花杂性同株，4～5 数。核果近球形，果肉味甜。

约 80 种；我国 21 种。

1. 黑弹树 *Celtis bungeana* Bl.

［识别要点］乔木，树高可达 20m，树冠倒广卵形，小枝无毛。叶长卵形至卵状椭圆形，先端渐尖，基部偏斜，中部以上有疏浅钝齿或全缘，叶柄长 0.3～1cm。核果近球形，果常单生叶腋，径 4～7mm，熟时紫黑色。果柄长

为叶柄长的2倍或2倍以上。果核平滑，略有不明显的网纹。花期5～6月；果熟期9～10月。

[分布] 产于东北南部、华北，经长江流域至西南。

[习性] 喜光，稍耐阴。喜温暖气候和深厚、湿润、疏松土壤，耐干瘠和轻度盐碱。适应性强，深根性，抗风。耐烟尘，抗污染。萌芽力强，生长较快，寿命长。

[繁殖] 播种繁殖。

[用途] 树冠宽广，枝条开展，绿荫浓郁，适于城乡绿化。最宜作庭荫树，也可作行道树。可配置于草坪、坡地、池边等处，也适于工矿区绿化。

2. 珊瑚朴 Celtis julianae Schneid. （图7-33）

[识别要点] 高达20m。小枝、叶柄、叶下面均密被黄色绒毛。叶厚，较大，卵状椭圆形，长7～16cm，上面稍粗糙，下面网脉明显突起，中部以上有钝齿。果橘红色，单生叶腋，径1～1.3cm；果柄长1.5～2.5cm，是叶柄的2倍。花期3～4月；果期9～10月。

[分布] 主产长江流域及四川、贵州、陕西等地。

[繁殖] 播种繁殖。

[用途] 树势高大，冠阔荫浓，早春满树着生红褐色肥大花丛，状若珊瑚，秋季果球形橘红色，颇美观。观赏效果良好。

3. 朴树 Celtis sinensis Pers. （图7-34）

[识别要点] 高达20m，胸径1m。树冠扁球形。树皮灰色，平滑。幼枝

图7-33　珊瑚朴

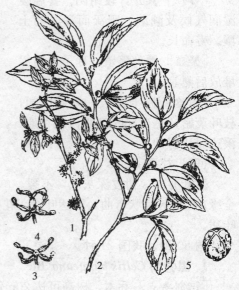

图7-34　朴　树
1.花枝　2.果枝　3.雄花　4.两性花　5.果核

有短柔毛，后脱落。叶宽卵形、椭圆状卵形，长 2.5～10cm，基部偏斜，中部以上有粗钝锯齿；3 出脉，表面凹下，背面明显隆起，沿叶脉及脉腋疏生毛。核果近球形，橙红色，果柄与叶柄近等长。花期 4 月；果熟期 10 月。

　　[分布] 产我国淮河、秦岭以南。山东有栽培，沈阳有引种，生长良好。

　　[习性] 喜光，稍耐阴。喜温暖气候和深厚、湿润、疏松土壤，耐干瘠和轻度盐碱。适应性强，深根性，抗风。耐烟尘，抗污染。萌芽力强，生长较快，寿命长。

　　[繁殖] 播种繁殖。9～10 月采种，堆放后熟，搓洗去果肉，洗净阴干。秋播或层积沙藏至翌年春播。行距约 25cm，覆土厚约 1cm。1 年生苗高 35～40cm。

　　[用途] 树冠圆满宽阔，树荫浓郁，最适合公园、庭园作庭荫树，也可作行道树，是工矿绿化、农村"四旁"绿化及防风固堤的好树种。亦可作桩景材料。

（五）青檀属 Pteroceltis Maxim.
仅 1 种，我国特产。

青檀（翼朴）Pteroceltis tatarinowii Maxim.（图 7 - 35）

　　[识别要点] 高达 20m，胸径 1.5m。树皮灰色，薄片状剥落，内皮灰绿色。单叶互生，卵形，3 出脉直伸，侧脉不达齿端，基部全缘，基部以上有锐锯齿，背面脉腋有簇生毛。花单性同株。坚果两侧有薄木质翅。花期 4 月；果熟期 8～9 月。

图 7-35　青　檀
1. 果枝　2. 花枝　3. 两性花　4. 雌花　5. 雄花

　　[分布] 主产我国黄河流域以南，南达华南及西南各地。

　　[习性] 喜光，稍耐阴。对土壤要求不严，耐干旱瘠薄，喜石灰岩山地，为石灰岩山地指示树种。根系发达，萌芽力强，寿命长。

　　[繁殖] 播种繁殖。

　　[用途] 树体高大，树冠开阔，宜作庭荫树、行道树；可孤植、丛植于溪边，适合在石灰岩山地绿化造林。国家三级重点保护树种。木材坚硬，纹理直，结构细，可作建筑、家具等用材。树皮纤维优良，为著名的宣纸原料。

八、桑科 Moraceae

乔木、灌木或藤本，稀草本。常有乳汁。单叶互生，稀对生，托叶早落。花单性同株或异株，头状、柔荑或隐头花序；花单被，萼片4（1～6），雄蕊与花萼同数对生；子房上位，稀下位，通常1室，每室1胚珠，花柱2。聚花果或隐花果，由瘦果、核果或坚果组成，外包肥大增厚的肉质花萼。

约70属1800种；中国17属160多种。

分 属 检 索 表

1. 柔荑花序或头状花序
  2. 雄花和雌花均为柔荑花序，或仅雄花为柔荑花序；叶缘有锯齿
    3. 雌雄花均为柔荑花序，聚花果圆柱形 ……………………（一）桑属 *Morus*
    3. 雄花序为柔荑花序，雌花序为头状花序，聚花果球形 ……（二）构属 *Broussonetia*
  2. 雌花与雄花均为头状花序；叶全缘 ……………………（三）桂木属 *Artocarpus*
1. 隐头花序，小枝有环状托叶痕 ……………………………………（四）榕属 *Ficus*

（一）桑属 *Morus* L.

落叶乔木或灌木。无顶芽，芽鳞3～6。叶互生，3～5出脉，叶有锯齿或缺裂，托叶早落。花单性，异株或同株，组成柔荑花序；花被4片；雄蕊4枚；子房1室，柱头2裂。小瘦果藏于肉质花被内，集成聚花果（桑葚）。

约12种；中国产9种。

桑树 *Morus alba* L.（图7-36）

［识别要点］乔木，树冠倒广卵形。树皮、小枝黄褐色，根皮鲜黄色。单叶互生，卵形或广卵形，基部圆形或心形，锯齿粗钝，有时有不规则分裂，表面无毛，有光泽，背面脉腋有簇毛；托叶披针形，早落。花单性异株，花柱极短或无，柱头2裂，宿存。聚花果

图7-36　桑　树
1. 幼果枝　2. 雄花枝　3. 雄花　4. 雌花　5. 叶

（桑椹）圆柱形，成熟时紫红色或白色。花期 4 月；果熟期 5～6 月。

①龙桑（'Tortuosa'）：枝条扭曲。

②垂枝桑（'Pendula'）：枝条下垂。

［分布］原产中国中部，现各地广泛栽培，长江中下游及黄河流域较多。

［习性］适应性强，喜光，喜温暖，稍耐寒，耐旱，亦耐水湿，抗烟尘。对土壤要求不严。根系发达，有较强的抗风力。生长快，萌芽性强，耐修剪，易更新。

［繁殖］播种、扦插、压条、分株、嫁接等方法繁殖。随采随播或将种子晾干贮藏于次年春播种。可在落叶后或萌芽前进行硬枝扦插，嫩枝扦插在 5～6 月进行。3～4 月用桑树实生苗嫁接优良品种。桑树移植在春、秋两季进行，以秋栽为好。

［用途］树冠广阔，枝叶茂密，秋季叶色变黄，有一定观赏性。适宜城市、厂矿区和农村"四旁"绿化，或栽作防护林。可作蚕饲料，可作桑园经营，果可生食或酿酒，幼果、枝、叶、根皮可入药。是绿化结合生产的良好树种。

（二）构属 Broussonetia L'Her. ex Vent.

落叶乔木或灌木，枝叶有乳汁。无顶芽，侧芽小。单叶互生，有锯齿，3 出脉，托叶早落。雌雄异株。雄花为柔荑花序，雄蕊 4；雌花为头状花序，花柱丝状。聚花果球形，橙红色。

4 种；中国产 3 种。

构树 Broussonetia papyrifera (L.) L'Her. ex Vent.（图 7-37）

［识别要点］乔木，树皮浅灰色，不裂。小枝、叶柄、叶背、花序柄均密被长绒毛。叶互生，卵形，先端渐尖，基部圆形或近心形，有锯齿，不裂或不规则 2～5 裂，上面密生硬毛。聚花果球形，熟时橙红色。花期 4～5 月；果熟期 8～9 月。

［分布］分布极广，主产华东、华中、华南、西南及华北。

［习性］喜光，适应性强，能耐干冷和湿热气候，耐干旱瘠薄，又能生长于水边。萌芽力强，生长快，病

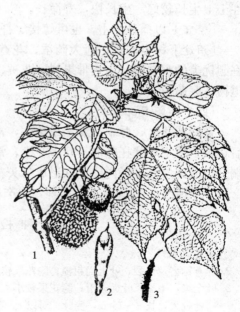

图 7-37　构　树
1. 果枝　2. 小瘦果　3. 雄花序

虫害少。抗烟尘、粉尘和多种有毒气体。

〔繁殖〕以播种为主，也可根插、枝插、分株或压条繁殖。

〔用途〕枝叶茂密，抗性强，生长快，是城乡绿化尤其是工矿及荒山坡地绿化的良好树种。

（三）桂木属 *Artocarpus* Forst.

常绿乔木，有顶芽。叶互生，羽状脉，全缘或羽状分裂，托叶形状、大小不一。雌雄同株。雄花序长圆形，雄蕊 1；雌花序球形，雌花花萼管状，下部陷入花序轴中，子房 1 室。聚花果椭球形，瘦果外被肉质宿存花萼。

约 60 种；中国 9 种，分布于华南。

木菠萝 *Artocarpus heterophyllus* Lam.

〔识别要点〕常绿乔木，高达 15m，有时具板状根。小枝有环状托叶痕。叶椭圆形至倒卵形，全缘或 3 裂，两面无毛，背面粗糙，厚革质。雄花序圆柱形顶生或腋生；雌花序椭球形，生于树干或大枝上。聚花果圆柱形，长 25～60cm，重可达 20kg，外皮有六角形瘤状突起。花期 2～3 月；果期 7～8 月。

〔分布〕原产印度和马来西亚，为热带树种。我国华南有栽培。

〔习性〕极喜光，不耐寒，对土壤要求不严，在深厚肥沃、排水良好的酸性土上生长较好。生长快，寿命长。

〔繁殖〕以播种为主，也可嫁接、扦插或压条。

〔用途〕树姿端正，冠大荫浓，花有芳香，老茎开花结果，富有特色，为庭园优美的观赏树。为热带果树，花被、种子可食。在广西、海南等地作为行道树、庭荫树栽培。

（四）榕属 *Ficus* L.

常绿或落叶，乔木、灌木或藤本，常具气生根。托叶合生，包被芽体，落后在枝上留下环状托叶痕。叶多互生，常全缘。花雌雄同株，生于囊状中空顶端开口的肉质花序托内壁上，形成隐头花序。隐花果，肉质，内藏瘦果。

1 000 余种；中国有 120 多种，主产长江以南。

分 种 检 索 表

1. 乔木或灌木
  2. 叶有锯齿及分裂，叶上面粗糙；隐花果较大 …………………… 1. 无花果 *F. carica*
  2. 叶全缘，不裂，叶面光滑；隐花果较小
    3. 叶较大，长 8～15cm，侧脉 7 对以上
      4. 叶厚革质，侧脉多数，平行而直伸 …………… 2. 印度橡皮树 *F. elastica*
      4. 叶薄革质，侧脉 7～10 对 …………………………… 3. 黄葛树 *F. lacor*
    3. 叶较小，长 4～8cm，侧脉 5～6 对，常有下垂气生根 ……… 4. 榕树 *F. microcarpa*

1. 常绿藤本；叶基 3 主脉，先端圆钝 ··· 5. 薜荔 *F. pumila*

1. 无花果 *Ficus carica* L.（图 7 - 38）

［识别要点］落叶小乔木或呈灌木状。小枝粗壮。叶广卵形或近圆形，3～5 掌状裂，叶缘波状或有粗齿，表面粗糙，背面有柔毛。隐花果，梨形，绿黄色至黑紫色。

［分布］原产地中海沿岸。我国长江流域、山东、河南、新疆南部均有栽培。

［习性］喜光，喜温暖湿润气候，不耐寒。对土壤要求不严。根系发达，但分布较浅，生长快，寿命长。

［繁殖］分株、扦插、压条繁殖。2～3 年即可开花结果。

［用途］可用于庭院、绿地栽培或盆栽观赏，果可食，可入药，是观赏结合生产的良好树种。

图 7 - 38　无花果
1. 果枝　2. 雄花　3. 雌花

2. 印度橡皮树（印度胶榕）*Ficus elastica* Roxb.

［识别要点］常绿乔木，高可达 45m，全体无毛。叶厚革质，有光泽，长椭圆形，长 10～30cm，全缘；中脉显著，羽状侧脉多而细，且平行直伸。托叶大，淡红色，包被幼芽。

园艺上有很多斑叶的观赏品种。

［分布］原产印度、缅甸。我国华南露地栽培，长江流域及以北各大城市多作盆栽观赏，温室越冬。

［习性］喜温湿气候，不耐寒。

［繁殖］扦插、压条繁殖。

［用途］我国长江流域及北方各大城市多作盆栽观赏，温室越冬。华南温暖地区可露地栽培，作庭荫树及观赏树。

3. 黄葛树（大叶榕、黄葛榕）*Ficus lacor* Buch. -Ham.

［识别要点］落叶大乔木，树高可达 25m，有时有气生根。叶互生，薄革质或坚纸质，长椭圆形或椭圆状卵形，长 8～15cm，先端短渐尖，基部圆形或近心形，全缘，叶柄长 2.5～5cm。隐花果单生或成对腋生，球形，熟时黄色

或红色。花期 5～8 月；果熟期 8～11 月。

[分布] 产海南、广东、广西、湖北、四川、贵州、云南等地。

[习性] 喜光，幼树可附生于其他树上生长。根系庞大，穿透力强，耐干旱、耐瘠薄，在岩石裸露之处或河流沿岸地带均能适应。对烟尘及有毒气体抗性较强。

[繁殖] 扦插、压条繁殖。

[用途] 树冠开展，浓荫覆盖，常栽作行道树和庭荫树，亦可作为沿江护岸、石灰岩坡地绿化树种。可作为工矿区绿化树种。

4. 榕树 *Ficus microcarpa* L. f. （图 7 - 39）

[识别要点] 常绿大乔木，高达 30m。冠大而开展，有气生根悬垂或入土生根，复成一干，形似支柱。单叶互生，倒卵形至椭圆形，革质，全缘或浅波状，无毛。隐花果腋生，近扁球形，熟时紫红色。

①黄斑榕（'Yellow Stripe'）：叶有不规则黄斑。

②黄金榕（'Golden Leaves'）：新芽乳黄色。

[分布] 产于华南，如浙江、福建、海南、台湾、江西、广东、广西等。

[习性] 喜温暖湿润气候，要求阳光充足，喜深厚肥沃、排水良好的酸性土壤。生长快，寿命长。

[繁殖] 播种、扦插繁殖。

[用途] 枝叶茂密，树冠开展，气生

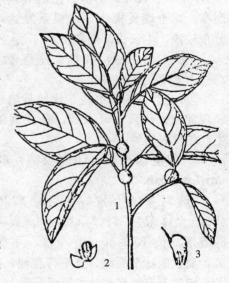

图 7 - 39 榕 树
1. 果枝　2. 雄花　3. 雌花

根入地生长，粗壮如干，可形成"独木成林"的景观。适于作行道树、庭荫树，也可作盆景。

5. 薜荔 *Ficus pumila* L. （图 7 - 40）

[识别要点] 常绿藤本，借气生根攀缘。小枝有褐色绒毛。叶互生，全缘，基部 3 主脉。叶异型：营养枝上的叶薄而小，心状卵形或椭圆形，长约 2.5cm，柄短而基部歪斜；结果枝上的叶大而宽，革质，卵状椭圆形，长 3～9cm，上面光滑，下面网脉隆起并构成显著小凹眼。隐花果单生叶腋，梨形或倒卵形，熟时暗绿色。花期 4～5 月；果熟期 9～10 月。

[分布] 产于长江流域及其以南地区。

[习性] 喜温暖湿润气候，耐阴，耐旱，不耐寒。

[繁殖] 播种、扦插或压条繁殖。

[用途] 叶厚革质，经冬不凋，深绿有光泽，可配置于岩坡、假山、墙垣上，或点缀于石矶、主峰、树干上，郁郁葱葱，可增强自然情趣。

九、山龙眼科 Proteaceae

乔木或灌木，稀草本。单叶互生，稀对生或轮生，全缘或分裂，无托叶。花两性，稀单性；花序头状、穗状、总状；单被花；萼片4，花瓣状；雄蕊与花萼同数对生；子房1室，胚珠多数。蓇葖果、坚果、核果。种子扁平，常有翅。

图 7-40 薜 荔
1. 果枝 2. 雄花 3. 雌花 4. 营养枝

共60属1 200多种；中国有2属21种，引种2属2种。

银桦属 *Grevillea* R. Br.

约200种；中国引入栽培1种。

银桦 *Grevillea robusta* A. Cunn. （图7-41）

[识别要点] 常绿乔木，高达40m，树干端直，树冠圆锥形。小枝、芽及叶柄密被锈色绒毛。叶互生，二回羽状深裂，裂片披针形，边缘反卷，表面深绿色，叶背密被银灰色丝状毛。总状花序，无花瓣，萼片4枚，橙黄色。蓇葖果。花期5月；果熟期7～8月。

[分布] 原产大洋洲。我国南部、西南有栽培。

[习性] 喜光，喜温暖湿润气候，适应性强，对土壤要求较严，黏重土壤生长不良，不耐水湿。根系发达，生长快，抗性强，对

图 7-41 银 桦

烟尘和有毒气体的抗性较强。

[繁殖] 播种繁殖。种子随采随播。

[用途] 树干通直，树体高耸，枝叶茂密，叶形优美，自然下垂，是良好的庭荫树种。可作行道树和村镇"四旁"绿化。也是优良的蜜源植物。

十、紫茉莉科 Nyctaginaceae

草本或木本，有时攀缘状。单叶互生或对生，全缘，无托叶。花两性或单性，整齐；通常为聚伞花序；总苞片彩色显著，萼片状；花萼呈花瓣状，圆筒形；无花瓣；雄蕊1至多数；子房上位，1室，1胚珠，花柱1。瘦果。

约30属290种；我国1属4种，引入栽培2属4种。

叶子花属（三角花属） *Bougainvillea* Comm. ex Juss.

藤状灌木，茎有枝刺。叶互生，有柄。花小，由3枚红色或紫色的叶状大苞片所包围，常3朵簇生，花梗与苞片的中脉合生；萼筒绿色，顶端5～6裂；雄蕊7～8，内藏；子房有柄。果5棱形。

约18种；我国引入栽培2种。

1. 叶子花（三角花） *Bougainvillea spectabilis* **Willd.** （图7-42）

[识别要点] 常绿攀缘灌木，茎枝和叶片密生柔毛。叶卵形至卵状椭圆形，长5～10cm。花苞片椭圆形，长、宽约3cm，叶状，鲜红、砖红、浅紫色。花期甚长，在适宜温度条件下可常年开花。

①白叶子花（'Alba'）：苞片白色。

②红叶子花（'Crimson'）：苞片鲜红色。

③砖红叶子花（'Lateritia'）：苞片砖红色。

[分布] 原产巴西。我国华南、西南可露地栽培。

[习性] 喜温暖湿润气候，不耐寒。要求强光照和富含腐殖质的肥沃土壤。不耐水涝。萌芽力强，耐修剪。

[繁殖] 扦插繁殖为主，也可用压条、分株繁殖。

[用途] 花瓣状苞片大而美丽，花期特长，是优良的攀缘花灌木。用于庭

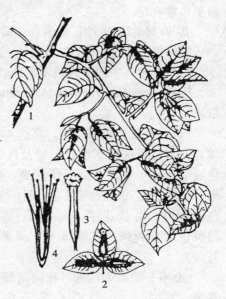

图7-42　叶子花
1. 花枝　2. 苞片和花　3. 花　4. 雄蕊和雌蕊

院、宅旁、棚架、长廊或攀附于假山、岩石、围墙之上效果均佳。长江流域及其以北温室盆栽。

2. 光叶子花 *Bougainvillea glabra* Choisy

［识别要点］与叶子花近似，但其枝、叶无毛或稍有毛，苞片紫红色。

①大苞叶子花（'Cypheri'）：苞片大而美丽。

②紫红叶子花（'Sandariana'）：苞片玫瑰紫堇色。

③斑叶叶子花（'Variegata'）：叶具白色斑纹。

其他同叶子花。

十一、芍药科（牡丹科）Paeoniaceae

宿根性草本或落叶灌木。芽大，芽鳞数枚。叶互生，二回羽状复叶或羽状分裂。花大，单生或数朵束生于枝顶，红色、白色或黄色，萼片5；雄蕊多数；心皮2～5，离生。蓇葖果大型，成熟时沿一侧开裂，具数枚大粒种子。

仅1属，30余种；我国12种，多数种花大而美丽，为著名的植物，兼药用。

芍药属（牡丹属）*Paeonia* L.

1. 牡丹（富贵花、洛阳花）*Paeonia suffruticosa* Andr. （图7-43）

［识别要点］落叶灌木，高2m。分枝多而粗壮。二回羽状复叶，小叶宽卵形至卵状长椭圆形，先端3裂，基部全缘，光滑无毛。花单生枝顶，径10～30cm，花型多样，花色丰富，有黄、白、粉、红、紫、黑、绿、蓝八大颜色，除白色外，其他颜色又有深浅的不同。雄蕊多数；心皮5，被毛，有花盘。花期4～5月；果9月成熟。

牡丹品种多，花型、花色极为丰富，达800余个。常以花型演变为分类依据，分为3类11个花型：

①单瓣类：花瓣宽大，1～3轮，雌、雄蕊正常。

②千层类：花瓣多轮，由外向内变

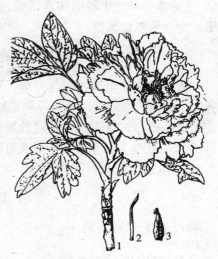

图7-43 牡 丹
1. 花枝 2. 雄蕊 3. 雌蕊

小，平整排列；无内、外瓣之分，雄蕊生于雌蕊四周，雌蕊正常或瓣化。有荷花型、菊花型、蔷薇型、千层台阁型。

③楼子类：外瓣1～3轮，雄蕊部分或全部瓣化，雌蕊正常或瓣化，全花中部耸起。有金蕊型、托桂型、金杯型、皇冠型、绣球型、楼子台阁型等。

［分布］原产于我国西北高原，陕、甘盆地，秦岭及巴郡山谷，现各地栽培。洛阳、菏泽为现代栽培中心。

［习性］喜冷畏热，喜旱恶湿，喜光但忌暴晒。湿度是牡丹生存的限制因素，喜生于高燥、排水良好之地，在低洼积水地或地下水位过高处不但生长不良，还会导致死亡。温度则是影响牡丹开花的重要因素，牡丹开花时所需要的温度为16℃，当温度低于16℃时，牡丹不能正常开花，但20℃以上的高温可使其提前开花；积温不够，牡丹也不能正常开花，因此在同一地区，总是温室比冷室开花早，冷室比露地开花早。控制温度是牡丹花期控制的主要途径之一。

［繁殖］分株、嫁接、扦插为主。播种用于新品种培育，嫁接以根接为主。

［用途］我国特产名花，品种多，花姿美，花大色艳，富丽堂皇，我国人民把它作为幸福、美好、繁荣、昌盛的象征。孤植、丛植、片植均可。可植为花台、花池，或与石、松、梅配置，以增强观赏效果。也可盆栽或作切花。根皮为重要药材。

2. 紫斑牡丹 *Paeonia papaveracea* Andr.

与牡丹的主要区别是：小叶片长2.5～4cm，顶生小叶不裂，叶背面沿脉疏生黄褐色毛；花瓣内面基部有紫红色斑点。

［分布］特产于我国陕西延安、四川、甘肃等地。又称秋水洛神、张纱笼玉，为珍稀濒危植物。

十二、小檗科 Berberidaceae

灌木或多年生草本。叶互生，单叶或复叶，稀对生或基生。花两性，整齐，单生或成各式花序；萼片和花瓣覆瓦状排列，离生，2～3轮，每轮3枚，花瓣常具蜜腺；雄蕊与花瓣同数对生，或为花瓣数的2倍；子房上位，心皮1，1室，胚珠1至多数。浆果或蒴果。

共14属650种；我国11属330种，广布全国。

分 属 检 索 表

1. 单叶；枝干节部具针刺 ………………………………………（一）小檗属 *Berberis*
1. 羽状复叶；枝无刺
　2.1 回羽状复叶，小叶缘有刺齿 ……………………………（二）十大功劳属 *Mahonia*
　2.2～3 回羽状复叶，小叶全缘 ……………………………（三）南天竹属 *Nandina*

（一）小檗属 *Berberis* L.

落叶或常绿灌木，枝常具刺，茎的内皮或木质部常呈黄色。单叶，互生或在短枝上簇生。花黄色，萼片6～9，花瓣状；花瓣6，近基部常有腺体2；雄蕊6，离生。浆果红或黑色。

共500种；我国约200种。

分 种 检 索 表

1. 叶全缘或有少数齿牙
  2. 叶全缘，倒卵形或匙形；簇生状伞形花序 ·············· 1. 日本小檗 B. thunbergii
  2. 叶全缘或有时具刺状齿牙，狭倒披针形；总状花序 ··········· 2. 细叶小檗 B. poiretii
1. 叶缘具刺毛状细锯齿，刺粗大·················· 3. 阿穆尔小檗 B. amurensis

1. 日本小檗（小檗）*Berberis thunbergii* DC.（图7-44）

［识别要点］落叶灌木，高2～3m。小枝通常红褐色，有沟槽，刺不分叉。叶倒卵形或匙形，长0.5～2cm，先端钝，基部急狭，全缘，表面暗绿色，背面灰绿色。花浅黄色，1～5朵成簇生状伞形花序。浆果长椭圆形，长约1cm，熟时亮红色。花期5月；果期9月。

紫叶小檗（var. *atropurpurea* Chenault）：叶紫红至鲜红色，在夏季强光照下更红艳可爱。

［分布］原产日本及中国，各大城市有栽培。

［习性］喜光，稍耐阴，耐寒，对土壤要求不严，在肥沃而排水良好的沙质壤土上生长最好。萌芽力强，耐修剪。

［繁殖］分株、播种或扦插。

［用途］枝细密而有刺，春季开小黄花，入秋叶色变红，果熟后红艳美丽，是良好的观果、观叶和绿篱材料。

图7-44 日本小檗
1. 花枝 2. 枝刺 3. 花 4、5. 花瓣
6. 果 7. 种子 8. 雌蕊

2. 细叶小檗（波氏小檗）*Berberis poiretii* Schneid.

［识别要点］树高1～2m。枝灰色，有槽及瘤状突起，刺分三叉，短小或不明显。叶狭倒披针形，全缘或下部叶缘有齿。

3. 阿穆尔小檗（黄芦木）Berberis amurensis Rupr.

［识别要点］树高达 3m。小枝灰黄色，有沟槽，刺分三叉，长 1～2cm。叶椭圆形或倒卵形，长 5～10cm，缘有细锯齿，刺粗大，叶背面网脉明显，时有白粉。

（二）十大功劳属 Mahonia Nutt.

常绿灌木，枝上无针刺。一回奇数羽状复叶，互生，小叶边缘有刺齿，无柄，托叶小。总状花序簇生；花黄色，两性，外有小苞片；萼片 9，3 轮；花瓣 6，2 轮，内常有基生腺体 2 个；雄蕊 6；心皮 1，柱头无柄，盾状。浆果球形，暗蓝色，少数红色，外被白粉。

共 110 种；我国 50 种。

分 种 检 索 表

1. 小叶 5～9 片，狭披针形，缘有刺齿 6～13 对 ·················· 1. 十大功劳 M. fortunei
1. 小叶 7～15 片，卵形或卵状椭圆形，缘有刺齿 2～5 对 ······ 2. 阔叶十大功劳 M. bealei

1. 十大功劳（狭叶十大功劳）Mahonia fortunei (Lindl.) Fedde

（图 7 - 45）

［识别要点］树高 1～2m。树皮灰色，木质部黄色。小叶 5～9，侧生小叶狭披针形至披针形，长 5～11cm；顶生小叶较大，先端急尖或渐尖，基部楔形，边缘每侧有刺齿 6～13，侧生小叶柄短或近无。花黄色，4～8 条总状花序簇生。果卵形，蓝黑色，被白粉。花期 8～9 月；果期 10～11 月。

［分布］产长江流域以南地区。

［习性］耐阴，喜温暖气候及肥沃、湿润、排水良好的土壤，耐寒性不强。

［繁殖］播种、插枝、插根或分株繁殖。

［用途］常植于庭院、林缘及草地边缘，或作绿篱及基础种植。华北常盆栽观赏，温室越冬。

2. 阔叶十大功劳 Mahonia bealei (Fort.) Carr. （图 7 - 46）

［识别要点］树高 1.5～4m。树皮黄褐色。小叶 7～15，卵形至卵状椭圆形，

图 7 - 45　十大功劳
1. 花枝　2. 花

长 5～12cm，叶缘反卷，有大刺齿 2～5
个，顶生小叶较大，侧生小叶无柄。总
状花序 6～9 条簇生。浆果卵形，蓝黑
色，被白粉。花期 11 月至翌年 3 月；果
期 4～8 月。

［习性］性强健，半耐阴，喜温暖气
候。

［用途］宜植于建筑物附近或林荫
下，丛植或单植皆可，也适于盆栽。宜
布置会场或室内绿化装饰。

（三）南天竹属 *Nandina* Thunb.

仅 1 种，产于中国和日本。

南天竹（天竹、天竺） *Nandina do-
mestica* **Thunb.**（图 7 - 47）

［识别要点］常绿灌木。2～3 回羽
状复叶，互生；各级羽片全为对生，小
叶全缘、近无柄，椭圆状披针形。花小，
白色，圆锥花序顶生；萼片和花瓣多数；
雄蕊 6，离生；子房 1 室，胚珠 2。浆果
球形。花期 5～7 月；果期 9～10 月，熟
时红色。

① 玉 果 南 天 竹 （var. *leucocarpa*
Makino）：叶翠绿色，果黄绿色。

②五彩南天竹（var. *porphyrocarpa*
Makino）：叶狭长而密，叶色多变，常呈
紫色。

③ 丝 叶 南 天 竹 （var. *capillaries*
Makino）：叶细如丝。

［分布］长江流域及浙江、福建、广
西、陕西等地，山东、河北有栽培。

［习性］喜温暖湿润及通风良好的环
境，较耐寒，对土壤要求不严，喜钙质
土，对中性、微酸性土均能适应。在强
烈阳光、土壤瘠薄干燥处生长不良。不耐积水，生长较慢。

图 7 - 46 阔叶十大功劳
1. 花枝　2. 花

图 7 - 47 南天竹
1. 花枝　2. 花　3. 雌蕊　4. 花瓣

［繁殖］分株繁殖，亦可播种。

［用途］基干丛生，枝叶扶疏，秋冬叶色变红，更有红果累累，经冬不落，为美丽的观果、观叶佳品。宜丛植于庭前、假山石旁或小径转弯处、漏窗前后。与松、蜡梅配景，绿叶、黄花、红果，色香俱全，雪中欣赏，效果尤佳。也可制作盆景和桩景。根、茎、叶、果均可入药。

十三、木兰科 Magnoliaceae

乔木或灌木，稀藤本，常绿或落叶。单叶互生，全缘，稀浅裂；托叶大，包被幼芽，脱落后在枝上留有环状托叶痕。花两性或单性，单生；萼片 3，常为花瓣状；花瓣 6 或更多，稀缺乏；雄蕊多数，螺旋状排列；心皮多数离生，螺旋状排列。聚合果，多由蓇葖果组成，稀为带翅坚果。

共 14 属，250 种，产亚洲和北美的温带至热带；中国约 11 属 90 种。

分 属 检 索 表

1. 叶全缘；聚合蓇葖果
  2. 花顶生，雌蕊群无柄
    3. 每心皮具 2 胚珠 ···（一）木兰属 Magnolia
    3. 每心皮具 4 以上胚珠 ·······································（二）木莲属 Manglietia
  2. 花腋生，雌蕊群明显具柄
    4. 心皮部分不发育，分离 ································（三）含笑属 Michelia
    4. 心皮全部发育，合生或部分合生 ·········（四）观光木属 Tsoongiodendron
1. 叶有裂片；聚合带翅坚果 ·····················（五）鹅掌楸属 Liriodendron

（一）木兰属 Magnolia L.

乔木或灌木，落叶或常绿。单叶互生，全缘。花两性，大而美丽，单生枝顶；萼片 3，常花瓣状；花瓣 6～12；雌蕊群无柄，稀有短柄；胚珠 2。蓇葖果聚合成球果状，各具 1～2 粒种子。种子有红色假种皮，成熟时悬挂于丝状种柄上。

约有 90 种；中国约 30 种。

分 种 检 索 表

1. 花先叶开放或花叶同放
  2. 花叶同放；萼片 3，绿色，披针形，长约为花瓣的 1/3；花瓣 6，紫色 ·············
  ··1. 木兰 M. liliflora
  2. 花先叶开放
    3. 萼片与花瓣相似，共 9 片，纯白色·····················2. 玉兰 M. denudata

　　3. 萼片3，花瓣状；花瓣6，外面略呈玫瑰红色，内面白色 ·················
··· 3. 二乔玉兰 *M. soulangeana*
1. 花于叶后开放
　　4. 落叶性
　　　　5. 叶较大，长15cm以上，侧脉20～30对
　　　　　　6. 叶端圆钝 ·································· 4. 厚朴 *M. officinalis*
　　　　　　6. 叶端凹入，呈2浅裂状 ········· 5. 凹叶厚朴 *M. officinalis* var. *biloba*
　　　　5. 叶较小，长6～12cm，侧脉6～8对 ········· 6. 天女花 *M. sieboldii*
　　4. 常绿性
　　　　7. 叶背粉白色，托叶痕延至叶柄顶部 ·············· 7. 山玉兰 *M. delavayi*
　　　　7. 叶背密被锈褐色茸毛，叶柄上无托叶痕 ········· 8. 广玉兰 *M. grandiflora*

1. 木兰（紫玉兰、辛夷）*Magnolia liliflora* Desr.（图 7-48）

　　[识别要点] 落叶灌木，高3m。小枝紫褐色。顶芽卵形，叶椭圆状倒卵形，先端渐尖，背面脉上有毛，托叶痕长为叶柄的1/2。花大，花瓣6，外面紫色，内面近白色，花叶同放；萼片3，黄绿色，披针形，早落；果柄无毛。花期3～4月；果9～10月成熟。

　　[分布] 原产中国中部。现除严寒地区外都有栽培。

　　[习性] 喜光，不耐严寒，喜肥沃、湿润的良好土壤，在过于干燥及碱土、黏土上生长不良。根肉质，怕积水。

　　[繁殖] 扦插、压条、分株或播种繁殖。

　　[用途] 花大色艳，是传统的名贵花木。花蕾大如笔头，故有"木笔"之称。宜配置于庭院室前，或丛植于草地边缘。花及花蕾可药用。

图 7-48　木　兰
1. 花枝　2. 花

2. 玉兰（白玉兰、望春花）*Magnolia denudata* Desr.（图 7-49）

　　[识别要点] 落叶乔木。幼枝及芽均有毛。花芽大，密被灰黄色长绢毛。叶倒卵状长椭圆形，长10～15cm，先端突尖，基部宽圆形。花大芳香，纯白色，花萼、花瓣相似，共9片。花期3月，叶前开放；果9～10月成熟。

　　[分布] 原产中国中部山野中。现国内外庭园常见栽培。

　　[习性] 喜光，稍耐阴，颇耐寒，喜肥沃、适当湿润而排水良好的弱酸性土壤（pH 5～6），但亦能生长于碱性土（pH 7～8）中。根肉质，忌积水低洼

处。生长速度较慢。

[繁殖] 播种、压条或嫁接繁殖。

[用途] 玉兰花大，洁白而芳香，是我国著名的早春花木。早春先叶开花，满树皆白，晶莹如玉，幽香似兰，故以玉兰名之。宜植于厅前、院后，配置西府海棠、牡丹、桂花，象征"玉堂富贵"，如丛植于草坪或针叶树丛之前，则能形成春光明媚的景色。也可药用。现为上海市市花。

图 7-49 玉 兰
1. 花枝 2. 花

3. 二乔玉兰（朱砂玉兰）*Magnolia soulangeana* (Lindl.) Soul. - Bod.

与玉兰的主要区别是：萼片 3，花瓣状；花瓣 6，外面淡紫红色，内面白色；花期与玉兰相近。为玉兰与木兰的天然杂交种。有较多的变种与品种。

4. 厚朴 *Magnolia officinalis* Rehd. et Wils. （图 7-50）

[识别要点] 落叶乔木，高 15～20m。树皮紫褐色，有突起圆形皮孔。冬芽大，有黄褐色绒毛。叶簇生于枝端，倒卵状椭圆形，叶大，长 30～45cm，叶表光滑，叶背有白粉，网状脉上密生有毛，叶柄粗，托叶痕达叶柄中部以上。花顶生白色，有芳香。聚合果圆柱形。花期 5 月，先叶后花；果 9 月下旬成熟。

[分布] 产于长江流域和陕西、甘肃南部。

[习性] 喜光，喜湿润而排水良好的酸性土壤。叶大荫浓，可作庭荫树栽培。皮及花可入药。

图 7-50 厚 朴
1. 花 2. 未成熟的果 3. 树皮

5. 凹叶原朴 *Magnolia officinalis* Rehd. et Wils. var. *biloba*

与厚朴的区别：叶先端有凹口。

其他同厚朴。

6. 天女花（小花木兰）*Magnolia sieboldii* K. Koch（图 7-51）

[识别要点] 落叶小乔木。小枝及芽有柔毛。叶椭圆形或倒卵状长圆形，较小，长 6～12cm，叶背有白粉和短柔毛。花单生，花瓣白色，6 枚，有芳香；花萼淡粉红色，3 枚，反卷，花柄细长。花期 6 月；果熟期 9 月。

[分布] 产于安徽、江西、广西、辽宁。朝鲜、日本亦有分布。

[习性] 喜凉爽湿润气候和肥沃湿润土壤。多生于阴坡湿润山谷。

[用途] 花色娇艳，形如荷花，花柄颇长，盛开时随风飘荡，芬芳扑鼻，有

图 7-51　天女花
1. 花枝　2. 聚合果

若天女散花，景色极其美观。可配置于庭院或列植于草坪边缘。花可入药。

7. 山玉兰（优昙花、山波罗）*Magnolia delavayi* Franch.

[识别要点] 常绿乔木。小枝暗绿色。叶卵形至卵状长圆形，端钝圆，基部宽圆，常被毛和白粉，托叶痕延至叶柄顶端。花乳白色，花大，径 15～20cm。

8. 广玉兰（荷花玉兰、洋玉兰）*Magnolia grandiflora* L.（图 7-52）

[识别要点] 常绿乔木，高达 30m。叶厚革质，倒卵状长椭圆形，先端钝，表面光泽，背面密被铁锈色柔毛，叶缘微波状，叶柄粗。花白色芳香，极大，径达 20～25cm。花期 5～8 月；果熟期 10 月。

狭叶广玉兰（var. *lanceolata* Ait.）：叶狭披针形，叶缘不呈波状，叶背锈色浅淡，毛较少。耐寒性较强。

[分布] 原产北美东部。中国长江流域至珠江流域的园林中常见栽培。

[习性] 喜阳光，亦颇耐阴，是弱阴性树种。喜温暖湿润气候，亦有一定的耐寒力。能抗烟尘、二氧化硫。生长速度中等。

图 7-52　广玉兰

[繁殖] 播种、扦插、压条及嫁接繁殖。

[用途] 叶厚而有光泽，花大而芳香，树姿雄伟壮丽，绿荫浓密，为珍贵的树种之一，其聚合果成熟后，蓇葖开裂露出鲜红色的种子也颇美观。宜孤植在草坪上或列植道路两侧，或作背景树。

（二）木莲属 *Manglietia* Bl.

常绿乔木。花两性，顶生；花被片常 9 枚，排成 3 轮；雄蕊多数；雌蕊群无柄，心皮多数，螺旋状排列于一延长的花托上，每心皮有胚珠 4 或更多。聚合果近球状，蓇葖果成熟时木质，顶端有喙，背裂为 2 瓣。

共 30 余种，分布于亚洲亚热带及热带；中国约 20 种。

木莲 *Manglietia fordiana* (Hemsl.) Oliv. （图 7-53）

[识别要点] 树高 20m。嫩枝有褐色绢毛。叶厚革质，长椭圆状披针形，长 8～17cm，先端尖，基楔形，叶柄红褐色。花白色，单生于枝顶。聚合果卵形，蓇葖肉质，深红色，成熟后木质紫色，表面有疣点。花期 5 月；果熟期 10 月。

[分布] 长江以南地区，常散生于海拔 1 000～2 000m 的阔叶林中。

[习性] 喜温暖湿润的酸性土。幼年耐阴，后喜光。

[繁殖] 播种或嫁接繁殖。

[用途] 可供园林绿化用。树皮、果实可入药。

图 7-53　木　莲
1. 花枝　2. 雄蕊群和雌蕊群
3. 雄蕊　4. 聚合果

（三）含笑属（白兰花属）*Michelia* L.

常绿乔木或灌木。花腋生，芳香；萼片花瓣状；花被 6～21，排为 2～3 轮；雌蕊群有柄，胚珠 2 枚至多数。聚合果中有部分蓇葖果不发育，自背部开裂，种子 2 至数粒，红色或褐色。

约 60 种；我国有 35 种。

分 种 检 索 表

1. 叶柄上有托叶痕
　2. 叶柄短于 0.5cm；花被片 6，2 轮
　　3. 花被片边缘带红色或紫红色 ………………………………… 1. 含笑 *M. figo*
　　3. 花淡黄色 ………………………………………………… 2. 野含笑 *M. skinneriana*

2. 叶柄长于 0.5cm；花被片 10～20，3～4 轮
　　4. 叶薄革质，网脉稀疏
　　　　5. 花白色；托叶痕短于叶柄之半 ················· 3. 白兰花 M. alba
　　　　5. 花橙黄色；托叶痕长于叶柄之半 ············· 4. 黄兰 M. champaca
　　4. 叶革质，网脉致密，干时两面凸起 ··········· 5. 峨眉含笑 M. wilsonii
1. 叶柄上无托叶痕
　　6. 芽、幼枝、叶下面均无毛 ················· 6. 深山含笑 M. maudiae
　　6. 芽、幼枝、叶下面被平伏短绒毛 ··········· 7. 醉香含笑 M. macclurei

1. 含笑（香蕉花）*Michelia figo* (**Lour.**) **Spreng.** （图 7-54）

[识别要点] 灌木或小乔木，高 2～5m。分枝紧密，小枝有锈褐色茸毛。叶革质，倒卵状椭圆形，长 4～10 cm；叶柄极短，长仅 4mm，密被粗毛。花直立，淡黄色而瓣缘常晕紫，香味似香蕉味，花径 2～3cm。蓇葖果卵圆形，先端呈鸟嘴状，外有疣点。花期 3～4 月。

[分布] 原产华南山坡杂木林中。现从华南至长江流域各地均有栽培。

[习性] 喜弱阴，不耐暴晒和干燥，否则叶易变黄，喜暖热多湿气候及酸性土壤，不适应石灰质土壤。对氯气有较强抗性，有一定耐寒力。

图 7-54　含　笑

[繁殖] 扦插繁殖为主。

[用途] 著名芳香花木，适宜在小游园、花园、公园或街道上成丛种植，可配置于草坪边缘或稀疏林丛之下。除供观赏外，花亦可熏茶用。

2. 野含笑 *Michelia shinneriana* Dunn

与含笑的主要区别是：乔木，高达 15m。叶较大，长 7～11cm，先端渐尖，基部楔形。花淡黄色，芳香。

3. 白兰花（缅桂、白兰）*Michelia alba* DC. （图 7-55）

[识别要点] 高达 17m。新枝及芽有白色绢毛。叶薄革质，长圆状椭圆形或椭圆状披针形，长 10～25cm，托叶痕不及叶柄长的 1/2。花白色，极芳香，花瓣披针形，为 10 枚以上。花期 4 月下旬至 9 月下旬，开放不绝。

[分布] 原产印度尼西亚、爪哇。中国华南多有栽培，在长江流域及华北

有盆栽。

[习性] 喜阳光充足、暖热多湿气候，喜肥沃、富含腐殖质而排水良好的微酸性沙质壤土。不耐寒。根肉质，怕积水。

[繁殖] 扦插、压条或嫁接繁殖。砧木用玉兰或木兰。

[用途] 著名香花树种。在华南多作庭荫树及行道树用，是芳香类花园的良好树种。花朵常作襟花佩戴，极受欢迎。

4. 黄兰（黄缅兰、黄玉兰）*Michelia champaca* L.

与白兰花的主要区别是：花橙黄色，极芳香。托叶痕达叶柄中部以上，叶下面被长绢毛。

5. 峨眉含笑 *Michelia wilsonii* Finet et Gagnep.

树高达20m。幼嫩部分被淡褐色平伏短毛。小枝绿色，皮孔明显凸起。叶倒卵形或倒披针形，网脉细密，干时两面凸起，叶柄长1.5～4cm。花黄色，芳香。花期3～5月；果期8～9月。

6. 深山含笑（光叶白兰花）*Michelia maudiae* Dunn（图7-56）

[识别要点] 树高达20m，全株无毛。顶芽窄葫芦形，被白粉。叶宽椭圆形，长7～18cm，叶表深绿色，叶背有白粉，中脉隆起，网脉明显。花大，白色，芳香。聚合果长10～12cm，种子斜卵形。花期2～3月；果9～10月成熟。

[分布] 产于浙江、福建、湖南、广东、广西、贵州。

[习性] 喜阴湿、酸性、肥沃的土壤。

[用途] 枝叶光洁，花大而早开，可植于庭园。花可供观赏及药用，亦可提取芳香油。

7. 醉香含笑（火力楠）*Michelia mac-*

图 7-55 白兰花
1. 叶枝 2. 叶柄（示托叶痕） 3. 雄蕊群和雌蕊群 4. 雄蕊

图 7-56 深山含笑
1. 花枝 2. 雄蕊 3. 种子

clurei Dandy

　　［识别要点］树高达 20m。芽、幼枝、叶柄、花梗均被锈褐色绢毛。叶厚革质，倒卵形，无托叶痕。花被片 9～12，白色。花期 3～4 月；果期 9～11 月。

　　（四）观光木属 *Tsoongiodendron* Chun

　　常绿乔木。叶全缘，托叶与叶柄贴生。花腋生，花被片 9，每轮 3；花药侧裂；雌蕊群不伸出雄蕊群，具雌蕊群柄，心皮受精后全部合生，胚珠 12～16。聚合蓇葖果表面弯拱起伏，果大，二列叠生，木质，横裂。外种皮肉质，红色，内种皮脆壳质。

　　我国特有属，仅 1 种。

　　观光木（香花木）*Tsoongiodendron odorum* Chun（图 7-57）

　　［识别要点］树高达 25m。小枝、芽、叶柄、叶下面和花梗均被棕色糙伏毛。叶倒卵状椭圆形，叶柄长 1.2～2.5cm，托叶痕几达叶柄中部。花白色，花梗长约 6mm。聚合果长椭圆形。花期3～4 月；果期 9～10 月。

　　［分布］产于福建、江西南部、广东、海南、广西及云南东南部。

　　［习性］喜光，幼树耐阴，喜温暖湿润气候及深厚、肥沃土壤。

　　［繁殖］播种繁殖。

　　［用途］树干挺直，树冠浓密，花多，芳香，宜作庭园绿化树和行道树。

图 7-57　观光木
1. 花枝　2. 花　3. 果枝

　　（五）鹅掌楸属 *Liriodendron* L.

　　落叶乔木。冬芽外被 2 片鳞状托叶。叶马褂形，叶端平截或微凹，两侧各具1～2 裂，托叶痕不延至叶柄。花两性，单生枝顶，萼片 3，花瓣 6，胚珠 2。聚合果纺锤形，由具翅小坚果组成。

　　现仅存 2 种，中国 1 种，北美 1 种。

分 种 检 索 表

1. 叶两侧通常 1 裂，向中部凹入较深，老叶背面有乳头状白粉点 … 1. 鹅掌楸 *L. chinense*
1. 叶两侧各有 1～2（3）裂，不向中部凹入，老叶背面无白粉………………………
…………………………………………… 2. 北美鹅掌楸 *L. tulipifera*

1. 鹅掌楸（马褂木） *Liriodendron chinense* **Sarg.** （图 7 - 58）

[识别要点] 树高达 40m，树冠圆锥状。小枝灰褐色。叶马褂形，长 12～15cm，叶两侧常各具 1 裂口，向中腰部缩入，老叶背部有白色乳状突点。花黄绿色，外轮绿色。聚合果，长 7～9cm，翅状小坚果，先端钝或钝尖。花期 5～6 月；果 10 月成熟。

[分布] 浙江、江苏、安徽、江西、湖南、湖北、四川、贵州、广西、云南等地。越南北部也有分布。

[习性] 喜光，喜温暖湿润气候，有一定的耐寒性。喜深厚肥沃、湿润而排水良好的酸性或微酸性土壤（pH 4.5～6.5），在干旱土地上生长不良，忌低湿水涝。生长速度快。对空气中的二氧化硫有中等抗性。

[繁殖] 播种繁殖。

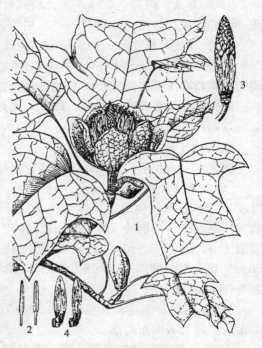

图 7 - 58　鹅掌楸
1. 花枝　2. 雄蕊　3. 聚合果　4. 小坚果

[用途] 树形端正，叶形奇特，是优美的庭荫树和行道树种。花淡黄绿色，美而不艳，秋叶呈黄色，丛植、列植、片植均可。国家二级重点保护树种。

2. 北美鹅掌楸（美国鹅掌楸） *Liriodendron tulipifera* **L.**

[识别要点] 小枝紫褐色。叶鹅掌形，长 7～12cm，两侧各有 1～2 裂，偶有 3～4 裂者，裂凹浅平，老叶背无白粉。花较大。聚合果较粗壮，翅状小坚果的先端尖或突尖。花期 5～6 月；果 10 月成熟。

[分布] 原产北美，世界各国多在园林中种植。我国青岛、南京、上海、杭州等地有栽培。

[习性] 耐寒性比前种强。生长速度快，寿命长。对病虫的抗性极强。

[用途] 花朵较前种美丽，树形更高大，为著名的庭荫树和行道树种。秋季叶变金黄色，是秋色叶树种之一。

杂交鹅掌楸（*L. chinense×tulipifera*）：以上两种的杂交种，叶形变异较大，花黄白色。杂种优势明显，生长势超过亲本，10 年生植株高可达 18m，胸径达 25～30cm。耐寒性强，在北京生长良好。

十四、连香树科 Cercidiphyllaceae

落叶乔木，无顶芽，侧芽具 2 芽鳞。有长枝和距状短枝。单叶对生。花单性异株，腋生；萼 4 裂，膜质，无花瓣；雄花近无梗，雄蕊 15～20，花丝细，药 2 室、纵裂；雌花具梗，离心皮雌蕊 2～6，胚珠多数，2 列。聚合蓇葖果 2～6，沿腹缝开裂，花柱宿存，种子有翅。木质部有导管。

1 属，1 种 1 变种，分布于我国和日本。为古老孑遗植物。

连香树属 *Cercidiphyllum* Sieb. et Zucc.

连香树 *Cercidiphyllum japonicum* Sieb. et Zucc. （图 7 - 59）

[识别要点] 树高达 25m，树皮纵裂。叶圆形、扁圆形或卵圆形，长 3～7.5cm，先端圆或钝，基部心形或圆形，两面无毛。花先叶开放或与叶同放。蓇葖果圆柱状披针形，暗紫褐色。花期 4～5 月；果期 8～9 月。

毛叶连香树（var. *sinense* Rehd. et Wils.）：叶下面中部以下叶脉两侧密被绒毛，有时毛延至叶柄上端。蓇葖果上部渐尖。

[分布] 产于山西、秦岭以南，西至四川，东至华东各地，南至南岭，生于海拔1 000m 以下，西部至海拔2 500m，呈星散分布。日本也有分布。

[习性] 喜光，喜温凉湿润气候和肥沃土壤，不耐干旱瘠薄。

[繁殖] 播种、扦插或压条繁殖。

[用途] 秋叶黄红、鲜艳，可在庭园栽培，供观赏。

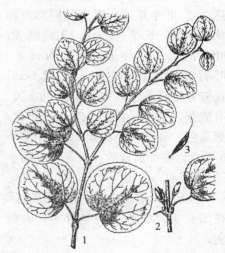

图 7 - 59 连香树
1. 枝叶 2. 果枝 3. 果

十五、蜡梅科 Calycanthaceae

落叶或常绿灌木。单叶对生，全缘，羽状脉，无托叶。花两性，单生，芳香，花被片多数，无萼片与花瓣之分，螺旋状排列；雄蕊 5～30；心皮离生多数，着生于杯状花托内，胚珠 1～2。花托发育为坛状果托，小瘦果着生其中。种子无胚乳，子叶旋卷。

共2属7种，产于东亚和北美；中国2属4种。

分属检索表

1. 花直径约2.5cm，雄蕊6～8，冬芽有鳞片 ……………………（一）蜡梅属 *Chimonanthus*
1. 花直径5～7cm，雄蕊多数，冬芽为叶柄基部所包围 ……（二）夏蜡梅属 *Calycanthus*

（一）蜡梅属 *Chimonanthus* Lindl.

灌木。鳞芽。叶前开花，雄蕊5～6。果托坛状。

共3种，中国特产。

蜡梅（黄梅花、香梅）*Chimonanthus praecox*（L.）Link（图7-60）

[识别要点] 落叶丛生灌木，高达3m。叶半革质，椭圆状卵形至卵状披针形，长7～15cm，先端渐尖，叶基圆形或广楔形，叶表有硬毛，叶背光滑。花单生，径约2.5cm，花被外轮蜡黄色，中轮有紫色条纹，有浓香。果托坛状，小瘦果种子状，菜褐色，有光泽。花期12月到翌年3月，远在叶前开放；果8月成熟。

① 红心蜡梅（狗蝇梅）（var. *intermedius* Mak.）：花较小，花瓣长尖，中心花瓣呈紫色，香气弱。

② 磬口蜡梅（var. *grandiflora* Mak.）：叶较宽大，长达20cm。外轮花被片淡黄色，内轮花被片有浓红紫色边缘和条纹。花亦较大，径3～3.5cm。

③ 素心蜡梅（var. *concolor* Mak.）：内外轮花被片均为纯黄色，香味浓。

图7-60　蜡梅
1. 花枝　2. 果枝　3. 果实　4. 种子
5. 雄蕊　6. 去花被后的花

[分布] 产于湖北、陕西等地，现各地有栽培。

[习性] 喜光亦略耐阴，较耐寒。耐干旱，忌水湿，花农有"旱不死的蜡梅"的经验，但仍以湿润土壤为好，最宜选深厚肥沃、排水良好的沙质壤土。生长势强，发枝力强。

〔繁殖〕嫁接繁殖为主，也可分株。

〔用途〕花开于寒月早春，花黄如蜡，清香四溢，为冬季观赏佳品。配置于室前、墙隅均极适宜，作为盆花、桩景和瓶花亦独具特色。我国传统上喜用南天竹与蜡梅搭配，可谓色、香、形三者相得益彰，极得造化之妙。

（二）夏蜡梅属 *Calycanthus* L.

落叶灌木。芽包于叶柄基部。叶膜质，两面粗糙。花单生枝顶，花被片 15～30，多少带红色；雄蕊 10～20，退化雄蕊 11～25；单心皮雌蕊 11～35。果托梨形或钟形；瘦果长圆形，1 枚种子。

共 4 种，1 种产于我国，其余分布于北美。世界各地引种栽培。

夏蜡梅 *Calycanthus chinensis* Cheng et S. Y. Chang（图 7 - 61）

图 7 - 61 夏蜡梅
1. 花枝 2. 果枝

树高 2～3m，小枝对生。叶柄包芽。叶膜质，宽卵状椭圆形至倒卵形，全缘或具浅齿。花白色，径 4.5～7cm。花被片内外不同：外面 12～14 片，白色；内面 9～12 片，有紫色斑纹。果托钟形，瘦果褐色。花期 5～6 月；果期 10 月。

十六、樟科 Lauraceae

乔木或灌木，具油细胞，有香气。单叶互生，稀对生或轮生，全缘，稀有裂，无托叶。花小，两性或单性，成伞形、总状或圆锥花序，花被片为 6 或 4，2 轮；雄蕊 3～4 轮，每轮 3，花药 2～4 室，瓣裂；子房上位，1 室，1 胚珠。核果或浆果，种子无胚乳。

约 45 属 2 000 余种；我国 20 属 400 余种。

分 属 检 索 表

1. 花两性，第 3 轮雄蕊花药外向
  2. 常绿性，聚伞状圆锥花序
    3. 花被片脱落，叶 3 出脉或羽状脉，果生于肥厚果托上 ……（一）樟属 *Cinnamomum*
    3. 花被片宿存，叶为羽状脉，花柄不增粗
      4. 花被裂片薄而长，向外开展或反曲 ………………………（二）润楠属 *Machilus*
      4. 花被裂片厚而短，直立或紧抱果实基部 ………………（三）楠木属 *Phoebe*
  2. 落叶性，总状花序，花药 4 室 ………………………………（四）檫木属 *Sassafras*

1. 花雌雄异株 ……………………………………………………（五）山胡椒属 *Lindera*

（一）樟属 *Cinnamomum* Trew

常绿乔木或灌木。叶互生，稀对生，全缘，3 出脉、离基 3 出脉或羽状脉，脉腋常有腺体。圆锥花序，花两性，稀单性，花被裂片早落。浆果状核果具果托。

约 250 种；中国约产 50 种。

分 种 检 索 表

1. 果时花被片脱落；芽鳞明显，覆瓦状排列；叶互生，羽状脉或离基3出脉，脉腋带有腺窝
　　2. 老叶两面被毛，羽状脉，果托盘状，小枝叶下面及花序密被白色绢毛 ……………
　　……………………………………………………………… 1. 银木 *C. septentrionale*
　　2. 老叶两面无毛或近无毛，花序无毛，叶干时不为黄绿色
　　　　3. 叶下面侧脉脉腋具腺窝
　　　　　　4. 离基 3 出脉，叶卵状椭圆形或卵形………………………… 2. 樟树 *C. camphora*
　　　　　　4. 羽状脉，叶多为椭圆形 ………………………… 3. 云南樟 *C. glanduliferum*
　　　　3. 叶下面侧脉脉腋无腺窝，羽状脉 ………………………… 4. 黄樟 *C. porrectum*
1. 果时花被裂片宿存；芽鳞少数，对生；叶对生或近对生，3 出脉或离基 3 出脉，脉腋无腺窝
　　5. 叶无毛或幼时略被毛，后脱落近无毛；花序多花，近总状或圆锥状
　　　　6. 果托边缘平、波状或不规则齿裂，花序无毛，叶卵状长圆形或长圆状披针形 …
　　　　……………………………………………………… 5. 浙江樟 *C. chekiangense*
　　　　6. 果托具整齐 6 齿裂 ………………………………… 6. 阴香 *C. burmanii*
　　5. 叶幼时两面或下面被毛，老叶下面多少被毛
　　　　7. 全株被暗黄色、黄褐色或锈色短柔毛或短绒毛
　　　　　　8. 幼枝被绒毛或短绒毛，叶下面横脉不明显，叶下面和花序被黄色短绒毛 …
　　　　　　……………………………………………………………… 7. 肉桂 *C. cassia*
　　　　　　8. 幼枝被平伏绢状短柔毛，叶下面和花序被平伏绢状短柔毛 ……………
　　　　　　………………………………………………… 8. 香桂 *C. subavenium*
　　　　7. 全株被灰白色柔毛或绢毛，花梗丝状；叶卵状长圆形，基渐窄，沿叶柄下延 …
　　　　…………………………………………………………… 9. 川桂 *C. wilsonii*

1. 银木（大叶樟）*Cinnamomum septentrionale* Hand. - Mazz.

［识别要点］树高达 25m，树皮光滑。小枝较粗，具棱，被白色绢毛。叶椭圆形或椭圆状披针形，长 10～15cm，羽状脉，两面有毛。花序腋生，被毛。果球形，果托盘状。花期 5～6 月；果期7～9 月。

2. 樟树（香樟）*Cinnamomum camphora*（L.）Presl.（图 7 - 62）

[识别要点] 树高达 50m。树冠广卵形。树皮幼时绿色，光滑，老时灰褐色，纵裂。叶互生，卵状椭圆形，长 5～8cm，离基 3 出脉，脉腋有腺体，全缘，两面无毛，背面灰绿色。圆锥花序腋生于新枝，花被淡黄绿色，6 裂。核果球形，熟时紫黑色，果托盘状。花期 5 月；果 9～11 月成熟。

[分布] 产于长江流域以南，尤以江西、浙江、福建、台湾最多。

[习性] 喜光，稍耐阴，喜温暖湿润气候，耐寒性不强，对土壤要求不严，以深厚、肥沃、湿润的微酸性黏质土最好，较耐水湿，但不耐干旱瘠薄和盐碱土。主根发达，深根性，能抗风。萌芽力强，耐修剪，寿命长。有一定耐烟尘和有毒气体的能力，能吸收多种有毒气体，较能适应城市环境。

[繁殖] 播种为主，育苗时应移植以培育侧根。

[用途] 枝叶茂密，冠大荫浓，树姿雄伟，是城市绿化的优良树种，广泛用作庭荫树、行道树、防护林及风景林。配置于池畔、水边、山坡、平地无不相宜。若孤植于空旷地，让树冠充分发展，浓荫覆地，效果更佳。在草地中丛植、群植或作背景树都很合适。吸毒和抗毒性能较强，故也可作工矿区绿化树种。

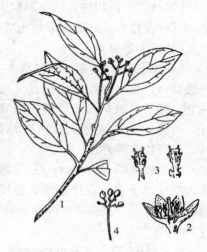

图 7-62　樟　树
1. 花枝　2. 花纵剖面　3. 雄蕊　4. 果序

3. 云南樟（臭樟）*Cinnamomum glanduliferum* (Wall.) Nees

[识别要点] 小乔木，高 5～10m。叶互生，椭圆形至长椭圆形，长 6～15cm，全缘，羽状脉或偶有离基 3 出脉，下面苍白色，密被平伏毛。花期 4～5 月；果 9～10 月成熟。

4. 黄樟 *Cinnamomum porrectum* (Roxb.) Kosterm.

[识别要点] 树高 20～25m，树皮纵裂。小枝具棱，灰绿色，无毛。叶椭圆状卵形，下面带粉绿色，无毛，羽状脉，下面脉腋无腺窝。果球形，黑色，果托倒圆锥形。花期 3～5 月；果期 7～10 月。

5. 浙江樟（浙江天竺桂）*Cinnamomum chekiangense* Nakai（图 7-63）

[识别要点] 树高 10～16m。树皮光滑不裂，有芳香及辛辣味。叶互生或近对生，长椭圆状广披针形，长 5～12cm，离基 3 出脉并在表面隆起，脉腋无腺体，背面有白粉及细毛。5 月开黄绿色小花；果 10～11 月成熟，蓝黑色。

[分布] 产于浙江、安徽南部、湖南、江西等地，多生于海拔 600m 以下较阴湿的山谷杂木林中。

[习性] 中性树种，幼年期耐阴，喜温暖湿润的气候及排水良好的微酸性土壤。

[繁殖] 播种繁殖。

[用途] 树干端直，树冠整齐，叶茂荫浓，气势雄伟，在园林绿地中孤植、丛植、列植均相宜。且对二氧化硫抗性强，隔音、防尘效果好，可选作工矿区绿化及防护林带树种。枝、叶、果可提取芳香油。

天竺桂（*C. japonicum*）：与浙江樟的区别是天竺桂叶下面、花序总梗、花梗、花被片外面均无毛，花序具花 3～10 朵，花序总梗长 1～6cm。

图 7 - 63　浙江樟
1. 果枝　2. 花枝　3. 花纵剖　4. 果

6. 阴香 *Cinnamomum burmannii* (C. G. Th. Nees) Bl. （图 7 - 64）

[识别要点] 树高达 20m，树皮光滑。叶近对生，卵形或长椭圆形，两面光绿无毛，离基 3 出脉。果长卵形，果托杯状，杯缘宿存齿状的裂片 6。

7. 肉桂（桂皮）*Cinnamomum cassia* Presl. （图 7 - 65）

图 7-64　阴　香
1. 花枝　2. 果

图 7-65　肉　桂
1. 花枝　2. 花　3. 果序

[识别要点] 常绿乔木，老树皮厚。小枝四棱形，密被灰色绒毛。叶长椭圆形，长 8～20cm，3 出脉近于平行，在表面凹下，脉腋无腺体。圆锥花序腋生或近枝端着生，花白色。果椭圆形，紫黑色。花期 5 月；果 11～12 月成熟。

[分布] 产于福建、广东、广西及云南等地。东南亚地区也有分布。

[习性] 成年树喜光，稍耐阴，幼树忌强光，喜暖热多雨气候，怕霜冻，喜湿润、肥沃的酸性（pH 4.5～5.5）土壤。生长较缓慢，深根性，抗风力强，萌芽力强，病虫害少。

[繁殖] 播种繁殖。

[用途] 树形整齐、美观，在华南地区可栽作庭园绿化树种。主要作为特种经济树种栽培。树皮即"桂皮"，是食用香料和药材，有祛风健胃、活血祛淤、散寒止痛等功效。

8. 香桂 *Cinnamomum subavenium* Miq.

[识别要点] 树高达 20m，树皮光滑。小枝密被淡黄色平伏绢毛。叶披针形至椭圆形，3 出脉，下面微凹陷，上面隆起。花淡黄色，花被裂片两面有柔毛。果椭圆形；果托杯状，全缘。

9. 川桂 *Cinnamomum wilsonii* Gamble

[识别要点] 树高达 25m。叶卵形或卵状长圆形，先端钝尖，基部渐窄，边缘内卷，离基 3 出脉，中脉及侧脉两面凸起。花序腋生，少花，花被裂片长 0.4～0.5cm，两面被绢毛。果卵形，果托平截。

（二）润楠属 *Machilus* Nees

常绿乔木，稀落叶或灌木状。顶芽大，有多数覆瓦状鳞片。叶互生，全缘，羽状脉。花两性，成腋生圆锥花序，花被片薄而长，宿存并开展或反曲。浆果球形，果柄顶端不肥大。

共约 100 种；中国产 68 种，分布于西南、中南至台湾省。

分 种 检 索 表

1. 顶芽芽鳞外面无毛，花被裂片外面无毛 ……………………… 1. 红楠 *M. thunbergii*
1. 顶芽芽鳞外被灰黄色绢毛，花被裂片外面有毛 ……………… 2. 润楠 *M. pingii*

1. 红楠（红润楠）*Machilus thunbergii* Sieb. et Zucc. （图 7-66）

[识别要点] 树高达 20m。顶芽卵形或长卵形，芽鳞无毛。叶倒卵形至椭圆形，长 5～10cm，全缘，先端钝尖，基部楔形，两面无毛，背面有白粉。花序近顶生，外轮花被较窄，无毛。果球形，熟时蓝黑色。果梗肉质增粗，鲜红色。花期 4 月；果 9～10 月成熟。

[分布] 产于山东、江苏、浙江、江西、福建、台湾、湖南、广东、广西等地。朝鲜、日本及越南北部亦有分布。

[习性] 喜温暖湿润气候，稍耐阴，有一定的耐寒能力，是楠木类中最耐寒者。喜肥沃湿润的中性或微酸性土壤，有较强的耐盐性及抗海潮风能力。生长较快，寿命长达600年以上。

[繁殖] 播种或分株繁殖。

[用途] 叶色光亮，树形优美，果柄鲜红色，观赏价值高，值得开发利用。

图 7-66 红楠
1. 果枝 2. 花序

2. 润楠 *Machilus pingii* Cheng ex Yang

与红楠的主要区别是：乔木，树高达40m。顶芽卵形，芽鳞外面密被灰黄色绢毛。叶上面无毛，下面有平伏小柔毛，叶柄较细。花序生于小枝基部，花被裂片外面有绢毛。

(三) 楠木属 *Phoebe* Nees

常绿乔木或灌木。叶互生，羽状脉，全缘。花两性或杂性，圆锥花序，花被片6，短而厚，宿存，直立或紧抱果实基部。果卵形或椭球形。

共约80种；中国约有30种。

分 种 检 索 表

1. 果椭圆形或长椭圆形，长1cm以上
  2. 叶宽1.5～4cm；种子单胚，子叶等大
    3. 小枝疏生柔毛或有时近无毛，叶下面网脉甚明显 ················ 1. 楠木 *Ph. bournei*
    3. 小枝密被柔毛，叶下面网脉略明显 ················ 2. 桢楠 *Ph. zhennan*
  2. 叶宽3～7cm；种子多胚性，子叶不等大 ················ 3. 浙江楠 *Ph. chekiangensis*
1. 果卵形，长1cm以下 ················ 4. 紫楠 *Ph. sheareri*

1. 楠木 *Phoebe bournei* (Hemsl.) Yang （图7-67）

[识别要点] 常绿大乔木，高达40m。树干通直，小枝有柔毛或近无毛。叶披针形或倒披针形，长7～13cm，下面被短柔毛，网脉致密，叶柄长。果椭圆形或长圆形，长1.1～1.5cm。花期4月；果期10～11月。

[分布] 产于江西、福建、浙江、广东、广西等地，生于海拔1000m以下的阔叶林中。

[习性] 耐阴，喜温暖湿润的气候及深厚肥沃、排水良好的中性或微酸性

土壤。

　　[繁殖] 播种繁殖。注意幼苗喜阴湿。

　　[用途] 珍贵用材树种。

图 7-67　楠　木

图 7-68　桢　楠

2. 桢楠 *Phoebe zhennan* S. Lee et F. N. Wei （图 7-68）

　　[识别要点] 树高达 30m。小枝较细，密被黄色或灰褐色柔毛。叶椭圆形至长椭圆形，长 7～11cm，先端渐尖，基部楔形，背面密被柔毛。网脉略明显。果卵形或椭圆形，长 1.1～1.4cm，紫黑色，宿存花被片革质。

3. 浙江楠 *Phoebe chekiangensis* C. B. Shang

　　[识别要点] 树高达 23m。小枝具棱，密被柔毛。叶倒卵状椭圆形至倒卵状披针形，叶缘外卷，下面被灰褐色柔毛，叶下面网脉明显。圆锥花序腋生，总梗与花梗密被黄褐色绒毛，花被裂片卵形，两面被毛。果椭圆状卵形，长 1.2～1.5cm，熟时蓝黑色。花期 4～5 月；果期 9～10 月。

4. 紫楠 *Phoebe sheareri* （Hesml.） Gamble （图 7-69）

　　[识别要点] 树高达 20m。小枝、芽、叶柄、叶背、花被密生锈色绒毛。叶倒卵状椭圆形，长 8～22cm。聚伞状圆锥花

图 7-69　紫　楠
1. 果枝　2. 花　3. 雄蕊

序，腋生。果卵形，长约 1cm。宿存花被片较大，果熟时蓝黑色，种皮有黑斑。花期 5～6 月；果 10～11 月成熟。

[分布] 广泛分布于长江流域及其以南和西南各地，多生于海拔 1 000m 以下的阴湿山谷和杂木林中。中南半岛亦有分布。

[习性] 耐阴树种，喜温暖湿润的气候及深厚、肥沃、湿润而排水良好的微酸性及中性土壤，有一定的耐寒能力。深根性，萌芽力强，生长较慢。

[繁殖] 播种或扦插繁殖。

[用途] 树形端正美观，叶大荫浓，宜作庭荫树及风景树。在草坪孤植、丛植，或在大型建筑物前后配置作为背景。还有较好的防风、防火效能，可栽作防护林带。

（四）檫木属 Sassafras Trew

落叶乔木。叶互生，全缘或 3 裂。花两性或杂性，花序总状或短圆锥状；能育雄蕊 9，花药通常为 4 室。核果近球形，果柄顶端肥大，肉质，橙红色。

共 3 种；中国产 2 种。

檫木 Sassafras tzumu（Hemsl.）Hemsl.（图 7 - 70）

[识别要点] 树高达 35m。树皮幼时绿色不裂，老时不规则纵裂。小枝绿色，无毛。叶多集生枝端，卵形，长 8～20cm，全缘或常 3 裂，背面有白粉。花黄色，有香气。果熟时蓝黑色，外被白粉，果柄红色。花期 2～3 月，叶前开放；果 7～8 月成熟。

[分布] 长江流域至华南及西南均有分布，垂直分布多在海拔 800m 以下。

[习性] 喜光，不耐庇荫，喜温暖湿润的气候及深厚而排水良好的酸性土壤，在水湿低洼处不能生长。深根性，萌芽力强，生长快。

[繁殖] 播种或分株繁殖。

[用途] 树干通直，叶片宽大而奇特，深秋叶变红黄色，春天又有小黄花于叶前

图 7-70　檫　木
1. 果枝　2. 花　3. 雄蕊

开放，颇为秀丽，是良好的城乡绿化树种。也是中国南方红壤及黄壤山区主要速生用材造林树种。

（五）山胡椒属 Lindera Thunb.

落叶或常绿，乔木或灌木。叶互生，全缘。花单性异株，花序伞形或簇生状，能育雄蕊常为 9，花药 2 室，花被片 6。浆果状核果球形，果托盘状。

约 100 种，主产亚洲及北美的热带和亚热带；中国约产 50 种。

1. 山胡椒 Lindera glauca Sieb. et Zucc.（图 7-71）

［识别要点］落叶小乔木或为灌木状。树皮平滑，小枝灰白色。叶厚纸质，椭圆形，长 5～9cm，端尖，基楔形，下面灰绿色，被灰黄色柔毛，叶缘波状，叶柄有毛，冬季叶枯而不落。伞形花序腋生，具花 3～8，花被裂片有柔毛。果球形，果梗长 1.5～1.7cm。花期 3～4 月；果期 7～8 月。

［分布］产于我国各地。日本、朝鲜、越南也有分布。

［习性］喜光，稍耐寒，耐干旱瘠薄土壤。萌芽性强。

［用途］叶秋季变为黄色或红色，经冬不落，形成特殊景观，可作为香花树孤植或丛植，也可与其他乔、灌木共同组成风景林。

图 7-71　山胡椒
1. 果枝　2. 芽　3、4. 雄蕊

图 7-72　狭叶山胡椒
1. 果枝　2. 芽　3、4. 花　5. 雄蕊

2. 狭叶山胡椒 Lindera angustifolia Cheng（图 7-72）

与山胡椒的主要区别是：小枝黄绿色，花芽着生于叶芽两侧，叶椭圆状披针形。

十七、海桐花科 Pittosporaceae

灌木或乔木。单叶互生或轮生，无托叶。花两性，整齐，单生或组成伞房、聚伞或圆锥花序。萼片、花瓣与雄蕊均为 5，子房上位。蒴果或浆果。种子多数，生于黏质的果肉中。

共 9 属 360 余种；我国有 1 属约 44 种。

海桐花属 _Pittosporum_ Banks et Soland

常绿灌木或小乔木。叶互生或轮生状，全缘或有波状齿缺。花单生或为圆锥、伞房花序，花瓣分离或稍合生，常向外反卷，子房为不完全的 2 室。蒴果，成熟时 2～4 瓣裂。

约 160 种；我国约 34 种。

海桐（山矾） _Pittosporum tobira_ (Thunb.) Ait. （图 7-73）

[识别要点] 树高 2～6m，树冠圆球形。小枝及叶集生于枝顶。叶革质，全缘，倒卵状椭圆形，长 5～12cm，基部窄楔形，边缘略向下反卷，叶上面深绿色，有光泽。花小，芳香，白色，后渐变黄色。果近球形，有棱角，熟时 3 瓣裂。种子红色，有黏液。花期 5 月；果熟期 10 月。

银边海桐（var. _variegatum_）：叶边缘有白斑。

[分布] 产于江苏、浙江、福建、台湾、广东等地，长江流域及东南沿海各地习见栽培。

[习性] 喜光，略耐阴，耐寒性不强。对土壤要求不严，能耐轻盐碱土。萌芽力强，耐修剪，抗海潮、海风，对有毒气体抗性较强。

[繁殖] 以播种为主，也可扦插繁殖。

[用途] 枝叶茂密，树冠球形，下枝覆地，叶色浓绿而有光泽，经冬不凋，初夏花朵清丽芳香，入秋果熟时露出红色种子，都很美观，是我国南方城市和庭园习见绿化观赏树种。通常用作基础栽植及绿篱材料。可于建筑物四周孤植，丛植于草坪边缘、林缘，列植于路边，对植于门旁。还用作海岸防潮林、防风林及工矿区绿化。并可用作隔音林带和防火林带的下层树木。

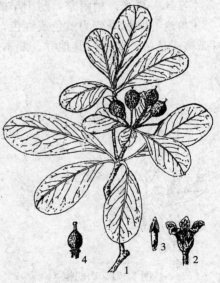

图 7-73 海 桐
1. 果枝 2. 花 3. 雄蕊 4. 雌蕊

十八、虎耳草科 Saxifragaceae

草本、灌木或小乔木。单叶对生或互生，常无托叶。花两性，稀单性，萼片、花瓣均为 4～5，雄蕊与花瓣同数对生，或为其倍数，胚珠多数。蒴果，室背开裂。种子小，有翅，具胚乳。

共 80 属，约 1 500 种；中国产 27 属，约 400 种。

分 属 检 索 表

1. 花两性同型，无不孕花
　2. 植株无星状毛，枝髓白色充实，萼片、花瓣均为 4 ……（一）山梅花属 Philadelphus
　2. 植株有星状毛，小枝中空，萼片、花瓣均为 5 ………………（二）溲疏属 Deutzia
1. 花异型，花序边缘为不孕花…………………………………（三）八仙花属 Hydrangea

（一）山梅花属 Philadelphus L.

落叶灌木。枝具白髓。单叶对生，基部 3～5 出脉，全缘或有齿，无托叶。花白色，总状或聚伞状花序，萼片、花瓣各 4，子房下位或半下位，4 室。蒴果，4 瓣裂。种子细小而多。

约 100 种，产于北温带；中国约产 15 种。

分 种 检 索 表

1. 萼外面无毛，叶背无毛或仅近基部处有毛 …………………… 1. 太平花 Ph. pekinensis
1. 萼外面有毛，叶背密生灰色柔毛，脉上特多，花柱基部无毛…… 2. 山梅花 Ph. incanus

1. 太平花（京山梅花）Philadelphus pekinensis Rupr. （图 7-74）

［识别要点］丛生灌木，高达 2m。小枝光滑无毛，常带紫褐色。叶卵状椭圆形，长 3～6cm，缘疏生小齿，通常两面无毛，或有时背面脉腋有簇毛，叶柄带紫色。花 5～9 朵成总状花序，花白色，径 2～3cm，微有香气。花期 6 月；果期 9～10 月。

［分布］产于内蒙古、辽宁、河北、河南、山西、四川。

［习性］喜光，稍耐阴，耐寒，多生于肥沃、湿润的山谷或溪沟两侧排水良好处，不耐积水。

［用途］枝叶茂密，花乳白而有清香，多朵聚集，花期较久，颇为美丽。宜丛植于

图 7-74　太平花
1. 花枝　2. 雌花　3. 果

草地、林缘、园路拐角和建筑物前，亦可作自然式花篱或大型花坛的中心栽植材料。

2. 山梅花 *Philadelphus incanus* Koehne（图7-75）

[识别要点]树高3～5m。树皮褐色，薄片状剥落。小枝幼时密生柔毛，后渐脱落。叶卵状长椭圆形，长3～6（10）cm，缘具细尖齿，表面疏生短毛，背面密生柔毛，脉上毛尤多。花白色，总状花序。花期5～7；果8～9月成熟。

[分布]产于陕西、甘肃、四川、湖北及河南等地，常生于海拔1 000～1 700m的山地灌丛中。

[习性]性强健，喜光，较耐寒，耐旱，怕水湿，不择土壤，生长快。

[繁殖]播种、扦插或分株繁殖。

[用途]花朵洁白如雪，虽无香气，但花期长，经久不谢。可作庭园及风景区绿化观赏材料，宜成丛、成片栽植于草地、山坡及林缘，与建筑、山石等配置也很合适。

图7-75　山梅花
1. 花枝　2. 果

（二）溲疏属 *Deutzia* Thunb.

落叶灌木，常被星状毛。小枝中空。单叶对生，有锯齿，无托叶。圆锥或聚伞花序，萼片、花瓣各为5；雄蕊10，花丝顶端常有2尖齿；子房下位，花柱3～5，离生。蒴果3～5瓣裂，具多数细小种子。

约100种；我国约50种。

1. 溲疏 *Deutzia scabra* Thunb.（图7-76）

[识别要点]树高2.5m。树皮薄片状剥落。小枝红褐色，幼时有星状柔毛。叶长卵状椭圆形，长3～8cm，叶缘有不明显小尖齿，两面有星状毛，粗糙。花白色，或外面略带粉红色，直立圆锥花

图7-76　溲疏
1. 花枝　2. 雄蕊

序。花期5～6月；果10～11月成熟。

①紫花溲疏（var. *plena* Rehd.）：花表面略带玫瑰红色，重瓣。

②白花溲疏（var. *candidissima* Rehd.）：花纯白色，重瓣。

［分布］产于浙江、江西、江苏、湖南、湖北、四川、贵州及安徽南部。日本亦有分布。

［习性］喜光，稍耐阴。喜温暖气候，也有一定的耐寒力。性强健，萌芽力强，耐修剪。在自然界多生于山谷溪边、山坡灌丛中或林缘。

［繁殖］播种、扦插、压条及分株繁殖。

［用途］夏季开白花，繁密而素静，其重瓣变种更加美丽。国内外庭园久经栽培。宜丛植于草坪、林缘及山坡，也可作花篱。花枝可供瓶插观赏。

2. 大花溲疏 *Deutzia grandiflora* Bunge

与溲疏的主要区别是：叶卵形至卵状椭圆形，缘有小齿，表面散生星状毛，背面密被白色星状毛。花白色，聚伞花序生于侧枝顶端。

［用途］花大，开花早，颇为美丽，宜植于庭园观赏，也可作山坡地水土保持树种。

（三）八仙花属（绣球花属）*Hydrangea* L.

落叶灌木。枝髓白色或黄棕色，树皮片状剥落。单叶对生，无托叶。花两性，白色、粉红色至蓝色，排成聚伞花序或圆锥花序，顶生。花一型或二型。前者全为两性的可孕花。后者花序中央为两性花，边缘具少数大型放射状不孕花，不孕花大，两性花小，萼片、花瓣均4～5，子房下位或半下位，4室。蒴果，4瓣裂。

共约80种；我国45种。

1. 八仙花（绣球花）*Hydrangea macrophylla* （Thunb.） Seringe （图7-77）

［识别要点］落叶灌木。小枝粗壮，髓大，白色，皮孔明显。叶大而有光泽，倒卵形至椭圆形，长7～20cm，两面无毛，缘有粗锯，叶柄粗壮。花大型，由许多不孕花组成近球形的伞房花序，顶生，径可达20cm，萼片4，花色多变，初时白色，渐转蓝色或粉红色。花期6～7月。

①蓝边绣球（var. *cerulea*）：花两

图7-77 八仙花

性，深蓝色，边缘的花为蓝色。

②银边绣球（var. *maculata*）：叶较窄小，叶缘白色。

③紫茎绣球（var. *mandshuricaaca*）：茎暗紫色或近黑色。

④紫阳花（'Otaksa'）：叶质较厚，花蓝色或淡红色。

［分布］原产于我国各地，广泛栽培。长江以北盆栽。

［习性］喜阴，喜温暖湿润气候。喜肥沃湿润而排水良好的酸性土，花色因土壤酸碱度的变化而变化，一般 pH 4～6 时为蓝色，pH 7 以上为红色。萌蘖力强。对二氧化硫等多种有毒气体抗性较强，性强健，少病虫害。

［繁殖］扦插、压条及分株繁殖。

［用途］花期长，花大而美丽，为盆栽佳品。耐阴性强，常配置在池畔、林荫道旁、树丛下、庭园的荫蔽处，亦可列植作花篱、花境及工矿区绿化，也可盆栽布置厅堂会场。

2. 圆锥绣球（圆锥八仙花）*Hydrangea paniculata* Sieb.

与绣球花的主要区别是：灌木或小乔木，高可达 8m。小枝稍带方形，叶在上部节有时 3 片轮生。圆锥花序顶生，不孕花白色，后变淡紫色。花期 8～9 月。

十九、金缕梅科 Hamamelidaceae

乔木或灌木。单叶互生，稀对生，常有托叶。花较小，单性或两性，成头状、穗状或总状花序；萼片、花瓣、雄蕊通常均为 4～5，有时无花瓣；雌蕊由 2 心皮合成，子房通常下位或半下位，2 室中轴胎座，花柱 2。蒴果 2 裂。

约 27 属，140 种，主产东亚的亚热带；中国产 17 属，约 76 种。

分 属 检 索 表

1. 花无花冠
　2. 落叶性；掌状叶脉，叶有分裂；头状花序 ……………………（一）枫香属 *Liquidambar*
　2. 常绿性；羽状叶脉，叶不分裂；总状花序 ……………………（二）蚊母树属 *Distylium*
1. 花有花冠，羽状叶脉………………………………………………（三）檵木属 *Loropetalum*

（一）枫香属 *Liquidambar* L.

落叶乔木，树液芳香。叶互生，掌状 3～5（7）裂，缘有齿，托叶线形，早落。花单性同株，无花瓣；雄花无花被，头状花序常数个排成总状，花间有小鳞片混生；雌花常有数枚刺状萼片，头状花序单生，子房半下位，2 室，每室具数胚珠。果序球形，由木质蒴果集成，每果有宿存花柱，针刺状，成熟时顶端开裂，果内有1～2粒具翅发育种子，其余为无翅的不发育种子。

共约6种，产于北美及亚洲；中国产2种。

枫香（枫树） *Liquidambar formosana* **Hance**（图7-78）

〔识别要点〕树高达40m，树冠广卵形或略扁平。叶常为掌状3裂，长6～12cm，基部心形或截形，裂片先端尖，缘有锯齿，幼叶有毛，后渐脱落。果序径3～4cm，有花柱和针刺状萼片，宿存。花期3～4月；果10月成熟。

光叶枫香（var. *monticola* Rehd. et Wils.）：幼枝及叶均无毛，叶基截形或圆形。

〔分布〕产于中国长江流域及其以南地区。日本亦有分布。垂直分布一般在海拔1 000～1 500 m以下的丘陵及平原。

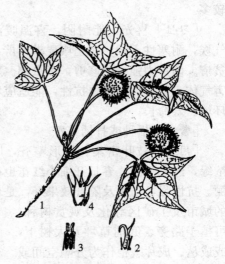

图7-78　枫　香
1. 果枝　2. 花柱及假雄蕊
3. 子房纵剖面　4. 果

〔习性〕喜光，幼树稍耐阴，喜温暖湿润气候及深厚湿润土壤，也能耐干旱瘠薄，但较不耐水湿。萌蘖力强，可天然更新。深根性，抗风力强。对二氧化硫、氯气等有较强抗性。

〔繁殖〕播种繁殖，亦可扦插。

〔用途〕树高干直，树冠宽阔，气势雄伟，深秋叶色红艳，美丽壮观，是南方著名的秋色叶树种。在园林中栽作庭荫树，或于草地孤植、丛植，或于山坡、池畔与其他树木混植。如与常绿树丛配合种植，秋季红绿相衬，会显得格外美丽。又因枫香具有较强的耐火性和对有毒气体的抗性，可用于工矿区绿化。

（二）蚊母树属 *Distylium* **Sieb. et Zucc.**

常绿乔木或灌木。单叶互生，全缘，羽状脉，托叶早落。花单性或杂性，成腋生总状花序；花小而无花瓣，萼片1～5，或无；雄蕊2～8；子房上位，2室，花柱2，自基部离生。蒴果木质，每室具1种子。

共18种；中国产12种及3变种。

蚊母树 *Distylium racemosum* **Sieb. et Zucc.**（图7-79）

〔识别要点〕常绿乔木，栽培时常呈灌木状，树冠球形。叶椭圆形或倒卵形，先端钝尖，全缘，厚革质，光滑无毛，两面网脉不明显。总状花序长约2 cm，花药红色。蒴果卵形，长约1cm，密生星状毛，顶端有2宿存花柱。花期4月；果9月成熟。

斑叶蚊母树（var. *sariegatum* Sieb.）：叶较宽，具白色或黄色条斑。

［分布］产于中国广东、福建、台湾、浙江和海南岛，长江流域城市园林中栽培较多。

［习性］喜光，能耐阴，喜温暖湿润气候，耐寒性不强，对土壤要求不严，耐贫瘠。萌芽力强，耐修剪，多虫瘿。对有害气体、烟尘均有较强抗性，能适应城市环境。寿命长。

［繁殖］播种或扦插繁殖。

［用途］枝叶密集，树形整齐，叶色浓绿，经冬不凋，春日开细小红花也很美丽。抗性强，防尘及隔音效果好，是理想的城市及工矿区绿化及观赏树种。可植于路旁、庭前草坪及大树下，或成丛、成片栽植作为分隔空间或作为其他花木的背景。亦可栽作绿篱和防护林带。

图7-79　蚊母树
1. 果枝　2. 花

（三）檵木属 *Loropetalum* R. Br.

常绿灌木或小乔木，有锈色星状毛。叶互生，全缘。花两性，头状花序顶生；萼筒与子房愈合，萼齿4；花瓣4，带状线形；雄蕊4，药隔伸出如刺状；子房半下位。蒴果木质，熟时2瓣裂，每瓣又2浅裂，具2黑色有光泽的种子。

约4种，分布于东亚的亚热带地区；中国有3种1变种。

檵木（檵花）*Loropetalum chinense*（R. Br.）Oliv.（图7-80）

［识别要点］常绿灌木或小乔

图7-80　檵　木

木。小枝、嫩叶及花萼均有锈色星状短柔毛。叶革质，全缘，卵形或椭圆形，长 2～5cm，先端尖，基部歪斜，背面密生星状柔毛。花瓣带状线形，黄白色，3～8 朵簇生于小枝端。蒴果褐色。花期 5 月；果 8 月成熟。

红花檵木（var. *rubrum* Yieh）：叶暗紫，花紫红色。是湖南株洲市市花。

[分布] 产于长江中下游及其以南、北回归线以北地区。印度北部亦有分布。

[习性] 喜光，耐半阴，耐旱，喜温暖气候及酸性土壤。适应性较强。

[繁殖] 播种、扦插或嫁接繁殖。

[用途] 树姿优美，叶茂花繁。宜丛植于草地、林缘或园路转角，亦可植为花篱。可用作风景林的下木。

二十、杜仲科 Eucommiaceae

落叶乔木，体内有弹性胶丝，枝条髓心片状分隔，无顶芽。单叶互生，有锯齿，无托叶。花单性异株，无花被；雄花簇生于苞腋内，具短柄，雄蕊 6～10；雌花单生于苞腋，子房 1 室。翅果扁平，顶端微凹。

仅 1 属 1 种，我国特产。

杜仲属 *Eucommia* Oliv.

杜仲（丝棉树、丝棉木） *Eucommia ulmoides* Oliv. （图 7-81）

[识别要点] 树高达 20m，树干端直，树冠卵形、密集。枝、叶、树皮、果实内均有白色胶丝。叶片椭圆形或椭圆状卵形，长 6～18cm，先端渐尖，基部宽楔形或圆形，边缘有锯齿。翅果长 3～4cm，熟时棕褐色。花期 3～4 月；果熟期 10 月。

[分布] 产于华东、中南、西北、西南各地，主要分布于长江流域以南各地。

[习性] 喜光，不耐庇荫，对气候、土壤适应能力强。深根性，萌芽力强。

[繁殖] 播种繁殖或萌芽更新。

[用途] 树形整齐，枝叶茂密，适宜作庭荫树和行道树。体内胶丝可提炼优质硬性橡胶，树皮为名贵中药材，是

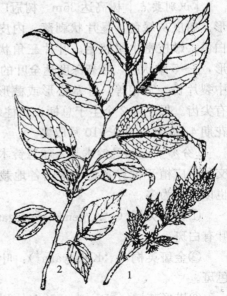

图 7-81 杜 仲
1. 花枝　2. 果枝

我国重要的特用经济树种。国家二级重点保护树种。

二十一、悬铃木科 Platanaceae

落叶乔木，树皮片状剥落。单叶互生，掌状分裂，叶柄下芽，有托叶，早落。花单性同株，头状花序，下垂；萼片、花瓣3～8；离心皮雌蕊3～8，子房上位，1室。聚合果呈球形，小坚果有棱角，基部有褐色长毛，内有种子1粒。

仅1属10种；我国引入3种。

悬铃木属 Platanus L.

分 种 检 索 表

1. 叶通常3～5裂；总果柄常具2个球形果序或单生
  2. 叶中部裂片的长度与宽度近于相等；总果柄常具2个球形果序 ……………………………………………………………………………… 1. 英桐 P. acerifolia
  2. 叶中部裂片的宽度大于长度；果序常单生 ……………… 2. 美桐 P. occidentalis
1. 叶通常5～7深裂至中部或更深；总果柄具3～5个球形果序 …… 3. 法桐 P. orientalis

1. 英桐（悬铃木、二球悬铃木）Platanus acerifolia Willd. （图7-82）

[识别要点] 树高达35m，树冠广卵圆形。树皮灰绿色，呈片状剥落，内皮淡黄白色。嫩枝密生星状毛。叶片三角状宽卵形，3～5掌状裂，叶裂深度达全叶的1/3，中裂片长、宽相等，叶基心形或截形，缘有尖齿。果序常2个生于总柄，花柱刺状。花期4～5月；果9～10月成熟。

[分布] 三球悬铃木与一球悬铃木的杂交种，广植于世界各地。中国各地栽培的也以本种为多。

①银斑英桐（'Argento Variegata'）：叶有白斑。

②金斑英桐（'Kelseyana'）：叶有黄色斑。

③塔形英桐（'Pyramidalis'）：树冠呈狭圆锥形。叶通常3裂，叶基圆形。

图7-82 英桐
1. 花枝　2. 果枝　3. 果

〔习性〕阳性树，喜温暖气候，有一定抗寒力。对土壤的适应能力极强，能耐干旱、瘠薄，又耐水湿。喜微酸性或中性、深厚肥沃、排水良好的土壤。萌芽性强，很耐重剪，抗烟性强，对二氧化硫及氯气等有毒气体有较强的抗性。是三种悬铃木中对不良环境抗性最强的一种。生长迅速，是速生树种之一。

〔繁殖〕以扦插为主，亦可播种繁殖。

〔用途〕树形雄伟端正，叶大荫浓，树冠广阔，干皮光洁，繁殖容易，生长迅速，对城市环境的适应能力极强，故世界各国广为应用，有"行道树之王"的美称。

2. 美桐（一球悬铃木）*Platanus occidentalis* L.

与二球悬铃木的主要区别是：叶多为 3～5 浅裂，中裂片宽大于长。球果多单生，偶 2 个。宿存花柱无刺毛。

〔分布〕原产于北美洲。我国有少量栽培。

3. 法桐（三球悬铃木）*Platanus orientalis* L.

与二球悬铃木的主要区别是：叶片 5～7 深裂，中部裂片长大于宽。果序 3～5 个生于同一果序柄上。宿存花柱有刺毛。

〔分布〕原产于欧洲东南部及亚洲西部。我国西北及山东、河南等地有栽培。

二十二、蔷薇科 Rosaceae

草本或木本，有刺或无刺。单叶或复叶，互生，稀对生，常有托叶。花两性，稀单性，整齐，单生或组成花序，花萼基部多少与花托愈合成碟状或坛状萼管；萼片、花瓣通常 4～5，花瓣离生；雄蕊多数；心皮 1 至多数，离生或合生，胚珠 1 至数个，子房上位或下位。蓇葖果、瘦果、核果或梨果。种子一般无胚乳，子叶出土。

4 亚科约 124 属 3 300 余种，广布于世界各地，尤以北温带较多；中国约 51 属 1 056 种。

分 亚 科 检 索 表

1. 果为开裂的蓇葖果或蒴果；单叶或复叶，通常无托叶 ······ Ⅰ. 绣线菊亚科 Spiraeoideae
1. 果不开裂；叶有托叶
  2. 子房下位，萼筒与花托在果时变成肉质的梨果，有时浆果状 ······ Ⅱ. 苹果亚科 Maloideae
  2. 子房上位
    3. 心皮多数，生于膨大花托上，聚合瘦果或小核果，萼宿存，复叶 ··················
    ··· Ⅲ. 蔷薇亚科 Rosoideae

　　3. 心皮常为 1，稀 2 或 5，核果，萼常脱落，单叶 ············· Ⅳ. 李亚科 Prunoideae

Ⅰ. 绣线菊亚科 Spiraeoideae

1. 单叶，无托叶
　　2. 蓇葖果不胀大，仅沿腹线开裂 ·················· （一）绣线菊属 Spiraea
　　2. 蓇葖果胀大，沿腹背两缝线开裂 ············· （二）风箱果属 Physocarpus
1. 羽状复叶，有托叶 ·································· （三）珍珠梅属 Sorbaria

Ⅱ. 苹果亚科 Maloideae

1. 心皮成熟时为坚硬骨质，果具 1～6 小硬核
　　2. 枝无刺，叶常全缘 ····························· （四）栒子属 Cotoneaster
　　2. 枝常有刺，叶常有齿或裂
　　　　3. 常绿灌木，叶具钝齿或全缘，心皮5，各具成熟胚珠2·········· （五）火棘属 Pyracantha
　　　　3. 落叶小乔木，叶具锯齿并常分裂，心皮 1～5，各具成熟胚珠 1
　　　　　··· （六）山楂属 Crataegus
1. 心皮成熟时具革质或纸质壁，梨果 1～5 室
　　4. 复伞房花序或圆锥花序
　　　　5. 心皮完全合生，圆锥花序，梨果内含 1 至少数大型种子，常绿 ·········
　　　　　··· （七）枇杷属 Eriobotrya
　　　　5. 心皮部分离生，伞房花序或伞房状圆锥花序，叶多常绿 ······ （八）石楠属 Photinia
　　4. 伞形或伞房花序，有时花单生
　　　　7. 各心皮内含4至多数种子，花柱基部合生，枝条有刺 ········· （九）木瓜属 Chaenomeles
　　　　7. 各心皮内含 1～2 种子，叶凋落，伞房花序
　　　　　8. 花柱基部合生，果无石细胞 ················· （十）苹果属 Malus
　　　　　8. 花柱基部离生，果多数有石细胞 ············· （十一）梨属 Pyrus

Ⅲ. 蔷薇亚科 Rosoideae

1. 有刺灌木或藤本；羽状复叶；瘦果多数，着生于坛状花托内········· （十二）蔷薇属 Rosa
1. 无刺落叶灌木；瘦果着生于扁平或微凹花托基部；单叶，托叶不与叶柄连合
　　2. 叶互生，花黄色，5 基数，无副萼，心皮 5～8，各含 1 胚珠 ········· （十三）棣棠属 Kerria
　　2. 叶对生，花白色，4 基数，有副萼，心皮 4，各含 2 胚珠 ········ （十四）鸡麻属 Rhodotypos

Ⅳ. 李亚科 Prunoideae

乔木或灌木，无刺，枝条髓部坚实，花柱顶生，胚珠下垂 ············ （十五）李属 Prunus

（一）绣线菊属 Spiraea L.

　　落叶灌木。单叶互生，缘有齿或裂，无托叶。花小，成伞形、伞形总

状、复伞房或圆锥花序，心皮 5，离生。蓇葖果，沿腹缝线开裂。种子细小无翅。

约 100 种；中国 50 种。

分 种 检 索 表

1. 伞形或总状花序，花白色
 2. 伞形花序无总梗，有极小的叶状苞位于花序基部
  3. 叶卵形或椭圆形，下面常有毛，早春开花 ················ 1. 李叶绣线菊 S. prunifolia
  3. 叶线状披针形，无毛，早春开花 ·················· 2. 珍珠绣线菊 S. thunbergii
 2. 伞形花序具总梗，着生于多叶的小枝上 ·················· 3. 麻叶绣线菊 S. cantoniensis
1. 复伞房花序，花粉红至红色，夏日开花·················· 4. 粉花绣线菊 S. japonica

1. 李叶绣线菊（笑靥花）Spiraea prunifolia Sieb. et Zucc.（图 7-83）

〔识别要点〕树高 3m。叶椭圆形至卵圆形，长 2.5～5.0cm，叶缘中部以上有细锯齿，叶背沿中脉常被柔毛。3～6 朵花组成伞形花序，无总梗，花白色、重瓣，花朵平展，中心微凹如笑靥。花期 4～5 月。

〔分布〕产于我国长江流域。朝鲜、日本亦有。

〔习性〕生长健壮，喜阳光和温暖湿润土壤，尚耐寒。

〔繁殖〕播种、扦插或分株繁殖。

〔用途〕晚春翠叶、白花，繁密似雪，秋叶橙黄色，亦璨然可观。宜植于池畔、山坡、路旁、崖边。多作基础种植用，或在草坪角隅应用。

图 7-83　李叶绣线菊
1. 枝　2. 花

2. 珍珠绣线菊（喷雪花、雪柳）Spiraea thunbergii Sieb. et Zucc.（图 7-84）

〔识别要点〕高达 1.5m。枝细长弯曲。叶线状披针形，长 2～4cm，两面无毛。伞形花序无总梗，具 3～5 朵花，白色，径约 8mm，花梗细长。花期 4 月下旬。

〔分布〕产于华东，河南、辽宁、黑龙江等地有栽培。

〔用途〕叶形似柳，花白如雪，故称"雪柳"。通常多丛植于草坪角隅或作基础种植。

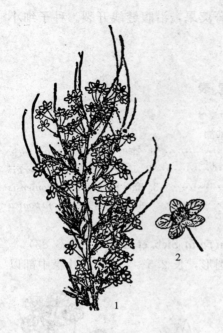

图 7 - 84　珍珠绣线菊
1. 枝　2. 花

图 7 - 85　麻叶绣线菊
1. 花枝　2. 叶　3. 花纵剖面　4. 果

3. 麻叶绣线菊（麻叶绣球）*Spiraea cantoniensis* Lour.（图 7 - 85）

[识别要点] 高达 1.5m。枝细长，拱形，平滑无毛。叶菱状长椭圆形至菱状披针形，长 1.3~5cm，有缺刻状锯齿，两面光滑，表面暗绿色，背面青蓝色，基部楔形。6 月开白花，花序伞形总状，光滑。

[分布] 原产于我国东部和南部，各地广泛栽培。日本亦有。

[用途] 着花繁密，盛开时节枝条全为细巧的白花所覆盖，形成一条条拱形的花带，树上、树下一片雪白，洁白可爱。可成片成丛配置于草坪、路边、花坛、花径或庭园一隅，亦可点缀于池畔、山石之边。

4. 粉花绣线菊（日本绣线菊）*Spiraea japonica* L. f.

高可达 1.5m。枝光滑，直立。叶卵形至卵状长椭圆形，长 2~8cm，先端尖，叶缘有缺刻状重锯齿，叶背灰蓝色，脉上常有短柔毛，花粉红色，簇聚于有短柔毛的复伞房花序上。花期 6~8 月。

①金山绣线菊（'Gold Mound'）：新叶金黄，花蕾及花均为粉红色。

②金焰绣线菊（'Gold Flame'）：新叶橙红色，花蕾玫瑰红色。

两品种均为优良色叶地被植物。

（二）风箱果属 *Physocarpus* Maxim.

落叶灌木。叶互生，常 3 裂，叶缘有锯齿。花白色，总状花序顶生；萼片 5，镊合状；花瓣较萼片略长；雄蕊 20～40；心皮 1～5，基部相连。蓇葖果常胀大，熟时沿腹背两缝线开裂。

约 14 种；中国产 1 种。

风箱果 *Physocarpus amurensis* Maxim.

[识别要点] 树高达 3m。单叶互生，广卵形，长 3.5～5.5cm，先端尖，基部心形，叶缘有复锯齿，3～5 浅裂，叶背脉有毛。花白色，径约 1cm，总状花序顶生，花梗密被星状毛。蓇葖果胀大，熟时沿腹背两缝线开裂。花期 6 月。

金叶风箱果（var. *opulifolium*）：嫩叶金黄色。宜作华北地区色叶植物。

（三）珍珠梅属 *Sorbaria* A. Br.

落叶灌木。小枝圆筒形，开展。叶互生，奇数羽状复叶，具托叶，小叶边缘有锯齿。花小，白色，大型圆锥花序顶生；萼片 5，反卷；花瓣 5，覆瓦状排列；雄蕊 20～50；心皮 5，与萼片对生，基部相连。蓇葖果沿腹缝线开裂。

约 7 种，原产东亚；中国有 5 种。

分 种 检 索 表

1. 雄蕊 20，短于或等于花瓣长度 ·················· 珍珠梅 S. *kirilowii*
1. 雄蕊 40～50，较花瓣长 1.5～2 倍 ·············· 东北珍珠梅 S. *sorbifolia*

1. 珍珠梅（吉氏珍珠梅）*Sorbaria kirilowii* (Regel) Maxim. （图 7-86）

[识别要点] 树高 2～3m。小叶 13～21，叶缘具重锯齿。花小，白色，雄蕊 20，与花瓣等长或稍短。花期 6～8 月。

[分布] 产于我国北部，华北各地习见栽培。

[习性] 喜光又耐阴，耐寒，性强健，不择土壤。萌蘗性强，耐修剪，生长迅速。

[用途] 花、叶清丽，花期极长且正值夏季少花季节，故园林中多应用。

2. 东北珍珠梅 *Sorbaria sorbifolia* A. Br.

图 7-86 珍珠梅
1. 花枝 2. 花纵剖面 3. 果 4. 种子

与珍珠梅的主要区别是：雄蕊 40～50，较花瓣长 1.5～2 倍，花柱顶生，萼片三角状卵形。花期 7～8 月。

[分布] 产于东北及内蒙古。北京及华北多栽培。

（四）枸子属 *Cotoneaster* （B. Ehrh.）Medik

灌木，无刺，各部常被毛。单叶互生，全缘。花两性，成伞房花序，稀单生；雄蕊通常 20；花柱 2、5，离生，子房下位。小梨果红色或黑色，内含2～5 小核，具宿存萼片。

90 余种；我国约 60 种，西南为分布中心。

分 种 检 索 表

1. 茎匍匐，花 1～2 朵；果红色
  2. 枝水平开张，成规则二列状分枝；叶缘不呈波状 ········· 1. 平枝枸子 *C. horizontalis*
  2. 茎平铺地面，不规则分枝；叶缘常呈波状 ········· 2. 匍匐枸子 *C. adpressus*
1. 落叶直立灌木；伞房花序具多花 ·················· 3. 水枸子 *C. multiflora*

1. 平枝枸子（铺地蜈蚣）*Cotoneaster horizontalis* Decne. （图 7 - 87）

[识别要点] 落叶或半常绿匍匐灌木，枝水平开张成整齐二列，宛如蜈蚣。叶近圆形至倒卵形，长 5～14mm，先端急尖，叶背疏生平贴细毛。花 1～2 朵，粉红色，近无梗。果近球形，径 4～6mm，鲜红色，常有 3 小核。5～6 月开花；果 9～10 月成熟。

[分布] 产于陕西、甘肃、湖北、湖南、四川、贵州、云南等地。多生于海拔 2 000～3 500m 的灌木丛中。

[习性] 喜光，耐半阴，耐寒，耐干旱瘠薄，在石灰质土壤上也能生长，不耐水涝。

[繁殖] 扦插、播种或压条繁殖。

[用途] 树姿低矮、枝叶平展，花密集枝头，入秋叶色红亮，红果累累，经冬不凋。最宜作基础种植材料，也可植于斜坡及岩石园中。

2. 匍匐枸子 *Cotoneaster adpressus* Bois

落叶匍匐灌木，茎不规则分枝，平铺

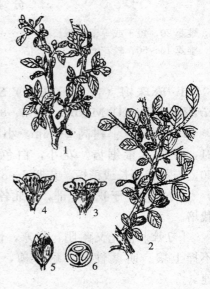

图 7 - 87　平枝枸子
1. 花枝　2. 果枝　3. 花　4. 花纵剖面
5. 果纵剖面　6. 果横剖面

地面。小枝红褐色，幼时有粗毛，后脱落。叶广卵形至倒卵形，长5～15mm，全缘而常波状，叶背幼时疏生短柔毛。花1～2朵，粉红色，径7～9mm。果径6～7mm，鲜红色，常有2小核。花期6月；果熟期9月。

［分布］产于陕西、甘肃、青海、湖北、四川、贵州、云南等地。

［习性］性强健，尚耐寒，喜排水良好的壤土，可在石灰质土壤中生长。

［繁殖］扦插、播种或压条繁殖。

［用途］良好的岩石园种植材料，入秋红果累累，平卧岩壁。

3. 水栒子（多花栒子）*Cotoneaster multiflorus* Bunge（图7-88）

［识别要点］落叶灌木，高2～4m。小枝细长拱形，紫色。叶卵形，长2～5cm，幼时叶背有柔毛。花白色，6～21朵成聚伞花序。果径约8mm，红色，具1～2核。花期5月；果熟期9月。

［分布］广布于东北、华北、西北和西南。

［习性］性强健。耐寒，喜光而稍耐阴，对土壤要求不严，极耐干旱和瘠薄。耐修剪。

［繁殖］扦插、播种或压条繁殖。

［用途］花果繁多而美丽，宜丛植于草坪边缘、道路拐角处。

（五）火棘属 Pyracantha Roem.

常绿灌木，枝常具枝刺。单叶互生，常有锯齿或全缘。花白色，成复伞房花序，雄蕊20，心皮5，子房半下位。梨果小，红色或橘红色，内含5小硬核。

共10种；我国7种，主要分布于西南地区。

图7-88 水栒子
1. 花枝 2. 果枝 3. 花 4. 花纵剖面 5. 果纵剖面 6. 果横剖面

火棘（火把果）*Pyracantha fortuneana* (Maxim.) Li（图7-89）

［识别要点］树高达3m。枝拱形下垂，短侧枝常成刺状，幼枝被锈色柔毛。叶常为倒卵状长椭圆形，长1.5～6cm，缘有钝锯齿，近基部全缘。花白色，径约1cm，成复伞房花序。果径约5mm，橘红或深红色。花期5月；果熟期9～10月。

［分布］主产于华东、华中、西南等地。

［习性］喜光，稍耐阴，耐寒性差，耐干旱力强，山地平地都能适应。萌

芽力强，耐修剪。

[用途] 枝叶茂盛，初夏白花繁密，入秋果红如火，留存枝头甚久，美丽可爱。在庭园中常作绿篱及基础种植材料，也可丛植、孤植于草地边缘或园路拐角处。果枝还是瓶插的好材料，红果经久不落。

图 7-89 火 棘

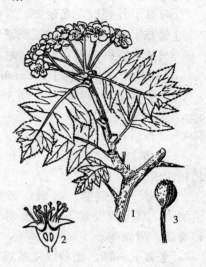

图 7-90 山 楂
1. 花枝 2. 花纵剖面 3. 果

（六）山楂属 Crataegus L.

落叶小乔木或灌木，常有枝刺。叶互生，有齿或裂，托叶较大。花白色，少有红色，成顶生伞房花序，萼片、花瓣各5，雄蕊5～25，心皮1～5。果实梨果状，内含1～5骨质小核。

1 000余种；我国17种。

山楂 Crataegus pinnatifida Bunge（图7-90）

[识别要点] 树高达6m。叶三角状卵形至菱状卵形，长5～12cm，两侧各有5～9羽状裂，裂缘有不规则尖锐锯齿，两面沿脉疏生短柔毛。花径约1.8cm，花序梗、花梗都有长柔毛。果近球形，径约1.5cm，红色，有白色皮孔。花期5～6月；果10月成熟。

大果山楂（var. major N. E. Br.）：枝无刺。叶大而厚，羽裂较浅。果较大，鲜红色，有光泽，白色皮孔点明显。

[分布] 产于东北、华北、西北及长江中下游各地。

[习性] 性喜光，稍耐阴，耐寒，耐干燥、贫瘠土壤，在湿润而排水良好的沙质壤土中生长最好。根系发达，萌蘖力强。

〔繁殖〕播种、嫁接、分株及压条繁殖。

〔用途〕原种及其变种均树冠整齐，花繁叶茂，果实鲜红可爱，是观花、观果和园林结合生产的良好绿化树种。可作庭荫树和园路树。

（七）枇杷属 *Eriobotrya* Lindl.

常绿小乔木或灌木。单叶互生，缘有齿，羽状侧脉直达齿尖。圆锥花序顶生，常密被绒毛，花白色；花萼5裂，宿存；花瓣5，具爪；雄蕊20；子房下位，2～5室，每室具2胚珠。梨果，种子大，1至多粒。

约30种；我国13种。

枇杷 *Eriobotrya japonica* (Thunb.) Lindl. （图7-91）

〔识别要点〕树高达10m。小枝、叶背及花序均密被锈色绒毛。叶大，革质，常为倒披针状椭圆形，长12～30cm，上面皱，叶缘具粗锯齿，侧脉11～21对，表面有光泽。花白色，芳香。10～12月开花，翌年初夏果熟。果近球形或梨形，黄色或橙黄色，径2～5cm。

〔分布〕原产于四川、湖北，南方各地作果树普遍栽培。浙江塘栖、江苏洞庭及福建莆田都是枇杷的名产地。

〔习性〕喜光，稍耐阴，喜温暖气候及肥沃湿润而排水良好的土壤，不耐寒。生长缓慢，寿命较长。

〔繁殖〕嫁接、播种繁殖为主。

〔用途〕树形整齐美观，叶大荫浓，常绿而有光泽，冬日白花盛开，初夏黄果累累，南方暖地多于庭园内栽植，是园林结合生产的好树种。

图7-91 枇杷
1. 花枝 2. 花 3. 花纵剖面
4. 子房纵剖面 5. 果

（八）石楠属 *Photinia* Lindl.

落叶或常绿，灌木或乔木。单叶，有短柄，边缘常有锯齿，有托叶。花小，白色，伞房或圆锥花序，顶生；萼片、花瓣各5，萼片宿存；雄蕊20；心皮2（罕3～5），子房半下位。梨果小，含1～4粒种子。

60余种；中国产40余种，多分布于温暖的南方。

分 种 检 索 表

1. 叶柄长，长2～4cm；叶片较大；干、枝上无刺 ················ 1. 石楠 *Ph. serrulata*

1. 叶柄短，长 0.5～1.5cm；叶片较小；干、枝上有刺 ······ 2. 椤木石楠 *Ph. davidsoniae*

1. 石楠（千年红）*Photinia serrulata* Lindl.（图 7 - 92）

［识别要点］常绿小乔木，高达 12m。树冠自然圆满，全体几无毛。叶革质，倒卵状椭圆形，先端尖，缘有细尖锯齿，叶面光泽，新叶红色。花小，白色，复伞房花序顶生。果球形，红色，含 1 粒种子。花期 5～7 月；果熟期 10 月。

红叶石楠（*Photinia fraseri*）：中国产的石楠与光叶石楠（*Ph. glabra*）杂交而成，外形与石楠甚相似，主要区别是：常绿小乔木，叶长椭圆至卵状椭圆形，新梢及嫩叶鲜红持久，艳丽夺目。园林中常见的栽培品种有‘红罗宾’（*Photinia fraseri* ‘Red Robin’）和‘红唇’（*Photinia fraseri* ‘Red Tip’），均是目前国外红色绿篱的主栽品种。我国黄河流域以南广泛栽培。

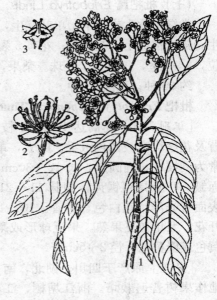

图 7 - 92　石　楠
1. 花枝　2. 花　3. 雄蕊

［分布］产于中国中部及南部。印度尼西亚也有。

［习性］喜光，稍耐阴；喜温暖，尚耐寒，能耐短期低温，在西安可露地越冬；喜排水良好的肥沃壤土，也耐干旱瘠薄，能生长在石缝中。不耐水湿，生长慢，萌芽力强，耐修剪。

［繁殖］以播种为主，也可扦插或压条繁殖。

［用途］树冠圆形，枝叶浓密，早春嫩叶鲜红，秋冬又有红果，是美丽的观赏树种。在园林中孤植、丛植及作基础栽植都很合适。

2. 椤木石楠（椤木）*Photinia davidsoniae* Rehd. et Wils.

［识别要点］常绿乔木。幼枝棕色，被柔毛。树干及枝条上有刺。叶革质，长圆形至倒披针形，长 5～15cm，叶缘稍反卷，有带腺齿，叶柄长 0.8～1.5cm。花多而密，呈顶生复伞房花序，花序梗、花柄均贴生短柔毛，花白色，径 1～1.2cm。梨果，黄红色，径 7～10mm。花期 5 月；果期 9～10 月。

［用途］花、叶均美，可作刺篱用。

（九）木瓜属 *Chaenomeles* Lindl.

灌木或小乔木，常有刺。单叶互生，缘有锯齿，托叶大。花单生或簇生，萼片、花瓣各5；雄蕊20或更多；子房下位，5室，每室胚珠多数。果为大型梨果，具多数褐色种子。

共5种；我国4种，引入1种。

分 种 检 索 表

1. 枝有刺；花簇生，萼片全缘、直立；托叶大 ······················ 1. 贴梗海棠 *C. speciosa*
1. 枝无刺；花单生，萼片有细齿、反折；托叶小 ······················ 2. 木瓜 *C. sinensis*

1. 贴梗海棠（铁角海棠、皱皮木瓜）*Chaenomeles speciosa* (Sweet) Nakai

（图 7 - 93）

[识别要点] 落叶灌木，高达2m。枝开展，无毛，有枝刺。叶卵形至椭圆形，叶缘具芒状锯齿；托叶大，肾形或半圆形，缘有尖锐重锯齿。花3～5朵簇生于2年生老枝上，朱红、粉红或白色；萼筒钟状无毛，萼片直立；花梗粗短或近于无梗。果卵球形，径4～6cm，黄色，芳香，萼片脱落。花期3～4月，先叶开放；果熟期9～10月。

[分布] 产于我国东部、中部至西南部。

[习性] 喜光，有一定耐寒能力，对土壤要求不严，宜栽在排水良好的肥沃壤土上，不宜在低洼积水处栽植。

[繁殖] 以分株为主，也可扦插或压条繁殖。

[用途] 早春叶前开花，簇生枝间，鲜艳美丽，且有重瓣及半重瓣品

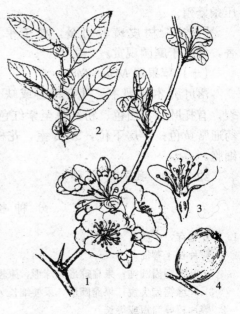

图 7 - 93　贴梗海棠
1. 花枝　2. 叶及托叶　3. 花纵剖面　4. 果

种，秋天又有黄色、芳香的硕果，是一种很好的观花、观果灌木。宜于草坪、庭院或花坛内丛植或孤植，又可作为花篱，同时还是盆景和桩景的好材料。

2. 木瓜 *Chaenomeles sinensis* (Thouin) Koehne（图 7 - 94）

[识别要点] 落叶小乔木，高达5～10m。干皮成薄片状剥落。枝无刺，但

短小枝常成棘状。叶卵状椭圆形，缘
具芒状锐齿，幼时背面有毛，后脱落，
革质，叶柄有腺齿。花单生叶腋，粉
红色，叶后开放。果椭圆形，暗黄色，
木质，芳香。花期4～5月；果熟期
8～10月。

〔分布〕原产于我国华东、中南、
陕西等地，各地常见栽培。

〔习性〕喜光，喜温暖，但有一定
的耐寒性，要求土壤排水良好，不耐
盐碱和低湿。

〔繁殖〕以播种为主，也可嫁接或
压条繁殖。

〔用途〕树皮斑驳可爱，花美果
香，常植于庭园观赏。

图7-94　木　瓜
1. 花枝　2. 去花瓣后的花　3. 花瓣　4. 雄蕊
5. 雌蕊　6. 果　7. 种子　8. 叶缘

（十）苹果属 Malus Mill.

落叶乔木或灌木。叶有锯齿或缺
裂，有托叶。花白色、粉红色至紫红色，成伞形总状花序；雄蕊15～50，花
药通常黄色；子房下位，3～5室，花柱2～5，基部合生。梨果，无或稍有石
细胞。

约35种；我国有23种。

分 种 检 索 表

1. 萼片宿存，少脱落
  2. 萼片长于萼筒
    3. 叶缘锯齿圆钝；果扁球形或球形，果梗粗短 ………………… 1. 苹果 M. pumila
    3. 叶缘锯齿尖锐；果卵圆形，果梗细长 ………………… 2. 海棠果 M. prunifolia
  2. 萼片较萼筒短或等长
    4. 萼宿存；果黄色，基部无凹陷 ………………… 3. 海棠花 M. spectabilis
    4. 萼脱落，稀宿存；果红色，基部有凹陷 ………………… 4. 西府海棠 M. micromalus
1. 萼片脱落
  5. 花白色；花柱5，稀为4 ………………… 5. 山荆子 M. baccata
  5. 花粉红色；花柱4～5 ………………… 6. 垂丝海棠 M. halliana

1. 苹果 Malus pumila Mill. （图7-95）

[识别要点] 乔木，高达 15m。小枝幼时密生绒毛，后光滑，紫褐色。叶椭圆形至卵形，长 4.5～10cm，先端尖，缘有圆钝锯齿，幼时两面有毛，下表面光滑。花白色带红晕，萼片长尖，宿存。果大，两端均凹陷。花期 4～5 月；果熟期 7～11 月。

图 7-95 苹 果
1. 花枝 2. 去花瓣的花纵剖面 3. 去 2 个花瓣的花（示花柱基部合生） 4. 果

[分布] 原产于欧洲东南部，小亚细亚及南高加索一带，在欧洲久经栽培，培育成许多品种。1870 年前后始传入我国烟台，现东北南部及华北、西北广为栽培。作为重要水果，品种繁多，达 900 余种。

[习性] 温带果树，要求比较冷凉和干燥的气候，喜阳光充足，以肥沃深厚而排水良好的土壤最好，不耐瘠薄。

[繁殖] 嫁接繁殖。北方常用山荆子为砧木，南方则以湖北海棠为主。

[用途] 开花时节颇为可观，果熟季节，累累果实，色彩鲜艳，深受广大群众所喜爱。作为园林绿化栽培，宜选择适应性强、管理要求简单的品种栽培。

2. 海棠果（楸子）*Malus prunifolia* (Willd.) Borkh.

[识别要点] 小乔木，高 3～10m。小枝幼时有毛。叶长卵形或椭圆形，先端尖，基部广楔形，缘有细锐锯齿，叶柄长 1～5cm。花白色或稍带红色，单瓣；萼片比萼筒长而尖，宿存。果近球形，红色，径 2～2.5cm。

[用途] 主产于华北。花、果均美，作庭园绿化树种。此外，也是苹果的优良耐寒、耐湿砧木。

3. 海棠花（海棠）*Malus spectabilis* Borkh.

[识别要点] 小乔木，高达 8m。嫩枝被柔毛。叶椭圆形至长椭圆形，长 5～8cm，细锯齿紧贴叶缘。花序近伞形，萼片较萼筒短或等长。果近球形，黄色，径约 2cm，基部不凹陷，果味苦。花期 4～5 月；果熟期 9 月。

[分布] 原产于中国，是久经栽培的著名观赏树种。华北、华东尤为常见。

[习性] 喜光，耐寒，耐干旱，对盐碱地适应性强，忌水湿。在北方干燥地带生长良好。

[繁殖] 播种、分株或嫁接繁殖。砧木以山荆子为主。

[用途] 春天开花，美丽可爱，为我国的著名观赏花木。植于门旁、庭院、亭廊周围、草地、林缘都很合适，也可作盆栽及切花材料。

4. 西府海棠（小果海棠）*Malus micromalus* Mak. （图 7-96）

［识别要点］小乔木，树冠紧抱。枝条直伸，无刺，嫩枝有柔毛，后脱落。叶椭圆形，锯齿尖。花粉红色，花梗及花萼均具柔毛，萼片短、脱落。果红色，基部凹陷。花期4月；果熟期8～9月。

［分布］原产于中国北部，为山荆子与海棠花的杂交种，各地有栽培。

［习性］喜光，耐寒，耐旱，怕湿热，喜肥沃、排水良好的沙壤土。

［分布］嫁接、压条繁殖。砧木用山荆子或海棠。

［用途］春天开花粉红美丽，秋季红果缀满枝头，是花果并茂的观赏树种。其配置与海棠花近似。

图7-96　西府海棠

5. 山荆子（山定子）*Malus baccata* Borkh.

树高10～14m。小枝细而无毛，暗褐色。叶卵状椭圆形，长3～8cm，叶柄长3～5cm。花白色，径3～3.5cm，花柱5或4，萼片长于筒部。果近球形，径8～10mm，红色或黄色，光亮，萼片脱落。花期4～5月；果期9～10月。

［分布］产于东北、华北、西北等地。

［用途］作庭园观赏树或苹果砧木。

6. 垂丝海棠 *Malus halliana*（Voss.）Koehne（图7-97）

［识别要点］小乔木，高5m，树冠疏散。枝开展，幼时紫色。叶卵形至长卵形，锯齿细钝，中脉紫红色，幼叶疏被柔毛，后脱落。伞形花序4～7朵生于小枝端，鲜玫瑰红色，花柱4～5，花萼紫色，萼片比萼筒短；花梗细长下垂，紫色。果径6～8mm，紫色。花期4月；果熟期9～10月。

①重瓣垂丝海棠（var. *parkmanii* Rehd.）：花重瓣，紫红色。

②白花垂丝海棠（var. *spontanea* Rehd.）：花瓣白色。

［分布］产于华东及西南各地。

图7-97　垂丝海棠
1. 花枝　2. 果枝

〔习性〕喜温暖湿润气候，耐寒性不强，喜肥沃湿润土壤。

〔繁殖〕多用嫁接繁殖，亦可分蘖。

〔用途〕花繁色艳，朵朵下垂，是著名的庭园观赏花木。在江南庭园中尤为常见，在北方常盆栽观赏。

（十一）梨属 Pyrus L.

落叶乔木，稀灌木，有时具枝刺。单叶互生，常有锯齿，在芽内呈席卷状，有托叶。花先叶开放或与叶同放，成伞形总状花序，花白色；雄蕊 20～30，花药深红色；花柱 2～5，离生，子房下位，2～5 室，每室具 2 胚珠。梨果显具皮孔，果肉多汁，富石细胞，子房壁软骨质。种子黑色或黑褐色。

约 25 种；我国 14 种。

分 种 检 索 表

1. 叶缘锯齿尖锐或刺芒状
  2. 锯齿刺芒状；花柱 4～5；果较大，径 2cm 以上
    3. 果黄白色；叶基广楔形 ····························· 1. 白梨 P. bretschneideri
    3. 果褐色；叶基圆形或近心形 ····················· 2. 沙梨 P. pyrifolia
  2. 锯齿尖锐；花柱 2～3；果黄色 ····················· 3. 杜梨 P. betulaefolia
1. 叶缘锯齿钝；果褐色，径约 1cm ····················· 4. 豆梨 P. calleryana

1. 白梨 *Pyrus bretschneideri* Rehd. （图 7-98）

〔识别要点〕树高 5～8m。小枝粗壮，幼时有毛。叶卵形或卵状椭圆形，长 5～11cm，叶缘具刺芒状尖锯齿，齿端微向内曲，幼时有毛，后变光滑。花白色，花柱 4～5。果卵形或近球形，黄色或黄白色，有细密斑点，果肉软，花萼脱落。花期 4 月；果熟期 8～9 月。

〔分布〕原产中国北部，栽培遍及华北、东北南部、西北及江苏北部、四川等地。有许多著名品种，如河北鸭梨、雪花梨、茌梨、砀山酥梨等。

〔习性〕喜干燥冷凉，抗寒力较强，喜光，对土壤要求不严，耐干旱、瘠薄。花期忌寒冷和阴雨。

图 7-98 白 梨
1. 花枝 2. 花 3. 果

[繁殖] 嫁接繁殖为主。砧木常用杜梨。

[用途] 春天开花，满树雪白，树姿美。在园林中是观赏结合生产的好树种。

2. 沙梨 *Pyrus pyrifolia* (Burm. f.) Nakai（图 7 - 99）

[识别要点] 树高 7～15m。1～2 年生枝紫褐色或暗褐色。叶卵状椭圆形，先端长尖，基部圆形或近心形，缘具刺毛状锐齿，有时齿端微向内曲。花白色，花柱无毛，花梗长 3.5～5cm。果近球形，褐色。花萼脱落。花期 4 月；果熟期 8 月。

[分布] 主产于长江流域，华南、西南也有。

[习性] 喜温暖多雨气候，耐寒力较差。

[繁殖] 嫁接繁殖为主，砧木常用豆梨。优良品种很多，形成沙梨系统。

[用途] 果除食用外，并有消暑、健胃、收敛、止咳等功效。是园林结合生产的好树种。

图 7 - 99 沙 梨
1. 花枝　2. 果枝　3. 果

3. 杜梨（棠梨）*Pyrus betulaefolia* Bunge（图 7 - 100）

[识别要点] 树高达 10m。小枝常棘刺状，幼时密生灰白色绒毛。叶菱状卵形或长卵形，缘有粗尖齿，幼叶两面具灰白绒毛，老时仅背面有毛。花白色，果实小，径 1cm，褐色，萼片脱落。花期 4～5 月；果熟期 8～9 月。

[分布] 主产于我国北部，长江流域亦有。

[习性] 喜光，稍耐阴，耐寒，极耐干旱，耐瘠薄及碱土。深根性，抗病虫害力强，生长较慢。

图 7 - 100 杜 梨

[繁殖] 以播种为主，也可压条、分株繁殖。

[用途] 北方栽培梨的良好砧木，结果期早，寿命很长，在盐碱、干旱地区尤为适宜，又是华北、西北防护林及沙荒造林树种。春季白花美丽，也常植

于庭园观赏。

4. 豆梨 *Pyrus calleryana* Decne.（图 7 - 101）

［识别要点］树高5～8m。小枝褐色，幼时有绒毛，后变光滑。叶广卵形至椭圆形，叶缘具细钝锯齿，两面无毛。花白色，花柱 2，罕为 3，雄蕊 20；花梗长1.5～3cm，无毛。果近球形，黑褐色，有斑点，径 1～2cm，萼片脱落。花期 4 月；果熟期8～9 月。

［分布］主产于长江流域，山东、河南、江苏、浙江、江西、安徽、湖南、湖北、福建、广东、广西均有分布。多生于海拔 80～1 800m的山坡、平原或山谷杂木林中。

［习性］喜温暖潮湿气候，不耐寒，抗病力强。

［用途］常作南方栽培梨的砧木。

图 7 - 101 豆 梨

（十二）蔷薇属 *Rosa* L.

落叶或常绿灌木。茎直立或攀缘，通常有皮刺。叶互生，奇数羽状复叶，具托叶，稀为单叶而无托叶。花单生，成伞房花序，生于新梢顶端，萼片及花瓣各 5，稀为 4；雄蕊多数；雌蕊通常多数，包藏于壶状花托内。花托老熟即变为肉质的浆果状假果，称蔷薇果，内含骨质瘦果。

约 160 种，主产于北半球温带及亚热带；中国 60 余种。

分 种 检 索 表

1. 托叶至少有一半与叶柄合生，宿存；多为直立灌木
  2. 花柱伸出花托口外甚长
    3. 花柱合成柱状，约与雄蕊等长 ················· 1. 野蔷薇 *R. multiflora*
    3. 花柱离生或半离生，长约为雄蕊之半
      4. 花微香，生长季连续开花，花较大，多紫红或粉红；植株较矮，枝纤弱 ······
      ··· 2. 月季花 *R. chinensis*
      4. 花极香，生长季开1～2次花，多为紫、粉或白色；植株健壮 ···············
      ··· 3. 香水月季 *R. odorata*
  2. 花柱短，聚成头状，不或稍伸出花托口外
    5. 花序聚伞状，若单生花梗上必有苞片；茎多具刺及刺毛；小叶厚而表面皱 ·····
    ··· 4. 玫瑰 *R. rugosa*

5.花常单生，无苞片，花黄色；叶缘具单锯齿，无腺；小枝无刺毛 ……………
…………………………………………………………… 5. 黄刺玫 *R. xanthina*

1.托叶离生或近离生，早落；常绿攀缘灌木，几无刺；花小，白色或淡黄色，浓香 …
…………………………………………………………… 6. 木香 *R. banksiae*

1. 野蔷薇（多花蔷薇）*Rosa multiflora* Thunb.（图 7-102）

[识别要点] 落叶攀缘灌木。小叶 5～9，倒卵形至椭圆形，缘有齿，两面有毛；托叶明显，边缘篦齿状。圆锥状伞房花序，白色或略带粉晕，单瓣，芳香。果球形，褐红色。花期 5～6 月；果熟期 10～11 月。

①粉团蔷薇（var. *cathyensis* Rehd. et Wils.）：小叶较大，通常 5～7。花粉红色，单瓣。

②荷花蔷薇（var. *carnea* Thory）：花重瓣，粉红色，多朵成簇，甚美丽。

③七姊妹（var. *platyphyii* Thory）：叶较大。花重瓣，深红色，常 6～7 朵成扁伞房花序。

[分布] 主产于黄河流域以南，各地均有栽培。

[习性] 性强健，喜光，耐寒，对土壤要求不严。

[用途] 在园林中最宜植为花篱，可用于垂直绿化。原种作各类月季、蔷薇的砧木时亲和力很强，故国内外普遍应用。

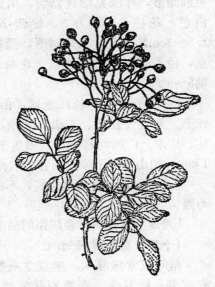

图 7-102 野蔷薇

2. 月季花（月季）*Rosa chinensis* Jacq.（图 7-103）

[识别要点] 常绿或半常绿直立灌木，通常具钩状皮刺。小叶 3～5，广卵至卵状椭圆形，长 3～6cm，缘有锐锯齿，叶柄和叶轴散生皮刺和短腺毛，托叶大部附生在叶柄上。花数朵簇生，少单生，粉红至白色，微香，萼片常羽裂。花 4～11 月多次开放，以

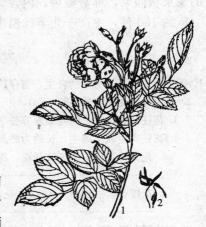

图 7-103 月季花
1. 花枝 2. 果

5月、10月两次花大色艳；果熟期9～11月。

①月月红（var. *semperflorens* Koehne）：茎较纤细，有刺或近无刺。小叶较薄，常带紫晕。花多单生，紫色至深粉红色，花梗细长而常下垂。品种有大红月季、铁把红等。

②小月季（var. *minima* Voss.）：植株矮小，多分枝，高一般不过25cm。叶小而狭。花小，径约3cm，玫瑰红色，单瓣或重瓣。宜作盆景材料。

③绿月季（var. *viridiflora* Dipp.）：花淡绿色，花瓣呈带锯齿的狭绿叶状。

④变色月季（f. *mutabilis* Rehd.）：花单瓣，初开时硫黄色，继变橙色、红色，最后呈暗红色。

［分布］原产我国中部，南至广东，西南至云南、贵州、四川，现国内外普遍栽培。原种及多数变种早在18世纪末、19世纪初引至欧洲，通过杂交培育出了现代月季，目前品种已达万种以上。现代月季是个庞大的种群，按美国月季协会1966年的定义，大体分为六类，即杂种茶香月季（Hybrid Tea Roses 简称HT）、丰花月季（聚花月季，Floribunda Roses）、壮花月季（大花月季，Grandiflora Roses，简称Gr.）、藤蔓月季（Climbing Roses，简称Cl）、微型月季（Miniatures Roses，简称Min）、灌木月季（Shrub Roses）。

［习性］对环境适应性颇强，我国南北各地均有栽培，对土壤要求不严，但以富含有机质、排水良好而微酸性（pH 6～6.5）土壤最好。喜光，但过于强烈的阳光照射又对花蕾发育不利，花瓣易焦枯。喜温暖，一般气温在22～25℃最为适宜，夏季的高温对开花不利。因此月季虽能在生长季中开花不绝，但以春、秋两季开花最多最好。

［繁殖］扦插或嫁接繁殖。砧木为蔷薇。

［用途］月季花色艳丽，花期长，是园林布置的好材料。宜作花坛、花境及基础栽植用，在草坪、园路角隅、庭院、假山等处配置也很适宜，又可作盆栽及切花用。

3. 香水月季 *Rosa odorata* Sweet（图7-104）

［识别要点］常绿或半常绿灌木，有长匍匐枝或攀缘枝，疏生钩状皮刺。小叶5～7，常为卵状椭圆形，叶柄及叶轴均疏生钩刺和短腺毛。新叶及嫩梢常带古铜色晕。花蕾秀美，花梗细长，单生或2～3朵聚生，有粉红、浅黄、橙

图7-104　香水月季
1. 花枝　2. 果

黄、白等色，径5～8cm或更大，芳香浓烈。果近球形，红色。花期3～5月；果期8～9月。

①淡黄香水月季（f. *ochroleuca* Rehd.）：花重瓣，淡黄色。

②橙黄香水月季（var. *pseudoindica* Rehd.）：花重瓣，肉红黄色，外面带红晕。

③大花香水月季（var. *gigantea* Rehd. et Wils.）：植株粗壮高大，枝长而蔓性，有时长达10m。花乳白至淡黄色，有时水红，单瓣，径10～15cm，花梗、花托均平滑无毛。产于我国云南，缅甸也有。

④粉红香水月季（f. *erubescens* Rehd. et Wils.）：花较小，淡红色。产于我国云南。

[分布]原产于中国西南部，久经栽培，1810年传入欧洲后，培育成很多品种，19世纪至20世纪初在欧洲及北美温暖地区栽培很普遍，有若干品种目前仍在栽培。

[习性]似月季花而较娇弱，喜水、肥，怕热，畏寒。

[繁殖]多用嫁接繁殖。

[用途]香水月季具有花蕾秀美、花形优雅、色香俱上等优良性状。在近代月季杂交育种中起过重大作用。但由于其娇弱，尤其是不耐寒，成了它发展的主要障碍，到20世纪初在欧美月季舞台上就逐渐让位给较耐寒的后代——杂种香水月季。

4. 玫瑰 *Rosa rugosa* Thunb.（图7-105）

[识别要点]落叶直立丛生灌木，高达2m。茎、枝灰褐色，密生刚毛与倒刺。小叶5～9，椭圆形至椭圆状倒卵形，缘有钝齿，质厚，表面亮绿色，多皱，无毛，背有柔毛及刺毛，托叶大部附着于叶柄上。花单生或数朵聚生，常为紫色，芳香。果扁球形，砖红色。花期5～6月，7～8月零星开放；果9～10月成熟。

①紫玫瑰（var. *typica* Reg.）：花玫瑰紫色。

②红玫瑰（var. *rosea* Rehd.）：花玫瑰红色。

③白玫瑰（var. *alba* W. Robins）：花白色。

图7-105　玫　瑰
1. 花枝　2. 果

④重瓣紫玫瑰（var. *plena* Reg.）：花玫瑰紫色，重瓣，香气馥郁，品质优良，多不结实或种子瘦小。各地栽培最广。

⑤重瓣白玫瑰（var. *albo - plena* Rehd.）：花白色，重瓣。

［分布］原产中国北部，现各地有栽培，以山东、江苏、浙江、广东为多，山东平阴、北京妙峰山涧沟、河南商水县周口镇以及浙江吴兴等地都是著名的产地。

［习性］生长健壮，适应性很强，耐寒，耐旱，对土壤要求不严，在微碱性土上也能生长。喜阳光充足、凉爽而通风及排水良好之处，在肥沃的中性或微酸性轻壤土中生长和开花最好。在阴处生长不良，开花稀少。不耐积水。

［繁殖］分株、扦插或嫁接繁殖。砧木用多花蔷薇较好。

［用途］色艳花香，适应性强，最宜作花篱、花境、花坛及坡地栽植。是园林结合生产的好材料。

5. 黄刺玫 *Rosa xanthina* Lindl.

［识别要点］落叶灌木，高 3m。小枝细长，散生硬刺。小叶 7～13，宽卵形近圆，先端钝或微凹，叶缘具钝锯齿，叶背幼时稍有柔毛。花黄色，单生枝顶，半重瓣或重瓣。果红褐色。花期 4～6 月；果熟期 7～9 月。

［分布］产于我国东北、华北至西北，生于海拔 200～2 400m 的向阳山坡及灌丛中。现栽培较广泛。

［习性］喜光，耐寒，耐旱，对土壤要求不严，耐瘠薄，忌涝，病虫害少。

［繁殖］扦插、分株或压条繁殖。

［用途］花色金黄，花期较长，是北方地区主要的早春花灌木。多在草坪、林缘、路边丛植。

6. 木香 *Rosa banksiae* Ait.

（图 7 - 106）

［识别要点］常绿攀缘灌木，高达 6m。枝细长绿色，光滑近无刺。小叶3～5，背面中脉常有微柔毛；托叶线形，与叶柄离生，早落。花常为白色，芳香，

图 7 - 106 木　香

3～15朵排成伞形花序。果近球形，红色，径3～4mm，萼片脱落。花期4～5月。

变种有重瓣白木香（var. *albo - plena* Rehd.）和重瓣黄木香（var. *lutea* Lindl.）等。

［用途］产于我国西南。各地园林中普遍栽培，主要作棚架、花篱材料。

（十三）棣棠属 *Kerria* DC.

落叶小灌木，枝条细长。单叶互生，重锯齿；托叶钻形，早落。花单生，黄色，两性，萼片5，短小而全缘，花瓣5，雄蕊多数，心皮5～8。瘦果干而小。

仅1种，产于中国及日本。

棣棠（棣棠花）*Kerria japonica* (L.) DC.（图7-107）

［识别要点］落叶丛生无刺灌木，高1.5～2m。小枝绿色有棱，光滑。叶卵形、卵状椭圆形，缘有尖锐重锯齿，叶面皱褶。花金黄色，单生于侧枝顶端。瘦果黑褐色，生于盘状花托上，萼片宿存。花期4月下旬至5月底。

重瓣棣棠（var. *pleniflora* Witte）：花重瓣，可作切花材料，在园林、庭院中栽培更普遍。

［分布］产于河南、湖北、湖南、江西、浙江、江苏、四川、云南、广东等地。日本也有。

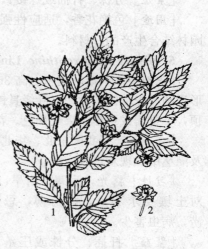

图7-107 棣棠
1. 花枝 2. 花

［习性］性喜温暖、半阴而略湿之地。忌炎日直射，南方庭园中栽培较多，华北地区需选背风向阳处或建筑物前栽种。

［繁殖］分株、扦插或播种繁殖。

［用途］花、叶、枝俱美，丛植于篱边、墙际、水畔、坡地、林缘及草坪边缘，或栽作花境、花篱，或与假山配置，都很合适。

（十四）鸡麻属 *Rhodotypos* Sieb. et Zucc.

仅1种，产我国和日本。

鸡麻（水葫芦杆）*Rhodotypos scandens* (Thunb.) Makino

［识别要点］树高3m。小枝紫褐色，无毛。叶卵形至椭圆状卵形，长4～10cm。花白色，花期4～5月。核果，果期9～10月。

［分布］产江苏、浙江、山东、安徽、湖北、河南、陕西、甘肃等地。

［习性］喜光，喜湿润、肥沃土壤。耐寒、耐瘠薄，适应性强。

［用途］花洁白美丽，多栽于树丛周围，或作花境、花篱栽培。

（十五）李属（樱属）*Prunus* L.

乔木或灌木，多落叶，稀常绿。单叶互生，有锯齿，稀全缘。叶柄或叶片基部有时有腺体。花两性，常为白色、粉红或红色，萼片、花瓣各 5；雄蕊多数，周围生；雌蕊 1，子房上位，具伸长花柱及 2 胚珠。核果，通常含 1 种子。

约 200 种，产于北温带；我国有 140 种。

分 种 检 索 表

1. 果实外面有沟槽
  2. 腋芽单生，顶芽缺；叶在芽中席卷状
    3. 子房和果实无毛，花具较长花梗
      4. 花常 3 朵簇生，白色；叶绿色 ……………………………… 1. 李 *P. salicina*
      4. 花常单生，粉红；叶紫红色 ………… 2. 红叶李 *P. cerasifera* f. *atropurpurea*
    3. 子房和果实被短毛，花多无梗
      5. 小枝红褐色；果肉离核，核不具点穴 …………………… 3. 杏 *P. armeniaca*
      5. 小枝绿色；果肉黏核，核具蜂窝状点穴 …………………… 4. 梅 *P. mume*
  2. 腋芽 3，具顶芽；叶在芽中对折状 ……………………………… 5. 桃 *P. persica*
1. 果实外面无沟槽；具顶芽，叶在芽中对折状
  6. 苞片小而脱落；叶缘重锯齿尖，具腺而无芒；花白色；果红色 …………………
                               …………… 6. 樱桃 *P. pseudocerasus*
  6. 苞片大而常宿存；叶缘具芒状重锯齿
    7. 花先开，后生叶；花梗及萼均有毛；花萼筒状，下部不膨大 …………………
                              …………… 7. 东京樱花 *P. yedoensis*
    7. 花与叶同时开放；花梗及萼均无毛 ……………………… 8. 樱花 *P. serrulata*

1. 李（李子树）*Prunus salicina* Lindl.（图 7 - 108）

［识别要点］乔木，高达 12m。树冠圆形。小枝褐色，无毛。叶倒卵状椭圆形，缘有细钝重锯齿，叶柄近顶端有 2～3 腺体。花白色，径 1.5～2cm，常 3 朵簇生；花梗长 1～1.5cm，无毛；萼筒钟状。果卵球形，径 4～7cm，黄绿色至紫色，无毛，外被蜡粉。花期 3～4 月；果熟期 7 月。

［分布］产于华东、华中、华北及东北南部，全国各地有栽培。

［习性］喜光，也能耐半阴，耐寒，喜肥沃湿润的黏质壤土，在酸性土、钙质土中均能生长，不耐干旱和瘠薄，不宜在长期积水处栽种。

[繁殖] 嫁接、分株或播种繁殖。

[用途] 我国栽培李树已有3 000多年的历史。李树花色白而丰盛繁茂，观赏效果极佳。在庭院、宅旁、村旁或风景区栽植都很适宜。

2. 红叶李（紫叶李）*Prunus cerasifera* f. *atropurpurea* Jacq.

[识别要点] 落叶小乔木，高达 8m，小枝光滑，紫红色。叶片、花柄、花萼、雄蕊都呈紫红色。叶卵形至倒卵形，长 3～4.5cm，缘具尖细重锯齿。花淡粉红色，径约2.5cm，常单生，花梗长 1.5～2cm。果球形，暗红色。花期 4～5 月。

图 7-108 李
1. 花枝 2. 果枝

[分布] 原产亚洲西南部，现各地广为栽培。

[习性] 性喜温暖湿润气候，不耐寒，对土壤要求不严。

[繁殖] 扦插繁殖为主。也可嫁接，砧木可用桃、李、梅或山桃。

[用途] 整个生长季叶都为紫红色，为重要的观叶树种。宜于建筑物前、园路旁或草坪角隅处栽植，需慎选背景的颜色，方可充分衬托出其色彩美。

3. 杏（杏花、杏树）*Prunus armeniaca* L.（图 7-109）

[识别要点] 落叶乔木，高达 10m，树冠圆整，小枝红褐色。叶广卵形或圆卵形，先端短锐尖，缘有细钝锯齿，两面无毛或背面脉腋有簇毛，叶柄红色。花单生，先叶开放，白色至淡粉红色，萼鲜绛红色。果球形，径 2.5～3cm，杏黄色，一侧有红晕，具缝合线及柔毛。核扁，平滑。花期3～4 月；果熟期 6 月。

①山杏（var. *ansu* Maxim.）：花 2 朵并生，稀 3 朵簇生。果密生绒毛，红色或

图 7-109 杏
1. 花枝 2. 雄蕊 3. 雌蕊
4. 果枝 5. 果核

橙红色，径约 2cm。

②垂枝杏（var. *pendula* Jacq.）：枝下垂，叶、果较小。

［繁殖］播种、嫁接及根蘖繁殖。

［分布］在东北、华北、西北、西南及长江中下游各地均有分布。

［习性］喜光，耐寒，耐高温，耐旱，喜土层深厚、排水良好的沙壤土或砾沙壤土。极不耐涝，也不喜空气湿度过高。

［用途］我国原产，栽培历史达2 500年以上。早春开花，繁茂美观，是北方重要的早春花木，有"南梅、北杏"之称。除在庭院少量种植外，宜群植、林植于山坡、水畔。

4. 梅（梅花）*Prunus mume* Sieb. et Zucc. （图7-110）

［识别要点］落叶乔木，高达15m。树干褐紫色，有纵驳纹。小枝细长，绿色。叶广卵形至卵形，先端渐长尖，基部宽楔形，锯齿细尖，叶背脉上有毛。花1～2朵，具短梗，淡粉或白色，有芳香，在冬季或早春叶前开放。果球形，密被细毛，径2～3cm，核面凹点甚多，果肉黏核，味酸。果熟期5～6月。

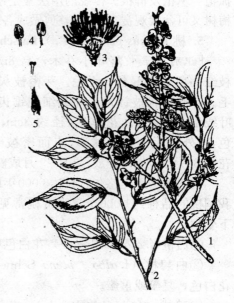

图7-110 梅
1. 花枝 2. 叶枝 3. 花纵剖面
4. 雄蕊 5. 雌蕊

由于长期栽培，花梅变异较大，品种甚多。根据陈俊愉教授的研究，可分为以下四类：

①直枝梅类（var. *mume*）：梅花的典型变种，枝直立或斜出，按花型和花色分为七型。

②垂枝梅类（var. *pendula* Sieb.）：又称照水梅类，枝条下垂，形成独特的伞状树姿，可分为六型。

③ 龙游梅类（var. *tortuosa* T. Y. Chen et H. H. Lu）：枝条自然扭曲如游龙，花碟形，半重瓣，白色。

④杏梅类（var. *bungo* Makino）：枝和叶似山杏，花半重瓣，粉红色。花期较晚，抗寒性较强，可能是杏与梅的天然杂交种。

果梅的栽培品种据曾勉教授的调查研究，大致分为如下三类：

①白梅品种群：果实黄白色，质粗，味苦，核大肉少，供制梅干用。

②青梅品种群：果实青色或青黄色，味酸，多数供制蜜饯用。

③花梅品种群：果实红色或紫红色，质细脆而味稍酸，供制陈皮梅等用。

[分布] 原产我国，东自台湾，西至西藏，南自广西，北至湖北均有天然分布。

[习性] 喜阳光，性喜温暖而略潮湿的气候，有一定耐寒力。对土壤要求不严，较耐瘠薄土壤。在砾质黏土及砾质壤土等下层土质紧密的土壤上生长良好。梅最怕积水之地，要求排水良好。

[繁殖] 以嫁接为主，亦可扦插或播种繁殖。砧木用梅实生苗或杏。

[用途] 苍劲古雅，疏枝横斜，傲霜斗雪，为中国传统名花。栽培历史达2500年以上。古朴的树姿、素雅的花色、秀丽的花态、恬淡的清香和丰盛的果实，自古以来就为广大人民所喜爱，为历代著名文人所讴歌。梅花在江南吐红于冬末，开花于早春。在配置上，梅花最宜植于庭院、草坪、低山丘陵，可孤植、丛植及群植。传统的用法常是松、竹、梅配置在一起，称为"岁寒三友"。梅树又可盆栽观赏，或加以整剪做成各式桩景，或作切花瓶插供室内装饰用。

5. 桃 *Prunus persica* (L.) Batsch（图 7 - 111）

[识别要点] 落叶小乔木，高 8m。小枝红褐色或褐绿色，无毛。芽密被灰色绒毛。叶椭圆状披针形，叶缘细钝锯齿；托叶线形，有腺齿。花单生，径约 3cm，粉红色，萼外被毛。果近球形，表面密被绒毛。花期 3～4 月，先叶开放；果 6～9 月成熟。

桃树栽培历史悠久，长达3000年以上，我国桃的品种约1000个。观赏桃常见有以下变型：

①白桃（f. *alba* Schneid.）：花白色单瓣。

②白碧桃（f. *albo - plena* Sehneid.）：花白色，复瓣或重瓣。

③碧桃（f. *duplex* Rehd.）：花淡红，重瓣。

④寿星桃（f. *densa* Mak.）：树形矮小紧密，节间短，花多重瓣，有'红花寿星桃'、'白花寿星桃'等品种。

⑤红碧桃（f. *rubro - plena* Schneid.）：花红色，复瓣，萼片常为10。

⑥复瓣碧桃（f. *dianthiflora* Dipp.）：花淡红色，复瓣。

⑦绯桃（f. *magnifica* Sehneid.）：花鲜红色，重瓣。

⑧洒金碧桃（f. *versicolor* Voss.）：花复瓣或近重瓣，白色或粉红色，同

图 7 - 111　桃
1. 果枝　2. 花枝　3. 去花瓣的花
纵剖面　4. 果核

一株上花有二色，或同朵花上有二色，乃至同一花瓣上有粉、白二色。

⑨紫叶桃（f. *atropurpurea* Scbneid.）：叶为紫红色，花为单瓣或重瓣，淡红色。

⑩垂枝桃（f. *pendula* Dipp.）：枝下垂。

［分布］原产中国，在华北、华中、西南等地山区仍有野生桃树。

［习性］喜光，耐旱，耐寒性较强，喜肥沃而排水良好的土壤，不耐水湿。碱性土及黏重土均不适宜，在黏重土上栽植易发生流胶病。

［繁殖］嫁接、播种繁殖为主，亦可压条繁殖。砧木南方多用毛桃，北方多用山桃。

［用途］桃花烂漫芳菲，妩媚可爱，盛开时节皆"桃之夭夭，灼灼其华"。加之品种繁多，着花繁密，栽培简易，是园林中重要的春季花木。可孤植、列植、丛植于山坡、池畔、草坪、林缘等处，最宜与柳树配置于池边、湖畔，形成"桃红柳绿"的动人春色。

6. 樱桃 *Prunus pseudocerasus* Lindl.
（图 7 - 112）

［识别要点］树高达 8m。叶卵形至卵状椭圆形，上面无毛或微有毛，背面疏生柔毛；叶缘有大小不等的重锯齿，齿尖有腺。花白色，径 1.5～2.5cm，萼筒有毛，3～6 朵簇生成总状花序。果近球形，无沟，径1～1.5cm，红色。花期4月，先叶开放；果5～6月成熟。

［分布］产于华东、华中至四川。

［习性］喜日照充足，喜温暖而略湿润的气候及肥沃而排水良好的沙壤土，有一定的耐寒与耐旱力。萌蘖力强，生长迅速。

［繁殖］分株、扦插及压条繁殖。

［用途］花先叶开放，花如彩霞，果若珊瑚，是园林中观赏及果实兼用树种。

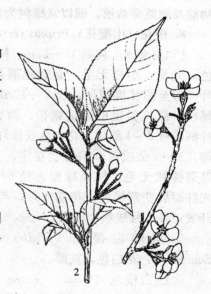

图 7 - 112 樱 桃
1. 花枝 2. 果枝

7. 东京樱花（日本樱花）*Prunus yedoensis* Matsum. （图 7 - 113）

［识别要点］树高达 16m。树皮暗褐色，平滑。小枝幼时有毛。叶卵状椭圆形至倒卵形，缘具细尖重锯齿，叶背脉上及叶柄被柔毛。花白色至淡粉红色，常为单瓣，微香，萼筒、花梗均被柔毛。果径约1cm，熟时紫褐色。花期4月，叶前或与叶同时开放。

①翠绿东京樱花（var. *nilcaii* Honda.）：叶翠绿色。

②垂枝东京樱花（f. *perpendens* Wils.）：小枝下垂。

［分布］原产于日本。我国华东及长江流域城市多栽培。

［习性］喜光，较耐寒。在北京能露地越冬。

［繁殖］嫁接繁殖，砧木可用樱桃、山樱花、桃、杏等。

［用途］著名观花树种，日本国花。春天开花时满树灿烂，很美观，但花期很短，宜于山坡、庭院、建筑物前及园路旁栽植，或以常绿树为背景丛植。

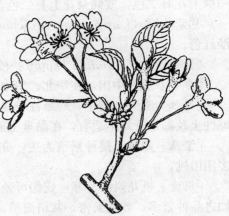

图 7 - 113　东京樱花

8. 樱花（山樱花）*Prunus serrulata* Lindl.　（图 7 - 114）

［识别要点］树高 15～25m。树皮栗褐色，光滑。小枝无毛，有锈色唇形皮孔。叶卵形至卵状椭圆形，长 6～12cm，叶端尾状，缘具尖锐单或重锯齿，两面无毛，叶柄端有 2～4 腺体。花白色或淡红色，单瓣，3～5 朵成短伞房总状花序，无香味，萼筒钟状无毛。核果球形，径 6～8mm，先红而后变紫褐色。花期 4 月，与叶同时开放；果 7 月成熟。

①重瓣白樱花（f. *albo - plena* Schneid.）：花白色，重瓣。

②红白樱花（f. *atbc - rosea* Wils.）：花重瓣，花蕾淡红色，开后变白色。

③垂枝樱（f. *pendula* Bean.）：枝开展而下垂。花粉红色，重瓣。

④重瓣红樱花（f. *rosea* Wils.）：花粉红色，重瓣。

⑤瑰丽樱花（f. *superba* Wils.）：花甚大，淡红色，重瓣，有长梗。

图 7 - 114　樱　花

［分布］产于长江流域，东北南部也有。朝鲜、日本均有分布。

［习性］喜阳光，喜深厚肥沃而排水良好的土壤，对烟尘、有害气体及海

潮风的抵抗力均较弱。有一定耐寒能力，根系较浅。

[繁殖] 嫁接繁殖为主，砧木用樱桃、桃、杏和其实生苗。

[用途] 著名观花树种，春天繁花竞放，轻盈娇艳，宜成片群植，也可散植于草坪、林缘、路旁、溪边、坡地等处。

二十三、豆科 Leguminosae

乔木、灌木、藤本或草本。多为复叶，稀单叶，互生，有托叶。花多两性，萼、瓣各5，多为两侧对称的蝶形花或假蝶形花，少数为辐射对称；雄蕊10，花药2室；单心皮雌蕊，子房上位；花序总状、穗状或头状。荚果。

约550属13 000种，分布于全世界；我国产120属1 200种。通常分为3亚科，但有的分类学家将亚科提为科。

分 亚 科 检 索 表

1. 花左右对称
　　2. 花冠不为蝶形，在上方的1枚花瓣位于最内方 ·········· Ⅰ. 云实亚科 Caesalpinioideae
　　2. 花冠蝶形，在上方的1枚花瓣位于最外方 ········· Ⅱ. 蝶形花亚科 Papilionoideae
1. 花辐射对称 ··· Ⅲ. 含羞草亚科 Mimosoideae

Ⅰ. 云实亚科 Caesalpinioideae

1. 单叶，或分裂成2小叶
　　2. 单叶，全缘；花冠假蝶形 ································· （一）紫荆属 Cercis
　　2. 叶2裂或沿中脉分为2小叶状；花瓣稍不等，不呈蝶形 ·····（二）羊蹄甲属 Bauhinia
1. 偶数羽状复叶
　　3.2回羽状复叶或1～2回羽状复叶
　　　　4. 植株无刺；花两性，大而显著，近于整齐；2回羽状复叶 ·········（三）凤凰木属 Delonix
　　　　4. 植株具分枝硬刺；花小，杂性；1～2回羽状复叶 ···········（四）皂荚属 Gleditsia
　　3.1回羽状复叶；雄蕊10或5枚；花药顶端孔裂 ·····················（五）决明属 Cassia

Ⅱ. 蝶形花亚科 Papilionoideae

1. 雄蕊10枚，合生成1或2组
　　2. 荚果含2种子以上时，不在种子间裂为节荚
　　　　3. 小叶互生 ··· （六）黄檀属 Dalbergia
　　　　3. 小叶对生
　　　　　　4. 小叶3枚，花为总状花序
　　　　　　　　5. 乔木或直立灌木，有刺；旗瓣比翼瓣及龙骨瓣大 ······（七）刺桐属 Erythrina
　　　　　　　　5. 藤本，无刺；各花长度相等 ····················（八）葛属 Pueraria

4. 小叶 4 至多枚

　　6. 叶片上有小透明点；荚果含 1 种子，不开裂…………（九）紫穗槐属 *Amorpha*

　　6. 叶片上无透明点；荚果含 2 至多枚种子，开裂

　　　　7. 藤本；花萼 5 裂（3 长 2 短）……………（十）紫藤属 *Wisteria*

　　　　7. 直立木本

　　　　　　8. 荚果扁形；乔木 ……………………（十一）刺槐属 *Robinia*

　　　　　　8. 荚果圆筒形 ……………………（十二）锦鸡儿属 *Caragana*

2. 荚果含 2 种子以上时在种子间紧缩，叶为 3 小叶，花柄无关节 ………………

………………………………………………（十三）胡枝子属 *Lespedeza*

1. 雄蕊 10 枚，离生或仅基部合生

9. 荚果扁形，不在种子间紧缩成念珠状

　　10. 热带、亚热带树种；花瓣有柄；种皮朱红色…………（十四）红豆树属 *Ormosia*

　　10. 温带或寒带树种；花瓣无柄，芽叠生，不具芽鳞；小叶互生 ………………

…………………………………………………（十五）香槐属 *Cladrastis*

9. 荚果圆筒形，在种子间紧缩为念珠状 …………（十六）槐属 *Sophora*

Ⅲ. 含羞草亚科 Mimosoideae

1. 花丝多少连成管状；雄蕊多数

2. 果扁平，种子间无隔膜 ………………………（十七）合欢属 *Albizzia*

2. 果卷曲或呈马蹄形 ………………………（十八）象耳豆属 *Enterotobium*

1. 花丝分离或基部合生；雄蕊多数，每药室内花粉粒粘结成 2～6 花粉块 ………

…………………………………………………（十九）金合欢属 *Acacia*

（一）紫荆属 *Cercis* L.

　　落叶乔木或灌木。芽叠生。单叶，全缘，掌状脉。花萼 5 齿裂，红色；花冠假蝶形，上部 1 瓣较小，下部 2 瓣较大；雄蕊 10，花丝分离。荚果扁带形，种子扁形。

　　约 9 种；我国 6 种。

1. 紫荆（满条红）*Cercis chinensis* Bunge（图 7-115）

　　[识别要点] 乔木，高达 15m，但在栽培情况下多呈灌木状。叶近圆形，长 6～14cm，叶端急尖，叶基心形，全缘，两面无毛。花紫红色，4～10 朵簇生于老枝上。荚果长 5～14cm，沿腹缝线有窄翅。花期 4 月，叶前开放；果 10 月成熟。

　　白花紫荆（f. *alba* Hsu.）：花白色。

　　[分布] 产于我国黄河流域以南，湖北有野生大树，陕西、甘肃、新疆、辽宁等地也有分布。

　　[习性] 性喜光，有一定耐寒性，喜肥沃、排水良好土壤，不耐淹。萌蘖

力强，耐修剪。

[繁殖] 播种繁殖为主，也可分株、扦插、压条。

[用途] 干丛出，叶圆整，树形美观。早春先叶开花，满树嫣红，颇具风韵，为园林中常见花木。宜于庭院建筑前、门旁、窗外、墙角、亭际、山石后点缀1～2丛，也可丛植、片植于草坪边缘、林缘、建筑物周围。以常绿树为背景或植于浅色物体前，与黄色、粉红色花木配置，则金紫相映、色彩更鲜明。

2. 黄山紫荆 C. chingii

[识别要点] 丛生。小枝曲折，短枝向后扭展。叶长度小于宽度。花淡红，2～3朵一簇。荚果无翅。

[分布] 产于安徽黄山，安徽、江苏等地有栽培。

3. 加拿大紫荆 C. canadensis

[识别要点] 叶具革质边。花较小，长约1.5cm。

[分布] 原产美洲，我国有引种。

4. 巨紫荆 C. gigantea

[识别要点] 乔木。花、果紫红色。

[分布] 产于浙江、安徽、河南等地。

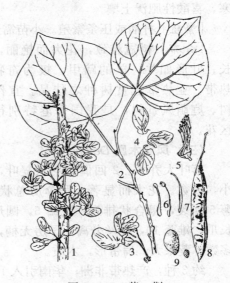

图7-115 紫 荆
1. 花枝 2. 叶枝 3. 花 4. 花瓣 5. 雄蕊及雌蕊 6. 雄蕊 7. 雌蕊 8. 果 9. 种子

(二) 羊蹄甲属 Bauhinia L.

乔木、灌木或藤本。单叶互生，顶端常2深裂或裂为2小叶。花单生或排为伞房、总状、圆锥花序；萼全缘，呈佛焰苞状或2～5齿裂；花瓣5，近等大；雄蕊10或退化为5或3，稀1，花丝分离。

约250种，产于热带；中国栽培约6种。

羊蹄甲（洋紫荆、红花羊蹄甲）Bauhinia variegata L.（图7-116）

[识别要点] 常绿小乔木，高达10m。叶革质，阔心形，先端2裂深为全叶的1/3左右，似羊蹄甲。花大而显著，约7朵排成伞房状总状花序，花瓣5枚，鲜紫红色，间以白色脉状彩纹，极清香，花萼裂成佛焰苞状，发育雄蕊5枚。荚果扁条形，长15～25cm。花期11月至翌年4月。

白花洋紫荆（var. candida）：花纯白色。

〔分布〕产于我国香港、广东、广西等地。华南地区常见，热带地区广为栽培。

〔习性〕喜光，喜温暖湿润气候，不耐寒，喜酸性肥沃土壤。

〔繁殖〕扦插或压条繁殖。小苗需遮荫。

〔分布〕树冠雅致，花大而艳丽，花期长；叶形如牛、羊的蹄甲，极为奇特，是热带、亚热带观赏树种之佳品。宜作行道树、庭荫风景树，是我国香港特别行政区区花。

图 7 - 116　羊蹄甲
1. 花枝　2. 果　3. 种子

（三）凤凰木属 *Delonix* Raf.

落叶大乔木。2 回偶数羽状复叶，小叶小，多数。花大而显著，呈伞房总状花序；萼 5 深裂，镊合状排列；花瓣 5，圆形，具长爪；雄蕊 10，花丝分离；子房无柄，胚珠多数。荚果大，扁带形，木质。

约 3 种，产热带非洲；华南引入 1 种。

凤凰木 *Delonix regia* (Bojea) Raf. （图 7 - 117）

〔识别要点〕树高达 20m，树冠开展如伞状。复叶具羽片 10～24 对，对生，小叶20～40 对，对生，近矩圆形，长 5～8mm，先端钝圆，基部歪斜，表面中脉凹下，侧脉不显，两面均有毛。花萼绿色，花冠鲜红色。荚果木质，长达 50cm。花期 5～8 月。

〔分布〕原产于马达加斯加岛及热带非洲，现广植于热带各地。我国台湾、福建南部、广东、广西、云南均有栽培。

〔习性〕性喜光，不耐寒，生长迅速，根系发达。耐烟尘性差。

〔繁殖〕播种繁殖。播种前需浸种。

〔用途〕树冠如伞，叶形如羽，有轻柔之感，花大而色艳，初夏开放，满树如火，与绿叶相映更为美丽。在华南各地多栽作庭荫树及行道树。

图 7 - 117　凤凰木
1. 花枝　2. 小叶　3. 果　4. 种子

（四）皂荚属 *Gleditsia* L.

落叶乔木，稀为灌木。树皮糙而不裂，干及枝上常具分叉的粗刺。枝无顶芽，侧芽叠生。1 回或兼有 2 回偶数羽状复叶，互生。花杂性，萼、瓣各为 3～5，雄蕊 6～10。荚果长带状或较小；种子具角质胚乳。

约 16 种；我国 5 种，引栽 1 种。

皂荚（皂角）*Gleditsia sinensis* Lam. （图 7-118）

［识别要点］树高达 30m。枝刺圆而有分枝。1 回羽状复叶，小叶 6～14 枚，卵形至卵状长椭圆形，长 3～8cm，缘具细钝锯齿。总状花序腋生，萼、瓣各 4。荚果较肥厚，直而不扭转，长 12～30cm，棕黑色，被白粉。花期 5～6 月；果 10 月成熟。

［分布］产于黄河流域以南至华南、西南等地。

［习性］喜光，喜温暖湿润气候。

［繁殖］播种繁殖。

［用途］树冠广宽，叶密荫浓，宜作庭荫树及"四旁"绿化或造林用。

图 7-118　皂 荚
1. 花枝　2. 小枝及枝刺　3. 小枝叠生芽
4. 花　5. 花展开　6. 果　7. 种子

（五）决明属 *Cassia* L.

乔木，灌木或草本。1 回偶数羽状复叶，叶轴上在 2 小叶之间或叶柄上常有腺体。圆锥花序顶生，总状花序腋生，花黄色；萼片 5，萼筒短；花瓣 3～5，后方 1 花瓣位于最内方；雄蕊 10，常有 3～5 个退化，药顶孔开裂。荚果常在种子间有隔膜；种子有胚乳。

约 400 种，主要分布于热带；中国产 13 种。

分 种 检 索 表

1. 叶先端锐尖；果长圆柱形 ·················· 1. 腊肠树 *C. fistula*
1. 小叶先端钝或钝而有小尖头；果实扁形
　　2. 叶柄和总轴无腺体；花序长 40cm ·················· 2. 铁刀木 *C. siamea*
　　2. 叶柄和总轴有腺体；花序长 8～12cm ·················· 3. 黄槐 *C. surattensis*

1. 腊肠树 *Cassia fistula* L. （图 7-119）

［识别要点］落叶乔木，高达 15m。偶数羽状复叶，叶柄及总轴上无腺体；

小叶 4～8 对，卵形至椭圆形，长 6～15cm。总状花序疏散下垂，长 30cm 以上，花淡黄色。荚果圆柱形，长 30～60cm，径约 2cm，黑褐色，有 3 槽纹，不开裂。种子间有横隔膜。花期 6 月。

　　[分布] 原产于印度、斯里兰卡及缅甸。我国华南有栽培。

　　[习性] 喜暖热多湿气候。

　　[用途] 初夏开花时，满树长串状金黄色花朵，极为美观，可供庭园观赏用。

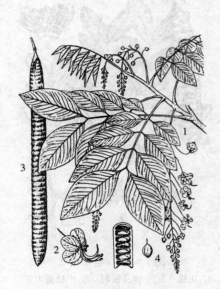

图 7-119　腊肠树
1. 花枝　2. 花　3. 果
4. 果纵切面和种子

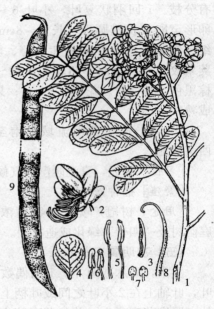

图 7-120　铁刀木
1. 花枝　2. 花　3. 花药　4. 小叶
5～6. 雄蕊　7. 雌蕊　8. 花柱　9. 果实

2. 铁刀木（黑心树）*Cassia siamea* Linn.（图 7-120）

　　[识别要点] 常绿乔木，高 5～12m。偶数羽状复叶，叶柄和总轴无腺体；小叶 6～10 对，椭圆形至长圆形。腋生花序呈伞房状的总状花序，顶生花序则呈圆锥状花序，序轴密生黄色柔毛。花瓣 5，黄色。荚果扁条形，长 15～30cm，内含种子 10～20 粒。花期 7～12 月；果 1～4 月成熟。

　　[分布] 原产于印度、马来西亚、缅甸、泰国一带。我国华南、西南有栽培。

　　[习性] 喜光，稍耐阴，喜暖热气候。对土壤要求不严，以湿润肥沃的石灰质及中性土壤最佳。忌积水。性强健，能抗烟、抗风。萌芽力极强。

［繁殖］播种繁殖，为速生树种。

［用途］花期长，为美丽的庭荫树和观花树种，是热带、亚热带地区普遍栽植的良好绿化树种，宜作行道树和防护林树种。

3. 黄槐（粉叶决明）*Cassia surattensis* Burm.（图7-121）

［识别要点］灌木或小乔木，高4~7m。偶数羽状复叶，叶柄及叶轴上有2~3枚棒状腺体；小叶7~9对，长椭圆形至卵形，长2~5cm，叶背粉绿色，有短毛。花鲜黄色，伞房状总状花序，生于枝条上部的叶腋，长5~8cm；雄蕊10，全发育。荚果条形，扁平，长7~10cm。花期全年。

［繁殖］播种繁殖。

［分布］原产于南亚及澳洲，现广植于热带地区。我国南部有栽培。

［用途］美丽的观花树种，作行道树、绿篱或庭园观赏树。

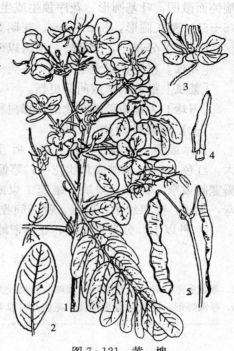

图7-121　黄　槐
1. 花枝　2. 小叶　3. 花　4. 花药　5. 果实

（六）黄檀属 *Dalbergia* L.

乔木、灌木或藤本。奇数羽状复叶或仅1小叶；小叶互生，全缘，无小托叶。圆锥花序，花小，白色或黄白色；萼钟状，5齿裂；雄蕊10或9。荚果短带状，基部渐窄成短柄状，不开裂。种子1或2~3。

约120种，分布于热带至亚热带；中国约产30种。

黄檀（檀树、不知春）*Dalbergia hupeana* Hance（图7-122）

［识别要点］落叶乔木，高达20m。树皮条状剥落。小叶7~11，卵状长椭圆形至长圆形，长3~6cm，叶

图7-122　黄　檀
1. 花枝　2. 花　3. 花瓣　4. 雄蕊及
雌蕊　5. 果枝

端钝而微凹，叶基圆形。花序顶生或生在小枝上部叶腋，花黄白色，雄蕊2体（5＋5）。荚长圆形，长3～7cm。花期5～6月；果期9～10月。

[分布] 分布广，由秦岭、淮河以南至华南、西南等区均有野生。

[习性] 喜光，耐干旱瘠薄，各类土壤上皆可生长。生长较慢，萌芽力强。

[繁殖] 播种繁殖或萌芽更新。

[用途] 为荒山荒地绿化的先锋树种。

（七）刺桐属 Erythrina L.

乔木或灌木，茎、叶常有刺。叶互生；小叶3枚，小托叶为腺状体。花大，红色，2～3朵排成总状花序；萼偏斜，佛焰状，2唇状；花瓣不等大，旗瓣宽阔或窄，翼瓣小或缺；雄蕊1束或2束；子房具柄，胚珠多数，花柱内弯，无毛。荚果线形，肿胀，种子间收缩为念珠状。

30种以上，分布于热带、亚热带地区。

分 种 检 索 表

1. 萼截头形，钟状；花盛开时旗瓣与翼瓣及龙骨瓣近平行 ··· 1. 龙牙花 E. corallodendron
1. 萼佛焰形，由背开裂至基部；花盛开时旗瓣与翼瓣及龙骨瓣成直角 ·····················
·· 2. 刺桐 E. variegata var. orientalis

1. 龙牙花（珊瑚树）Erythrina corallodendron L.（图 7-123）

[识别要点] 小乔木，高3～5m，干有粗刺。小叶3枚，长5～10cm，阔斜方状卵形，叶端尖刀状，叶基阔楔形至近截头形，无毛，有时柄上及中脉上有刺。总状花序腋生，长约30cm，花深红色，具短柄，2～3朵聚生，长4～6cm，狭而近于闭合；萼管阔而截头形，下面有短尖齿，长8～10mm；旗瓣狭，常将龙骨瓣包围；翼瓣短，略长于萼；龙骨瓣比翼瓣略长。荚果长约10cm，端有喙，种子间收缩。花期6月。

[分布] 原产于热带美洲。我国华南庭院有栽培。

[习性] 性喜暖热气候。

[繁殖] 扦插或播种繁殖。插条易生根。

[用途] 叶鲜绿，花绯红，很美丽。

2. 刺桐 Erythrina variegata var. orientalis

图 7-123　龙牙花
1. 花枝　2. 花序

(L.)Merr.

［识别要点］大乔木，高达 20m。干皮灰色，有圆锥形刺。叶大，长 20～30cm；柄长 10～15cm，通常无刺，小叶 3 枚。总状花序长约 15cm；萼佛焰状，长 2～3cm，萼口偏斜，一边开裂；花冠大红色，旗瓣长 5～6cm，翼瓣与龙骨瓣近相等，短于萼。荚果念珠状。花期 3 月。

［用途］速生树种，可作行道树和观赏树。

（八）葛属 Pueraria DC.

藤本。叶为 3 出羽状复叶，具托叶。总状花序腋生，有延长具节的总花梗，多花簇生于节上；萼钟状，裂片不等，上 2 齿连合；花蓝色或紫色，雄蕊有时为单体或 2 体。荚果线性，扁平，缝线两侧无纵肋；种子多数。

约 15 种；中国产 12 种。

葛藤（野葛、葛根）Pueraria lobata（Willd.）Ohwi（图 7-124）

［识别要点］藤本，全株有黄色长硬毛。块根厚大。小叶 3；顶生小叶菱状卵形，全缘，有时浅裂，叶背有粉霜；侧生小叶偏斜。总状花序腋生；萼钟形，萼齿 5，两面有黄毛；花冠紫红色，翼瓣的耳长大于宽。荚果线性，长 5～10cm，扁平，密生长硬黄毛。花期 3～4 月；果期 8～9 月。

［分布］分布极广，除新疆、西藏外几遍全国。

［习性］性强健，不择土壤，生长迅速，蔓延力强。

［繁殖］播种或压条繁殖。

［用途］枝叶稠密，是良好的水土保持地被植物。块根可制葛粉，供食用或工业用；根切成片晒干称为葛根，可入药；葛花亦可入药。

（九）紫穗槐属 Amorpha L.

落叶灌木。奇数羽状复叶，互生，小叶近对生。总状花序顶生，直立；萼钟状，5 齿裂，具油腺点；旗瓣包被雄蕊，翼瓣及龙骨瓣均退化；雄蕊 10，花丝基部合生。荚果小，微弯曲，具油腺点，不开裂，内含 1 粒种子。

约 15 种，产北美；中国引入

图 7-124　葛　藤
1. 花枝　2. 果枝

栽培 1 种。

紫穗槐（棉槐）Amorpha fruticosa L.
（图 7 - 125）

　　[识别要点]丛生灌木，高 1～4m。枝条直伸，幼时有毛。芽常 2 个叠生。小叶 11～25，长椭圆形，长 2～4cm，具透明油腺点；幼叶密被毛，托叶小。花小，蓝紫色，花药黄色，成顶生总状花序。荚果短镰形，长 7～9mm，密被隆起油腺点。花期 5～6 月；果 9～10 月成熟。

　　[分布]原产于北美。我国东北中部以南、华北、西北，南至长江流域均有栽培。

　　[习性]喜干冷气候，耐寒性强，耐干旱能力也很强，能耐一定程度的水淹。要求光线充足。对土壤要求不严，能耐盐碱。生长迅速，萌芽力强，侧根发达。

　　[繁殖]播种、扦插或分株繁殖。

　　[用途]枝叶繁密，常植作绿篱用。根部有根瘤菌，可改良土壤。枝叶对烟尘有较强的抗性，故又可用作水土保持、被覆地面和工业区绿化用。

（十）紫藤属 Wisteria Nutt.

　　落叶藤本。奇数羽状复叶，互生，小叶互生，具小托叶。花序总状下垂，花蓝紫色或白色；萼钟形，5 齿裂；花冠蝶形，旗瓣大而反卷，翼瓣镰状，基具耳垂，龙骨瓣端钝，雄蕊 2 体（9＋1）。荚果扁而长，具数种子，种子间常略紧缩。

　　约 9 种，产于东亚及北美东部；中国约有 3 种。

紫藤（藤萝）Wisteria sinensis Sweet
（图 7 - 126）

　　[识别要点]缠绕大藤本，茎枝为左旋性。小叶 7～13，卵状长圆形至卵状披针

图 7 - 125　紫穗槐
1. 花枝　2. 花　3. 雄蕊　4. 雌蕊
5. 花瓣　6. 花萼　7. 果

图 7 - 126　紫　藤
1. 叶枝　2. 花　3. 旗瓣　4. 翼瓣　5. 龙骨瓣　6. 雄蕊　7. 雌蕊　8. 果　9. 种子

形，长 4.5～11cm，幼叶密生平贴白色细毛。总状花序长 15～25cm，花序轴、花梗及萼均被白色柔毛；花蓝紫色，芳香。荚果长 10～25cm，表面密生黄色绒毛，种子扁圆形。花期 4～6 月。

①银藤（var. *alba* Lindl.）：花白色，耐寒性较差。

②重瓣紫藤（'Plena'）：花重瓣，紫堇色。

[分布] 原产于中国，辽宁、内蒙古、河北、河南、江西、山东、江苏、浙江、湖北、湖南、陕西、甘肃、四川、广东等地均有栽培。国外亦有栽培。

[习性] 喜光，略耐阴，较耐寒，喜深厚肥沃而排水良好的土壤。主根深，侧根少，不耐移植，生长快，寿命长。对城市环境的适应性较强。

[繁殖] 以播种为主，亦可扦插、分根、压条或嫁接繁殖。

[用途] 枝叶茂密，庇荫效果好，春天先叶开花，穗大而美，有芳香，是优良的棚架、门廊及山面绿化材料。制成盆景或盆栽可供室内装饰。

（十一）刺槐属 *Robinia* L.

落叶乔木或灌木。柄下芽，无芽鳞。奇数羽状复叶互生，小叶全缘，对生或近对生，托叶刺状。总状花序腋生，下垂，雄蕊 2 体（9＋1）。荚果带状，开裂。

约 20 种，产于北美及墨西哥；中国引入 2 种。

分 种 检 索 表

1. 枝无毛；花白色 ···························· 1. 刺槐 *R. pseudoacacia*
1. 灌木；茎、枝密生硬刺毛；花粉红色或紫红色 ·············· 2. 毛刺槐 *R. hispida*

1. 刺槐（洋槐）*Robinia pseudoacacia* L.（图 7 - 127）

[识别要点] 树高达 25m。树皮灰褐色，粗糙纵裂，枝具托叶刺。奇数羽状复叶，小叶 7～19，椭圆形至卵状长圆形，长 2～5cm，叶端钝或微凹，有小尖头。花蝶形，白色，芳香，成腋生总状花序。荚果扁平，长 4～10cm。花期 5 月；果 10～11 月成熟。

①无刺刺槐 [f. *inermis* (Mirb) Rehd.]：树冠开扩，树形帚状，高 3～10m，枝条硬挺而无托叶刺。用作庭荫树和行道树。

②红花刺槐 [f. *decaisneanac* (Carr.) Voss.]：花玫瑰红色。

③球槐（伞槐、球冠无刺槐）[f. *umbraculifera* (DC.) Rehd.]：树冠圆球形，分枝细密，近于无刺或刺极小而软。多作行道树用。

④曲枝刺槐（'Tortuosa'）：枝条扭曲生长，国内有近似种，称疙瘩刺槐。

[分布] 原产于北美；19 世纪末引入我国青岛，现遍布全国，以黄、淮流

域最常见。

　　[习性] 强阳性树种，不耐阴，喜较干燥而凉爽的气候。较耐干旱瘠薄，能在石灰性土、酸性土、中性土以及轻度盐碱土上正常生长，但以在肥沃、湿润、排水良好的冲积沙质壤土上生长最佳。浅根性，侧根发达，萌蘖性强。

　　[繁殖] 播种为主，也可分蘖或根插繁殖。

　　[用途] 树冠高大，叶色鲜绿，开花季节绿白相映，非常素雅而且芳香宜人，故可作庭荫树及行道树。因其抗性强，生长迅速，又是工矿区绿化及荒山荒地绿化的先锋树种。

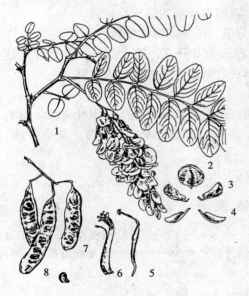

图 7 - 127　刺　槐
1. 花枝　2. 旗瓣　3. 翼瓣　4. 龙骨瓣
5. 雌蕊　6. 二体雄蕊　7. 果实　8. 种子

图 7 - 128　毛刺槐

2. 毛刺槐（江南槐）*Robinia hispida* L.（图 7 - 128）

　　[识别要点] 灌木，高达 2m。茎、小枝、花梗均有红色长刺毛，托叶不变为刺状。小叶 7～13，广椭圆形至近圆形，叶端钝而有小尖头。花粉红或紫红色，2～7 朵成稀疏总状花序。荚果长 5～8cm，具腺状刺毛。花期 6～7 月。

　　[分布] 原产于北美；我国东北南部及华北园林中常有栽培。

　　[习性] 性喜光，耐寒，喜排水良好的土壤。萌蘖力强。

　　[繁殖] 嫁接繁殖，以刺槐作砧木。

　　[用途] 花大色美，宜于庭院、草坪边缘、园路旁丛植或孤植观赏，也可作基础种植。进行高接者能形成小乔木状，供园内小路作行道树用。

（十二）锦鸡儿属 *Caragana* Lam.

落叶灌木。偶数羽状复叶，在长枝上互生，短枝上簇生，叶轴端呈刺状。花黄色，稀白色或粉红色，单生或簇生，萼呈筒状或钟状，花冠蝶形，雄蕊2体（9+1）。荚果细圆筒形或稍扁，有种子数粒，开裂。

约60种，产于亚洲东部及中部；我国约产50种，主要分布于黄河流域。

锦鸡儿 *Caragana sinica* Rehd.　（图7-129）

［识别要点］灌木，高达1.5m。枝细长，开展，有角棱。托叶针刺状。小叶4枚，成远离的2对，倒卵形，长1～3.5cm，叶端圆而微凹。花单性，红黄色，花梗长约1cm，中部有关节。荚果圆筒形，长3～3.5cm。花期4～5月。

［分布］主要产于中国北部及中部，西南也有分布。日本园林中有栽培。

［习性］性喜光，耐寒，适应性强，不择土壤又能耐干旱瘠薄，能生于岩石缝隙中。

［繁殖］播种，也可分株、压条、根插繁殖。

［用途］叶色鲜绿，花亦美丽，在园林中可植于岩石旁、小路边，或作绿篱用，也可作盆景材料。又是良好的蜜源植物及水土保持植物。

图7-129　锦鸡儿
1. 花枝　2. 花萼展开　3. 旗瓣　4. 翼瓣　5. 龙骨瓣　6. 雄蕊群　7. 雌蕊

同属树种还有树锦鸡儿（*C. arborescens*）、小叶锦鸡儿（柠条，*C. microphylla*）、柠条锦鸡儿（毛条，*C. korshinkii*）、金雀儿（*C. rosea*）等。

（十三）胡枝子属 *Lespedeza* Michx.

灌木或草本。3出羽状复叶，小叶全缘；托叶小，宿存。总状花序腋生或簇生，花紫色、淡红色或白色，常2朵并生于一宿存苞片内；花常2型，有花冠者结实或不结实，无花冠者均结实；花梗无关节；2体雄蕊（9+1）。荚果短小，扁平具网脉；有种子1，不开裂。

约90种；我国有60余种。

胡枝子（帚条）*Lespedeza bicolor* Turcz.　（图7-130）

［识别要点］落叶灌木，高3m。嫩枝有柔毛，后脱落。小叶卵状椭圆形、

宽椭圆形，先端圆钝或凹，有芒尖，两面
疏生平伏毛，叶柄密生柔毛。总状花序腋
生，花紫色，花梗、花萼密被柔毛。荚果
斜卵形，长6～8mm，有柔毛。花期7～9
月；果期9～10月。

[分布] 长江流域、东北、华北及西
北等地。

[习性] 喜光，喜湿润气候及肥沃土
壤，耐寒、耐旱、耐瘠薄，也耐水湿。根
系发达，萌芽力强。

[繁殖] 播种、分株繁殖。

[用途] 花期较晚，枝条披垂，淡雅
秀丽，姿态优美。宜丛植于草坪边缘、水
边及假山旁，也是优良的防护林下木树
种，作水土保持及改良土壤栽植。嫩叶作
绿肥、饲料，枝条编筐，根入药。蜜源植
物。

（十四）红豆树属 Ormosia Jacks.

乔木。叶为单叶或奇数羽状复叶，常
为革质。花为顶生或腋生总状花序或圆锥
花序；萼钟形，5裂；花冠略高出于花
萼，花瓣5枚，有爪；雄蕊5～10枚，全
分离，长短不一，开花时略突出于花冠；
子房无柄。荚果革质、木质或肉质，两瓣
裂，中无间隔，缝线上无狭翅。种子1至
数粒，种皮多呈鲜红色，亦有呈暗红色或
间有黑褐色的。

60种以上，主产于热带、亚热带；
我国产26种。

**红豆树（何氏红豆）Ormosia hosiei
Hemsl. et Wils.**（图7-131）

[识别要点] 常绿乔木，高达20m。
树皮光滑。奇数羽状复叶，长15～20cm，
小叶7～9枚，长卵形至长椭圆状卵形。

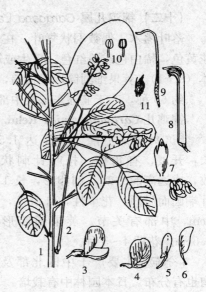

图7-130 胡枝子
1. 花枝 2.3 出复叶 3. 蝶形花 4. 旗瓣
5. 翼瓣 6. 龙骨瓣 7. 花基部 8. 雄蕊
9. 雌蕊 10. 花药 11. 种子

图7-131 红豆树
1. 花枝 2. 果枝 3. 果 4. 种子
5. 花 6. 旗瓣 7. 翼瓣 8. 龙骨瓣

圆锥花序顶生或腋生；萼钟状，密生黄棕色毛；花白色或淡红色，芳香。荚果木质，扁平，圆形或椭圆形，长 4～6.5cm，端尖，含种子 1～2 粒。种子扁，圆形，鲜红色而有光泽。花期 4 月。

[分布] 陕西、江苏、湖北、广东、广西等地。

[习性] 喜光，但幼树耐阴，喜肥沃适湿土壤。干性较弱，易分枝，且侧枝均较粗壮。树冠多为伞形，生长速度中等，寿命长，萌芽力较强。

[繁殖] 播种繁殖。播种前应浸种。

[用途] 珍贵用材树种。树冠呈伞状开展，故在园林中可植为片林或作林荫道树种。种子可作装饰品用。

我国该属植物以华南种类最多，种子多鲜红色而光亮，深受人们喜爱。王维诗"红豆生南国，此物最相思"即指该属植物，故又名"相思豆"。常见种还有花榈木（*O. henryi*）、光叶红豆（*O. glaberrima*）、厚荚红豆（*O. elliptica*）及软荚红豆（*O. semicastrata*）等，亦非常珍贵，园林用途相似。

（十五）香槐属 *Cladrastis* Raf.

落叶乔木。叶柄下裸芽，被毛，叠生，无顶芽。奇数羽状复叶；小叶互生，全缘。圆锥花序顶生，下垂；萼钟状，5 齿裂；花冠白色，稀淡红色，旗瓣圆形；雄蕊 10，分离。荚果扁平，果皮薄、开裂，种子 1～6。

12 种，分布于东亚、北美；我国 4 种，产于西南至东南。

分 种 检 索 表

1. 小叶 7～15，下面绿色无毛，上面沿中脉被毛，具小托叶；果两侧具翅……………
……………………………………………………………… 1. 翅荚香槐 *C. platycarpa*
1. 小叶 7～11，下面苍白色，沿中脉被毛，无小托叶；果两侧无翅 … 2. 香槐 *C. wilsonii*

1. 翅荚香槐 *Cladrastis platycarpa* （Maxim.）Makino

[识别要点] 乔木，高 16m，胸径 90cm。树皮暗灰色。小枝无毛。小叶 7～9（15），长圆形或卵状长圆形，长5～10cm，先端渐尖，基部圆，上面中脉微被柔毛，下面中脉被长柔毛，小托叶芒状。花序长10～30cm。果长圆形或披针形，长3～7cm，两边具窄翅。种子1～4，肾状椭圆形，暗绿色。花期6～7月；果期10月。

[分布] 产于长江以南的华中、华东至华南北部、贵州，生于海拔1 200m以下的山谷林缘。日本也有分布。

[习性] 喜光，在酸性、中性、石灰性土壤上均能生长。

[用途] 花硕大而下垂，白色芳香，秋叶鲜黄，供观赏。

2. 香槐 *Cladrastis wilsonii* Takeda

[识别要点] 乔木，高16m。树皮灰至黄灰色。小叶7～11，长圆形或长圆状倒卵形，长4～12cm，先端渐尖，基部稍不对称，下面中脉微被柔毛，无小托叶。花序长12～18cm。果条形，长3～8cm，被粗毛。花期6～7月；果期10月。

（十六）槐属 Sophora L.

乔木或灌木，稀草本。冬芽小，芽鳞不显。奇数羽状复叶，互生，小叶对生，托叶小。总状或圆锥花序，顶生；花蝶形，萼5齿裂，雄蕊10，离生或仅基部合生。种子之间缢缩成串珠状，不开裂。

约80种，分布于亚洲及北美的温带、亚热带；我国约23种。

槐树（国槐）Sophora japonica L. （图7-132）

[识别要点] 落叶乔木，高达25m。干皮暗灰色，粗糙纵裂。树冠圆球形。小枝绿色，皮孔明显。顶芽缺，柄下芽，芽被青紫色毛。小叶7～17枚，卵形至卵状披针形，长2.5～5cm，叶端尖，叶基圆形至广楔形，叶背有白粉及柔毛。花浅黄绿色，排成圆锥花序。荚果串珠状，肉质，长2～9cm，熟后不开裂，也不脱落。花期7～9月；果10月成熟。

①龙爪槐（var. *pendula* Loud.）：小枝弯曲下垂，树冠呈伞状。园林中多有栽植。

②紫花槐（var. *pubescens* Bosse.）：花的翼瓣、龙骨瓣呈玫瑰紫色。花期较迟。

③五叶槐（蝴蝶槐，var. *oligophylla* Franch.）：小叶3～5簇生，顶生小叶常3裂，叶背有毛。

④金枝国槐（'Golden Stem'）：枝条金黄色，属国槐自然变异。

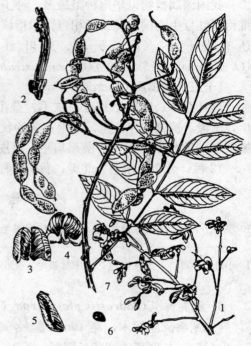

图7-132 槐 树
1. 花枝　2. 去掉花瓣的花　3. 翼瓣
4. 旗瓣　5. 龙骨瓣　6. 种子
7. 果枝

[分布] 原产于中国北部，北自辽宁，南至广东、台湾，东自山东，西至甘肃、四川、云南均有栽植。

[习性] 喜光，略耐阴，喜干冷气候，喜深厚、排水良好的沙质壤土，但在石灰性、酸性及轻盐碱土上均可正常生长。耐烟尘，能适应城市街道环境，

对二氧化硫、氯气、氯化氢均有较强的抗性。生长速度中等，根系发达，为深根性树种，萌芽力强，寿命极长。

　　[繁殖] 以播种繁殖为主，也可分蘖繁殖。变种可嫁接繁殖。

　　[用途] 树冠宽广，枝叶繁茂，寿命长而又耐城市环境，因而是良好的行道树和庭荫树。由于耐烟毒能力强，又是工矿区的良好绿化树种。是我国庭园绿化中的传统树种之一，富于民族特色情调，常成对配置门前或庭院中，又宜植于建筑前或草坪边缘。

　　[分布] 产于浙江、安徽、湖北、湖南、江西、陕西、四川，生于海拔2 000m 以下的山谷、沟边杂木林中。

　　[习性] 喜较阴湿环境，喜酸性土壤。

　　[用途] 木材供家具等用；根可治关节疼痛、寄生虫、腹痛；果炒食，有催吐之效。

（十七）合欢属 Albizzia Durazz.

落叶乔木或灌木。2 回羽状复叶，互生，叶总柄下有腺体，羽片及小叶均对生，全缘，小叶中脉常偏于一侧。头状或穗状花序，花序柄细长；萼筒状，端 5 裂；花冠小，5 裂，深达中部以上；雄蕊多数，花丝细长，基部合生。荚果带状，成熟后宿存枝梢，通常不开裂。

约 150 种；我国产 17 种。

分 种 检 索 表

1. 托叶较小叶小，条状披针形，羽片 4～12 对，小叶 10～30 对；伞房花序，花淡红色
………………………………………………………………………… 1. 合欢 A. julibrissin
1. 托叶较小叶大，半心形，羽片 8～20 对，小叶 20～46 对；圆锥花序，花黄白或绿白色
………………………………………………………………………… 2. 楹树 A. chinensis

1. 合欢（夜合花）Albizzia julibrissin Durazz. （图 7 - 133）

　　[识别要点] 树高 16m，树冠伞形。2 回偶数羽状复叶，羽片 4～12 对，各有小叶 10～30 对；小叶镰刀状长圆形，长 6～12mm，中脉明显偏于一边，叶背中脉处有毛。头状花序，腋生或顶生，萼及花瓣均黄绿色，花丝粉红色，细长如绒缨。荚果扁条形，长 9～17cm。花期 6～7 月；果 9～10 月成熟。

　　[分布] 产于我国黄河流域以南。

　　[习性] 喜光，耐寒性略差。对土壤要求不严，能耐干旱，但不耐水涝。生长迅速。

　　[繁殖] 播种繁殖。

［用途］树姿优美，叶形雅致，盛夏绒花满树，有色有香，宜作庭荫树、行道树，植于林缘、房前、草坪、山坡等地。

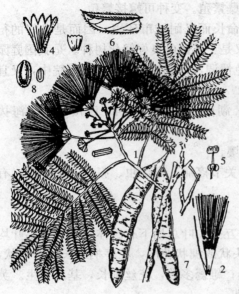

图 7 - 133　合　欢

1. 花枝　2. 雄蕊及雌蕊　3. 花萼展开　4. 花冠展开　5. 雄蕊　6. 小叶　7. 果枝　8. 种子

图 7 - 134　楹　树

1. 花枝　2. 羽片　3. 果序　4. 种子

2. 楹树 *Albizzia chinensis* (Osbeck) Merr. （图 7 - 134）

［识别要点］落叶大乔木，高达 20m，小枝被灰黄色柔毛。叶柄基部及总轴上有腺体，羽片 6～18 对，小叶20～40 对；小叶长 6～8mm，叶背粉绿色。头状花序 3～6 个排成圆锥状，顶生或腋生，雄蕊绿白色。花期 3～5 月。

［分布］原产于热带及亚热带。福建、广东、湖南、广西、云南、台湾等地均有栽培。

［习性］喜潮湿低地，耐水淹，也耐干旱瘠薄，在深厚、湿润、肥沃的土壤中生长迅速。

［繁殖］播种繁殖。

［用途］生长迅速，树冠宽广，为良好的庭荫树及行道树。

（十八）象耳豆属 *Enterolobium* Mart.

落叶乔木。2 回偶数羽状复叶。头状花序簇生或总状式排列；花两性，5 基数，萼钟状，齿裂；花冠漏斗状，花瓣合生至中部；雄蕊多数，基部连合成管；子房无柄，胚珠多数。果卷曲成肾形或马蹄形，扁平，坚硬不裂，中果皮海绵质，干后硬化，种子间有隔膜。

11 种，分布于热带美洲及西非；我国引入栽培 2 种。

象耳豆 *Enterolobium cyclocarpum* **(Jacq.) Griseb.** （图 7 - 135）

［识别要点］乔木，高 20m。树皮棕色，粗糙。羽片（4）8～12 对；小叶10～25（30）对，长 1～1.5cm，先端短尖。花白色。果长 7～8cm，暗红褐色。花期 4 月；果期 10 月。

［分布］原产于委内瑞拉、墨西哥等地；我国华南各地引入栽培。

［习性］喜光，耐干旱瘠薄。根系发达，抗风力强。萌芽力强，速生。

［用途］树冠宽阔，可作行道树。

（十九）金合欢属 *Acacia* Willd.

乔木、灌木或藤本。具托叶刺或皮刺，罕无刺。2 回偶数羽状复叶，互生，或叶片退化为叶状柄。花序头状或圆柱形穗状，花黄色或白色，花瓣离生或基部合生；雄蕊多数，花丝分离或基部合生。

约 900 种，全部产于热带和亚热带，尤以澳洲及非洲为多；我国产 10 种。

图 7 - 135　象耳豆
1. 小叶　2. 花　3. 果纵剖面
4. 果枝　5. 种子

分 种 检 索 表

1. 无刺乔木，叶退化为 1 个扁平的叶状柄 ……………………… 1. 台湾相思 *A. confusa*
1. 有刺灌木，枝上无针刺而只有托叶刺 …………………… 2. 金合欢 *A. farnesiana*

1. 台湾相思（相思树、相思柳） *Acacia confusa* **Merr.** （图 7 - 136）

［识别要点］常绿乔木，15m。小枝无刺，无毛。幼苗具羽状复叶，长大后小叶退化，仅存 1 叶状柄，狭披针形，长 6～10cm，革质，全缘。头状花序腋生，花黄色，微香。荚果扁带状，长 5～10cm，种子间略缢缩。花期 4～6 月；果 7～8 月成熟。

［分布］产于我国台湾、福建、广东、广西、云南等地。

［习性］强喜光树种，不耐阴，喜暖热气候，不耐寒。对土壤要求不严，但在石灰质土中生长不良，能耐短期水淹。深根，材韧，抗风能力极强。生长迅速，萌

芽力强。

　　[繁殖] 播种繁殖，也可萌蘖更新。

　　[用途] 生长迅速，抗逆性强，适作荒山绿化的先锋树。又可作防风林带、水土保持及防火林带用。在华南亦常作公路两旁的行道树。

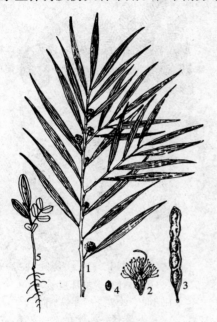 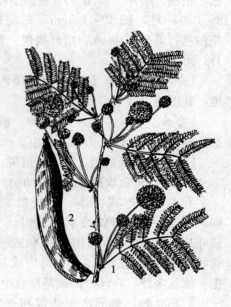

图 7 - 136　台湾相思　　　　　　　　　　图 7 - 137　金合欢
1. 花枝 2. 花 3 果 4. 种子 5. 幼苗　　　　　　　1. 花枝 2. 果

2. 金合欢 *Acacia farnesiana* (L.) Willd. （图 7 - 137）

　　[识别要点] 落叶灌木，高 2～4m。枝略呈左右曲折状，密生皮孔。托叶刺长 6～12mm。羽片 4～8 对，小叶 10～20 对，小叶长 2～6mm。头状花序腋生，单生或 2～3 个簇生，球形；花黄色，极芳香，花序梗长1～3cm。荚果圆筒形，膨胀，长 4～10cm，无毛，密生斜纹。花期 10 月。

　　[分布] 原产于非洲热带地区。我国华南、西南有栽培。

　　[习性] 喜光，喜温暖气候，不甚耐寒，喜肥沃、疏松、湿润的微酸性土壤。

　　[繁殖] 播种或扦插繁殖。

　　[用途] 在园林中可作绿篱，花可提取香精。

二十四、芸香科 Rutaceae

　　木本或草本，具挥发性芳香油。复叶或单身复叶，互生或对生，叶片上常有透明油腺点，无托叶。花两性，稀单性，整齐，单生、聚伞或圆锥花序，萼4～5裂，花瓣4～5；雄蕊与花瓣同数或为其倍数，有花盘；子房上位，心皮2～5或多数，每室1～2胚珠。柑果、浆果、蒴果、蓇葖果、核果或翅果。

约150属1700种，产热带、亚热带，少数产温带；我国28属154种。

分 属 检 索 表

1. 花单性，蓇葖果或核果
  2. 枝有皮刺，复叶互生，蓇葖果 ……………………（一）花椒属 *Zanthoxylum*
  2. 枝无皮刺，复叶对生，核果 ………………………（二）黄檗属 *Phellodendron*
1. 花两性，心皮合生，柑果
  3. 3小叶复叶，落叶性，茎有枝刺，果密被短柔毛 ……（三）枸橘属 *Poncirus*
  3. 单身复叶或单叶，果无毛
    4. 子房8～15室，每室4～12胚珠，果较大 ………（四）柑橘属 *Citrus*
    4. 子房2～6室，每室2胚珠，果较小 ……………（五）金橘属 *Fortunella*

（一）花椒属 *Zanthoxylum* L.

小乔木或灌木，稀藤本，具皮刺。奇数羽状复叶或3小叶，互生，有锯齿或全缘。花单性异株或杂性，簇生、聚伞或圆锥花序；萼3～8裂；花瓣3～8，稀无花瓣；雄蕊3～8；子房1～5心皮，离生或基部合生，各具2并生胚珠；聚合蓇葖果，外果皮革质，被油腺点，种子黑色有光泽。

约250种；我国45种，主产黄河流域以南。

花 椒 *Zanthoxylum bungeanum* Maxim.（图7-138）

[识别要点] 树皮上有许多瘤状突起，枝具宽扁而尖锐的皮刺。奇数羽状复叶，小叶5～11，卵形至卵状椭圆形，先端尖，基部近圆形或广楔形，锯齿细钝，齿缝处有透明油腺点，叶轴具窄翅。顶生聚伞状圆锥花序，花单性或杂性同株，子房无柄。

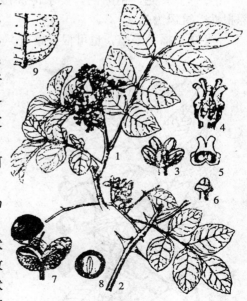

图7-138 花 椒
1. 雌花枝　2. 果枝　3. 雄花　4. 雌花　5. 雌蕊
纵剖面　6. 退化雌蕊　7. 果　8. 种子横剖面
9. 小叶背面

果球形，红色或紫红色，密生油腺点。花期4～5月；果7～9月成熟。

[分布] 原产于我国中北部。以河北、河南、山西、山东栽培最多。

[习性] 不耐严寒，喜较温暖气候，对土壤要求不严。生长慢，寿命长。

[繁殖] 播种或分株繁殖。

[用途] 园林绿化中可作绿篱。果是香料，可结合生产进行栽培。

（二）黄檗属 Phellodendron Rupr.

落叶乔木。顶芽缺，侧芽为柄下芽。奇数羽状复叶对生，叶缘有油腺点。花雌雄异株，聚伞或伞房状圆锥花序顶生；萼片、花瓣、雄蕊各5；雌花有退化雄蕊，心皮5，合生，每室1胚珠，柱头5裂。核果，具5核，种子各1。

1. 黄檗（黄波罗、黄柏）Phellodendron amurense Rupr. （图7-139）

[识别要点] 树高达22m。树皮木栓层发达，深纵裂，富弹性，内皮鲜黄色。小枝无毛。小叶卵状披针形，先端尾尖，基部偏斜，锯齿细钝，下面中脉基部有长绒毛。花黄绿色。果球形，熟时紫黑色。花期5～6月；果期10月。

[分布] 产于东北大兴安岭、长白山及华北北部。

[习性] 喜光，稍耐阴，要求冷凉湿润气候及深厚肥沃土壤，耐寒力强。深根性，抗风力强。

[繁殖] 播种繁殖，也可根蘖繁殖。

图7-139 黄 檗
1. 果枝 2. 雄花 3. 雌花 4. 雌蕊 5. 雄蕊

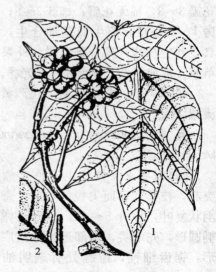

图7-140 黄皮树
1. 果枝 2. 叶（示毛）

〔用途〕树冠整齐，生长旺盛，是理想的绿荫树及行道树。与核桃楸、水曲柳等组成混交林，是东北三大阔叶用材树之一。内皮入药，药名"黄柏"。

2. 黄皮树（川黄檗）*Phellodendron chinense* Schneid.（图 7-140）

〔识别要点〕树高达 20m。树皮灰棕色，薄而开裂，木栓层不发达，内皮黄色，有黏性。小叶长椭圆状披针形至长椭圆状卵形，先端尾尖，基部偏斜，上面中脉密被短毛，下面密被长绒毛，叶轴有密毛。果球形，黑色，果序密集成团。

〔分布〕主产四川、云南、湖北、湖南、陕西、甘肃。

〔习性〕喜光，适应温凉气候，对土壤适应性广。

〔用途〕可作庭荫树及行道树。

（三）枸橘属（枳属）*Poncirus* Raf.
仅1种，我国特产。

枸橘（枳）*Poncirus trifoliata*（L.）Raf.（图 7-141）

〔识别要点〕落叶灌木或小乔木。枝绿色，扁而有棱，枝刺粗长而略扁。3出复叶，叶轴有翅；小叶无柄，有波状浅齿；顶生小叶大，倒卵形，叶基楔形；侧生小叶较小，基稍歪斜。花两性，白色，先花后叶，萼片、花瓣各5，雄蕊8～10，子房6～8室。柑果球形，径3～5cm，密被短柔毛，黄绿色。花期4月，果熟期10月。

〔分布〕原产华中。现河北、山东、山西以南都有栽培。

〔习性〕喜光，喜温暖湿润气候，耐寒，能耐 -20～-28℃ 低温，喜微酸性土壤。生长速度中等，萌枝力强，耐修剪。

〔繁殖〕播种或扦插繁殖。

〔用途〕枝条绿色多刺，春季

图 7-141　枸　橘
1. 花枝　2. 果枝　3. 去花瓣的花
（示雌、雄蕊）　4. 种子

叶前开花，秋季黄果累累，是观花观果的好树种，可作为绿篱或刺篱栽培，也可作为造景树及盆景材料。盆栽者常控制在春节前后果实成熟，供室内摆设。

是柑橘优良砧木。

（四）柑橘属 Citrus L.

常绿小乔木或灌木，常具枝刺。单身复叶，互生，革质，叶柄常有翼。花两性，单生、簇生、聚伞或圆锥花序；花白色或淡红色，常为 5 数；雄蕊多数，束生；子房无毛，8～15 室，每室 4～12 胚珠。柑果较大，无毛或有毛。

约 20 种，产于东南亚；我国 10 种，产于长江流域以南至东南部，北方盆栽。

1. 柚 Citrus grandis (L.) Osbeck.（图 7 - 142）

〔识别要点〕小乔木。小枝扁，有毛，有刺。叶卵状椭圆形，叶缘有钝齿，叶柄具宽大倒心形的翼。花两性，白色，单生或簇生叶腋。果球形、扁球形或梨形，径 15～25cm，果皮平滑，淡黄色。3～4 月开花；9～10 月果熟。

〔用途〕常绿香花观果树种，观赏价值较高，在江南园林庭园常见栽培。近年来常作为盆栽观果的年花。

2. 甜橙（广柑）Citrus sinensis (L.) Osbeck.（图 7 - 143）

图 7 - 142　柚
1. 花枝　2. 果

图 7 - 143　甜橙
1. 枝　2. 果

〔识别要点〕小乔木。小枝无毛，枝刺短或无。叶椭圆形至卵形，全缘或有不显著钝齿；叶柄具狭翼，柄端有关节。花白色，1 至数朵簇生叶腋。果近球形，橙黄色，果皮不易剥离，果瓣 10，果心充实。花期 5 月；果期 11 月至翌年 2 月。

　　[用途] 树姿挺立，枝叶稠密，终年碧绿，开花多次，花朵洁白，芳香，果实鲜艳可食，是园林结合生产的优良果树。

3. 柑橘 *Citrus reticulata* Blanco

　　[识别要点] 小乔木或灌木。小枝较细，无毛，有刺。叶长卵状披针形，叶端渐尖，叶基楔形，全缘或有细锯齿，叶柄近无翼。花黄白色，单生或簇生叶腋。果扁球形，橙黄或橙红色；果皮薄，易剥离。春季开花；10～12 月果熟。

　　[习性] 喜温暖湿润气候，耐寒性较强，宜排水良好、含有机质不多的赤色黏质壤土。

　　[用途]"一年好景君须记，正是橙黄橘绿时"。柑橘四季常青，枝叶茂密，树姿整齐，春季满树白花，芳香宜人，秋季黄果累累。除作果树栽培外，可用于庭院、园林绿地及风景区。

（五）金橘属 *Fortunella* Swingle

　　灌木或小乔木。枝圆形，无或少有枝刺。单叶，叶柄有狭翼。花瓣 5，罕 4 或 6，雄蕊 18～20 或呈不规则束。果实小，肉瓢 3～6，罕为 7。

　　约 4 种，我国原产，分布于浙江、福建、广东等地。

金橘（金柑、牛奶橘）*Fortunella margarita* Swingle（图 7 - 144）

　　[识别要点] 常绿灌木。树冠半圆形。枝细密，通常无刺，嫩枝有棱角。叶互生，披针形至长圆形，叶柄有狭翼。花白色，芳香，单生或 2～3 朵集生于叶腋。柑果椭圆形或倒卵形，长约 3cm，金黄色，果皮厚，有香气，果肉多汁而微酸。花期 6～8 月；果熟期 11～12 月。

　　[习性] 喜光，较耐阴，喜温暖湿润气候，要求 pH6～6.5、富含有机质的沙壤土。

　　[用途] 重要的园林观赏花木和盆景材料。盆栽者常控制在春节前后果实成熟，供室内摆设。

二十五、苦木科 Simarubaceae

　　乔木或灌木。树皮味苦。羽状复叶互生，稀单叶。花单性或杂性，花小，整齐，圆锥或总状花序；萼 3～5

图 7 - 144　金　橘
1. 果枝　2. 果横切面

裂；花瓣 5～6，稀无花瓣；雄蕊与花瓣同数或为其 2 倍；子房上位，心皮 2～5 离生或合生，胚珠 1。核果、蒴果或翅果。

共 30 属约 200 种；我国有 5 属 11 种。

臭椿属 _Ailanthus_ Desf.

落叶乔木。奇数羽状复叶互生，小叶全缘，基部常有 1～4 对腺齿。顶生圆锥花序，花杂性或单性异株；花萼、花瓣各 5；雄蕊 10，花盘 10 裂；子房 2～6 深裂，结果时分离成 1～5 个长椭圆形翅果。种子居中。

10 种，产温带至亚热带；我国 5 种。

臭椿（樗）_Ailanthus altissima_ Swingle（图 7-145）

［识别要点］高达 30m，胸径 1m。树冠开阔。树皮灰色，粗糙不裂。小枝粗壮，无顶芽。叶痕大，奇数羽状复叶；小叶 13～25，卵状披针形，先端渐长尖，基部具腺齿 1～2 对，中上部全缘，下面稍有白粉，无毛或仅沿中脉有毛。花杂性，黄绿色。翅果淡褐色，纺锤形。花期 4～5 月；果熟期 9～10 月。

① 红叶椿（'Hongyechun'）：叶常年红色，炎热夏季红色变淡，观赏价值极高。

② 红果椿（'Hongguochun'）：果实红色。

③ 千头椿（'Qiantouchun'）：树冠圆球形，分枝密而多，腺齿不明显。

［分布］原产我国华南、西南、东北南部各地，现华北、西北分布最多。

［习性］喜光，适应干冷气候，能耐 -35℃ 低温。对土壤适应性强，耐干

图 7-145　臭　椿
1. 果枝　2. 花枝　3. 两性花　4. 雄花
5. 翅果　6. 种子　7、8. 花图式

瘠，是石灰岩山地常见树种。可耐含盐量 0.6% 的盐碱土，不耐积水，耐烟尘，抗有毒气体。深根性，根蘖性强，生长快，寿命可达 200 年。

［繁殖］播种繁殖，也可分蘖及根插繁殖。

［用途］树干通直高大，树冠开阔，叶大荫浓，新春嫩叶红色，秋季翅果红黄相间，是优良的庭荫树、行道树、公路树。适应性强，适于荒山造林和盐碱地绿化，更适于污染严重的工矿区、街头绿化。华北山地及平原防护林的重

要速生用材树种。也颇受国外欢迎，许多国家用作行道树，誉称天堂树。值得推广。

二十六、楝科 Meliaceae

乔木或灌木，稀草本。羽状复叶，稀单叶，互生，稀对生，无托叶。花两性，整齐，圆锥或聚伞花序，顶生或腋生；萼4～5裂，花瓣4～5（3～7），分离或基部连合；雄蕊4～12，花丝合生为筒状，内生花盘；子房上位，常2～5室，胚珠2。蒴果、核果或浆果，种子有翅或无翅。

约50属1 400种；我国15属约59种，另引入3属3种，主产长江以南。

（一）楝属 Melia Linn.

落叶或常绿乔木。皮孔明显。2～3回奇数羽状复叶，互生，小叶有锯齿或缺齿，稀近全缘。花两性，较大，淡紫色或白色，圆锥花序腋生；萼5～6裂；花瓣5～6，离生；雄蕊10～12，花丝连合呈筒状，顶端有10～12齿裂；子房3～6室。核果。

约20种；我国3种，产东南至西南部。

1. 楝树（苦楝）Melia azeda-rach Linn.（图7-146）

[识别要点]落叶乔木，高达30m，胸径1m。树冠宽阔。小叶卵形、卵状椭圆形，先端渐尖，基部楔形，锯齿粗钝。圆锥花序，花芳香，淡紫色。核果球形，熟时黄色，经冬不落。花期4～5月；果熟期10～11月。

[分布]山西、河南、河北南部、山东、陕西、甘肃南部、长江流域及以南各地。

[习性]喜光，喜温暖气候，不耐寒。对土壤要求不严，耐轻度盐碱。稍耐干瘠，较耐湿。耐烟尘，对二氧化硫抗性强。浅根性，侧根发达，主根不明显。萌芽力强，生长快，但寿命短。

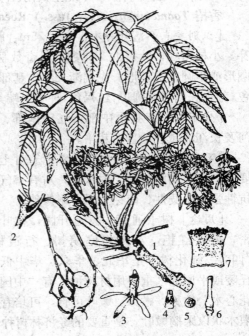

图7-146　楝　树
1. 花枝　2. 果序分枝　3. 花　4. 子房纵切面
5. 果实横切面　6. 雌蕊　7. 开展的雄蕊管

［繁殖］播种繁殖，也可分蘖繁殖。

［用途］树形优美，叶形秀丽，春夏之交开淡紫色花朵，颇为美丽，且有淡香，是优良的庭荫树、行道树。耐烟尘、抗二氧化硫，因此也是良好的城市及工矿区绿化树种，是江南地区"四旁"绿化常用树种，也是黄河以南低山平原地区速生用材树种。

2. 川楝 *Melia toosendan* Sieb. et Zucc.

与楝树的区别为：小叶全缘，稀疏锯齿。果较大，长约 3cm。

［分布］产湖北及西南，各地有栽培。

［习性］极喜光，速生。

其他与楝树相似。

（二）香椿属 *Toona* Roem.

落叶或常绿乔木。偶数或奇数羽状复叶，互生，小叶全缘或有不明显的粗齿。花两性，圆锥花序，白色，5 基数，花丝分离，子房 5 室，每室胚珠 8～12。蒴果木质或革质，5 裂。种子多数，上部有翅。

15 种；我国 4 种，产华北至西南。

香椿 *Toona sinensis* (A. Juss.) Roem. （图 7-147）

［识别要点］落叶乔木，高达 25m，胸径 1m。树皮暗褐色，浅纵裂。有顶芽，小枝粗壮，叶痕大。偶数、稀奇数羽状复叶，有香气；小叶 10～20，矩圆形或矩圆状披针形，先端渐长尖，基部偏斜，有锯齿。圆锥花序顶生，花白色，芳香。蒴果椭圆形，红褐色，种子上端具翅。花期 6 月；果熟期 10～11 月。

［分布］原产我国中部，辽宁南部、黄河及长江流域各地普遍栽培。

［习性］喜光，有一定耐寒性。对土壤要求不严，稍耐盐碱，耐水湿，对有害气体抗性强。萌蘖性、萌芽力强，耐修剪。

［用途］树干通直，树冠开阔，枝叶浓密，嫩叶红艳，常用作庭荫树、行道树、"四旁"绿化树。是华北、华东、华中低山丘陵或平原地区重要用材树种，有"中国桃花心木"之称。嫩芽、嫩叶可食，可培育成灌木状以采摘嫩叶。是重要的经济林树种。

（三）米兰属 *Aglaia* Lour.

乔木或灌木，各部常被鳞片。羽状复叶或 3 出复叶，互生；小叶全缘，对生。圆锥

图 7-147 香 椿
1. 花枝 2. 果序

花序，花小，杂性异株；萼裂片4～5；雄蕊5，花丝合生为坛状；子房1～3(5)室，每室1～2胚珠。浆果，内具种子1～2，常具肉质假种皮。

约300种；我国10种，主要分布在华南。

米兰（米仔兰）*Aglaia odorata* Lour.

（图7-148）

[识别要点] 常绿灌木或小乔木，高2～7m,树冠圆球形。多分枝，小枝顶端被星状锈色鳞片。羽状复叶，小叶3～5，倒卵形至椭圆形，叶轴与小叶柄具狭翅。圆锥花序腋生，花小而密，黄色，径2～3mm，极香。浆果卵形或近球形。花期自夏至秋。

[分布] 广东、广西、福建、四川、台湾等地。

[习性] 喜光，略耐阴，喜温暖湿润气候，不耐寒，不耐旱，喜深厚肥沃土壤。

[繁殖] 嫩枝扦插、高压等方法繁殖。

[用途] 枝繁叶茂，姿态秀丽，四季常青，花香似兰，花期长，是南方优秀的庭院观赏闻味树种。可植于庭前，或盆栽置于室内。

图7-148 米兰
1. 花枝 2. 花 3. 雄蕊管

二十七、大戟科 Euphorbiaceae

草本或木本，多具乳汁。单叶或3出复叶，互生，稀对生，具托叶。花单性，同株或异株，聚伞、伞房、总状或圆锥花序；单被花，无花被，稀双被花；花盘常存在或退化为腺体；雄蕊1至多数；子房上位，常3心皮合成3室，每室胚珠1～2，中轴胎座。蒴果，少数为浆果或核果。

约300属5 000余种；我国引入72属450余种，主产长江流域以南。

分 属 检 索 表

1. 3出复叶
  2. 小叶全缘，蒴果 ································· （一）橡胶树属 *Hevea*
  2. 小叶有锯齿，浆果 ································ （二）重阳木属 *Bischofia*
1. 单叶
  3. 核果，有花瓣及萼片，掌状脉 ············· （三）油桐属 *Aleurites*
  3. 蒴果，羽状脉
    4. 有花瓣，花序腋生 ······················ （四）变叶木属 *Codiaeum*

4. 无花瓣

  5. 全体无毛，叶全缘，雄蕊 2～3，叶柄顶端有腺体 2 个 …… （五）乌桕属 *Sapium*

  5. 全体有毛，叶常有粗齿，雄蕊 6～8，叶片基部有腺体 2 或更多 ………………
……………………………………………………（六）山麻杆属 *Alchornea*

（一）橡胶树属 *Hevea* Aublet

常绿乔木。多乳汁。掌状 3 出复叶，互生，小叶全缘，叶柄顶端有腺体。花单性，雌雄同序；圆锥状聚伞花序，花序中央为雌花，其他为雄花；萼 5 裂；无花瓣；雄蕊 5～10，花丝连合成筒状；子房 3 室，每室 1 胚珠。蒴果 3 裂；种子大型。

约 20 种，产于热带美洲；我国华南、西南引栽 1 种。

橡胶树（三叶橡胶树、巴西橡胶树）
Hevea brasiliensis Muell. - Arg. （图 7 - 149）

[识别要点] 树高达 30m，具白色乳汁。小叶片椭圆形或椭圆状倒披针形，长 10～30cm，无毛，小叶柄长 6～15mm，总叶柄长 5～14cm。花序腋生，密被白色绒毛；雄蕊 10，排成 2 轮。果近球形，径约 5cm；种子大，黄褐色。花期 4～7 月；果期 8～11 月。

[分布] 原产于巴西亚马孙河流域热带雨林中；我国广东、广西、云南及台湾均有栽培。

[习性] 喜湿热气候，不耐寒，5℃以下即受冻害。喜深厚、肥沃、湿润、排水良好的酸性沙壤土。

图 7 - 149 橡胶树
1. 花枝 2. 果枝 3. 雄花 4. 雄蕊
5. 雌蕊 6. 种子

[用途] 国防及民用工业的重要原料，供制轮胎、绝缘材料、胶鞋、雨衣等。

（二）重阳木属（秋枫属）*Bischofia* Bl.

乔木。有乳汁。顶芽缺。羽状 3 出复叶，互生，叶缘具锯齿。花单性，雌雄异株；总状或圆锥花序，腋生；萼片 5；无花瓣；雄蕊 5，与萼片对生；子房 3 室，每室胚珠 2。浆果球形。

共 2 种，产大洋洲及亚洲热带、亚热带；我国均产。

1. 秋枫 _Bischofia javanica_ Bl.（图 7-150）

［识别要点］常绿乔木，高达 40m。枝、叶无毛。小叶片卵形或长椭圆形，长 7～15cm，厚纸质，锯齿粗钝。圆锥花序，雌花具 3～4 花柱。果径 8～15mm，熟时蓝黑色。花期 4～5 月；果期 8～10 月。

［分布］产于浙江、福建、台湾、湖南、湖北、广东、广西、贵州、云南。

［习性］喜光，耐湿。

2. 重阳木（朱树）_Bischofia poly-carpa_（Levl.）Airy-Shaw.（图 7-151）

［识别要点］落叶乔木，高可达 15m。树皮褐色，纵裂。树冠伞形。小叶片卵形至椭圆状卵形，长 5～11cm，基部圆形或近心形，缘具细锯齿。总状花序，雌花具 2（3）花柱。果较小，径 0.5～0.7cm，熟时红褐色至蓝黑色。花期 4～5 月；果期 8～10 月。

［分布］产于秦岭、淮河流域以南至广东、广西北部。长江流域中下游地区习见树种。山东、河南有栽培。

［习性］喜光，稍耐阴，喜温暖气候，耐水湿，对土壤要求不严。根系发达，抗风力强。

［用途］树姿优美，绿荫如盖，秋日红叶，可形成层林的秋景。宜作庭荫树和行道树，亦可点缀于湖边、池旁。对二氧化硫有一定抗性，可用于工矿区、街道绿化。

（三）油桐属 _Aleurites_ Forst.

乔木。有乳汁。顶芽发达，托叶包被芽体。单叶，互生，全缘或 3～5 裂，

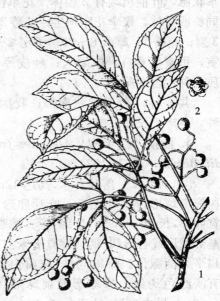

图 7-150　秋　枫
1. 果枝　2. 花

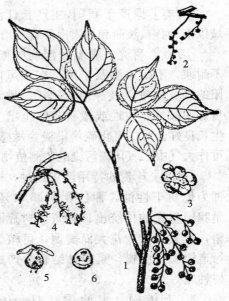

图 7-151　重阳木
1. 果枝　2. 雄花枝　3. 雄花　4. 雌花枝
5. 雌花　6. 子房横剖面

掌状脉，叶柄顶端有 2 腺体。花单性，同株或异株，聚伞花序顶生；花萼 2～3 裂；花瓣 5；雄蕊 8～20；子房 2～5 室，每室胚珠 1。核果大；种皮厚木质，种仁含油质。

　　共 3 种，产于亚洲南部；我国 2 种，主产于长江以南。

1. 油桐（三年桐）*Aleurites fordii* Hemsl.（图 7 - 152）

　　［识别要点］落叶乔木，高达 12m。树冠扁球形，枝、叶无毛。叶片卵形至宽卵形，长 10～20cm，全缘，稀 3 浅裂，基部截形或心形，叶柄顶端具 2 紫红色扁平无柄腺体。雌雄同株，花瓣白色，有淡红色斑纹。果球形或扁球形，径 4～6cm，果皮平滑；种子 3～5 粒。花期 3～4 月；果期 10 月。

　　［分布］原产于我国，主产长江流域以南。河南、陕西和甘肃南部有栽培。

　　［习性］喜光，喜温暖湿润气候，不耐寒，不耐水湿及干瘠，在背风向阳的缓坡地带以及深厚、肥沃、排水良好的酸性、中性或微石灰性土壤上生长良好。对二氧化硫污染极为敏感，可作大气中二氧化硫污染的监测植物。

　　［用途］珍贵的特用经济树种，桐油为优质干性油，种仁含油量 51%，是我国重要的传统出口物资。树冠圆整，叶大荫浓；花大而美丽，可植为行道树和庭荫树，是园林结合生产的树种之一。

2. 千年桐（木油桐）*Aleurites montana*（Lour.）Wils.（图 7 - 153）

　　与油桐的主要区别为：叶全缘或

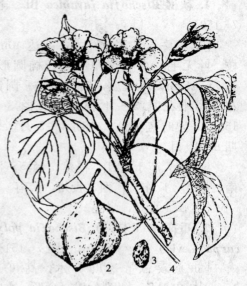

图 7 - 152　油桐
1. 花枝　2. 果　3. 种子　4. 叶

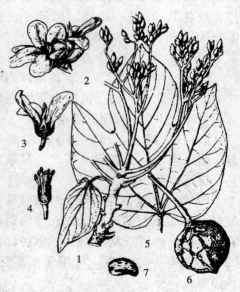

图 7 - 153　千年桐
1. 花枝　2. 花序一部分　3. 雌花纵剖示雌蕊
4. 雄花除去花被示雄蕊　5. 叶　6. 果　7. 种子

3～5 中裂，在裂缺底部常有腺体，叶基具 2 枚有柄腺体。花雌雄异株，果皮有皱纹。

［分布］产于我国东南至西南部。

［习性］耐寒性比油桐差，抗病性强，生长快，寿命比油桐长。

（四）变叶木属 Codiaeum A. Juss.

共 15 种，产于马来西亚至澳大利亚北部；我国引入 1 种。

变叶木 Codiaeum variegatum (L.) Bl. （图 7 - 154）

［识别要点］常绿灌木或乔木。幼枝灰褐色，有大而平的圆形叶痕。叶互生，叶形多变，披针形为基本形，长 8～30cm，宽 0.5～4cm，不分裂或叶片中断成上下两片，质厚，绿色或杂以白色、黄色或红色斑纹。花单性同株，腋生总状花序；雄花花萼 5 裂，花瓣 5，雄蕊约 30 枚，花盘腺体 5 枚，无退化雌蕊；雌花花萼 5 裂，无花瓣；花盘杯状；子房 3 室，每室 1 胚珠；花柱 3。蒴果球形，径约 7mm，白色。

［分布］原产于马来西亚岛屿，我国南方均有引栽。

图 7 - 154　变叶木

［用途］叶形多变，美丽奇特，绿、黄红、青铜、褐、橙黄等油画般斑斓的色彩十分美丽，是一种珍贵的热带观叶树种。作庭园观赏、花坛、丛植、盆栽均宜。

（五）乌桕属 Sapium P. Br.

乔木或灌木。有乳汁。无顶芽。全体多无毛。单叶互生，全缘，羽状脉，叶柄顶端有 2 腺体。花雌雄同株或同序，圆锥状聚伞花序顶生；雄花极多，生于花序上部；雌花 1 至数朵，生于花序下部；花萼 2～3 裂；雄蕊 2～3 枚；无花瓣和花盘；子房 3 室，每室 1 胚珠。蒴果，3 裂。

约 120 种，主产热带；我国约 10 种。

1. 乌桕(蜡子树)Sapium sebiferum (L.) Roxb. （图 7 - 155）

［识别要点］落叶乔木，高达 15m。树冠近球形，树皮暗灰色，浅纵裂。小枝纤细。叶菱形至菱状卵形，长 5～9cm，先端尾尖，基部宽楔形，叶柄顶端有 2 腺体。花序穗状，长 6～12cm，花黄绿色。蒴果 3 棱状球形，径约 1.5cm，熟时黑色，果皮 3 裂，脱落；种子黑色；外被白蜡，固着于中轴上，经冬不落。花期 5～7 月；果期 10～11 月。

[分布] 原产于我国，分布甚广，广东、云南、四川，北至山东、河南、陕西均有。

[习性] 喜光，喜温暖气候，较耐旱。对土壤要求不严，在排水不良的低洼地和间断性水淹的江河堤塘两岸都能良好生长，对酸性土和含盐量达 0.25% 的土壤也能适应。对二氧化硫及氯化氢抗性强。

[繁殖] 播种繁殖为主，优良品种也可嫁接繁殖。

[用途] 叶形秀美，秋日红艳，绚丽诱人。在园林中可孤植、散植于池畔、河边、草坪中央或边缘；列植于堤岸、路旁作护堤树、行道树；混生于风景林中，秋日红绿相间，尤为壮观。冬天柏子挂满枝头，经冬不落，古人有"喜看柏树梢头白，疑是红梅小着花"的诗句。也是重要的工业用木本油料树种，根、皮和乳液可入药。

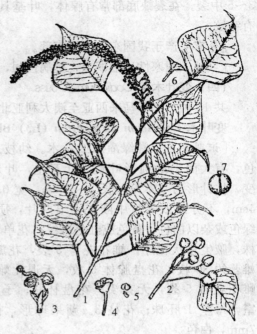

图 7-155 乌　柏
1. 花枝　2. 果枝　3. 雌花　4. 雄花　5. 雄蕊
6. 叶基部及叶柄（示腺体）　7. 种子

2. 山乌柏（红叶乌柏） *Sapium discolor* Muell · Arg.

[识别要点] 落叶小乔木，高 6～12m。叶片椭圆状卵形，长 3～10cm，下面粉绿色。叶柄长 2～7.5cm。果球形；种子近球形，黑色，外被蜡层。花期 4～12 月。

[分布] 浙江、福建、江西、台湾、广东、广西、贵州、云南。

[习性] 喜光，喜温暖湿润气候和深厚肥沃土壤，不耐寒，适应性较强。

[用途] 秋叶红艳，适作风景树。

（六）山麻杆属 *Alchornea* Sw.

乔木或灌木。植物体常有细柔毛。单叶互生，全缘或有齿，基部有 2 或更多腺体。花单性同株或异株，无花瓣和花盘，总状、穗状或圆锥花序；雄花萼 2～4 裂，雄蕊 6～8 或更多；雌花萼 3～6 裂，子房 2～4 室，每室 1 胚珠。蒴果分裂成 2～3 个果瓣，中轴宿存；种子球形。

共约 70 种，主产于热带地区；我国 6 种。

山麻杆 *Alchornea davidii* **Franch.**（图7-156）

［识别要点］落叶丛生直立灌木，高1～2m。幼枝有绒毛，老枝光滑。叶宽卵形至圆形，长7～17cm；上面绿色，有短毛疏生；下面带紫色，密生绒毛；叶缘有粗齿，3出脉。新生嫩叶及新枝均为紫红色。花雌雄同株；雄花密生成短穗状花序，萼4裂，雄蕊8；雌花疏生成总状花序，位于雄花序下面，萼4裂，子房3室，花柱3。蒴果扁球形，密生短柔毛。种子球形。花期4～6月；果期7～8月。

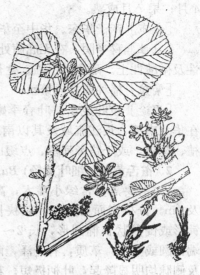

图7-156　山麻杆

［分布］长江流域、西南及河南、陕西等地，山东济南、青岛有栽培。

［习性］喜光，稍耐阴，喜温暖湿润气候，抗寒力较强，对土壤要求不严。萌蘖力强。

［繁殖］播种繁殖，也可分蘖或根插繁殖。

［用途］春季嫩叶及新枝均紫红色，浓染胭红，艳丽醒目，是园林中重要的春日观叶树种。

二十八、黄杨科 Buxaceae

常绿灌木或小乔木。单叶，对生或互生，无托叶。花单性，整齐，萼片4～12或无，无花瓣；雄蕊4或更多；子房上位，常3室，每室1～2胚珠。蒴果或核果，种子具胚乳。

共6属约100种，分布于温带和亚热带；中国产3属40余种。

黄杨属 *Buxus* L.

常绿灌木或小乔木，多分枝。单叶对生，羽状脉，全缘，革质，有光泽。花单性同株，无花瓣，簇生叶腋或枝端，通常花簇中顶生1雌花，其余为雄花；雄花萼片、雄蕊各4；雌花萼片4～6，子房3室，花柱3，粗而短。蒴果，花柱宿存，室背开裂成3瓣，每室含2黑色光亮种子。

共约30种；我国约有12种。

1. 黄杨 *Buxus sinica* （**Rehd. et Wils.**）**Cheng**

［识别要点］常绿灌木或小乔木，高达7m。枝叶较疏散，小枝及冬芽外鳞均有短柔毛。叶倒卵形、倒卵状椭圆形至广卵形，长2～3.5cm，先端圆或微

凹，基部楔形，叶柄及叶背中脉基部有毛。花簇生叶腋或枝端，黄绿色。花期4月；果7月成熟。

[分布] 产于华东、华中至华北。

[习性] 喜半阴，在无庇荫处生长叶常发黄。喜温暖湿润气候及肥沃的中性及微酸性土。耐寒性不强。生长缓慢，耐修剪。对多种有毒气体抗性强。

[繁殖] 播种或扦插繁殖。

[用途] 枝叶茂密，叶春季嫩绿，夏季深绿，冬季带红褐色，经冬不落。在华北南部、长江流域及其以南地区广泛植于庭园观赏。宜在草坪、庭前孤植、丛植，或于路旁列植、点缀山石，常用作绿篱及基础种植材料。

2. 雀舌黄杨（细叶黄杨）*Buxus bodinieri* Lévl. （图 7-157）

[识别要点] 常绿小灌木，高通常不及 1m。分枝多而密集。叶较狭长，倒披针形或倒卵状长椭圆形，长 2～4cm，先端钝圆或微凹，革质，有光泽，两面中肋及侧脉均明显隆起，叶柄极短。花小，黄绿色，呈密集短穗状花序，其顶部生一雌花，其余为雄花。蒴果卵圆形，顶端具3宿存的角状花柱，熟时紫黄色。花期4月；果7月成熟。

[分布] 产于长江流域至华南、西南地区。

[习性] 喜光，亦耐阴，喜温暖湿润气候，耐寒性不强。浅根性，萌蘖力强，生长极慢。

[用途] 植株低矮，枝叶茂密，且耐修剪，是优良的矮绿篱材料，最适宜布置模纹图案及花坛边缘。也可点缀草地、山石，或与落叶花木配置。可盆栽，或制成盆景观赏。

图 7-157　雀舌黄杨
1. 花枝　2. 叶背面　3. 蒴果

二十九、漆树科 Anacardiaceae

乔木或灌木。树皮常含乳汁。叶互生，多为羽状复叶，稀单叶，无托叶。花小，单性异株、杂性同株或两性，整齐，常为圆锥花序；萼3～5深裂；花瓣常与萼片同数，稀无花瓣；雄蕊5～10或更多；子房上位，1室，稀2～6室，每室1倒生胚珠。核果或坚果。

约60属500余种，主产于北半球温带；我国约16属54种。

分属检索表

1. 羽状复叶
　2. 无花瓣，常为偶数羽状复叶，雌雄异株 ……………………（一）黄连木属 *Pistacia*
　2. 有花瓣，奇数羽状复叶，花杂性
　　3. 植物体有乳液；核果小，径不及7mm，无小孔；心皮3，子房1室
　　　4. 顶芽发达，非柄下芽；果黄色 ……………（二）漆树属 *Toxicodendron*
　　　4. 无顶芽，侧芽柄下芽；果红色 …………………（三）盐肤木属 *Rhus*
　　3. 植物体无乳液；核果大，径约1.5cm，上部有5小孔；子房5室
　　　………………………………………（四）南酸枣属 *Cheorospondias*
1. 单叶，全缘
　5. 落叶，叶倒卵形至卵形；果序上有多数不育花的花梗；核果长3～4mm …………
　　………………………………………………………（五）黄栌属 *Cotinus*
　5. 常绿，叶长椭圆形至披针形；果序上无不育花的花梗；核果长6～20cm
　　………………………………………………………（六）杧果属 *Mangifera*

（一）黄连木属 *Pistacia* L.

乔木或灌木。顶芽发达。偶数羽状复叶，稀3小叶或单叶，互生；小叶对生，全缘。花单性异株，圆锥或总状花序，腋生；无花瓣；雄蕊3～5；子房1室，花柱3裂。核果近球形；种子扁。

共20种；我国2种，引入栽培1种。

黄连木 *Pistacia chinensis* Bunge （图7-158）

［识别要点］落叶乔木，树冠近圆球形。树皮薄片状剥落。通常为偶数羽状复叶，小叶10～14，披针形或卵状披针形，先端渐尖，基部偏斜，全缘，有特殊气味。雌雄异株，圆锥花序。核果，初为黄白色，后变红色至蓝紫色。花期3～4月，先叶开放；果熟期9～11月。

［分布］黄河流域及华南、西南

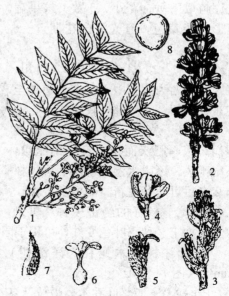

图7-158 黄连木
1. 果枝 2. 雄花序 3. 雌花序 4. 雄花
5. 雌花 6. 子房 7. 苞片 8. 种子

均有分布。泰山有栽培。

[习性] 喜光，喜温暖，耐干瘠，对土壤要求不严，以肥沃、湿润而排水良好的石灰岩山地生长最好。生长慢，抗风性强，萌芽力强。

[用途] 树冠浑圆，枝叶茂密而秀丽，早春红色嫩梢和雌花序可赏，秋季叶片变红色可赏，是良好的秋色叶树种，可片植、混植。

（二）漆树属 *Toxicodendron*（Tourn.）Mill.

落叶乔木或灌木。体内含有乳汁。顶芽发达。奇数羽状复叶或3出复叶，小叶对生。花单性异株，圆锥花序腋生；花各部为5基数；子房上位，3心皮，1室。核果熟时淡黄色，外果皮分离，中果皮与内果皮合生。

20余种；我国15种，主产长江以南。

1. 漆树 *Toxicodendron verniciflua* Stokes（图7-159）

[识别要点] 落叶乔木。幼树树皮光滑，灰白色；老树树皮浅纵裂。有白色乳汁。奇数羽状复叶，小叶7～15，卵形至卵状披针形；小叶长7～15cm，宽3～7cm，侧脉8～16对，全缘，背面脉上有毛。腋生圆锥花序疏散下垂；花小，5数。核果扁肾形，淡黄色，有光泽。花期5～6月；果熟期10月。

[分布] 以湖北、湖南、四川、贵州、陕西为分布中心。东北南部至广东、广西、云南都有栽培。

[习性] 喜光，不耐阴，喜温暖湿润、深厚肥沃而排水良好的土壤，不耐干风，不耐水湿。萌芽力强，树木衰老后可萌芽更新。侧根发达。

[用途] 较好的经济树种，可割取乳液加工。秋季叶色变红，可用于园林栽培观赏。

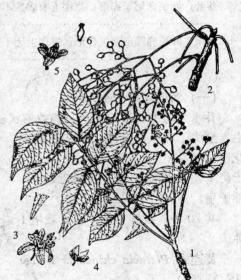

图7-159　漆　树
1. 雄花枝　2. 果枝　3. 雄花　4. 花萼
5. 雌花　6. 雌蕊

2. 野漆树（木蜡树、洋漆树）*Toxicodendron succedaneum*（L.）O. Kuntze（图7-160）

[识别要点] 落叶乔木，嫩枝及冬芽具棕黄色短柔毛。小叶卵状长椭圆形至卵状披针形，长4～10cm，宽2～3cm，侧脉16～25对，全缘，表面有毛，背面密生黄色短柔毛。腋生圆锥花序，密生棕黄色柔毛，花小，杂性，黄色。

核果扁圆形，光滑无毛。花期5～6月；果熟期9～10月。

〔分布〕原产于长江中下游。

〔习性〕喜光，喜温暖，不耐寒。耐干瘠，忌水湿。

〔用途〕园林及风景区种植的良好秋色叶树种。

3. 木蜡树（野漆树、野毛漆）
Toxicodendron sylvestre (Sieb. et Zucc.) O. Kuntze（图7-161）

与野漆树的主要区别为：小叶侧脉较多（18～25对），上面被短柔毛或近无毛，下面密被黄色短柔毛。嫩枝、花序及小叶柄被毛。分布于华东、华中地区。

其他同漆树。

图7-160　野漆树
1. 果枝　2. 雄花　3. 两性花
4. 去花被（示花盘）

图7-161　木蜡树
1. 果枝　2. 雄花　3. 雌花

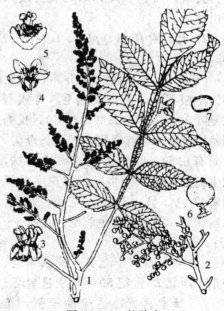

图7-162　盐肤木
1. 花枝　2. 果枝　3. 雄花　4. 两性花
5. 雄蕊及雌蕊　6. 果　7. 果核

（三）盐肤木属 *Rhus* L.

乔木或灌木，体内有乳液。顶芽缺，柄下芽。叶互生，奇数羽状复叶或3出复叶。花杂性异株或同株，圆锥花序顶生；花各部5基数；子房上位，3心皮，1室，1胚珠，花柱3。核果小，果肉蜡质；种子扁球形。

共250种，分布于亚热带和北温带；我国6种，引入1种。

1. 盐肤木 *Rhus chinensis* Mill. （图7-162）

[识别要点] 落叶小乔木，高8～10m。枝开展，树冠圆球形。小枝有毛，柄下芽。奇数羽状复叶，叶轴有狭翅；小叶7～13，卵状椭圆形，边缘有粗钝锯齿，背面密被灰褐色柔毛，近无柄。圆锥花序顶生，密生柔毛；花小，5数，乳白色。核果扁球形，橘红色，密被毛。花期7～8月；果10～11月成熟。

[分布] 我国大部分地区有分布，北起辽宁，西至四川、甘肃，南至海南。

[习性] 喜光，喜温暖湿润气候，也耐寒冷和干旱。不择土壤，不耐水湿。生长快，寿命短。

[用途] 秋叶鲜红，果实橘红色，颇为美观。可植于园林绿地观赏或点缀山林。

2. 火炬树 *Rhus typhina* L. （图7-163）

[识别要点] 落叶小乔木，分枝多。小枝粗壮，密生长绒毛。奇数羽状复叶，小叶19～23（11～31），长椭圆状披针形，缘有锯齿，先端长渐尖，背面有白粉，叶轴无翅。雌雄异株，顶生圆锥花序，密生毛；雌花序及果穗鲜红色，呈火炬形；花小，5数。果扁球形，密生深红色刺毛。花期6～7月；果8～9月成熟。

[分布] 原产于北美。我国华北、华东、西北20世纪50年代引进栽培。

[习性] 喜光，适应性极强，抗寒，抗旱，耐盐碱。根系发达，根萌蘖力极强，生长快。

图7-163　火炬树
1. 花枝　2、3. 花的正面及侧面

［用途］较好的观花、观叶树种，雌花序和果序均红色且形似火炬，在冬季落叶后，雌树上仍可见满树"火炬"，颇为奇特。秋季叶色红艳或橙黄，是著名的秋色叶树种。可点缀山林或园林观赏。

（四）南酸枣属 *Choerospondias* Burtt et Hill

落叶乔木。无顶芽。奇数羽状复叶，互生；小叶对生，全缘。花杂性异株，花序腋生；单性花成圆锥花序，两性花成总状花序；萼 5 裂，花瓣 5，雄蕊 10，子房 5 室。核果椭圆状卵形，核端有 5 个大小相等的小孔。

仅 1 种，产于中国南部及印度。

南酸枣（酸枣） *Choerospondias axillaris* (Roxb.) Burtt et Hill（图 7 - 164）

［识别要点］树高达 30m，胸径 1m。树干端直，树皮灰褐色，浅纵裂，老时条片状脱落。小叶 7～15，卵状披针形，先端长尖，基部稍歪斜，全缘，或萌芽枝上叶有锯齿，背面脉腋有簇毛。核果黄色。花期 4 月；果期 8～10 月。

［分布］原产于华南及西南，是亚热带低山、丘陵及平原常见树种。

［习性］喜光，稍耐阴；喜温暖湿润气候，不耐寒；喜土层深厚、排水良好的酸性及中性土壤，不耐水淹和盐碱。浅根性，侧根粗大平展，萌芽力强。生长快，对二氧化硫、氯气抗性强。

［繁殖］播种繁殖。

［用途］树干端直，冠大荫浓，是良好的庭荫树、行道树，较适于工矿区的绿化。

图 7 - 164　南酸枣
1. 果枝　2. 雄花枝　3. 雄花
4. 两性花花枝　5. 两性花　6. 果核

（五）黄栌属 *Cotinus* Adans.

落叶灌木或小乔木。单叶互生，全缘。花杂性或单性异株，顶生圆锥花序；萼片、花瓣、雄蕊各为 5；子房 1 室，1 胚珠，花柱 3，偏于一侧。果序上有许多羽毛状不育花的伸长花梗；核果歪斜。

共 3 种；我国产 2 种。

黄栌 *Cotinus coggygria* Scop.（图 7 - 165）

［识别要点］落叶灌木或小乔木，树冠卵圆形、圆球形至半圆形。树皮深灰褐色，不开裂。小枝暗紫褐色，被蜡粉。单叶互生，宽卵形、圆形，先端圆或微凹。花小，杂性，圆锥花序顶生。核果小，扁肾形。花期 4～5 月；果熟

期 6 月。

① 红叶栌（var. *cinerea*）：叶椭圆
形至倒卵形，两面有毛。

② 毛黄栌（var. *pubescens*）：小枝
及叶中脉、侧脉均密生灰色绢毛。叶
近圆形。

③ 紫叶黄栌（'Atropurpurea'）：
嫩叶萌发至落叶全年均为紫色。

④ 垂枝黄栌（'Pendula'）：枝条
下垂，树冠伞状。

⑤ 四季花黄栌（'Semperflo-
ren'）：连续开花直到入秋，可常年观
赏粉紫红色羽状物。

⑥ 美国红栌（'Royal Purple'）：
叶春、夏、秋均鲜红色，供观赏。

［分布］产于西南、华北、西北、
浙江、安徽。

图 7-165 黄 栌
1. 果枝 2. 花 3. 去瓣花 4. 果

［习性］阳性树种，稍耐阴；耐干瘠，耐寒，要求土壤排水良好。萌蘖力
强，生长快。

［繁殖］播种繁殖为主，也可根插、
压条、分株繁殖。

［用途］重要的秋色叶树种，可栽植
大面积风景林。北京的香山红叶即为本
种及其变种。

（六）杧果属 *Mangifera* L.

常绿乔木。单叶，全缘。花杂性，
顶生圆锥花序；萼 4～5 裂；花瓣 4～6；
雄蕊 1～5，常 1～2 个发育；子房 1 室。
核果大，肉质，外果皮多纤维。

我国 5 种。

杧果 *Mangifera indica* L.（图 7-
166）

［识别要点］树高达 25m。叶片长椭
圆形至披针形，长 10～20cm，侧脉两面

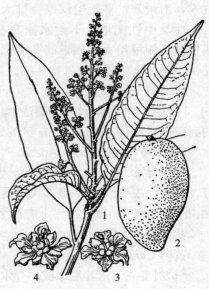

图 7-166 杧 果
1. 花枝 2. 果 3. 雄花 4. 两性花

隆起。花黄色，芳香，花序被毛。果卵形或椭圆形，长 8～20cm，熟时黄绿色，果面扁平。花期 2～4 月；果期 6～8 月。

［分布］原产于印度及马来西亚。我国华南有栽培。

［用途］世界著名热带水果。也可作庭园绿化。

三十、冬青科 Aquifoliaceae

多常绿，乔木或灌木。单叶互生，托叶小而早落。花单性或杂性异株，簇生或聚伞花序，腋生，无花盘；萼 3～6 裂，常宿存；花瓣 4～5；雄蕊与花瓣同数且互生；子房上位，3 至多室，每室 1～2 胚珠。核果。

共 3 属 400 余种；我国产 1 属 200 种，主产长江流域以南。

冬青属 Ilex L.

常绿，稀落叶。单叶互生，有锯齿或刺状齿，稀全缘。花单性异株，稀杂性；腋生聚伞、伞形或圆锥花序，稀单生；萼片、花瓣、雄蕊常为 4。浆果状核果，球形，核 4；萼宿存。

约 400 种；我国约 200 种。

1. 枸骨（鸟不宿）Ilex cornuta Lindl.
（图 7-167）

［识别要点］常绿灌木或小乔木，树冠阔圆形，树皮灰白色平滑。叶硬革质，矩圆状四方形，长 4～8cm，先端有 3 枚坚硬刺齿，顶端 1 齿反曲，基部两侧各有 1～2 刺齿，表面深绿色有光泽，背面淡绿色。聚伞花序，黄绿色，丛生于 2 年生小枝叶腋。核果球形，鲜红色。花期 4～5 月；果期 10～11 月。

［分布］长江中下游各地均有分布，山东有栽培，生长良好。

［习性］喜阳光充足，也耐阴，耐寒性较差，在气候温暖及排水良好的酸性肥沃土壤上生长良好。生长缓慢，萌芽力强，耐修剪。

图 7-167 枸骨
1. 果枝 2. 花

［繁殖］播种或扦插繁殖。

［用途］枝叶茂盛，叶形奇特，叶质坚硬而光亮，且经冬不凋。入秋后果实累累，艳丽可爱。为良好的观果、观叶树种，可用于庭院栽培或作绿篱。

2. 冬青 Ilex purpurea Hassk.（Ilex chinensis Sims）（图 7-168）

[识别要点] 常绿大乔木，高达 15m，树冠卵圆形，树皮暗灰色。小枝浅绿色，具棱线。叶薄革质，长椭圆形至披针形，长 5～11cm，先端渐尖，基部楔形，有疏浅锯齿，表面深绿色，有光泽，侧脉 6～9 对。聚伞花序，生于当年嫩枝叶腋，淡紫红色，有香气。核果椭圆形，红色光亮，经冬不落。花期 5 月；果期 10～11 月。

[分布] 长江流域及其以南，西至四川，南达海南。

[习性] 喜温暖湿润气候和排水良好的酸性土壤，不耐寒，较耐湿。深根性，萌芽力强，耐修剪。

[用途] 枝叶繁茂，果实红若丹珠，分外艳丽，是优良的庭园观赏树种，也可作绿篱。

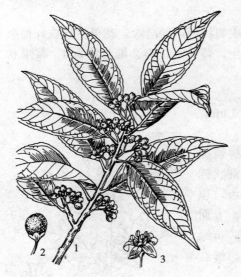

图 7 - 168　冬　青
1. 果枝　2. 果　3. 雄花

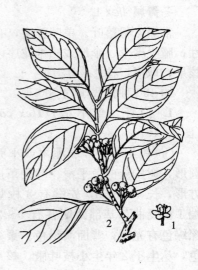

图 7 - 169　铁冬青
1. 花　2. 果枝

3. 铁冬青 *Ilex rotunda* Thunb. （图 7 - 169）

与冬青的主要区别是：小枝红褐色。叶卵形或倒卵状椭圆形，全缘。花黄白色。浆果状核果椭圆形，有光泽，深红色。

[分布] 长江以南至台湾、西南。

4. 大叶冬青 *Ilex latifolia* Thunb. （图 7 - 170）

与冬青的主要区别是：全体无毛，小枝粗而有纵棱。叶片长椭圆形，厚革质，长 8～18cm，上面中脉凹下，有光泽，侧脉 15～17 对，具疏锯齿。聚伞花序圆锥状，花黄绿色。果球形，红色。

［分布］长江流域各地及福建、广东、广西。

［用途］树姿优美，可栽培观赏。

其他同冬青。

图 7 - 170　大叶冬青
1. 花枝　2. 果枝

图 7 - 171　钝齿冬青
1. 果枝　2. 花　3. 花枝

5. 钝齿冬青（波缘冬青）*Ilex crenata* Thunb.（图 7 - 171）

［识别要点］常绿灌木或小乔木，高达 5m，多分枝。小枝有灰色细毛。叶较小，椭圆形至长倒卵形，长 1～2.5cm，先端钝，缘有浅钝齿，背面有腺点，厚革质。花白色，雄花 3～7 朵成聚伞花序，生于当年生枝叶腋，雌花单生。果球形，黑色。花期 5～6 月；果熟 10 月。

［分布］江南庭园栽培供观赏。其变种龟甲冬青（var. *convexa*）山东有栽培，小气候良好处可露地越冬。是良好的盆景材料。

三十一、卫矛科 Celastraceae

乔木、灌木或藤本。单叶，对生或互生，羽状脉。花单性或两性，花小，多为聚伞花序；萼片 4～5，宿存；花瓣 4～5，分离；雄蕊与花瓣同数，互生；有花盘；子房上位，2～5 室，胚珠 1～2。蒴果、浆果、核果或翅果，种子常具假种皮。

55 属约 800 种；我国 11 属约 200 种，全国均产。

（一）卫矛属 *Euonymus* Linn.

乔木或灌木，稀藤本。小枝绿色，具四棱。叶对生，稀互生或轮生。花两性，聚伞或圆锥花序，腋生，花 4～5 数；雄蕊与花瓣同数，互生；子房与花盘结合。蒴果 4～5 瓣裂，有角棱或翅；假种皮肉质，橘红色。

共约 200 种；我国约 100 种，南北均产。

1. 大叶黄杨（冬青卫矛）*Euonymus japonicus* Thunb.（图 7-172）

[识别要点] 常绿灌木或小乔木，高达 8m。小枝绿色，稍有四棱。叶柄短，叶革质，有光泽，倒卵形或椭圆形，长3～6cm，先端尖或钝，基部楔形，锯齿钝。聚伞花序，绿白色，4 基数。果扁球形，熟时 4 瓣裂，淡粉红色，假种皮橘红色。花期 6～7 月；果熟期 10 月。

① 银边大叶黄杨（var. *albo - mar-ginatus* T. Moore.）：叶缘白色。

② 金边大叶黄杨（var. *aureo - marginatus* Nichols.）：叶缘黄色。

③ 金心大叶黄杨（var. *aureo - variegatus* Reg.）：叶面具黄色斑纹，但不达边缘。

④ 斑叶大叶黄杨（var. *viridi - variegatus* Rehd.）：叶面有黄色或绿色斑纹。

图 7-172　大叶黄杨

[分布] 原产日本南部。我国南北各地庭院普遍栽培，长江流域各城市尤多。黄河流域以南可露地栽培。

[习性] 喜光，亦耐阴。喜温暖气候，较耐寒，-17℃即受冻。北京幼苗、幼树冬季需防寒。对土壤要求不严，耐干瘠，不耐积水。抗各种有毒气体，耐烟尘。萌芽力极强，耐整形修剪。

[繁殖] 播种、嫁接、压条和扦插繁殖。

[用途] 枝叶茂密，四季常青，叶色亮绿，新叶青翠，是常用的观叶树种。主要用作绿篱或基础种植，也可修剪成球形等。街头绿地、草坪、花坛等处都可配置。

2. 扶芳藤 *Euonymus fortunei* (Turcz.) Hand. - Mazz.（图 7-173）

与大叶黄杨的主要区别是：常绿藤本，靠气生根攀缘生长，长可达 10m。茎、枝上有瘤状突起，枝较柔软。叶长卵形至椭圆状倒卵形。果径约 1cm，黄红色，假种皮橘黄色。花期 6～7 月；果熟期 10 月。

① 爬行卫矛（var. *radicans*）：茎匍匐，贴地而生。叶小。

② 金边扶芳藤（'Emerald Gold'）：叶边缘金黄色。

③ 银边扶芳藤（'Emerald Gaiety'）：叶边缘银白色。

上述变种、品种叶较小，叶缘金黄或银白。茎匍匐地面，易生不定根。是良好的木本地被植物，极有推广价值。

[分布] 我国长江流域及黄河流域以南多栽培，山东栽培较多。

[习性] 较耐水湿，亦耐阴。易生不定根。

[用途] 四季常青，秋叶经霜变红，攀缘能力较强。园林中可掩覆墙面、山石，

图 7-173　扶芳藤

攀缘枯树、花架，匍匐地面蔓延生长作地被，亦可种植于阳台、栏杆等处，任其枝条自然垂挂，以丰富垂直绿化。

3. 丝棉木（桃叶卫矛、白杜）*Euonymus bungeanus* Maxim.（图 7-174）

[识别要点] 落叶小乔木，高达 8m。小枝绿色，四棱形，无木栓翅。叶卵形至卵状椭圆形，先端急长尖，缘有细锯齿，叶柄长 2～3.5cm。花淡绿色，3～7 朵成聚伞花序。蒴果粉红色，4 深裂，种子具红色假种皮。花期 5 月；果熟期 10 月。

[分布] 华东、华中、华北各地。

[习性] 喜光，稍耐阴，耐寒；对土壤要求不严，耐干旱，亦耐水湿；对有害气体有一定抗性。生长较慢，根系发达，根蘖性强。

[用途] 枝叶秀丽，秋季叶果红艳，宜

图 7-174　丝棉木

丛植于草坪、坡地、林缘、石隙、溪边、湖畔。也可用作防护林及工厂绿化树。

4. 卫矛（斩鬼箭）*Euonymus alatus* (Thunb.)Sieb.（图7-175）

与丝棉木的主要区别是：落叶灌木，小枝有 2～4 条木栓翅。叶倒卵形或倒卵状椭圆形，先端渐尖，基部楔形，叶柄极短。蒴果紫色，1～3 深裂，4 个心皮不全发育，假种皮橘红色。花期 5～6 月；果期 9～10 月。

［分布］东北、华北、华中、华东、西北地区。

［习性］喜光，耐寒，耐干瘠，对土壤适应性强。萌芽力强，耐整形修剪。抗二氧化硫。

［用途］枝叶繁茂，枝翅奇特，早春嫩叶、秋天霜叶均红艳可爱。蒴果紫色，假种皮橘红色，是优美的观果、观枝、观叶树种。可丛植

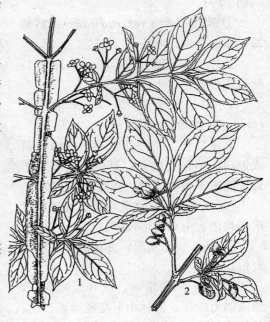

图 7 - 175 卫 予
1. 花枝　2. 果枝

于草坪、水边、亭阁、山石间，为园林添色增趣。也可植作绿篱，制作盆景。

（二）南蛇藤属 *Celastrus* L.

落叶藤本。叶互生，有锯齿。花杂性异株，总状、圆锥或聚伞花序，腋生或顶生；花 5 数，内生花盘杯状。蒴果，室背 3 裂；种子1～2，假种皮红色或橘红色。

约 50 种；我国约 20 种，全国都有分布，西南最多。

1. 南蛇藤（落霜红）*Celastrus orbiculatus* Thunb.（图7-176）

［识别要点］落叶藤本，长达15m。小枝圆，皮孔粗大而隆起，枝髓白色充实。叶近圆形、倒卵形，先端突尖，基部近圆形，锯齿细钝。短总状花序腋生，花小、黄

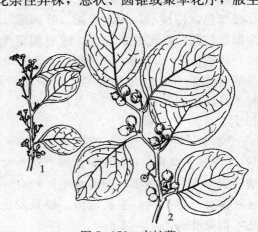

图 7 - 176 南蛇藤
1. 花枝　2. 果枝

绿色。果橙黄色，球形，假种皮红色。花期5～6月；果熟期9～10月。

[分布] 东北、华北、华东、西北、西南及华中均有分布。常生于山地沟谷及灌木丛中。

[习性] 喜光，耐半阴，耐寒，耐旱，适应性强，对土壤要求不严。生长强健。

[繁殖] 播种繁殖为主，也可压条或扦插繁殖。

[用途] 霜叶红艳，蒴果橙黄，假种皮鲜红，长势旺，攀缘能力强，可作棚架、岩壁攀缘材料，绿化效果好，且颇具野趣。是极有开发价值的藤本树种。

2. 苦皮藤 *Celastrus angulatus* **Maxim.**

[识别要点] 小枝常有4～5条棱角，褐色，有白蜡层，密生皮孔，髓心片状。叶大，长6～18cm，宽5～15cm。

三十二、槭树科 Aceraceae

乔木或灌木。叶对生，单叶或复叶，无托叶。花单性、杂性或两性，总状、圆锥或伞房花序；萼片4～5；花瓣4～5或无；雄蕊4～10；雌蕊由2心皮合成，子房上位，扁平，2室，每室2胚珠。翅果，两侧或周围有翅。

2属约200种，主产北半球温带；我国2属约140种。

槭树属 *Acer* L.

乔木或灌木，落叶或常绿。单叶掌状裂或不裂，或奇数羽状复叶，稀掌状复叶。花杂性同株，或雌雄异株；萼片5；花瓣5，稀无花瓣；雄蕊8，花盘环状或无花盘。双翅果。

共200种；我国140种。

分 种 检 索 表

1. 单叶
  2. 叶不分裂
    3. 常绿；叶片下面灰白色，有白粉，全缘；伞房花序；果翅张开成直角 ………
    …………………………………………………… 1. 飞蛾槭 *A. oblongum*
    3. 落叶；叶片下面绿色，无白粉，叶缘有锯齿；总状花序；果翅张开成钝角 ………
    …………………………………………………… 2. 青榨槭 *A. davidii*
  2. 叶3～9掌状裂
    4. 叶裂片全缘或疏生浅齿
      5. 叶掌状5～7裂，裂片全缘，下面绿色
        6. 叶5～7裂，基部常截形，稀心形；果翅与果核约等长 ………………………

·· 3. 元宝枫 *A. truncatum*

　　6. 叶常 5 裂,基部常心形,有时截形;果翅长为果核的 2 倍或 2 倍以上 ······
·· 4. 五角枫 *A. mono*

　5. 叶掌状 3 裂或不裂,裂片全缘或略有浅齿,下面灰白色 ···················
··································· 5. 三角枫 *A. buergerianum*

　4. 叶裂片具单锯齿或重锯齿

　　7. 叶常 3 裂(中裂片特大),有时不裂,缘有重锯齿;两果翅近于平行 ···········
·· 6. 茶条槭 *A. ginnala*

　　7. 叶 7~9 深裂;叶柄、花梗及子房均光滑无毛 ·········· 7. 鸡爪槭 *A. palmatum*

1. 羽状复叶,小叶 3~7;小枝无毛,有白粉 ················ 8. 复叶槭 *A. negundo*

1. 飞蛾槭 *Acer oblongum* Wall.(图 7 - 177)

　[识别要点] 常绿乔木,高达 15m。叶片矩圆形或卵形,长 8~11cm,全缘,上面光绿色,下面常被白粉,羽状脉,基部 3 出。伞房花序,顶生。小坚果隆起,果翅张开成直角,熟时淡黄褐色。花期 4 月;果期 9 月。

　[分布] 产西南及陕西、湖南、湖北。

2. 青榨槭 *Acer davidii* Franch.(图 7 - 178)

图 7 - 177 飞蛾槭
1. 果枝 2. 两性花

图 7 - 178 青榨槭
1. 果枝 2. 花序 3. 雌花 4. 雄花

　[识别要点] 落叶乔木,高达 15m。叶片卵形或长卵形,长 6~15cm,先

端尖，基部圆形，幼叶下面沿脉有柔毛，老时脱落，下面绿色，叶缘有锯齿。花杂性，总状花序顶生。果翅夹角大于90°。花期5月；果期9月。

〔分布〕华北、华东、华中、华南、西南。

〔用途〕庭院绿化树种。

3. 元宝枫（平基槭）*Acer truncatum* Bunge（图7-179）

〔识别要点〕落叶乔木，树冠伞形或倒广卵形。干皮浅纵裂。小枝浅黄色，光滑无毛。叶掌状5裂，有时中裂片又3小裂，叶基常截形，全缘，两面无毛，叶柄细长。花杂性，黄绿色，顶生伞房花序。翅果扁平，两翅展开约成直角，翅长等于或略长于果核。花期4月；果熟10月。

〔分布〕主产黄河中、下游各地，山东习见。

〔习性〕弱阳性，耐半阴，喜生于阴坡及山谷。喜温凉气候及肥沃、湿润而排水很好的土壤，稍耐旱，不耐涝。萌蘖力强，深根性，抗性强，对环境适应性强。移植易成活。

〔用途〕树冠大，树形优美，叶形奇特，秋叶红艳，优良秋色叶树种。可作庭荫树和行道树。

4. 五角枫（色木）*Acer mono* Maxim.（图7-180）

与元宝枫的主要区别是：叶掌状5裂，基部心形，裂片卵状三角形，中裂

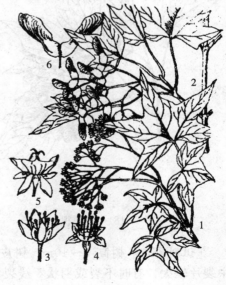

图7-179 元宝枫
1.花枝 2.果枝 3.雄花 4.两性花 5.种子

图7-180 五角枫
1.花枝 2.果枝 3.雄花 4.雄花去花瓣
（示花盘及雄蕊） 5.雌花 6.果（放大）

片无小裂，网状脉两面明显隆起。果翅展开成钝角，长为果核2倍。花期4月；果熟期9～10月。

[分布] 范围比元宝枫广泛。

其他同元宝枫。

5. 三角枫 *Acer buergerianum* **Miq.** （图7-181）

[识别要点] 树皮暗褐色，薄条片状剥落。叶常3浅裂，有时不裂，基部圆形或广楔形，3主脉，裂片全缘或上部疏生浅齿，背面有白粉。花杂性，黄绿色，顶生伞房花序。果核部分两面凸起，两果翅张开成锐角或近于平行。花期4月；果9月成熟。

[分布] 原产长江中下游各地，北到山东，南到广东、台湾。

[习性] 弱阳性，喜温暖湿润气候及酸性、中性土壤，较耐水湿，有一定耐寒力，北京可露地越冬。萌芽力强，耐修剪，根系发达，耐移植。

6. 茶条槭 *Acer ginnala* **Maxim.** （图7-182）

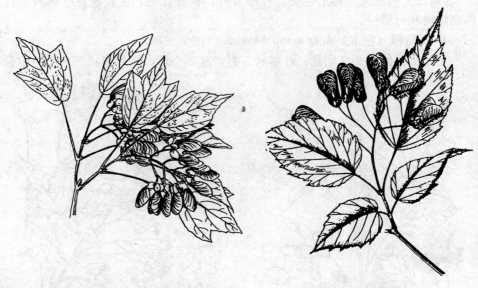

图7-181　三角枫　　　　　　　　　图7-182　茶条槭

[识别要点] 树高6～10m。树皮灰色，粗糙。叶卵状椭圆形，常3裂，中裂片较大，有时不裂或羽状5浅裂，基部圆形或近心形，缘有不整齐重锯齿，表面无毛，背面脉上及脉腋有长柔毛。花杂性，伞房花序圆锥状，顶生。果核两面突起，果翅张开成锐角或近于平行，紫红色。花期5～6月；果期9月。

[分布] 原产于东北、华北及长江下游各地。

[习性] 弱阳性，耐半阴。耐寒，但喜温暖，抗风雪。耐烟尘，能适应城市环境。萌蘖力强，深根性，生长较元宝枫快。

[用途] 树干直而洁净，花有清香，夏季果翅红色美丽，秋叶鲜红色，适宜作为秋色叶树种点缀园林及山景，也可作行道树、庭荫树。

7. 鸡爪槭 *Acer palmatum* Thunb.（图 7 - 183）

[识别要点] 落叶小乔木，树冠伞形。树皮平滑，灰褐色。枝开张，小枝细长，光滑。叶掌状 7～9 深裂，基部心形，裂片卵状长椭圆形至披针形，先端锐尖，缘有重锯齿，背面脉腋有白簇毛。花杂性，紫色，伞房花序顶生，无毛。翅果紫红色至棕红色，两翅成钝角。花期 5 月；果期 10 月。

图 7 - 183　鸡爪槭
1. 果枝　2. 雄花　3. 两性花

① 紫红叶鸡爪槭（var. *atropur-pureum*）：即红枫，枝条紫红色。叶掌状，常年紫红色。

② 金叶鸡爪槭（var. *aureum*）：即黄枫，叶全年金黄色。

③ 细叶鸡爪槭（var. *dissectum*）：即羽毛枫，枝条开展下垂。叶掌状 7～11 深裂，裂片有皱纹。

④ 深红细叶鸡爪槭（var. *dissectum* f. *ornatum*）：即红叶羽毛枫，枝条下垂开展。叶细裂。嫩芽初呈红色，后变紫色，夏日橙黄色，入秋逐渐变红。

⑤ 条裂鸡爪槭（var. *linearilobum*）：叶深裂达基部，裂片线形，缘有疏齿或近全缘。

⑥ 深裂鸡爪槭（var. *thunbergii*）：即蓑衣槭，叶较小，掌状 7 深裂，基部心形，裂片卵圆形，先端长尖。翅果短小。

[分布] 产于华东、华中各地。北京、天津、河北有栽培。

[习性] 弱阳性，耐半阴，夏季需遮荫。喜温暖湿润气候及肥沃、湿润、排水良好的土壤，耐寒性不强。

[繁殖] 播种繁殖，园艺变种常用嫁接或扦插繁殖。

[用途] 叶形秀丽，树姿婆娑，入秋叶色红艳，是较为珍贵的观叶品种。

在园林中栽培观赏或作盆景。

8. 复叶槭 *Acer negundo* **L.**（图7-184）

[识别要点] 落叶乔木，高达20m。小枝绿色，无毛。奇数羽状复叶，小叶3～7，卵形至长椭圆状披针形，叶缘有不规则缺刻，顶生小叶有3浅裂。花单性异株，雄花序伞房状，雌花序总状。果翅狭长，两翅成锐角。

花叶复叶槭（'Variegatum'）：叶片有金黄色或银白色斑点。

[分布] 原产于北美，我国华东、东北、华北有引种栽培。

[习性] 喜光，喜冷凉气候，耐干冷，对土壤要求不严。在东北生长较好，长江下游生长不良，山东生长一般。在北方可作庭荫树、行道树。

图 7 - 184　复叶槭

三十三、七叶树科 Hippocastanaceae

落叶乔木，稀灌木。掌状复叶对生，无托叶。花杂性同株，圆锥或总状花序，顶生，两性花生于花序基部，雄花生于上部；萼4～5；花瓣4～5，大小不等；雄蕊5～9，着生于花盘内；子房上位，3室，每室2胚珠，花柱细长。蒴果，3裂；种子常1，大型，种脐大，无胚乳。

2属30余种；我国1属10余种。

七叶树属 *Aesculus* L.

形态特征同科。

我国产10种，引入栽培2种。

七叶树 *Aesculus chinensis* **Bunge**（图7-185）

[识别要点] 高达27m，胸径150cm。树冠庞大圆球形。树皮灰褐色，片状剥落。小枝光滑粗壮，髓心大。顶芽发达。小叶5～7，长椭圆状披针形至矩圆形，长9～16cm，先端渐尖，基部楔形，缘具细锯齿，仅背面脉上疏生柔毛，小叶柄长5～17mm。圆锥花序密集圆柱状，长约25cm，花白色。果近球形，径3～4cm，黄褐色，无刺，也无尖头；种子形如板栗，深褐色，种脐大，占一半以上。花期5月；9～10月果熟。

[分布] 原产于黄河流域，陕西、甘肃、山西、河北、江苏、浙江等地有栽培。甘肃陇东有一棵 300 多年生的古树，陇南地区分布较多。如小陇山党川林区、徽县高桥林场、成县、康县有大量散生分布。

[习性] 喜光，稍耐阴。喜温暖湿润气候，较耐寒，畏酷热。喜深厚、肥沃、湿润而排水良好的土壤。深根性，萌芽力不强，生长较慢，寿命长。

[繁殖] 播种繁殖。

[用途] 树姿壮丽，枝叶扶疏，冠如华盖，叶大而形美，开花时硕大的花序竖立于绿叶簇中，似一个华丽的大烛台，蔚为奇观，是世界著名观赏树。与悬铃木、鹅掌楸、银杏、椴树共称为世界五大行道树。最宜作行道树和庭荫树。

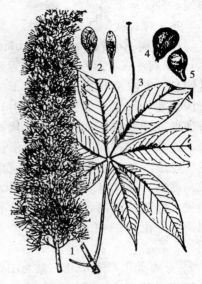

图 7-185　七叶树
1. 花枝　2. 花瓣　3. 雄蕊　4. 果
5. 果纵剖面

三十四、无患子科 Sapindaceae

乔木或灌木，稀草本。叶常互生，羽状复叶，稀掌状复叶或单叶，无托叶。花单性或杂性，圆锥、总状或伞房花序；萼 4～5 裂；花瓣 4～5，有时无；雄蕊 8～10；子房上位，多 3 室，每室具 1～2 或更多胚珠，中轴胎座。蒴果、核果、坚果、浆果或翅果。

约 150 属 2 000 种；我国 25 属 56 种，主产于长江以南各地。

分 属 检 索 表

1. 蒴果；奇数羽状复叶
 2. 果皮膜质而膨胀；1～2 回奇数羽状复叶 ·················（一）栾树属 Koelreuteria
 2. 果皮木质；1 回奇数羽状复叶 ·················（二）文冠果属 Xanthoceras
1. 核果；偶数羽状复叶，小叶全缘
 3. 果皮肉质；种子无假种皮·················（三）无患子属 Sapindus
 3. 果皮革质或脆壳质；种子有假种皮，并彼此分离
  4. 有花瓣；果皮平滑，黄褐色 ·················（四）龙眼属 Dimocarpus
  4. 无花瓣；果皮具瘤状小突起，绿色或红色·················（五）荔枝属 Litchi

（一）栾树属 Koelreuteria Laxm.

落叶乔木。芽鳞 2 枚。1～2 回奇数羽状复叶，互生，小叶有齿或全缘。

花杂性，不整齐，萼5深裂；花瓣5或4，鲜黄色，披针形，基部具2反转附属物；成大型圆锥花序，通常顶生。蒴果具膜质果皮，膨大如膀胱状，熟时3瓣裂；种子球形，黑色。

共4种；我国3种1变种。

1. 栾树 *Koelreuteria paniculata* Laxm.（图7-186）

[识别要点] 落叶乔木，树冠近球形。树皮灰褐色，细纵裂，无顶芽，皮孔明显。奇数羽状复叶，有时部分小叶深裂而为不完全2回羽状复叶；小叶卵形或卵状椭圆形，缘有不规则粗齿，近基部常有深裂片，背面沿脉有毛。花金黄色，顶生圆锥花序宽而疏散。蒴果三角状卵形，长4～5cm，顶端尖，成熟时红褐色或橘红色；种子黑褐色。花期6～7月；果9～10月成熟。

图7-186 栾 树

[分布] 主产于华北，东北南部至长江流域及福建，西到甘肃、四川均有分布。

[习性] 喜光，耐半阴。耐寒，耐干瘠，喜生于石灰质土壤，也能耐盐渍土及短期水涝。深根性，萌蘖力强，生长速度中等，幼树生长较慢，以后渐快。有较强的抗烟尘能力。

[繁殖] 播种繁殖。

[用途] 树形端正，枝叶茂密而秀丽，春季嫩叶多为红色，入秋叶色变黄，夏季开花，满树金黄，十分美丽，是理想的观赏树种。宜作庭荫树、行道树及园景树，也可用作防护林、水土保持及荒山绿化树种。

2. 复羽叶栾树（西南栾树）*Koelreuteria bipinnata* Franch.（图7-187）

[识别要点] 树冠广卵形，树皮暗灰色，片状剥落。小枝暗棕色，密生皮孔。2回羽状复叶，羽片5～10对，每羽片具小叶5～15，卵状披针形或椭圆状卵形，先端渐尖，基部圆形，缘有锯齿，花黄色，顶生圆锥花序。蒴果卵形，红色。花期7～9月；果9～10月成熟。

[分布] 原产我国中南及西南部，云南高原常见。

[用途] 夏日黄花，秋日红果，宜作庭荫树、园景树、行道树。

3. 全缘叶栾树（黄山栾树）*K. bipinnata var. integrifolia* T. Chen

与复羽叶栾树的主要区别是：小叶 7～11，全缘，或偶有锯齿，长椭圆形或广楔形。花金黄色，顶生大型圆锥花序。蒴果椭球形，种子红褐色。花期 9 月；果 10～11 月成熟。

[分布] 原产江苏南部、浙江、安徽、江西、湖南、广东、广西等地，山东有栽培。

[习性] 耐寒性差，山东 1 年生苗需防寒，否则苗干易抽干，翌春从根茎处萌发新干，大树无冻害。

[用途] 枝叶茂密，冠大荫浓，初秋开花，金黄夺目，不久就有淡红色灯笼似的果实挂满树梢，黄花红果，交相辉映，十分美丽。宜作庭荫树、行道树及园景树栽植，也可用于居民区、工矿区及农村"四旁"绿化。

（二）文冠果属 *Xanthoceras* Bunge

仅 1 种，我国特产。

文冠果（文官果）*Xanthoceras sorbifolia* Bunge（图 7‑188）

[识别要点] 小乔木。树皮褐色，粗糙条裂。幼枝紫褐色。奇数羽状复叶，互生；小叶 9～19，对生或近对生，披针形，长 3～5cm，缘有锐锯齿。花杂性，整齐，径约 2cm，萼片 5；花瓣 5；白色，基部有由黄变红的斑晕；花盘 5 裂，裂片背面各有一橙黄色角状附属物；雄蕊 8；子房 3 室，每室 7～8 胚珠。蒴果椭球形，径 4～6cm，果皮木质，室背 3 裂；种子球形，径约 1cm，暗褐色。

[分布] 主产于华北，陕西、甘肃、

图 7‑187　复羽叶栾树
1. 花序枝　2. 雄花　3. 雌蕊
4. 果　5. 花瓣

图 7‑188　文冠果
1. 花枝　2. 果实　4. 种子

辽宁、内蒙古均有分布。

[习性] 喜光，耐严寒和干旱，不耐涝。对土壤要求不严，在沙荒、石砾地、黏土及轻盐碱土上均能生长。深根性，主根发达，萌蘖力强。生长尚快，3～4年生即可开花结果。

[用途] 花序大而花朵密，春天白花满树，且有秀丽光洁的绿叶相衬，更显美观，花期可持续20余天，并有紫花品种。是优良的观赏兼木本油料树种。

（三）无患子属 Sapindus L.

乔木或灌木。无顶芽。偶数羽状复叶，互生，小叶全缘。花杂性异株，圆锥花序；萼片、花瓣各4～5；雄蕊8～10；子房3室，每室1胚珠，通常仅1室发育。核果球形，中果皮肉质，内果皮革质；种子黑色，无假种皮。

约15种；我国4种。

无患子 Sapindus mukurossi Gaertn.（图7-189）

[识别要点] 落叶或半常绿乔木。树冠广卵形或扁球形。树皮灰白色，平滑不裂。小枝无毛，芽两个叠生。小叶8～14，互生或近对生，卵状披针形，先端尖，基部不对称，薄革质，无毛。花黄白色或带淡紫色，顶生圆锥花序。核果近球形，熟时黄色或橙黄色；种子球形，黑色，坚硬。花期5～6月；果熟9～10月。

图7-189　无患子
1. 花枝　2. 果枝

[分布] 淮河流域以南各地。济南植物园有栽培，露地越冬，枝干冻死，来年再发。

[习性] 喜光，稍耐阴。喜温暖湿润气候，耐寒性不强。对土壤要求不严，以深厚、肥沃而排水良好的土壤生长最好。深根性，抗风力强。萌芽力弱，不耐修剪。生长尚快，寿命长。对二氧化硫抗性较强。

[用途] 树形高大，树冠广展，绿荫稠密，秋叶金黄，颇为美观。宜作庭荫树及行道树。若与其他秋色叶树种及常绿树种配置，更可为园林秋景增色。

（四）龙眼属 Dimocarpus Lour.

常绿乔木。偶数羽状复叶，互生；小叶全缘，叶上面侧脉明显。花杂性同株，圆锥花序；萼5深裂；花瓣5或缺；雄蕊8；子房2～3室，每室1胚珠。核果球形，黄褐色，果皮幼时具瘤状突起，熟时较平滑；假种皮肉质，乳白色，半透明而多汁。

共约20种，产亚洲热带；我国4种。

龙眼（桂圆） *Dimocarpus longan* Lour. (*Euphoria longan* Steud.)（图7-190）

［识别要点］树皮粗糙，薄片状剥落。幼枝及花序被星状毛。小叶3～6对，长椭圆状披针形，全缘，基部稍歪斜，表面侧脉明显。花黄色。果球形，黄褐色；种子黑褐色。花期4～5月；果7～8月成熟。

图7-190　龙　眼

［分布］原产于台湾、福建、广东、广西、四川等地。

［习性］稍耐阴，喜暖热湿润气候，稍比荔枝耐寒和耐旱。

［用途］华南地区的重要果树，栽培品种甚多，也常于庭园种植。

（五）荔枝属 *Litchi* Sonn.

共2种；我国1种，为热带著名果树。

荔枝 *Litchi chinensis* Sonn.（图7-191）

［识别要点］常绿乔木，高达30m，胸径1m。树皮灰褐色，不裂。偶数羽状复叶，互生；小叶2～4对，长椭圆状披针形，全缘，表面侧脉不甚明显，中脉在叶面凹下，背面粉绿色。花杂性同株，无花瓣；顶生圆锥花序；雄蕊8；子房3室，每室1胚珠。核果球形或卵形，熟时红色，果皮有显著

图7-191　荔　枝

突起小瘤体；种子棕褐色，具白色、肉质、半透明、多汁的假种皮。花期3～4月；果5～8月成熟。

[分布] 原产华南、云南、四川、台湾，海南有天然林。

[习性] 喜光，喜暖热湿润气候及富含腐殖质的深厚、酸性土壤，怕霜冻。

[用途] 华南重要果树，品种很多，果除鲜食外可制成果干或罐头，每年有大量出口。因树冠广阔，枝叶茂密，也常于庭园种植。木材坚重，经久耐用，是名贵用材。

三十五、鼠李科 Rhamnaceae

乔木或灌木，稀藤本或草本。常有枝刺或托叶刺。单叶互生，稀对生，具托叶。花小，两性或杂性异株，聚伞或圆锥花序，腋生或簇生；萼4～5裂；花瓣4～5或缺；雄蕊与花瓣同数，对生，内生花盘；子房上位或埋藏于花盘下，基底胎座。核果、蒴果或翅果。

约58属900种，广布于温带至热带；我国14属约133种。

(一) 枣属 Ziziphus Mill.

乔木或灌木。单叶互生，叶基3出脉，少5出脉，具短柄，具托叶刺。花两性，聚伞花序腋生，花黄色，5数；子房上位，埋于花盘内，花柱2裂。核果，1～3室，每室种子1。

约100种，广布于温带至热带；我国12种。

枣树 Ziziphus jujuba Mill. (图7-192)

[识别要点] 落叶乔木。枝有长枝、短枝和脱落性小枝3种：长枝俗称"枣头"，红褐色，光滑，有托叶刺或不明显；短枝俗称"枣股"，在2年生以上长枝上互生；脱落性小枝俗称"枣吊"，为纤细的无芽枝，簇生于短枝上，冬季与叶同落。叶卵状椭圆形，长3～8cm，先端钝尖，基部宽楔形，具钝锯齿。核果长1.5～6cm，椭圆形，淡黄绿色，熟时红褐色，核锐尖。花期5～6月；果熟期8～10月。

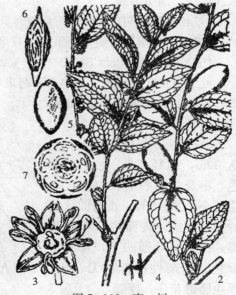

图7-192　枣　树

1.花枝　2.果枝　3.花　4.托叶刺
5.果　6.果核　7.花图式

① 龙爪枣（'Tortuosa'）：枝、叶柄卷曲，生长缓慢，以观赏为主。

② 酸枣（var. *spinosa* Hu）：常呈灌木状，但也可长成高达 10 余米的大树。托叶刺明显，一长一短，长者直伸，短者向后钩曲，叶较小。核果小，近球形，味酸，果核两端钝。

[分布] 主产于东北南部、黄河、长江流域以南各地。华北、华东、西北地区是枣的主要产区。

[习性] 喜光，对气候、土壤适应性强，耐寒，耐干瘠和盐碱。在轻度盐碱土上枣的糖度增加，耐烟尘及有害气体，抗风沙。根系发达，根蘖性强。

[繁殖] 分株、嫁接或扦插繁殖。

[用途] 我国北方果树及林粮间作树种，被人们称为"铁秆庄稼"。栽培历史悠久，自古就用作庭荫树、园路树，是园林结合生产的好树种。枣叶垂荫，红果挂枝，老树干枝古朴，可孤植、丛植庭院、墙角、草地，居民区的房前屋后植几株亦能添景增色。果实营养丰富，富含维生素 C，可鲜食或加工成多种食品。也是优良的蜜源树种。果可入药，木材可供雕刻。

（二）枳椇属 *Hovenia* Thunb.

落叶乔木。芽鳞 2，顶芽缺。叶迹 3。叶互生，基部 3 出脉，有锯齿，托叶早落。花两性，聚伞花序或圆锥状；花部 5 数；子房下部埋藏于花盘中，3 室，花柱 3 裂。核果球形，外果皮革质，内果皮膜质；果序分枝肥大肉质。

共 3 种 2 变种，我国均产。

1. 枳椇（拐枣）*Hovenia dulcis* Thunb.（图 7 - 193）

[识别要点] 树高达 45m。小枝红褐色，初有毛。叶片宽卵形，长 10～15cm，先端渐尖，基部近圆形，具粗钝锯齿，叶柄长 3～5cm。聚伞圆锥花序，生于枝及侧枝顶端。果熟时黑色。

图 7 - 193 枳椇
1. 果枝 2. 花序 3. 果 4. 果横剖面
5. 花 6. 叶痕

[分布] 黄河流域至长江流域普遍分布，多生于阳光充足的沟边、路旁、山谷中。

　　[习性] 喜光，有一定的耐寒力，对土壤要求不严。深根性，萌芽力强。

　　[用途] 树姿优美，叶大荫浓，是良好的庭荫树、行道树。果序梗肥大可食，果实入药。

2. 南方枳椇（鸡爪树、金钩子）Hovenia acerba Lindl.

　　与枳椇的主要区别为：叶片锯齿细尖。花序为对称二歧式聚伞圆锥花序，顶生或腋生。果熟时黄色。花期 6 月；果期 9～10 月。

　　[习性] 产于长江流域以南至西南及甘肃、陕西、河南。

三十六、葡萄科 Vitaceae

　　藤本。卷须分叉，常与叶对生。单叶或复叶，互生，有托叶。花两性或杂性，聚伞、圆锥或伞房花序，且与叶对生；花部 5 数，花瓣分离或连合成帽状，花时整体脱落；雄蕊与花瓣同数，对生，着生于花盘外围；子房上位，2～6 室，每室胚珠 1～2。浆果。

　　约 12 属 700 种，分布于热带至温带；我国 8 属 112 种，南北均产。

分 属 检 索 表

1. 花冠连合成帽状，圆锥花序；髓心褐色，茎无皮孔 …………………………（一）葡萄属 Vitis
1. 花瓣离生，聚伞花序；髓心白色，茎有皮孔
　2. 茎有卷须，无吸盘；花盘明显 …………………………（二）蛇葡萄属 Ampelopsis
　2. 卷须顶端扩大成吸盘；花盘无或不明显 ……………（三）爬山虎属 Parthenocissus

（一）葡萄属 Vitis L.

　　藤本，以卷须攀缘他物上升。髓心棕色，节部有横隔。单叶，稀复叶，缘有齿。花杂性异株，圆锥花序与叶对生；萼微小；花瓣连合而不张开，成帽状脱落；花盘具 5 蜜腺；子房 2（4）室，每室胚珠 2；花柱短圆锥状。果肉质，内有种子 2～4 粒。

　　约 60 种；我国约 26 种，南北均有分布。

葡萄 Vitis vinifera L.（图 7 - 194）

　　[识别要点] 落叶藤本，蔓长达 30m。茎皮紫褐色，长条状剥落。卷须分叉，与叶对生。叶卵圆形，长 7～20cm，3～5 掌状浅裂，裂片尖，具粗锯齿，叶柄长 4～8cm。花序长 10～20cm，与叶对生；花黄绿色，有香味。果圆形或椭圆形，成串下垂，绿色、紫红色或黄绿色，表面被白粉。花期 5～6 月；果期 8～9 月。

　　[分布] 原产于亚洲西部，我国引种栽培已有 2 000 余年。分布极广，南自

长江流域以北，北至辽宁中部以南均有栽培。品种繁多。

[习性] 喜光，喜干燥和夏季高温的大陆性气候，较耐寒。要求通风和排水良好环境，对土壤要求不严。

[繁殖] 扦插、压条、嫁接或播种繁殖。

[用途] 世界主要水果树种之一，是园林垂直绿化结合生产的理想树种。常用于长廊、门廊、棚架、花架等。翠叶满架，硕果晶莹，为果、叶兼赏的好材料。

（二）蛇葡萄属 Ampelopsis Michx.

与葡萄属的区别是：髓心白色。花两性，多为聚伞花序，与叶对生或顶生；花萼全缘，花瓣离生，逐片脱落；花柱细长。

约25种，我国15种。

葎叶蛇葡萄 Ampelopsis humulifolia Bunge（图7-195）

[识别要点] 落叶藤本，长达6m，小枝无毛。单叶，卵圆形，长、宽为7~12cm，基部心形或近平截，3~5中裂或近深裂，中裂片近三角形，叶缘具粗锯齿，表面无毛，背面苍白色，脉腋具黄绿色簇生毛。聚伞花序与叶对生，梗上有毛，花黄绿色。果径6~8mm，熟时鲜蓝色。花期5~6月；果熟期8~9月。

[分布] 东北南部、华北至陕西、甘肃、安徽等。

[习性] 喜光，耐干旱瘠薄土壤，适应性强，长势旺。

[用途] 优良垂直绿化树种，用于

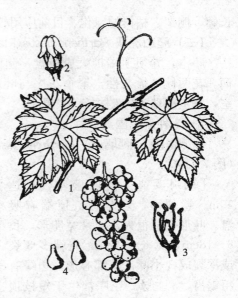

图7-194 葡萄
1. 果枝　2. 花　3. 花瓣脱落（示雄蕊、雌蕊及花盘）　4. 种子

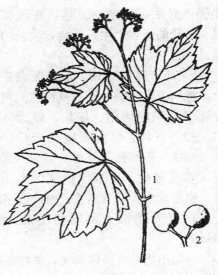

图7-195 葎叶蛇葡萄
1. 花枝　2. 果

长廊、棚架、枯树的绿化。目前应用较少，应推广使用。

（三）爬山虎属 *Parthenocissus* Planch.

藤本，卷须顶端扩大成吸盘，髓白色。叶互生，掌状复叶或单叶，具长柄。花两性，稀杂性，聚伞花序与叶对生；花部常 5 数；花瓣离生；子房 2 室，每室胚珠 2，花柱长。浆果小。

约 15 种；我国约 9 种。

1. 爬山虎（爬墙虎）*Parthenocissus tricuspidata*（Sieb. et Zucc.）Planch.（图 7 - 196）

[识别要点] 落叶藤本，长达 20m。卷须短，多分枝，顶端有吸盘。叶形变异很大，通常宽卵形，长 8～18cm，宽 6～16cm，先端多 3 裂或深裂成 3 小叶，基部心形，边缘有粗锯齿，3 主脉。花序常生于短枝顶端两叶之间，花黄绿色。果球形，径 6～8mm，蓝黑色，被白粉。花期 6 月；果期 10 月。

[分布] 华南、华北至东北各地。

[习性] 对土壤及气候适应能力很强，喜阴，耐寒，耐旱，在较阴湿、肥沃的土壤中生长最佳，生长力强。

[用途] 蔓茎纵横，能借吸盘攀附，且秋季叶色变为红色或橙色。可配置于建筑物墙壁、墙垣、庭园入口、假山石峰、桥头石壁或老树干上。对氯气抗性强，可作工矿区、居民区垂直绿化，亦可作护坡保土植被，也是盘山公路及高速公路挖方路段绿化的好材料。

图 7 - 196　爬山虎
1. 花枝　2. 果枝　3. 花　4. 花药背、腹面　5. 雌蕊

2. 五叶地锦（美国爬山虎、美国地锦）*Parthenocissus quinquefolia* Planch.

与爬山虎的主要区别是：掌状复叶，小叶 5，质较厚，叶缘具大而圆的粗锯齿。

[分布] 原产于北美洲，在我国北京、东北等地有栽培，生长良好。

三十七、杜英科 Elaeocarpaceae

乔木或灌木。单叶，互生或对生，有托叶或缺。花两性或杂性，单生、簇生或总状花序；萼片4～5；花瓣4～5或缺；雄蕊多数，有花盘；子房上位，2至多室，每室胚珠2至多数。核果或蒴果，有时外果皮有针刺。

12属400种，分布于热带、亚热带；我国3属51种，产于西南至华东。

（一）猴欢喜属 Sloanea L.

乔木。叶互生，具长柄。花两性，单生、簇生叶腋或成顶生圆锥花序；萼片4～5，花瓣4～5或缺；雄蕊多数，生于肥厚花盘上，花丝短；子房3～7室，具沟纹，有毛。蒴果具刺，室背3～7瓣裂，外果皮木质，内果皮薄革质；种子常具假种皮，包被种子下半部。

约120种，分布于热带、亚热带；我国约13种。

1. 猴欢喜 Sloanea sinensis (Hance) Hemsl.（图7-197）

［识别要点］高达20m，树皮灰白至灰黑褐色。叶近倒卵形或椭圆形，长6～12cm，宽3～5cm，先端骤渐尖，全缘或上部具疏齿，无毛，侧脉5～7对，叶柄长1～4cm。花腋生；萼片4；花瓣4，上端撕裂。果径2～5cm，针刺长1～1.5cm；种子黑色。花期5～6月；果期10月。

［分布］浙江、福建、江西、湖南、安徽、广东、广西、贵州。

［习性］喜温暖湿润气候，不耐寒，喜深厚肥沃土壤。

［用途］用材及绿化观赏树种，可作行道树、庭荫树。

图7-197 猴欢喜
1. 花枝 2. 雌蕊 3. 雄蕊 4. 花瓣

2. 仿栗 Sloanea hemsleyana (Ito) Rehd. et Wils.（图7-198）

［识别要点］常绿大乔木，高20～25m。叶薄革质，窄倒卵形或倒披针形，长10～15（20）cm，宽3～5cm，顶端急尖或渐尖，叶背无毛，叶柄长1～2.5cm。蒴果裂成4～5瓣，稀3～6瓣，瓣长2.5～5cm，厚3～5mm，刺长1～2mm；种子亮黑色，长1～1.5cm，下半部具黄褐色假种皮。花期7月；果

期 8～9 月。

[分布] 陕西、甘肃、湖北、湖南、广西及西南。

[习性] 喜光，稍耐阴。喜温暖湿润气候，稍耐寒。喜深厚肥沃、排水良好的土壤。生长快，根系发达。

[用途] 用材及绿化观赏树种，可作行道树、庭荫树。

(二) 杜英属 Elaeocarpus Linn.

常绿乔木。叶互生，有托叶。花常两性，腋生总状花序；萼片 4～6；花瓣4～6，白色，顶端常撕裂；雄蕊 8 至多数，具外生花盘；子房 2～5 室，每室胚珠 2～6。核果，内果皮硬骨质，表面常有沟纹；每室具 1 种子。

约 200 种；我国约 38 种，产东南至西南。

1. 杜英 (山杜英、胆八树) Elaeocarpus sylvestris (Lour.) Poir. (图 7-199)

[识别要点] 乔木，高达 20m。小枝及叶无毛，小枝红褐色。叶片倒卵形，长 4～8cm，叶缘有钝锯齿，脉腋有时具腺体，绿叶中常存有鲜红的老叶。花瓣上部 10 裂，外被毛；雄蕊 13～15。果长 1～1.2cm。花期 6～8 月；果期10～12 月。

[分布] 浙江、福建、江西、湖南、广东、广西、贵州、云南。

[习性] 喜温暖湿润气候，稍耐阴，不耐寒，不耐积水。抗二氧化硫。根系发达，萌芽力强，耐修剪。

[繁殖] 播种或扦插繁殖。

[用途] 树冠圆整，枝叶繁茂，秋

图 7-198　仿栗
1. 花枝　2. 雄蕊　3. 果

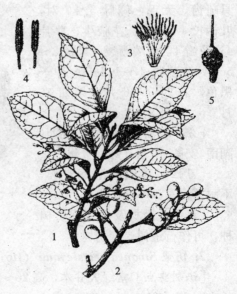

图 7-199　杜英
1. 花枝　2. 果枝　3. 花瓣
4. 雄蕊　5. 雌蕊

冬、早春叶片常显绯红色，红绿相间，鲜艳夺目，可用于工矿企业绿化。

2. 中华杜英 *Elaeocarpus chinensis* (Gardn. et Champ) Hook. f.（图7-200）

［识别要点］小乔木。小枝被短柔毛。叶片卵状披针形至披针形，长5～8cm，两面无毛，下面有黑色腺点，叶缘有钝锯齿。花瓣先端有锯齿，雄蕊8～10。果长7mm。

［分布］浙江、福建、江西、广东、广西、贵州、云南。

其余同杜英。

三十八、椴树科 Tiliaceae

乔木或灌木，稀为草本。树皮富含纤维。单叶互生，全缘或具锯齿或分裂；托叶小，常早落。花两性或单性，整齐；聚伞或圆锥花序；萼片5，稀3或4；花瓣与萼片同数，基部常有腺体；雄蕊常多数，分离或成束；子房上位，2～6室或更多，每室胚珠1至多数，中轴胎座。浆果、核果、坚果或蒴果。

约52属500种；我国13属85种，主产长江以南。

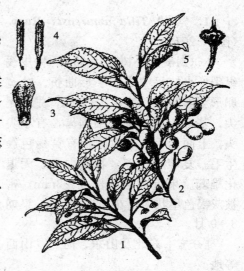

图7-200　中华杜英
1. 花枝　2. 果枝　3. 花瓣
4. 雄蕊　5. 雌蕊

（一）椴树属 *Tilia* L.

落叶乔木。顶芽缺，侧芽单生，芽鳞2。脉掌状3～7，叶基常心形或平截，偏斜，缘有锯齿，具长柄。花两性，花序梗下部有一枚大而宿存的舌状或带状苞片连生；花瓣基部常有1腺体；子房5室，每室胚珠2。坚果，稀浆果；种子1～3。

约80种，主产北温带；我国约32种，南北均产。

分 种 检 索 表

1. 叶片下面仅脉腋有毛，上面无毛
  2. 叶片先端不分裂，或偶分裂，锯齿有芒尖 ……………………… 1. 紫椴 *T. amurensis*
  2. 叶片先端常3裂，锯齿粗而疏 ……………………………………… 2. 蒙古椴 *T. mongolica*
1. 叶下面密被星状毛
  3. 叶缘锯齿有芒状尖头，长1～2mm；果有5条突起的棱脊 … 3. 糠椴 *T. mandshurica*
  3. 叶缘锯齿先端短尖；果无棱脊，有疣状突起 ……………… 4. 南京椴 *T. miqueliana*

1. 紫椴 *Tilia amurensis* Rupr.
（图 7 - 201）

［识别要点］树高达 30m。树皮浅纵裂。小枝呈"之"字形曲折。叶宽卵形至卵圆形，长 4.5～6cm，先端尾尖，基部心形，缘具细锯齿，有小尖头，上面无毛，下面脉腋有黄褐色簇生毛。复聚伞花序，花黄白色，无退化雄蕊。果近球形，长 5～8mm，密被灰褐色星状毛。花期 6～7 月；果期 8～9 月。

［分布］东北及山东、河北、山西等地。

［用途］树体高大，树姿优美，夏季黄花满树，秋季叶色变黄，花序梗上的舌状苞片奇特美观，是卓越的行道树和绿荫树。

2. 蒙古椴 *Tilia mongolica* Maxim. （图 7 - 202）

与紫椴的主要区别是：叶近圆形，上部常缺刻状 3 裂，缘具不整齐粗锯齿；下面苍白色，脉腋有簇毛；花有退化雄蕊。果密被短绒毛。花期 7 月；果期 9 月。

［分布］分布于河南、河北、山西、辽宁、内蒙古。

3. 糠椴（大叶椴）*Tilia mandshurica* Rupr. et Maxim. （图 7 - 203）

［识别要点］树高达 20m。树冠广卵形，小枝、芽、叶均密被灰白色星状毛。叶近圆形至宽卵形，长 5～15cm，基部稍偏斜；缘具整齐的粗锯齿，齿端芒尖，长 1～2cm。退化雄蕊花瓣状；

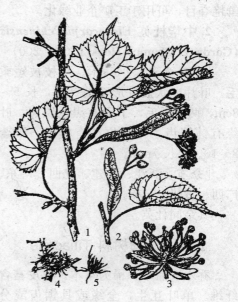

图 7 - 201 紫 椴
1. 花枝　2. 果枝　3. 花　4、5. 叶下脉腋簇生毛

图 7 - 202 蒙古椴

苞片下面密被星状短毛。果径 9mm，有 5 条突起棱脊，密被黄褐色星状短绒毛。

［分布］东北、内蒙古、河北、山东、江苏北部。

图 7 - 203 糠 椴

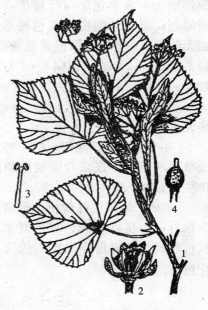

图 7 - 204 南京椴
1. 花枝 2. 花 3. 雄蕊 4. 雌蕊

4. 南京椴（密克椴、米格椴）Tilia miqueliana Maxim.（图 7 - 204）

［识别要点］树高达 20m。小枝、芽、叶下面、叶柄、苞片两面、花序柄、花萼、果实均密被灰白色星状毛。叶卵圆形至三角状卵圆形，基部偏斜，缘具粗锯齿，有短尖头；上面深绿色，无毛。退化雄蕊花瓣状。果球形，径 9mm，无棱。

［分布］江苏、浙江、安徽、江西等地。

（二）扁担杆属 Grewia L.

灌木或乔木，直立或攀缘状，有星状毛。叶互生，基部 3～5 出脉。花丛生或排成聚伞花序或有时花序与叶对生；花萼显著；花瓣基部有腺体；雄蕊多数；子房 5 室，每室胚珠 2～8。核果 2～4 裂。

约 150 种；我国约 30 种，主产长江以南。

扁担杆（娃娃拳）Grewia biloba G. Don（图 7 - 205）

［识别要点］落叶灌木，高达 3m。小枝密被黄褐色短毛。叶菱状卵形，长

3～9cm，先端渐尖，基部圆形或阔楔形，缘具不规则小锯齿，基部 3 出脉，叶柄、叶背均疏生灰色星状毛，叶柄顶端膨大。聚伞花序与叶对生，花淡黄绿色；萼片外面密生灰色短毛，内面无毛；子房有毛。果橙黄色或红色，径 7～12mm，2 裂。花期 6～7 月；果期 8～10 月。

[分布] 长江流域及其以南各地，华北也有。

[习性] 喜光，耐寒，耐干瘠。对土壤要求不严，在富有腐殖质的土壤中生长更为旺盛。

[用途] 果实橙红鲜艳，可宿存枝头数月，为良好观花、观果灌木。果枝可瓶插。是值得开发推广的园林绿化树种。

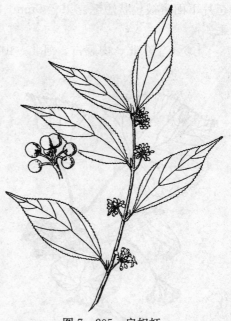

图 7 - 205　扁担杆

三十九、锦葵科 Malvaceae

草本、灌木或乔木。单叶互生，多掌状裂，有托叶。花两性，单生、簇生或聚伞花序；萼 5 裂，常具副萼；花瓣 5，在芽内旋卷；雄蕊多数，花丝合生成筒状；子房上位，2 至多室，中轴胎座。蒴果，室背开裂或分裂为数果瓣。

约 50 属 1 000 种，广布于温带至热带；我国约 16 属 80 种。

木槿属 Hibiscus L.

草本或灌木，稀为乔木。叶掌状脉。花常单生叶腋；花萼 5 裂，宿存，副萼较小；花瓣 5，基部与雄蕊筒合生，大而显著；子房 5 室，花柱顶端 5 裂。蒴果室背 5 裂；种子无毛或有毛。

约 200 种；我国 24 种。

分 种 检 索 表

1. 副萼全部离生，花瓣不分裂，副萼长达 5mm 以上；叶卵形或菱状卵形，不裂或端部 3 浅裂
  2. 叶菱状卵形，端部常 3 浅裂；蒴果密生星状绒毛 ⋯⋯⋯⋯⋯⋯ 1. 木槿 H. syriacus

2. 叶卵形，不裂；蒴果无毛 ······················· 2. 扶桑 *H. rosa - sinensis*
1. 副萼基部合生，副萼长不过 2mm；叶卵状心形，掌状 3～5（7）裂，密被星状毛和短
柔毛 ··· 3. 木芙蓉 *H. mutabilis*

1. 木槿 *Hibiscus syriacus* L.
（图 7 - 206）

图 7 - 206 木 槿
1. 花枝 2. 果枝 3. 花纵剖面

　　［识别要点］落叶灌木。小枝幼时密被绒毛，后脱落。叶菱状卵形，基部楔形，端部常 3 裂，3 出脉，边缘有钝齿，仅背面脉上稍有毛。花单生枝端叶腋，单瓣或重瓣，淡紫、红白等色。蒴果卵圆形，密生星状绒毛。花期 6～9 月；果 9～11 月成熟。

　　［分布］原产东亚，我国东北南部至华南各地有栽培。

　　［习性］喜光，耐半阴；喜温暖湿润气候，也耐寒；适应性强，耐干瘠，不耐积水。萌蘖性强，耐修剪。对二氧化硫、氯气等抗性较强。

　　［用途］夏秋开花，花期长而花朵大，且有许多不同花色、花形的变种和品种，是优良的园林观花树种。常作围篱及基础种植材料，也宜丛植于草坪、路边或林缘。因具有较强抗性，故也是工厂绿化的好树种。

2. 扶桑（朱槿）*Hibiscus rosa - sinensis* L. （图 7 - 207）

　　［识别要点］落叶大灌木，高达 6m。叶卵形至长卵形，缘有粗齿，基部全缘，3 出脉，表面有光泽。花冠通常鲜红色，径 6～10cm，花丝和花柱较长，伸出花冠外，近顶端有关节。蒴果卵球形，顶端有短喙。全年花开不断，夏秋最盛。

　　重瓣扶桑（var. *rubro - plenus* Sweet）：花重瓣，花色多样。

　　［分布］产于华南，包括福建、台湾、广东、广西、云南、四川等。

　　［习性］喜光，喜温暖湿润气候，不耐寒。长江流域及其以北地区需温室越冬。

　　［用途］美丽的观赏花木，花大色艳，花期长，花色有红、粉红、橙黄、黄、粉边红心及白色等，有单瓣和重瓣。盆栽扶桑是布置节日公园、花坛、宾

馆、会场及家庭的好材料。马来西亚国花。

3. 木芙蓉（芙蓉花）*Hibiscus mutabilis* L.（图 7 - 208）

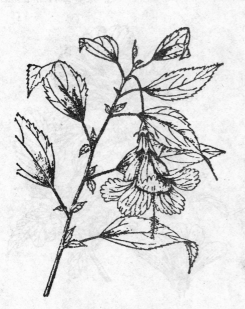

图 7 - 207　扶　桑　　　　　　　　图 7 - 208　木芙蓉

　　[识别要点] 落叶灌木或小乔木。小枝、叶片、叶柄、花萼均密被星状毛和短柔毛。叶广卵形，掌状 3～5（7）裂，基部心形，缘有浅钝齿。花大，单生枝端叶腋，花冠白色、淡紫色，后变深红色；花梗长 5～8cm，近顶端有关节。蒴果扁球形，有黄色刚毛及绵毛，果瓣 5；种子肾形，有长毛。花期 9～10 月；果 10～11 月成熟。

　　[分布] 原产我国西南部，华南至黄河流域以南广泛栽培，成都最盛，故称"蓉城"。

　　[习性] 喜光，稍耐阴；喜温暖湿润气候，不耐寒，在长江流域及其以北地区露地栽培时，冬季地上部分常冻死，但第二年春季能从根部萌发新条，秋季能正常开花。生长较快，萌蘖性强。对二氧化硫抗性特强，对氯气、氯化氢也有一定抗性。

　　[用途] 秋季开花，花大而美，花色、花形随品种不同丰富变化，是一种很好的观花树种。因喜水，种在池旁水畔最为适宜。花开时波光花影，互相掩映，景色妩媚，因此有"照水芙蓉"之称。此外，植于庭院、坡地、路边、林缘及建筑前，或栽作花篱，都很合适。

四十、木棉科 Bombacaceae

乔木。单叶或掌状复叶，互生，托叶早落。花两性，大而美丽，单生或圆锥花序；具副萼，萼5裂；花瓣5，稀缺；雄蕊5至多数，花丝合生成筒状或分离；子房上位，2~5室，每室胚珠2至多数，中轴胎座。蒴果，室背开裂或不裂，果皮内壁有长毛。

约20属180种，主产美洲热带；我国1属2种，引入栽培6属10种，主产华南。

木棉属 *Gossampinus* Buch. - Ham.

落叶大乔木，茎常具粗皮刺，髓心大而疏松。掌状复叶，小叶全缘，无毛。花单生，常红色，先叶开放；花萼杯状，不规则5裂；花瓣5，倒卵形；雄蕊多数，排成多轮，外轮花丝合成5束；子房5室，柱头5裂，胚珠多数。蒴果木质，室间5裂。

约50种，产于亚洲；我国2种。

木棉（攀枝花） *Gossampinus malabarica* （**DC.**） **Merr.** （图7 - 209）

[识别要点] 树高达40m。树干端直，树皮灰白色，枝轮生、平展。幼树树干及枝具圆锥形皮刺。小叶5~7，长椭圆形，长7~17cm，全缘，先端尾尖。花大，径约10cm，簇生枝端；花萼长3~4.5cm；花瓣5，红色，

图7 - 209　木棉

厚肉质；雄蕊多数，排成3轮，最外轮集生为5束。果椭圆形，长15~20cm，内有棉毛；种子多数，黑色。花期2~3月，先叶开放；果6~7月成熟。

[分布] 福建、台湾、广西、广东、四川、云南、贵州等地。

[习性] 喜光，喜暖热气候，为热带季雨林的代表种。很不耐寒，较耐干旱。深根性，萌芽力强，生长迅速。树皮厚，耐火烧。

[用途] 树形高大雄伟，树冠整齐，早春先叶开花，如火如荼，十分红艳美丽。在华南各城市栽作行道树、庭荫树及庭园观赏树，开花时最美丽、最耀眼。杨万里有"即是南中春色别，满城都是木棉花"的诗句。木棉是广州市市花。

四十一、梧桐科 Sterculiaceae

乔木或灌木，稀草本或藤本。植物体幼嫩部分常被星状毛。单叶互生，偶为掌状复叶，托叶早落。花两性、单性或杂性，聚伞或圆锥花序；花瓣 5 或缺；雄蕊多数，花丝常连合成管状，稀少数而分离，外轮常有退化雄蕊 5；上位子房，心皮 5（2～10），连合或分离，胚珠 2 至多数，中轴胎座，稀为单心皮。蓇葖果、蒴果，稀浆果或核果。

约 68 属 1 100 种，主产热带及亚热带；我国 19 属 82 种，分布于南部至西南部。

（一）梧桐属 Firmiana Mars.

落叶乔木。小枝粗壮。顶芽发达，密被锈色绒毛。单叶互生，掌状分裂。花单性，圆锥花序顶生；萼 5 深裂，花瓣状，白色、绿色或紫红色；无花瓣；雄蕊 5～15，花药聚生于雄蕊筒顶端；子房有柄，5 心皮，5 室，基部分离，花柱合生，每室胚珠 2 至多个。蓇葖果成熟前沿腹缝线开裂，果瓣匙状，膜质，有 2～4 种子着生于果瓣近基部的边缘；种子球形，种皮皱缩。

共 15 种；我国 3 种，主产华南和西南。

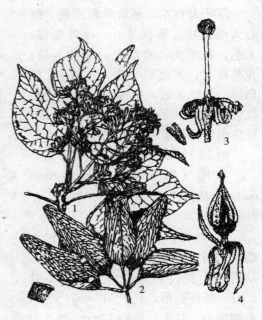

图 7 - 210 梧 桐
1. 花枝　2. 果　3. 雄花　4. 雌花

梧桐（青梧）Firmiana simplex（L. f.）Mars.（图 7 - 210）

[识别要点] 落叶乔木，树高达 16m。树干端直，树冠卵圆形。干、枝翠绿色，平滑。芽鳞被锈色柔毛。单叶互生，掌状 3～5 中裂，裂片全缘，径 15～30cm，基部心形，下面被星状毛，叶柄与叶片近等长。萼裂片长条形，黄绿色带红，向外卷，子房基部有退化雄蕊。果皮开裂成匙形，网脉明显；种子 2～4。花期 6 月；果期 9～10 月。

[分布] 长江以南及西南、华北各地。

[习性] 喜光，喜温暖气候及土层深厚、肥沃、湿润、排水良好、含钙丰富的土壤。深根性，直根粗壮，萌芽力弱，不耐涝，不耐修剪。春季萌芽期较

晚，但秋季落叶很早，故有"梧桐一叶落，天下尽知秋"之说。

[繁殖] 秋季或春季播种繁殖。

[用途]《群芳谱》云："梧桐皮青如翠，叶缺如花，妍雅华净，赏心悦目，人家斋阁多种之"。梧桐树干端直，干枝青翠，绿荫深浓，叶大而形美，且秋季转为金黄色，洁净可爱，为优美的庭荫树和行道树。与棕榈、竹子、芭蕉等配置，点缀假山石园景，协调古雅，具有我国民族风格。"家有梧桐树，招来金凤凰"即为此树。对多种有毒气体有较强抗性，可作工矿区绿化。

（二）可可树属 *Theobroma* L.

常绿乔木。单叶，全缘。花两性，单生或聚伞花序，常生于树干或老枝上；萼5深裂；花瓣5；雄蕊10，其中5枚退化，发育雄蕊1～3枚成一组，与退化雄蕊互生，花丝基部合生成筒状；子房无柄，5室，柱头5裂。核果大；种子多数。

约30种，产热带美洲；我国引栽1种。

可可 *Theobroma cacao* L. （图 7 - 211）

[识别要点] 常绿乔木，高达 12m。树皮厚，灰褐色。嫩枝褐色，被柔毛。叶倒卵状长椭圆形，长 20～30cm，宽 7～10cm，先端长渐尖，基部圆形或近心形，无毛；叶柄长 0.5～2.5cm；幼叶淡红色；托叶早落。聚伞花序，径 1.8cm；萼片粉红色，宿存；花瓣淡黄色。果近椭圆形，长 15～20cm，径 7cm，具 10 纵沟，淡绿色，后变成深黄色或近红色；肉质核果，果皮厚，干后木质，每室种子 12～14；种子卵形，全年开花。

[分布] 原产墨西哥，我国华南、云南南部有栽培。

图 7 - 211 可 可
1. 叶枝 2. 果 3. 种子

[习性] 喜高温，要求年平均气温 24～28℃，年降雨量 1 500mm 以上。在深厚、肥沃、排水良好的壤土或沙壤土上生长良好。不耐低温，不抗风，不耐涝。

[繁殖] 播种繁殖。

[用途] 热带特用经济树种，种子富含维生素、脂肪、蛋白质，是可可粉和巧克力糖的主要原料，是世界三大饮料之一。种子入药。

四十二、猕猴桃科 Actinidiaceae

乔木、灌木或藤本。单叶互生，叶缘常有锯齿，羽状脉，叶有粗毛或星状毛，无托叶。花两性、杂性或单性异株，腋生聚伞或圆锥花序，稀单生；萼片5，花瓣5，覆瓦状排列；雄蕊10或多数，离生或基部合生；子房上位，心皮3～5或多室，胚珠多数，中轴胎座。浆果或蒴果。

3属300余种；我国2属（猕猴桃属、藤山柳属）约80种。

猕猴桃属 *Actinidia* Lindl.

落叶藤本。具实心髓或片状髓。冬芽小，包于膨大的叶柄内。叶缘有齿或偶为全缘，叶柄长。花单生或聚伞花序腋生，杂性或雌雄异株；花萼、花瓣5；雄蕊多数，离生；上位子房，多室，胚珠多数。浆果；种子细小，多数。

约54种；我国52种，主产黄河流域以南，少数在北方有分布。

猕猴桃（中华猕猴桃）*Actinidia chinensis* Planch.（图7-212）

[识别要点] 落叶木质藤本。幼枝密生灰棕色柔毛，老时渐脱落；片状髓，白色。单叶互生，圆形、卵圆形或倒卵形，先端突尖或平截，缘有刺毛状细齿，上面暗绿色，下面灰白色，密生星状绒毛；叶柄密生绒毛。花3～6朵成聚伞花序，乳白色，后变黄，芳香。浆果椭球形，密被棕色茸毛，熟时橙黄色。花期4～5月；果熟期8～9月。

[分布] 我国特有种。分布于黄河及长江流域以南各地，长江流域是其分布中心，以海拔500～1 000 m较多。

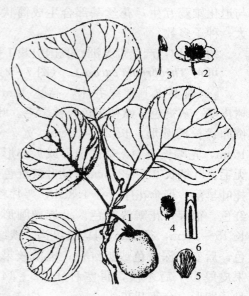

图7-212 猕猴桃
1.果枝 2.花 3.雄蕊 4.雌蕊
5.花瓣 6.髓心

[习性] 喜光，耐半阴；喜温暖湿润气候，较耐寒，能耐-9.6～-20.3℃的极端低温，在年均10℃以上地区能生长；喜深厚、湿润、肥沃的腐殖质土壤。肉质根，不耐涝，不耐旱，主侧根发达，萌芽力强，萌蘖性强，耐修剪。

[繁殖] 播种或扦插繁殖。

[用途] 花大美丽而有芳香，是良好的棚架绿化材料。果实含有多种糖及

维生素，既可生食又可加工成果汁、果酱、果脯、罐头、果酒、果晶等饮料及食品。其果汁对致癌物质亚硝吗啉有较高的阻断率，达 98.5%，有益于身体。根、叶入药，有清热解毒利尿的作用。花是蜜源，也可提取香料。是园林结合生产的好树种。

四十三、山茶科 Theaceae

常绿乔木或灌木，稀落叶。单叶互生，稀对生，革质，羽状脉；无托叶。花两性，通常大而整齐，单生或簇生叶腋，稀形成花序；萼片 5～7，常宿存；花瓣 5，稀 4 或更多；雄蕊多数，有时基部连合或成束；子房上位，2～10 室，每室 2 至多数胚珠，中轴胎座。蒴果，室背开裂，浆果或核果状不开裂。

约 28 属 700 余种，产热带至亚热带；我国 15 属 350 余种，主产长江流域以南。

分 属 检 索 表

1. 蒴果，开裂
  2. 种子大，球形，无翅；芽鳞 5 枚以上 ……………………………（一）山茶属 Camellia
  2. 种子小而扁，边缘有翅；芽鳞 3～4 枚 …………………………（二）木荷属 Schima
1. 浆果，不开裂；叶簇生于枝端，侧脉不明显 …………（三）厚皮香属 Ternstroemia

（一）山茶属 Camellia L.

常绿小乔木或灌木。叶互生，革质，有锯齿，具短柄。花单生或簇生叶腋；萼片 5 至多数；花瓣 5；雄蕊多数，2 轮，外轮花丝连合，着生于花瓣基部，内轮花丝分离；子房上位，3～5 室，每室 4～6 胚珠。蒴果，室背开裂；种子球形或有角棱，无翅。

约 200 种；我国 190 余种，主产南部及西南部。

分 种 检 索 表

1. 花大，径 4～19cm，无花梗或近无梗；果皮厚
  2. 子房无毛
    3. 叶片倒卵状矩圆形；花瓣先端 2 裂；果径 4～16cm，每室 8 种子 …………………
    …………………………………………………… 1. 红花油茶 C. chekiangoleosa
    3. 叶片卵形至椭圆形；花瓣先端凹陷；果径 2～3cm，每室 1 种子 …………………
    …………………………………………………………………… 2. 山茶 C. japonica
  2. 子房被毛

4. 花红色，径 8～19cm；小枝及叶柄无毛 ·················· 3. 云南山茶 *C. reticulata*

4. 花白色，径 4～6.5cm；芽鳞、叶柄、果皮均有毛

　5. 芽鳞表面有粗长毛，叶卵状椭圆形 ·················· 4. 油茶 *C. oleifera*

　5. 芽鳞表面有倒生柔毛，叶椭圆形至长椭圆状卵形 ········· 5. 茶梅 *C. sasangua*

1. 花较小，径 4cm 以下，具下弯花梗，萼片宿存；果皮薄

6. 花白色，子房有毛 ····································· 6. 茶 *C. sinensis*

6. 花黄色，子房无毛 ······························· 7. 金花茶 *C. chrysantha*

1. 红花油茶（浙江红花油茶）*Camellia chekiangoleosa* Hu（图 7 - 213）

[识别要点] 灌木或小乔木，高 3～7m。树皮灰白色或淡褐色，光滑。叶片矩圆形至倒卵状椭圆形，长 8～12cm，宽 2.5～5.5cm，有浅锯齿，两面无毛，表面光亮。花单生枝顶或近顶叶生；苞片 14～16，密生柔毛；花瓣 5～7，鲜红色，先端 2 裂；子房无毛。果卵状球形，径 4～6cm；每室种子 3～8。花期 10～12月；果期 8～10月。

[分布] 产浙江南部、安徽南部、福建、江西、湖南等地。

[习性] 喜湿润的酸性黄壤土，萌芽性及抗病虫害能力强。

[繁殖] 播种、扦插或嫁接繁殖。

[用途] 枝叶繁密，叶质地厚实，表面有光泽，冬天开红花，色泽美丽，为优良观花树种。种子含油率28%～33%，榨油可供食用及制肥皂。

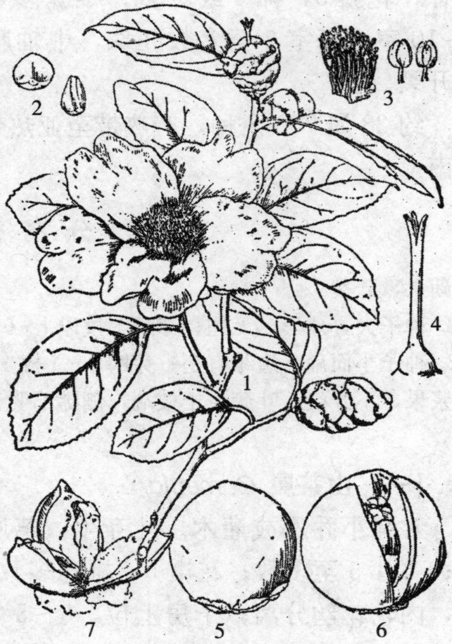

图 7 - 213　红花油茶
1. 花枝　2. 苞片　3. 雄蕊　4. 雌蕊
5～7. 果实未裂、初裂至全裂

2. 山茶 *Camellia japonica* L.

[识别要点] 灌木或小乔木，高达 10～15m。小枝淡绿色或紫绿色。叶互生，长 5～11cm，卵形、倒卵形或椭圆形，先端渐尖，基部楔形，叶缘有细齿，叶表有光泽，网脉不显著。花大红色，无梗，腋生或单生枝顶，花径 6～12cm，萼密被短毛；花瓣 5～7 或重瓣，顶端微凹；花丝基部连合成筒状；子房无毛。果近球形，径 2～3cm，无宿存花萼；种子椭圆形。花期 2～4月；果实 11～12月成熟。

① 白山茶（var. *alba* Lodd.）：花白色。

② 红山茶（var. *anemoniflora* Curtis.）：花红色，5 枚大花瓣。

③ 白洋茶（var. *alba-plena* Lodd.）：花白色，重瓣，6～10 轮，外瓣大，内瓣小，为规则的覆瓦状排列。

④ 紫山茶（var. *liliflora* Mak.）：花紫色，披针形叶。

⑤ 玫瑰山茶（var. *magnoliaeflora* Hort.）：花玫瑰色，近重瓣。

⑥ 重瓣花山茶（var. *polypetala* Mak.）：花白色有红纹，重瓣，密生枝，圆形叶。

⑦ 金鱼茶（var. *spontanea* f. *trifida* Mak.）：花红色，单瓣或重瓣；叶 3 裂似鱼尾，常有斑纹。是观赏珍品。

⑧ 朱顶红（var. *chutinghung* Yu）：花形似红山茶，朱红色，雄蕊 2～3。

⑨ 鱼血红（var. *yuxiehung* Yu）：花色深红，花形美观整齐，花瓣覆瓦状排列，外轮 1～2 瓣有白斑。

⑩ 什样锦（var. *shiyangchin* Yu）：花粉红色，常有白色或红色的条纹与斑点，花形整齐。

［分布］原产我国和日本。秦岭、淮河以南为露地栽培区，东北、华北、西北温室盆栽。

［习性］喜侧方庇荫；喜温暖湿润气候，不耐热，不耐严寒；喜肥沃湿润、排水良好的微酸性土壤（pH5～6.5），不耐盐碱及积水。

［繁殖］扦插或嫁接繁殖。

［用途］我国传统名花，品种达 300 多个，通常分 3 个类型：单瓣、半重瓣、重瓣。本种叶色翠绿而有光泽，四季常青，花朵大，花色美，从 11 月即可开始观赏早花品种，晚花品种次年 3 月盛开，故观赏期长达 5 个月。开花期正值其他花较少的季节，故更为珍贵。材质优良，可细加工。种子含油率 45％以上，为高级食用油。花、根入药，性凉，有解毒清热、止血之功能。

3. 云南山茶（滇山茶）*Camellia reticulata* Lindl.（图 7 - 214）

［识别要点］常绿小乔木或大灌木，高 3～11m。小枝灰褐色，

图 7 - 214　云南山茶

无毛。叶片椭圆状卵形至卵状披针形，长7～12cm，锯齿细尖，叶表深绿而无光泽，网状脉显著。花大，淡红色至深紫色，多重瓣；2～3朵腋生或单生枝顶，无花柄；萼片大，内方数枚呈花瓣状；子房密被绒毛。蒴果扁球形，木质，无宿存萼片，内有种子1～3。花期12月至翌年4月。

[分布] 原产云南西部及中部海拔1 900～2 600m的沟谷、阴坡湿润地带，云南境内广泛栽培。

[习性] 喜侧方庇荫；喜温暖湿润气候，耐寒性比红山茶弱，畏严寒酷暑；喜肥沃、湿润、排水良好的微酸性土壤，不耐盐碱及积水。

[繁殖] 扦插或嫁接繁殖。

[用途] 我国特产，云南省著名花木，全世界享有盛名。叶常绿，花艳丽，花朵繁密，妍丽可爱，花开时如天边云霞，形成一片花海。变种及品种达百余个，有很高的观赏价值和经济价值。

4. 油茶 *Camellia oleifera* Abel（图7-215）

[识别要点] 小乔木或灌木。树皮淡黄褐色，光滑不裂。幼枝红褐色，稍有毛。芽鳞有金黄色长毛。叶卵状椭圆形，厚革质，有锯齿；叶柄有毛。花白色，1～3朵腋生或顶生，无花梗；萼片多数，脱落；花瓣5～7，顶端2裂；雄蕊多数，外轮花丝仅基部合生；子房密生白色丝状绒毛。蒴果厚木质，2～3裂；种子1～3粒，黑褐色，有棱角。花期10～12月；果次年9～10月成熟。

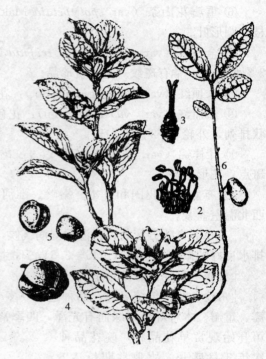

图7-215 油茶
1.花枝 2.雄蕊 3.雌蕊 4.果 5.种子 6.幼苗

[分布] 产于长江流域以南各地，以河南南部为北界。

[习性] 喜温暖湿润气候，适宜年均温15～25℃，能忍受短期低温；喜光，幼年稍耐阴；喜深厚、肥沃、排水良好的酸性土壤（pH4.5～6）。深根性，生长慢，寿命长。

[繁殖] 播种或扦插繁殖。

[用途] 重要木本油料树种及蜜源植物。种子含油率 28%～38%，供食用及制造人造黄油或医药用。

5. 茶梅 *Camellia sasangua* Thunb. （图 7-216）

[识别要点] 小乔木或灌木，高 3～13m，分枝稀疏。小枝、芽鳞、叶柄、子房、果皮均有毛，且芽鳞表面有倒生柔毛。叶椭圆形至长卵形。花白色，无柄，径 3.5～7cm。蒴果，无宿存花萼，内有种子 3 粒。花期 11 月至翌年 1 月。

[分布] 长江以南地区。

[习性] 性强健，喜光，喜温暖湿润环境，稍耐阴，不耐严寒和干旱，喜酸性土，有一定的抗旱性。

[繁殖] 播种、嫁接或扦插繁殖。

[用途] 可作基础种植及常绿篱垣材料，开花时为花篱，落花后又为常绿绿篱，故很受欢迎。

图 7-216 茶梅

6. 茶 *Camellia sinensis* （L.） O. Ktze. （图 7-217）

[识别要点] 灌木或乔木，高 1～6m。常呈丛生灌木状。叶革质，长椭圆形，叶端渐尖或微凹，基部楔形，叶缘浅锯齿，侧脉明显，背面幼时有毛。花白色，芳香，1～4 朵腋生；花梗下弯；萼片 5～7；花瓣 5～9；子房有长毛，花柱顶端 3 裂。蒴果扁球形，萼宿存；种子棕褐色。花期 10 月；果翌年 10 月成熟。

[分布] 原产我国，栽培历史悠久，现长江流域以南各地均有栽培。

[习性] 喜温暖湿润气候，适宜年均温 15～25℃，能忍受短期低温；喜光，稍耐阴；喜深厚肥沃、排水良好的酸性土壤。深根性，生长慢，寿命长。

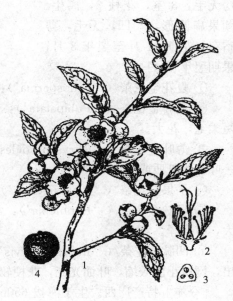

图 7-217 茶
1. 花枝　2. 去花萼、花瓣后的花纵剖面
3. 子房横剖面　4. 果（未开裂）

［繁殖］播种或扦插繁殖。

［用途］花色白芳香，在园林中可作绿篱栽培，可结合茶叶生产，是园林结合生产的好灌木。

7. 金花茶 *Camellia chrysantha* **(Hu) Thyama.** （图7-218）

［识别要点］灌木或小乔木，高2～6m。干皮灰白色，平滑。嫩枝无毛。叶长椭圆形至宽披针形，长11～17cm，宽2.5～5cm，先端渐尖，叶基楔形，叶表侧脉显著下凹，革质。花1～3朵腋生；苞片、萼片各5；花瓣金黄色，10～12枚；子房无毛，3室，花柱3，离生。蒴果扁圆形，端凹，无毛，萼宿存。花期11月至翌年3月，果期翌年10月。

图7-218 金花茶
1. 花枝 2. 果

① 夏花金花茶（'Ptilosperma'）：常绿大灌木或小乔木。花期5～11月。

② 毛瓣金花茶（'Pubipelata'）：常绿小乔木或灌木，枝、叶、花、果被短柔毛，花大。

③ 薄叶金花茶（'Chrysanthoides'）：常绿灌木，叶较薄，是金花茶中惟一叶片为纸质或膜质的种。

④ 平果金花茶（'Pingguoensis'）：常绿灌木，花瓣薄，淡黄色。

⑤ 显脉金花茶（'Euphlebia'）：常绿小乔木或灌木，叶脉明显，叶片宽大，有光泽。

⑥ 凹脉金花茶（'Impressinervis'）：常绿小乔木或灌木，叶脉向叶背凸出，网状小脉皱缩，叶面光亮，花梗较粗大，花瓣较多。

［分布］特产广西。生于海拔650m以下的常绿阔叶林或溪谷旁。近年各地引种。

［习性］喜温暖湿润环境，稍耐阴，不耐严寒和干旱，喜酸性土。

［繁殖］嫁接或扦插繁殖。

[用途] 我国最早发现的开黄花的山茶，多数种具蜡质光泽，晶莹可爱，秀丽雅致，是山茶类群中的"茶族皇后"、园艺珍品、茶花育种的重要亲本材料。国家一级重点保护树种。

(二) 木荷属 *Schima* Reinw. ex Bl.

常绿乔木。芽鳞少数。单叶互生，革质，全缘或有钝齿。花两性，单生或短总状花序，腋生，具长柄；萼片5，宿存；花瓣5，白色；雄蕊多数，花丝附生于花瓣基部；子房5室，每室具2～6胚珠。蒴果球形，木质，室背5裂；萼片宿存；种子肾形，扁平，边缘有翅。

共30种；我国19种，主产华南及西南。

木荷 *Schima superba* Gardn. et Champ（图7-219）

[识别要点] 常绿乔木。树高达30m。树冠广卵形。树皮褐色，深纵裂。嫩枝带紫色，略有毛。冬芽卵状圆锥形，被白色柔毛。叶卵状长椭圆形至矩圆形，长10～12cm，宽2.5～

图7-219　木　荷
1. 花枝　2. 果　3. 示雌蕊　4. 部分花瓣
（示雄蕊）　5. 种子

5cm，叶端渐尖，叶基楔形，叶缘中部以上有钝锯齿，叶背绿色无毛。花白色，芳香；子房基部密被细毛。蒴果球形，径约1.5cm。花期5月；果9～11月成熟。

[分布] 原产华南、西南。长江流域以南广泛分布。

[习性] 喜光，适生于温暖气候及肥沃酸性土壤。萌芽力强，生长较快。

[繁殖] 播种繁殖。

[用途] 树冠浓荫，花芳香，可作庭荫树、风景树。叶质厚，不易着火，是营造防护林的好树种。

(三) 厚皮香属 *Ternstroemia* Mutis ex L. f.

常绿乔木或灌木。芽鳞多数。叶常簇生枝顶，革质，全缘，侧脉不明显。花两性，单生叶腋；萼片5，宿存；花瓣5；雄蕊多数，2轮排列，花丝连合；子房2～4室，每室胚珠2至多数。果为浆果状；种子2～4粒。

共90种；我国13种，主产长江以南各地。

厚皮香 *Ternstroemia gymnanthera* (Wight et Arn.)Sprague(图 7-220)

[识别要点] 小乔木或灌木,高3～8m。全株无毛。叶通常集生于枝顶,全缘,椭圆形至椭圆状倒披针形,先端钝尖,叶基渐窄且下延,叶表中脉显著下凹,侧脉不明显。花淡黄白色,生于当年生无叶的枝上或叶柄。浆果球形,成熟时紫红色,花柱及萼片均宿存。花期7～8月;种子每室1粒。

[分布] 湖北、湖南、贵州、云南、广西、广东、福建、台湾等地。

[习性] 喜温热湿润气候,不耐寒,喜光也较耐阴。在自然界多生于海拔700～3 500m 的酸性土山坡及林地。

[繁殖] 播种繁殖。

[用途] 树冠整齐,枝叶繁茂,光洁可爱,叶青绿,花黄色,姿色不凡。故植庭园供观赏。

图 7 - 220　厚皮香
1. 果枝　2. 花枝　3. 花

四十四、山竹子科（藤黄科）Clusiaceae

乔木、灌木或草本。常有黄色树脂。单叶对生或轮生,全缘,羽状脉,有腺点;无托叶。花两性或单性,单生或成各式花序;萼片、花瓣各（2）4～5（6）;雄蕊多数,花丝分离或合生成束;子房上位,常 3～5 心皮,1 至多室,胚珠多数。蒴果、浆果或核果。

约 10 属 400 种;我国 3 属 60 种。

分 属 检 索 表

1. 花两性,种子无假种皮 ……………………………………………………（一）金丝桃属 *Hypericum*
1. 花单性,种子有假种皮 ……………………………………………………（二）山竹子属 *Garcinia*

（一）金丝桃属 *Hypericum* L.

多年生草本或灌木。单叶对生或轮生,无柄或具短柄,全缘,有透明或黑色腺点;无托叶。花两性或单性,常为聚伞花序或单生,黄色;萼片、花瓣各（4）5;雄蕊合生为 3～5 束;上位子房,花柱 3～5。蒴果,室间开裂;种子圆筒状，无翅，无假种皮。

约 400 种；我国约 55 种 8 亚种。

分 种 检 索 表

1. 小枝圆柱形；花丝长于花瓣，花柱合生，仅端 5 裂 ┄┄┄┄┄┄┄┄ 1. 金丝桃 *H. chinense*
1. 小枝有 2~4 棱；花丝短于花瓣，花柱 5 枚，分离┄┄┄┄┄┄ 2. 金丝梅 *H. patulum*

1. 金丝桃 *Hypericum chinense* L.（图 7 - 221）

［识别要点］常绿、半常绿或落叶灌木，高 0.5~1m。全株光滑无毛。小枝圆柱形，红褐色。叶无柄，长椭圆形，长4~8cm，基部渐狭而稍抱茎，上面绿色，背面粉绿色，网脉明显。花单生或 3~7 朵成聚伞花序；花瓣5，鲜黄色；雄蕊多数，5束，较花瓣长；花柱连合，仅顶端5裂。蒴果卵圆形。花期6~7月；果期8~9月。

［分布］河北、山东、河南、陕西、江苏、浙江、福建、台湾、广东、广西、贵州、四川等。

［习性］喜光，稍耐阴，稍耐寒，喜肥沃中性沙壤土，忌积水。常野生于湿润河谷或溪旁半阴坡。萌芽力强，耐修剪。

［繁殖］播种、扦插或分株繁殖。

［用途］花似桃花，花丝金黄，花叶秀丽，仲夏叶色嫩绿，黄花密集，是南方庭院中常见的观赏花木，也可作切花材料。列植、丛植于路

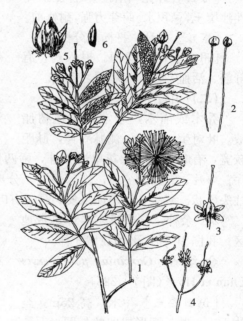

图 7 - 221　金丝桃
1. 花枝　2. 雄蕊　3. 雌蕊　4. 果序
5. 开裂的果实　6. 种子

旁、草坪边缘、花坛边缘、门庭两旁均可，也可植为花篱。果可治百日咳，根有祛风湿、止咳、治腰痛之效。

2. 金丝梅 *Hypericum patulum* Thunb.（图 7 - 222）

［识别要点］半常绿或常绿灌木，高0.3~1.5m。幼枝 2~4 棱。叶披针形或长圆状披针形，长 1.5~6cm，宽 0.5~3cm，表面绿色，背面苍白色。伞房花序有花1~15朵，金黄色；雄蕊5束，长于花瓣。蒴果，宽卵形；种子略为圆柱形。花

期6～7月;果期8～9月。

与金丝桃的主要区别是:幼枝2～4棱。叶卵形至卵状长圆形。雄蕊短于花瓣,花柱离生。比金丝桃耐寒。

[分布]河南伏牛山、陕西商县等、甘肃东南部、江苏、浙江、福建、台湾、广东、广西、贵州、四川等。

[习性]喜光,稍耐寒,喜肥沃中性沙壤土,忌积水。萌芽力强,耐修剪。

[繁殖]播种、扦插或分株繁殖。

[用途]同金丝梅。根入药,有舒筋、活血、催乳、利尿之功效。

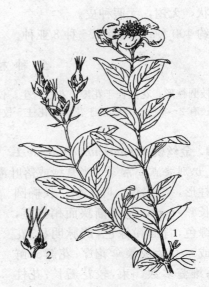

图7-222 金丝梅
1. 植株上部 2. 果实

(二) 山竹子属 Garcinia L.

乔木或灌木,通常具黄色树脂液。叶对生,全缘,侧脉斜伸,脉距较宽,有时有托叶。花单性异株,稀两性或杂性,单生或排成聚伞、圆锥花序;萼片、花瓣通常4;雄蕊多数,分离或合生成1～5束;花柱极短或无,柱头盾状。浆果,具革质果皮;种子有肉质假种皮,富含油脂。

200余种,分布于东半球热带地区;我国10种,引种栽培3种。

金丝李 Garcinia paucinervis Chun et How (图7-223)

[识别要点]乔木,高25m。全体无毛。叶长圆形或卵状长圆形,长8～13cm,先端渐尖,基部楔形,表面黄绿色或变为黑色,背面苍白色。侧脉5～7对,脉距2cm;叶柄较粗,长8～15mm;托叶小,三角形,早落。聚伞花序;花梗粗壮,长3～5mm;雄花单生叶腋,雄蕊多数,花丝极短,合生成4束,短于花瓣。果长椭圆形,鲜红色,顶部有宿存的半球形柱头;种子1,椭圆形。秋季开

图7-223 金丝李
1. 果枝 2. 花

花；果期翌年 3～4 月。

　　[分布] 云南东部、广西南部等。

　　[习性] 喜光，稍耐寒，喜肥沃中性沙壤土，忌积水。萌芽力强，耐修剪。

　　[繁殖] 播种、扦插或分株繁殖。

　　[用途] 材质硬，强度大，珍贵用材，供建筑、车船、机械及特种用材。果可食。树形美观，为优良行道树。我国华南石灰岩山地或喀斯特地形上造林的首选树种。

四十五、柽柳科 Tamaricaceae

　　落叶小乔木、灌木或草本。单叶互生，叶鳞形，先端尖，无托叶。小枝纤细。花小，两性，整齐，单生或排成穗状、总状或圆锥花序；萼片和花瓣均4～5；雄蕊 4～10，着生于花盘上；子房上位，1 室，胚珠 2 至多数，侧膜胎座或基生胎座，花柱 3～5，分离或基部合生。蒴果，种子有束毛或周围有毛。

　　3 属约 100 种；我国 3 属 32 种。

　　柽柳属 *Tamarix* L.

　　小乔木或灌木。枝二型：木质化生长枝经冬不落，非木质化绿色营养枝冬季凋落。叶鳞形，互生，无柄，无托叶。花两性，总状或圆锥状花序，白色或淡红色；萼片、花瓣各 4～5；雄蕊 4～5，花丝分离，长于花瓣；花盘具缺裂；花柱2～5，顶端扩大。果 3～5 瓣裂；种子多数，微小，顶部有束毛；无胚乳。

　　约 90 种；我国约 18 种。

分 种 检 索 表

1. 春、夏、秋 3 季开花，花盘 10 裂 ………
………………………… 1. 柽柳 *T. chinensis*
1. 仅夏、秋季开花，花盘 5 裂
………………… 2. 多枝柽柳 *T. ramosissima*

1. 柽柳 *Tamarix chinensis* Lour.
（图 7 - 224）

　　[识别要点] 灌木或小乔木，树高达5～7m。小枝细长下垂，红褐色或淡棕色。叶卵状披针形，长 1～3mm，半贴生，背面有龙骨状突起。总状花序集生为圆锥状复花序，多柔弱下垂；花粉红色或紫红色，花萼、花瓣、雄蕊各5，花盘10裂，

图 7 - 224　柽 柳
1. 花枝　2. 小枝放大　3. 花　4. 雄蕊和雌蕊
5. 花盘和花萼

柱头3裂。蒴果3裂,长3~3.5mm。花期春、夏季,有时1年开3次花;果期10月。

[分布] 中国特有种。长江中下游至华北、辽宁南部各地,华南、西南有栽培。

[习性] 喜光,对气候适应性强,适于温凉气候;对土壤要求不严,耐盐土(0.6%)及盐碱土(pH7.5~8.5)能力极强,叶能分泌盐分,为盐碱地指示植物。深根性,根系发达,耐旱力、抗风力强。萌蘖力强,耐修剪,耐沙割与沙埋,生长快。

[繁殖] 播种、扦插、分株、压条繁殖。

[用途] 花色美丽,经久不落,干红枝柔,叶纤如丝,宜配置于盐碱地的池边、湖畔、河滩或作为绿篱、林带下木。有降低土壤含盐量的显著功效和保土固沙等防护功能,是改造盐碱地和海滨防护林的优良树种。老桩可作盆景,枝条可编筐。嫩枝、叶可药用。

2. 多枝柽柳（红柳）*Tamarix ramosissima* Ledeb.

[识别要点] 灌木或小乔木,高达6m。分枝多,当年生枝淡红色或橙黄色。叶披针形、短卵形或三角状心形,长0.5~2mm。总状花序3~8cm,组成顶生大型圆锥状花序;花粉红色、白色或紫红色,苞片卵圆状披针形,萼、瓣、雄蕊各5,花盘5裂,花柱3。蒴果,三角状圆锥形。花期5~9月。

[分布] 内蒙古、宁夏、甘肃、青海等西北、华北、东北等地,以新疆沙漠地区最普遍。

[习性] 比柽柳更耐酷热和严寒,可耐吐鲁番盆地47.6℃的高温及-40℃的低温。极抗沙埋,根系长超过10m。易生不定根,易发不定芽。

[繁殖] 播种、扦插、分株、压条繁殖。

[用途] 花繁色艳,是盐碱地绿化的好树种。

四十六、瑞香科 Thymelaeaceae

乔木或灌木,稀草本。纤维发达。单叶,互生或对生,全缘,无托叶。花两性,稀单性,整齐,排成头状、伞形、总状或穗状花序;花萼通常管状或钟状,4~5裂,花瓣状;花瓣缺或为鳞片状;雄蕊与萼片同数或为其2倍,花丝分离;子房上位,1室,胚珠1。浆果、坚果或核果,很少为蒴果。

约45属500种;我国约有9属100多种。

分 属 检 索 表

1. 头状或短总状花序;花柱极短,柱头大、头状 ……………………（一）瑞香属 *Daphne*
1. 头状花序;花柱长,柱头长而线形 ………………………（二）结香属 *Edgeworthia*

（一）瑞香属 *Daphne* L.

灌木。叶互生,稀对生,全缘,具短柄。花两性,芳香,排成短总状花序或簇生成头状，通常具总苞；萼筒花冠状，钟形或筒形，端4~5裂；无花冠；雄蕊8~10，成2轮着生于萼筒内壁；柱头头状，花柱短。核果，外果皮肉质或革质，内含1粒种子。

约70种；我国约35种，主要产于西南及西北。

分 种 检 索 表

1. 叶互生，常绿性，顶生头状花序 ·· 1. 瑞香 *D. odora*
1. 叶对生，落叶性，花簇生枝侧 ·· 2. 芫花 *D. genkwa*

1. 瑞香 *Daphne odora* Thunb.
(图7 - 225)

图7 - 225 瑞 香

[识别要点]常绿灌木，高1.5~2m。枝细长，光滑无毛。叶互生，长椭圆形至倒披针形，长5~8cm，先端钝或短尖，基部狭楔形，全缘，无毛，叶质较厚，上面深绿色有光泽，叶柄短。顶生头状花序，花被白色或淡红紫色，甚芳香。肉质核果，圆球形。花期3~4月；果熟期7~8月。

① 毛瑞香（var. *atrocaulis* Rehd.）：高度0.5~1m，枝深紫色，花萼外侧被灰黄色绢状毛。

② 金边瑞香（var. *marginata* Thunb.）：叶缘金黄色，花极香。

③ 白花瑞香（var. *leucantha* Mak.）：花纯白色。

④ 蔷薇红瑞香（var. *rosacea* Mak.）：花被裂片内面白色，背面略带粉红色。

[分布]原产中国长江流域，江西、湖北、湖南、浙江、四川等地有栽培。

[习性]喜阴凉通风环境，忌阳光曝晒及高温高湿，耐寒性差；要求排水良好、富含腐殖质的土壤，不耐积水。萌芽力强，耐修剪，易造型。

[繁殖]扦插或压条繁殖。

[用途]著名花木，枝干丛生，四季常绿，早春开花，香味浓郁，观赏价值较高。宜配置于建筑物、假山、岩石的阴面及树丛的前缘，北方多盆栽，作盆景。根入药，有活血、散淤、止痛之功效。花可提取芳香油。皮可造纸。

2. 芫花 *Daphne genkwa* Sieb. et Zucc. （图7 - 226）

[识别要点]落叶灌木，高达 1m。枝细长直立，幼时密被淡黄色绢状毛。叶对生，偶为互生。叶片长椭圆形至宽披针形，长 3～4cm，宽 1～1.5cm，先端急尖，基部楔形，全缘，下面脉上有绢状毛。花淡紫色，3～7 朵簇生枝侧，无香气，外面有绢状毛，先叶开放。白色肉质核果，长圆形。花期 3 月；果熟期 6～7 月。

[分布]长江流域及山东、河南、陕西等地均有分布，常野生于路旁及山坡林间。

[习性]喜光，不耐阴，耐干旱，耐寒性强，喜生于排水良好的轻沙土中。萌蘖性较强。

[繁殖]分株或播种繁殖。

[用途]早春叶前开花，鲜艳美丽，可丛植于庭园角隅，群植于花坛，或点缀于假山、岩石之间。植株有毒，含芫花素（$C_{16}H_{12}O_5$）、芹菜素（$C_{15}H_{10}O_5$）等刺激性油状有毒物。

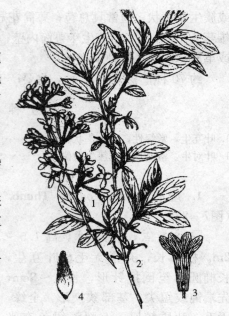

图 7-226　芫花
1.叶枝　2.果枝　3.花　4.果实

（二）结香属 *Edgeworthia* Meissn.

落叶或常绿灌木。单叶互生，常集生于枝顶。头状花序腋生于去年生枝端。花萼管状 4 裂，无花瓣；雄蕊 8，在萼管内排成 2 轮；花柱长，柱头线状圆筒形，密被瘤状突起。核果，包藏于宿存的萼管基部，果皮革质。

结香 *Edgeworthia chrysantha* **Lindl.**（图 7-227）

[识别要点]落叶灌木，高 2m。枝条粗壮柔软，可弯曲打结，常三叉分枝，棕红色，被淡黄色或灰色长柔

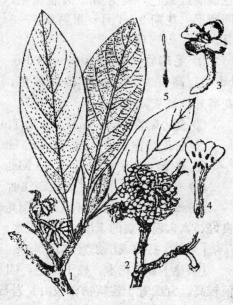

图 7-227　结　香
1.叶枝　2.花枝　3.花　4.花纵剖面　5.雌蕊

毛。叶长椭圆形至倒披针形，长 6～15cm，先端急尖，基部楔形并下延，上面有疏柔毛，下面有长硬毛。花黄色，有浓香，40～50 朵集生成下垂的花序，花瓣状的萼筒外面密被绢状柔毛。核果卵形。花期 3 月，先叶开放；果期 5～6 月。

[分布] 产于秦岭及长江流域以南各地。

[习性] 喜半阴，喜温暖湿润气候和肥沃而排水良好的沙壤土，耐寒性不强。根肉质，过干和积水处不宜生长。根颈处易萌蘖。

[繁殖] 分株或扦插繁殖。

[用途] 枝条柔软，弯之可打结而不断，故可整成各种形状。花多成簇，芳香浓郁，可盆栽造型。茎皮可造纸及作人造棉。全株入药，能舒筋接骨，消肿止痛。

四十七、胡颓子科 Elaeagnaceae

落叶或常绿。乔木、灌木或攀缘藤本。有刺或无刺。全株被银白色或黄褐色盾状鳞片或星状毛。单叶互生，稀对生或轮生，羽状脉，全缘，无托叶。花两性或单性，单生、簇生或伞形总状花序；单被花，花被 4 裂；雄蕊 4 或 8；子房上位，1 心皮，1 室，1 胚珠。坚果或瘦果，为肉质萼筒所包被。

3 属 80 余种；我国 2 属约 60 种。

分 属 检 索 表

1. 花两性或杂性，雌雄异株，花萼 4 裂，虫媒传粉 ·············（一）胡颓子属 *Elaeagnus*
1. 花单性，雌雄异株，花萼 2 裂，风媒传粉 ·························（二）沙棘属 *Hippophae*

（一）胡颓子属 *Elaeagnus* L.

常绿或落叶，灌木或乔木，具枝刺。幼嫩枝叶密被盾状鳞片或星状毛。单叶互生，全缘，叶柄短。花两性或杂性，单生或簇生叶腋成伞形总状花序；萼筒长，4 裂，在子房上部收缩；雄蕊 4，与萼片互生。有蜜腺，虫媒传粉。核果状坚果，外包肉质萼筒。

80 余种；我国约 50 种。

分 种 检 索 表

1. 常绿性；秋季开花，翌年 5 月果熟 ······························ 1. 胡颓子 *E. pungens*
1. 落叶性；春季开花，9～10 月果熟
    2. 小枝与叶有银白色和褐色鳞片，果红色或橙红色 ·········· 2. 牛奶子 *E. umbellata*
    2. 小枝与叶只有银白色鳞片，果黄色 ······················ 3. 桂香柳 *E. angustifolia*

1. 胡颓子 *Elaeagnus pungens* Thunb.
（图 7 - 228）

[识别要点] 常绿灌木，高 3～4m。树冠开展，有枝刺，有褐色鳞片。叶椭圆形至长椭圆形，长 5～7cm，革质，边缘波状或反卷，表面有光泽，背面被银白色及褐色鳞片。花银白色，1～3 朵簇生叶腋，下垂，芳香。果椭球形，熟时红色，被褐色鳞片。花期 10～11 月；果翌年 5 月成熟。

① 金边胡颓子（var. *aurea* Serv.）：叶缘深黄色。

② 金心胡颓子（var. *federici* Bean.）：叶中央深黄色。

③ 银边胡颓子（var. *variegata* Rehd.）：叶缘黄白色。极有开发价值。

[分布] 长江流域以南各地。山东有栽培，可露地越冬。日本有分布。

[习性] 喜光，耐半阴；喜温暖气候，不耐寒；对土壤要求不严，耐干旱又耐水湿。耐烟尘，对多种有害气体有较强抗性。萌芽、萌蘖性强，耐修剪。有根瘤菌。

[繁殖] 播种或扦插繁殖。

[用途] 枝叶茂密，花香果红，银白色叶片在阳光下闪闪发光。其变种叶色美丽，是园林中理想的观叶、观果树种，可用于公园、街头绿地。常修剪成球形丛植于草坪。还可用作绿篱、盆栽或制作盆景，供室内观赏。果可食及酿酒用。果、根及叶入药，有收敛、止泻、镇咳、解毒之功效。

2. 牛奶子（秋胡颓子、散花胡颓子）*Elaeagnus umbellata* Thunb. （图 7 - 229）

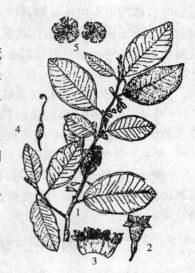

图 7 - 228 胡颓子
1. 花枝 2. 花 3. 花萼筒展开
4. 雌蕊 5. 盾状、星芒状鳞片

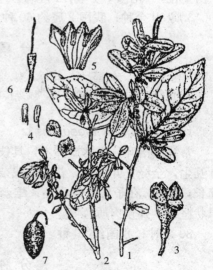

图 7 - 229 牛奶子
1. 花枝 2. 果枝 3. 花 4. 花药背、腹面
5. 花萼筒展开（示雄蕊着生） 6. 去花萼、雄蕊的花 7 果实

　　[识别要点] 落叶灌木。枝开展，常具刺，幼枝密被银白色和淡褐色鳞片。叶卵状椭圆形至椭圆形，长 3～5cm，宽 1～3.2cm；幼叶表面也有银白色鳞片，叶背有银白色和褐色鳞片。花黄白色，有香气，密生银白色盾形鳞片，1～7 朵簇生新枝基部叶腋。果近球形，径 5～7mm，红色或橙红色。花期 4～5 月；果 9～10 月成熟。

　　[分布] 华北、西南至长江流域各地。

　　[习性] 喜光，耐半阴；喜温暖气候，不耐寒；对土壤适应性强，耐旱，耐瘠薄，耐水湿。萌蘖性强，多生于向阳林缘、灌丛、荒山坡地和河边沙地。

　　[播种] 播种或扦插繁殖。

　　[用途] 枝叶茂密，花香果黄，叶片银光闪烁，园林中常用作观叶、观果树种，可增添野趣，是营造水土保持林及防护林的好树种。

3. 桂香柳（沙枣）*Elaeagnus angustifolia* L.（图 7 - 230）

　　[识别要点] 落叶灌木或小乔木，高达 5～10m，有时有枝刺。叶椭圆状披针形或线状披针形，先端钝尖，基部楔形，长 4～8cm，全缘。小枝、花序、果、叶背与叶柄密生银白色鳞片。2 年生枝红褐色。花黄色，两性，芳香，1～3 朵腋生。果椭圆形，熟时黄色。花期 5～6 月；果熟期 9～10 月。

　　[分布] 西北、内蒙古西部、甘肃、宁夏及新疆等地。

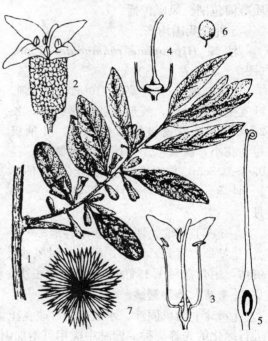

图 7 - 230　桂香柳
1. 花枝　2. 花　3. 花纵剖面　4. 雌蕊　5. 雌蕊纵剖面　6. 果　7. 盾状鳞片

　　[习性] 喜光，耐寒，喜干冷气候，对土壤适应性强。根系较浅，水平根发达，有根瘤菌。抗风沙，耐干旱，耐盐碱，可在含盐量 1%～2% 的盐碱地上及瘠薄沙荒地上生长。萌蘖性强。寿命达 60～80 年。

　　[繁殖] 秋季播种繁殖。

　　[用途] 叶形似柳而叶色灰绿，叶背银光闪闪，是良好的园林观赏树种，也是西北沙荒、盐碱地区防护林及城镇绿化的主要树种，可作风景林及"四

旁"绿化。花是优良的蜜源，果肉可酿酒。

（二）沙棘属 *Hippophae* L.

落叶灌木或小乔木，具枝刺，幼时有银白色或锈色盾状鳞片或星状毛。叶互生或近对生，线形或线状披针形。花单性异株，短总状或柔荑花序，腋生；雄花无柄，花萼 2 裂，雄蕊 4。坚果球形，被肉质萼筒包围。风媒传播。

5 种，我国均产。

沙棘 *Hippophae rhamnoides* **Linn.**
（图 7 - 231）

［识别要点］树高达 10m。枝有刺。叶互生或近对生，线形或线状披针形，长 2～6cm，叶背密被银白色鳞片，叶柄极短。花小，淡黄色。果球形或卵圆形，径 0.6～0.8cm，熟时橘黄色或橘红色；种子 1，骨质。花期 3～4 月；果熟期 9～10 月。

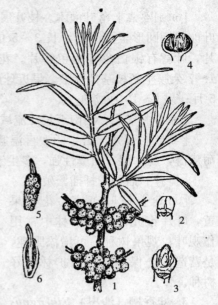

图 7 - 231　沙　棘
1. 果枝　2. 冬芽　3. 花芽　4. 雄花纵剖面
5、6. 雌花及其纵剖面

［分布］华北、西北、西南各地。

［习性］喜光，耐寒，耐热，耐风沙及干旱；对土壤适应性强，耐湿，耐瘠薄，耐含盐量 1.1% 的盐碱地。生长快，根系发达，萌蘖性强。有根瘤菌。

［繁殖］播种繁殖。

［用途］防风固沙、水土保持、改良土壤的优良树种，又是干旱风沙地区进行绿化的先锋树种。园林中应用可增加山野气息。宜作刺篱、果篱。果实富含维生素 C，可生食或酿酒、制果酱、制饮料等。种子含油率 18.8%。榨油可食用及药用，用于烧伤、烫伤等。

四十八、千屈菜科 Lythraceae

草本或木本。枝通常 4 棱形。单叶对生，稀轮生或互生，全缘，托叶小或无。花两性，整齐或两侧对称，单生或组成总状、圆锥、聚伞花序；萼 4～8（16）裂，宿存；花瓣与萼片同数或无花瓣；雄蕊 4 至多数，着生于萼筒上；子房上位，2～6 室，胚珠多数，中轴胎座。蒴果；种子无胚乳。

共 25 属 550 种；我国 11 属 48 种，其中木本 6 属。

紫薇属 *Lagerstroemia* L.

常绿或落叶，灌木或乔木。树皮光滑。冬芽端尖，具2芽鳞。叶对生或在小枝上互生，叶柄短；托叶小，早落。花两性，整齐，艳丽，组成圆锥花序；萼半球形或陀螺形，5～9裂；花瓣5～9，波状皱缩，基部具细长爪；雄蕊6至多数；子房3～6室，无柄，柱头头状。蒴果木质，室背开裂；种子多数，顶端有翅。

共55种；我国16种，引入栽培2种。

分 种 检 索 表

1. 落叶性；叶较小，长3～7cm；花径3～4cm，萼筒无纵棱 ·············· 1. 紫薇 *L. indica*
1. 常绿性；叶较大，长10～25cm；花径5～7.5cm，萼筒有12条纵棱 ·················
··· 2. 大花紫薇 *L. speciosa*

1. 紫薇（百日红、痒痒树）*Lagerstroemia indica* L. （图7-232）

[识别要点]落叶灌木或小乔木，高可达7m。老树皮呈长薄片状，剥落后平滑细腻。小枝四棱形，常有狭翅。叶椭圆形至倒卵形，长3～7cm，几无柄。顶生圆锥花序，红色、粉色、紫色，径6～20cm，萼6浅裂，花瓣6，雄蕊40～60。蒴果6瓣裂，径约1.2cm。花期6～9月；果期9～10月。

① 银薇（var. *abla* Nichols.）：花白色或淡紫色，幼枝及叶背面为黄绿色。

② 翠薇（var. *rubra* Lav.）：花蓝紫色，叶翠绿，幼枝及叶嫩时为绿紫色。

[分布]我国东北南部、华东、华中、华南及西南均有分布。露地栽培，南自台湾和海南，北以北京、太原为界，西至西安、四川。

[习性]喜光，略耐阴；喜温暖、湿润气候，有一定抗寒力和耐旱力；喜肥沃、湿润而排水良好的石灰性壤土或沙壤土，不耐水涝。开花早，花期长，寿命长，萌芽力强，耐修剪。

图7-232　紫　薇
1. 花枝　2. 花纵剖面　3. 子房横剖面
4. 种子

　　[繁殖] 播种或扦插繁殖。

　　[用途] 树形优美，树皮光滑，枝干扭曲，花色艳丽，花朵繁密，花开于少花的夏季，花期长达数月。适栽植于庭园内、建筑物前，或池畔、路边及草坪等处，可成片、成丛栽植，或作街景树、行道树。对多种有毒气体有较强的抗性和吸收能力，且对烟尘有一定吸附力，适宜工矿区及街道绿化。亦可作盆景和桩景。

　　2. 大花紫薇 Lagerstroemia speciosa Pers.

　　与紫薇的主要区别是：常绿乔木，高达 20m。树皮条状，小枝有毛。叶大，长 10～25cm，革质，叶背密生毛。花大，径 5～7.5cm；花序也大；花萼有 12 条纵棱；花初开时淡红色，后变紫色；雄蕊常 100 枚以上。果较大，径约 2.5cm。

　　[分布] 原产东南亚地区。我国华南有栽培。

　　[习性] 喜暖热气候，不耐寒。

　　[繁殖] 播种或扦插繁殖。

　　[用途] 美丽的庭园观赏树种，也是优质用材树种。

四十九、石榴科 Punicaceae

　　落叶灌木或小乔木。小枝先端常呈刺状。单叶对生，近对生或簇生，全缘；无托叶。花两性或单性，形大，1～5 朵聚生枝顶或叶腋；萼筒钟状或管状，5～7 裂，革质，宿存；花瓣 5～7；雄蕊多数；子房下位，多室，排成 2 轮，上部侧膜胎座，下部中轴胎座，胚珠多数，花柱 1。球形浆果，外果皮革质，花萼宿存；种子多数，外种皮肉质多汁，内种皮近木质。

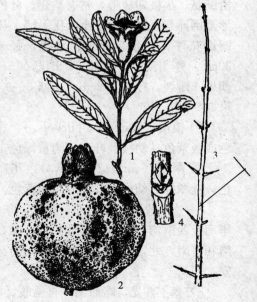

　　仅 1 属 2 种；我国栽培 1 属 1 种。

　　石榴属 Punica L.

　　石榴 Punica granatum L. （图 7 - 233）

　　[识别要点] 落叶灌木或小乔木，高 5～7m。小枝具 4 棱，平滑，顶端常成刺状。叶对生或近对生，倒卵状长椭

图 7 - 233　石　榴
1. 花枝　2. 果　3. 幼枝　4. 芽

圆形，长 2～8cm，先端尖或钝，基部楔形，全缘。花萼钟形，橙红色；花瓣红色、黄色、白色，有皱折。球形浆果，径 6～12cm，深黄色或红色；种子多数，种皮厚，外种皮肉质，内种皮木质。花期 5～6 月；果期 9～10 月。

① 白石榴（'Albescens'）：花近白色，单瓣。

② 千瓣白石榴（'Multiplex'）：花白色，重瓣。花红色者称千瓣红石榴。

③ 黄石榴（'Flavescens'）：花单瓣，黄色。花重瓣者称千瓣黄石榴。

④ 玛瑙石榴（'Legrellei'）：花大，重瓣，花瓣有红色、白色条纹或白花、红色条纹。

⑤ 千瓣月季石榴（'Nana'）：矮生种类型。花红色，重瓣，花期长，在 15℃以上时可常年开花。单瓣者称月季石榴。

⑥ 墨石榴（'Nigra'）：矮生种类型。花红色，单瓣。果小，熟时果皮呈紫黑褐色。

［分布］原产地中海地区。我国黄河流域以南均有栽培。

［习性］喜光，喜温暖气候，稍耐寒，在－17～－18℃时即受冻害；对土壤要求不严，喜肥沃、湿润、排水良好的沙壤土或壤土。较耐瘠薄和干旱，不耐水涝。萌蘖性强。

［繁殖］压条、分株、扦插、播种繁殖。

［用途］枝繁叶茂，花期长达 4～5 个月，正值少花季节。古人曾有诗句"春花落尽海榴开，阶前栏外遍地栽，红艳满枝染夜月，晚风轻送暗香来。"石榴初春新叶红嫩，入夏花繁似锦，仲秋硕果高挂，深冬铁干虬枝。果被喻为繁荣昌盛、和睦团结的吉庆佳兆。对有毒气体抗性较强，为有污染地区的重要观赏树种之一。也是盆景和桩景的好材料。果可生食，有酸、甜等品种，富含维生素 C 等营养元素。

五十、珙桐科（蓝果树科）Nyssaceae

落叶乔木，少灌木。单叶互生，羽状脉，无托叶。花单性或杂性，成伞状、总状或头状花序，常无花梗或有短花梗；萼小，花瓣常为 5，有时更多或无；雄蕊为花瓣数的 2 倍；子房下位，1（6～10）室，每室 1 下垂胚珠。核果或坚果，3～5 室或 1 室，每室 1 种子，外种皮薄。

共 3 属 12 种；中国 3 属 9 种。

分 属 检 索 表

1. 叶有锯齿；花序有白色大型苞片，无花瓣；核果 ……………… （一）珙桐属 *Davidia*
1. 叶全缘或仅幼树的叶有锯齿；花序无叶状苞片，花瓣小

2. 雄花序头状,坚果 ……………………………………………（二）喜树属 Camptotheca
2. 雄花序伞形,核果 ……………………………………………（三）蓝果树属 Nyssa

（一）珙桐属 Davidia Baill.

仅 1 种,中国特产,为第三纪孑遗植物。

珙桐（鸽子树）Davidia involucrata Baill.

[识别要点] 落叶乔木,高 20m。树冠呈圆锥形。树皮深灰褐色,呈不规则薄片状脱落。单叶互生,广卵形,长 7～16cm,先端渐长尖,基部心形,缘有粗尖锯齿,背面密生绒毛;叶柄长 4～5cm。花杂性同株,由多数雄花和 1 朵两性花组成顶生头状花序;花序下有 2 片大型白色苞片,苞片卵状椭圆形,长 8～15cm,上部有疏浅齿,常下垂,花后脱落;花瓣退化或无,雄蕊 1～7,子房 6～10 室。核果椭球形,长 3～4cm,紫绿色,锈色皮孔显著,内含 3～5 核。花期 4～5 月;果 10 月成熟。

光叶珙桐（var. vilmorniana Hemsl.）:叶仅背面脉上及脉腋有毛,其余无毛。

[分布] 产湖北西部、四川、贵州及云南北部,生于海拔1 300～2 500m的山地林中。

[习性] 喜半阴和温凉湿润气候,以空中湿度较高处为佳,略耐寒;喜深厚、肥沃、湿润而排水良好的酸性或中性土壤,忌碱性和干燥土壤。不耐炎热和阳光曝晒。

[繁殖] 播种或扦插繁殖。

[用途] 世界著名的珍贵观赏树,树形高大,端正整齐,开花时白色的苞片远观似许多白色的鸽子栖于树端,蔚为奇观,故有"中国鸽子树"之称。国家一级保护树种。宜植于温暖地带的较高海拔地区的庭院、山坡、休疗养所、宾馆、展览馆前作庭荫树,有象征和平的含意。木材供雕刻、制作玩具及美术工艺品。

图 7 - 234 喜 树
1. 花枝 2. 果序

（二）喜树属 Camptotheca Decne.

仅 1 种,中国所特产。

喜树（千丈树）Camptotheca

acuminata **Decne.** （图 7 - 234）

　　［识别要点］落叶乔木，高达25～30m。单叶互生，椭圆形至长卵形，长8～20cm，先端突渐尖，基部广楔形，全缘（萌蘗枝及幼树枝的叶常疏生锯齿）或微呈波状，羽状脉弧形，在表面下凹，表面亮绿色，背面淡绿色，疏生短柔毛，脉上尤密；叶柄长 1.5～3cm，常带红色。花单性同株，头状花序具长柄；雌花序顶生，雄花序腋生；花萼 5 裂，花瓣 5，淡绿色；雄蕊 10，子房 1 室。坚果香蕉形，有窄翅，长2～2.5cm，集生成球形。花期 7 月；果 10～11 月成熟。

　　［分布］长江流域以南各地及部分长江以北地区。垂直分布在海拔 1 000m 以下。

　　［繁殖］播种繁殖。

　　［习性］喜光，稍耐阴；喜温暖湿润气候，不耐寒；喜深厚、肥沃、湿润土壤，较耐水湿，不耐干旱瘠薄土地，在酸性、中性及弱碱性土上均能生长。萌芽力强，在前 10 年生长迅速，以后则变缓慢。抗病虫能力强，但耐烟性弱。

　　［用途］主干通直，树冠宽展，叶荫浓郁，是良好的"四旁"绿化树种。

　　（三）蓝果树属 *Nyssa* Gronov. ex L.

　　落叶乔木或灌木。叶常全缘。花单性或杂性异株，腋生；雄花序伞形，雌花序头状；花萼细小，裂片 5～10，花瓣 5～8，雄蕊 5～10；子房 1 室，有花盘。核果，顶端有宿存的花萼及花盘。

　　10 种，产于亚洲及北美；我国 7 种。

　　蓝果树 *Nyssa sinensis* Oliv. （图 7 - 235）

　　［识别要点］乔木，高 30m。树皮褐色，浅纵裂。小枝淡绿色，实心髓。芽淡紫绿色。叶椭圆状卵形，长 8～16cm，全缘，背面沿脉腋有毛，叶柄淡紫色，长 1～2.5cm。雌雄异株，伞形或短总状花序腋生，含 2～4 花；花 5 基数，雄蕊 2 轮，有花盘；雄花序着生于老枝上，雌花序着生于嫩枝上。核果椭圆形，长 1～1.5cm，幼时紫绿色，熟时深蓝色后变褐色。4 月开花；8 月

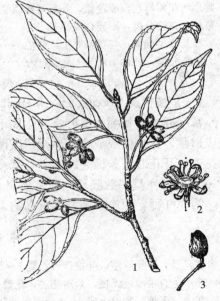

图 7 - 235　蓝果树
1. 果枝　2. 雄花　3. 果

果熟。

　　[分布] 江苏、浙江、安徽、福建、江西、湖北、湖南、重庆、四川、贵州、云南、广东、广西等地。

　　[习性] 喜光，亚热带及暖温带树种，要求温暖湿润气候，在深厚、肥沃的微酸性土壤中生长良好。速生。

　　[繁殖] 播种繁殖。

　　[用途] 树体雄伟，干皮美观，秋叶红艳，冬季又有黑果悬挂枝头，是优良的观赏树。在园林中可以孤植或丛植，亦可作城市行道树。

五十一、桃金娘科 Myrtaceae

　　常绿乔木或灌木。单叶对生或互生，全缘，具透明油腺点，无托叶。花两性，单生、簇生或排成各式花序；萼 4～5 裂；花瓣 4～5；雄蕊多数，分离或成簇，与花瓣对生，着生于花盘边缘；下位或半下位子房，1～10 室，每室胚珠 1 至多数，中轴胎座，稀侧膜胎座。浆果、蒴果、稀核果或坚果。种子有棱，无胚乳。

　　约 100 属 3 000 种以上；我国 9 属 126 种（含引入种）。

分 属 检 索 表

1. 萼片与花瓣均连合成花盖，开花时横裂脱落 ……………………（一）桉树属 Eucalyptus
1. 萼片与花瓣分离，不连合成花盖
　2. 雄蕊合生成束，与花瓣对生，白色 ………………………（二）白千层属 Melaleuca
　2. 雄蕊分离，红色 ……………………………………（三）红千层属 Callistemon

（一）桉树属 Eucalyptus L'Herit

　　常绿乔木，稀灌木。叶常互生而下垂，革质，全缘，羽状侧脉在近叶缘处连成边脉。花单生或成伞形、伞房或圆锥花序，腋生；萼片与花瓣连合成一帽状花盖，开花时花盖横裂脱落；雄蕊多数，分离；萼筒与子房基部合生，子房 3～6 室，每室具多数胚珠。蒴果顶端 3～6 裂；种子多数，细小，有棱。

　　约 600 种，原产澳洲及邻近岛屿；我国引种栽培约 80 种。

分 种 检 索 表

1. 树皮光滑，逐年脱落；叶披针形，宽 1～2cm
　2. 花小，有梗或近无梗，伞房花序，花蕾表面平滑 …………… 1. 赤桉 E. camaldulensis
　2. 花大，无梗，常单生或 2～3 朵聚生，花蕾表面有小瘤，被白粉 …………………
　　………………………………………………………………… 2. 蓝桉 E. globulus
1. 树皮粗糙，纵裂；叶长卵形或卵状披针形，宽 3～7cm ………… 3. 大叶桉 E. robusta

1. 赤桉 *Eucalyptus camaldulensis* Dehnh.（图 7 - 236）

［识别要点］大乔木，高达 25m，胸径 2～3m。树皮光滑，暗灰色，片状脱落。树干基部有宿存树皮。嫩枝略有棱。叶片狭披针形至镰刀形，先端弯曲渐尖，长 8～30cm，宽 1～2cm。腋生伞形花序，有花 4～8 朵；花序梗纤细，萼帽状体半球形，顶部收缩呈长喙状，较萼筒长 1～2 倍。果近球形，果盘明显突起，果瓣 4。花期 10 月下旬至翌年 5 月。

［分布］原产澳大利亚。我国从华南至西南均有栽培。

［习性］适应性强，生长快，有一定的抗旱及耐寒力，喜深厚、肥沃、湿润的土壤，稍耐碱。

［繁殖］播种繁殖。

［用途］园林绿地及"四旁"绿化的良好树种。木材红色，抗腐性强。

图 7 - 236 赤 桉
1. 花枝 2. 花序 3. 果序

2. 蓝桉 *Eucalyptus globulus* Labill.（图 7 - 237）

［识别要点］大乔木，高达 60m。干多扭转。树皮灰色，薄片状剥落。叶蓝绿色，二型：幼叶对生，卵状矩圆形，基部心形，长 3～10cm，无叶柄；成熟叶互生，镰状披针形，两面有腺点，长 l2～30cm，宽 1～2cm，叶柄长 2～4cm。花单生或 2～4 朵集生于叶腋，径达 4cm，近无柄，花蕾表面有小瘤和白粉；萼筒具 4 纵脊，被白粉；花盖较萼筒短。蒴果倒圆锥形，有 4 棱，径 2～2.5cm。在昆明 4～5 月及 10～11 月间开花，夏季至冬季果熟。

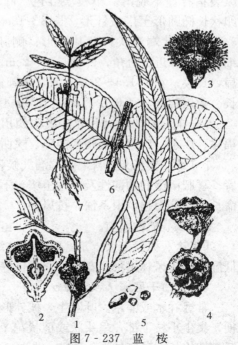

图 7 - 237 蓝 桉
1. 花枝 2. 花蕾纵剖面 3. 花 4. 果枝
5. 种子 6. 幼态叶 7. 幼苗

种子黑色，有棱。

[分布] 原产澳大利亚。我国西南及南部有引栽，以云南、广东、广西、四川西南部生长最好。

[习性] 喜温暖气候，但不耐湿热，耐寒性不强；最喜光，稍有遮荫即影响生长速度；喜深厚、肥沃、湿润的酸性土壤，不耐钙质土壤。速生树种。

[繁殖] 播种繁殖。

[用途] 我国南方荒山造林及"四旁"绿化的良好树种，但树干不通直。

3. 大叶桉 *Eucalyptus robusta* Smith （图7-238）

[识别要点] 常绿乔木，高达30m，胸径1m。树干挺直，树皮暗褐色，粗糙，深纵裂宿存，不脱落。小枝淡红色。叶革质，卵状长椭圆形至广披针形，长8～18cm，宽3～7cm，叶端渐尖，叶基圆形；侧脉多而

图7-238 大叶桉
1. 花枝 2. 果枝

细，与中脉近成直角；叶柄长1～2cm。花4～12朵成伞形花序；花序梗粗而扁，具棱；花径1.5～2cm，帽状体圆锥形，顶端骤尖，短于萼筒或与萼筒等长。蒴果碗状，径0.8～1cm。花期4～5月和8～9月；花后约3个月果成熟。

[分布] 原产澳大利亚。我国四川、浙江、湖南南部、江西南部、浙江、福建、广东、广西、贵州西南部、陕西南部等地均有栽培。

[习性] 极喜光，喜温暖湿润气候，能耐-5℃短期低温，是桉树中最耐寒者；喜肥沃湿润的酸性及中性土壤，不耐干旱贫瘠，极耐水湿。生长迅速，寿命长，萌芽力强，根系深，抗风倒。

[繁殖] 播种繁殖。

[用途] 树冠庞大，是庭院和公共绿地的良好绿化树种。可用作沿海地区低湿处的防风林树种。花期长，是良好的蜜源植物。

(二) 白千层属 *Melaleuca* L.

常绿乔木或灌木。叶互生，披针形或条形，有油腺点，具平行纵脉。花无梗，集生小枝下部，呈头状或穗状花序，有时单生叶腋。花序轴无限生长，花后继续生长；萼筒钟形，5裂；花瓣5；雄蕊多数，基部连合成5束并与花瓣对生；子房与萼筒合生，3室。蒴果半球形或球形，顶端3～5裂。种子多数，

近三角形。

100 余种，原产澳洲；我国引入 2 种。

白千层 *Melaleuca leucadendra* **L.**（图 7 - 239）

[识别要点] 乔木，高达 18m。树皮灰白色，厚而疏松，多层纸状剥落。叶互生，狭长椭圆形或披针形，长 5～10cm，有纵脉 3～7 条，先端尖，基部狭楔形。花丝长而白色，密集于枝顶成穗状花序，长达 15cm，形如试管刷。果碗形，径 5～7mm。花期 1～2 月；果秋冬成熟。

[分布] 原产澳大利亚。我国福建、台湾、广东、广西等地有栽培。

图 7 - 239 白千层

[习性] 喜光，喜暖热气候，很不耐寒；喜生于土层肥厚潮湿之地，也能生于较干燥的沙地。生长快，侧根少，不耐移植。

[繁殖] 播种繁殖。

[用途] 树体高大雄伟，树皮白色，树姿优美，是优良的行道树及庭园观赏树，又可选作造林及"四旁"绿化树种。树皮及叶药用，有镇静之效。

（三）**红千层属** *Callistemon* R. br.

约 30 种，原产澳洲；我国引入 2 种。

红千层 *Callistemon rigidus* **R. br.**

[识别要点] 常绿灌木，高 2～3m。小枝红棕色，有白色柔毛。单叶互生，偶对生或轮生，条形，长 3～8cm，宽 2～5mm，革质，全缘，硬而无毛，有透明腺点，无柄。顶生穗状花序；花红色，无梗，密集，花瓣 5；雄蕊多数，红色。蒴果半球形，顶部开裂，径 7mm。花期 1～2 月。

[分布] 原产澳大利亚。我国南方有栽培。

[习性] 喜光，喜暖热气候，不耐寒，华南、西南可露地越冬，华北多盆栽。不耐移植。

[繁殖] 播种繁殖。

[用途] 可丛植庭院或作瓶花观赏。

五十二、五加科 Araliaceae

乔木、灌木、藤本，稀多年生草本。枝干髓心较大，通常具刺。单叶或复叶，互生、对生或轮生；有托叶，基部与叶柄合生。花小，两性，有时单性或杂性，整齐，成伞形、头状或穗状花序，或再集成各式大型花序；萼不显；花瓣5，稀10，雄蕊与花瓣同数而互生，或为其2倍数，或多数；子房下位，1～5室，每室1胚珠。浆果或核果，形小，通常具纵脊；种子形扁，有胚乳。

约60属800种，产热带至温带；中国20属135种。

分 属 检 索 表

1. 单叶，常有掌状裂
  2. 常绿藤本，借气根攀缘 ………………………………………（一）常春藤属 Hedera
  2. 直立乔木或灌木
    3. 落叶乔木，茎枝具宽扁皮刺，叶掌状5～7裂 …………（二）刺楸属 Kalopanax
    3. 常绿灌木或小乔木，茎枝无刺，叶掌状7～12裂 ………（三）八角金盘属 Fatsia
1. 掌状复叶；无刺，子房6～8室 ………………………………（四）鹅掌柴属 Schefflera

（一）常春藤属 Hedera L.

常绿攀缘灌木，具气根。单叶互生，全缘或浅裂，有柄。花两性，单生或总状伞形花序，顶生；花萼全缘或5裂，花瓣5，雄蕊与花瓣同数；子房5室，花柱连合成一短柱体。浆果状核果，含3～5种子。

约5种；中国野生1变种，引入1种。

常春藤 *Hedera nepalensis* **K. Koch var.** *sinensis* **(Tobl.) Rehd.** （图7-240）

[识别要点] 常绿藤本，长可达20～30m。茎借气生根攀缘，嫩枝上柔毛鳞片状。营养枝上的叶为三角状卵形，全缘或3裂，花果枝上的叶椭圆状卵形或卵状披针形，全缘，叶柄细长。伞形花序单生或2～7顶生，花淡绿白色，芳香。果球形，径约1cm，熟时红色或黄色。花期8～9月。

[分布] 华中、华南、西南及甘肃、陕西等地。

[习性] 极耐阴，有一定耐寒性，对土壤和水

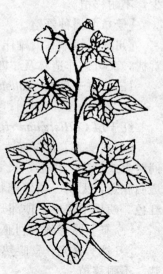

图7-240 常春藤

分要求不严，但以中性或酸性土壤为好。

［繁殖］扦插或压条繁殖，成活容易。

［用途］在庭园中可用以攀缘假山、岩石，或在建筑阴面作垂直绿化材料。也可盆栽供室内绿化观赏用。

（二）刺楸属 Kalopanax Miq.

落叶乔木。枝粗壮，密生宽扁皮刺。单叶互生，掌状裂，缘常有齿，具长柄。花两性，具细长花梗，成伞形花序后再集成短总状花序；花部 5 数，花瓣镊合状，花盘凸出。核果含 2 种子；种子具坚实胚乳。

1 种，产东亚。

刺楸 Kalopanax pictus （Thunb.） Nakai ［K. septemlobus （Thunb.） Koidz.］（图 7 - 241）

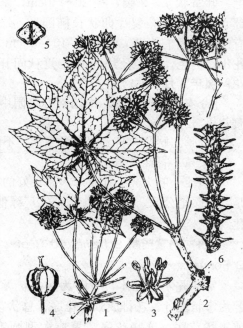

［识别要点］乔木，高达 30m。树皮深纵裂，枝具粗皮刺。叶掌状 5～7裂，径 10～25cm 或更大，裂片三角状卵形或卵状长椭圆形，先端尖，缘有齿；叶柄较叶片长。复花序顶生，花小而白色。果近球形，径约 5cm，熟时蓝黑色，端有细长宿存花柱。花期 7～8 月；果熟期 9～10 月。

［分布］我国从东北经华北、长江流域至华南、西南均有分布。

［习性］喜光，稍耐阴，对气候适应性较强，耐寒，喜土层深厚、湿润的酸性土或中性土。根茎萌芽力强，生长快。

图 7 - 241 刺楸
1. 花枝 2. 果枝 3. 花 4. 果 5. 果实横切面
6. 枝（示皮刺）

［繁殖］播种及埋根繁殖。

［用途］叶大干直，树形有特色，抗烟尘及病虫害能力强，是良好的绿化树种。

（三）八角金盘属 Fatsia Decne. et Planch.

常绿灌木或小乔木。叶大，掌状 5～9 裂，叶柄基部膨大，无托叶。花两性或杂性，伞形花序再集成大型顶生圆锥花序，花部 5 数，花盘宽圆锥形。果近球形，黑色，肉质；种子扁平，胚乳坚实。

2种；中国产1种。

八角金盘 *Fatsia japonica* Decne. et Planch.（图7-242）

［识别要点］常绿灌木，高4～5m，枝干常丛生。幼嫩枝叶具易脱落的褐色毛。叶掌状7～9裂，径20～40cm，基部心形或截形，裂片卵状长椭圆形，缘有齿，表面有光泽，叶柄长10～30cm。花小，白色。果实径约8mm。夏秋间开花；翌年5月果熟。

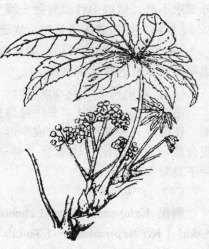

图7-242　八角金盘

［分布］原产日本。中国南方庭园中有栽培。

［习性］耐阴，喜温暖湿润气候，不耐干旱，耐寒性不强。

［繁殖］扦插繁殖。

［用途］叶大光亮而常绿，是良好的观叶树种，对有害气体具有较强抗性，是江南暖地公园、庭院、街道及工厂绿地的良好树种。北方常盆栽，供室内绿化观赏。

（四）鹅掌柴属 *Schefflera* J. R. et G. Forster

常绿乔木或灌木，有时为藤本，无刺。叶为掌状复叶。花排成伞形花序、总状花序或头状花序，这些花序常聚成大型圆锥花丛；萼全缘或有5齿；花瓣5～7枚，镊合状排列，雄蕊与花瓣同数；子房5～7室，花柱合生。果近球状；种子5～7粒。

约400种，主要产于热带及亚热带地区；中国约产37种，广布于长江以南。

鹅掌柴（鸭脚木） *Schefflera octophylla*（Lour.）Harms（图7-243）

［识别要点］常绿乔木或灌木。掌状复叶，叶柄长8～25cm；小叶6～9枚，革质，长卵圆形或椭圆形，长7～17cm，宽3～

图7-243　鹅掌柴
1. 花枝　2. 花　3. 雄蕊　4. 果
5. 伞形花序

6cm，小叶柄长 1.5～5cm。花白色，有芳香，排成伞形花序，又集结成顶生长 25cm 的圆锥花序；萼 5～6 裂；花瓣 5～7 枚，肉质，长 2～3mm；花柱极短。果球形，径 3～4cm。花期在冬季。

〔分布〕分布于台湾、广东、福建等地，在中国东南部地区常见生长。

〔习性〕喜暖热湿润气候，生长快。

〔繁殖〕播种繁殖。

〔用途〕植株紧密，树冠整齐优美，可供观赏用，或作园林中的掩蔽树种。

五十三、山茱萸科（四照花科）Cornaceae

乔木或灌木，稀草本。单叶对生，稀互生，通常全缘，多无托叶。花两性，稀单性，排成聚伞、伞形、伞房、头状或圆锥花序；花萼 4～5 裂或不裂，有时无；花瓣 4～5，雄蕊常与花瓣同数并互生；子房下位，通常 2 室。核果或浆果状核果；种子有胚乳。

约 14 属 100 余种，主产于北半球；中国产 5 属 40 种。

分 属 检 索 表

1. 花两性；果为核果
  2. 花序下无总苞片；核果通常近圆球形 …………………… （一）棶木属 Cornus
  2. 花序下有 4 枚总苞片；核果不为球形
    3. 头状花序；总苞片大，白色，花瓣状；果实椭圆形或卵形 ………
    …………………………………………… （二）四照花属 Dendrobenthamia
    3. 伞形花序；总苞片小，黄绿色，鳞片状；核果长椭圆形 ………
    ………………………………………… （三）山茱萸属 Macrocarpium
1. 花单性，雌雄异株；果为浆果状核果 ………………… （四）桃叶珊瑚属 Aucuba

（一）棶木属 Cornus L.

乔木、灌木，稀草本，多为落叶性。芽鳞 2，顶端尖。单叶对生，稀互生，全缘，常具 2 叉贴生柔毛。花小，两性，排成顶生聚伞花序，花序下无叶状总苞；花部 4 数，子房下位，2 室。果为核果，具 1～2 核。

30 余种；中国产 20 余种，分布于东北、华南及西南，而主产于西南。

分 种 检 索 表

1. 叶互生，核的顶端有近四方的孔穴 …………………… 1. 灯台树 C. controversa
1. 叶对生，核的顶端无孔穴
  2. 灌木，花柱圆柱形 …………………………………… 2. 红瑞木 C. alba

2. 乔木，花柱棍棒形 ························· 3. 毛梾 *C. walteri*

1. 灯台树（瑞木）*Cornus contro-versa* Hemsl. （图7-244）

［识别要点］落叶乔木，高 15～
20m。树皮暗灰色，老时浅纵裂。枝紫
红色，无毛。叶互生，常集生枝梢，
卵状椭圆形至广椭圆形，长 6～13cm，
叶端突渐尖，叶基圆形，侧脉 6～8 对，
叶表深绿色，叶背灰绿色，疏生贴伏
短柔毛，叶柄长 2～6.5cm。顶生伞房
状聚伞花序，花小，白色。核果球形，
径6～7mm，熟时由紫红色变紫黑色。
花期 5～6 月；果 9～10 月成熟。

［分布］主产于长江流域及西南各
地，北达东北南部，南至广东、广西
及台湾。朝鲜、日本也有分布。常生
于海拔500～1 600m 的山坡杂木林中及
溪谷旁。

［习性］喜阳光，稍耐阴；喜温暖
湿润气候，有一定耐寒性；喜肥沃湿润
而排水良好的土壤。

［繁殖］播种或扦插繁殖。

［用途］树形整齐，大侧枝呈层状
生长，宛若灯台，形成美丽的圆锥状树
冠。花色洁白、素雅，果实紫红鲜艳。
为优良的庭荫树及行道树。

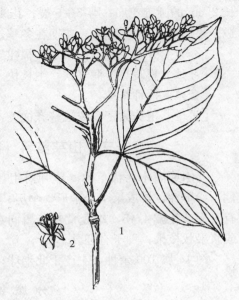

图 7 - 244　灯台树
1. 花枝　2. 花

2. 红瑞木 *Cornus alba* L.（图7-245）

［识别要点］落叶灌木，高可达
3m。枝血红色，无毛，初时常被白粉，
髓大而白色。单叶对生，卵形或椭圆
形，长 4～9cm，叶端尖，叶基圆形或
广楔形，全缘，侧脉 5～6 对，叶表暗
绿色，叶背粉绿色，两面均疏生贴生柔

图 7 - 245　红瑞木
1. 枝叶　2. 花　3. 种子　4. 果实

毛。花小，黄白色，排成顶生的伞房状聚伞花序。核果斜卵圆形，成熟时白色或稍带蓝色。花期5～6月；果8～9月成熟。

　　[分布] 东北、内蒙古及河北、陕西、山东等地。朝鲜、俄罗斯也有分布。

　　[习性] 喜光，强健耐寒，喜略湿润土壤。

　　[繁殖] 播种、扦插、压条繁殖。

　　[用途] 枝条终年鲜红色，秋叶也为鲜红色，均美丽可观。最宜丛植于庭园草坪、建筑物前或常绿树间，又可栽作自然式绿篱，赏其红枝与白果。冬枝可作切花材料。此外，根系发达，又耐潮湿，植于河边、湖畔、堤岸上，有护岸固土的效果。

　　3. 毛梾（车梁木、小六谷）*Cornus walteri* Wanger（图7-246）

　　[识别要点] 落叶乔木。树皮暗灰色，常纵裂成长条。幼枝黄绿色至红褐色。单叶对生，卵形至椭圆形，长4～10cm，叶端渐尖，叶基广楔形，侧脉4～5对，叶表有贴伏柔毛，叶背密被平伏毛；叶柄长1～3cm。顶生伞房状聚伞花序，径5～8cm；小花白色，径1.2cm。核果近球形，径约6mm，熟时黑色。花期5～6月；果9～10月成熟。

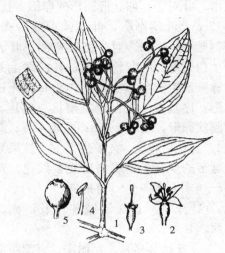

图7-246　毛　梾
1. 果枝　2. 花　3. 去花瓣及雄蕊之花
4. 雄蕊　5. 果（放大）

　　[分布] 山东、河北、河南、江苏、安徽、浙江、湖北、湖南、山西、陕西、甘肃、贵州、四川、云南等地。

　　[习性] 喜阳光，耐寒，能耐－23℃的低温和43.4℃的高温；喜深厚、肥沃、湿润的土壤，较耐干旱贫瘠，在酸性、中性及微碱性土壤上能正常生长。深根性，萌芽力强，生长快。在自然界常散生于向阳山坡及岩石缝间。

　　[繁殖] 播种、扦插、嫁接繁殖。

　　[用途] 枝叶茂密，白花可赏，是荒山造林及"四旁"绿化的好树种。

　　（二）四照花属 *Dendrobenthamia* Hutch.

　　灌木至小乔木。花两性，排成头状花序，序下有4个花瓣状白色大总苞片。核果椭圆形或卵形。

　　我国产15种，主产于长江以南。

　　四照花 *Dendrobenthamia japonica*（A. P. DC.）Fang var. *chinensis*（Os-

born）Fang（图 7 - 247）

［识别要点］落叶灌木至小乔木，高可达 9m。小枝细，绿色，后变褐色，光滑。叶对生，卵状椭圆形或卵形，长 6～12cm，叶端渐尖，叶基圆形或广楔形，侧脉 3～4（5）对，弧形弯曲；叶表疏生白柔毛；叶背粉绿色，有白柔毛并在脉腋簇生黄色或白色毛。头状花序近球形；序基有 4 枚白色花瓣状总苞片，椭圆状卵形，长 5～6cm；花萼 4 裂；花瓣 4，黄色；雄蕊 4；子房 2 室。核果聚为球形的聚合果，成熟后变紫红色。花期 5～6 月；果 9～10 月成熟。

［分布］长江流域各地及河南、陕西、甘肃。

［习性］喜光，稍耐阴，喜温暖湿润气候，有一定耐寒力，常生于海拔 800～1 600m 的林中及山谷溪流旁。喜湿润而排水良好的沙质土壤。

［繁殖］播种、扦插、分蘖繁殖。

［用途］树形整齐，初夏开花，白色总苞覆盖满树，是一种美丽的庭园观花树种。配置时可用常绿树为背景丛植于草坪、路边、林缘、池畔。

（三）山茱萸属 *Macrocarpium* Nakai

灌木至小乔木。单叶，对生，全缘。花序下有 4 总苞片，花排成伞形花序。核果。

我国产 2 种。

山茱萸 *Macrocarpium officinale* (Sieb. et Zucc.) Nakai（图 7 - 248）

［识别要点］落叶灌木或小乔木。老枝黑褐色，嫩枝绿色。叶对生，卵状椭圆形，长 5～12cm，宽约 7.5cm，叶

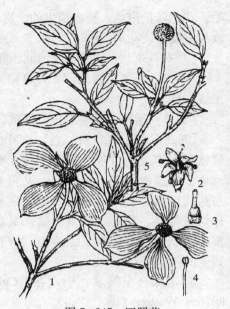

图 7 - 247　四照花
1. 花枝　2. 花　3. 雄蕊　4. 雌蕊　5. 果枝

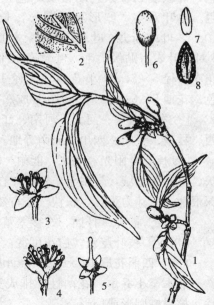

图 7 - 248　山茱萸
1. 果枝　2. 叶背局部　3. 花　4. 花序　5. 雌蕊及花萼　6. 果　7. 果核　8. 果核纵剖面

端渐尖，叶基浑圆或楔形，叶两面有毛，侧脉6～8对，脉腋有黄褐色簇毛，叶柄长约1cm。伞形花序腋生；序下有4总苞片，卵圆形，褐色；花萼4裂，裂片宽三角形；花瓣4，卵形，黄色；花盘环状。核果椭圆形，熟时红色至紫红色。花期5～6月；果8～10月成熟。

[分布] 产于山东、山西、河南、陕西、甘肃、浙江、安徽、湖南等地。江苏、四川等地有栽培。

[习性] 喜温暖气候，在自然界多生于山沟、溪旁，喜适湿而排水良好处。

[繁殖] 播种、埋根繁殖。

[用途] 花密果繁，适宜在自然风景区中成丛种植。果肉入药称"萸肉、山茱肉、枣皮"，有收敛、补血、强壮之功效。

（四）桃叶珊瑚属 Aucuba Thunb.

常绿灌木。单叶对生，有齿或全缘。花单性异株，排成顶生圆锥花序；花萼小，4裂；花瓣4片，镊合状；雄花具4雄蕊及1大花盘；子房下位，1室，1胚珠。浆果状核果，内含1粒种子。

约12种；中国产10种，分布于长江以南。

东瀛珊瑚（桃叶珊瑚）*Aucuba japonica* Thunb. （图7-249）

[识别要点] 常绿灌木，高达5m。小枝绿色，粗壮，无毛。叶革质，椭圆状卵形至椭圆状披针形，长8～20cm，叶端尖而有钝头，叶基阔楔形，叶缘疏生粗齿，叶两面有光泽，叶柄长1～5cm。花小，紫色，圆锥花序密生刚毛。果鲜红色。花期4月；果12月成熟。

洒金东瀛珊瑚 [f. *variegata*（Domb）Rehd.]：叶面有许多黄色斑点。

图7-249　东瀛珊瑚

[分布] 产于台湾，日本也有分布。现各地均有盆栽或地栽。

[习性] 喜温暖气候，能耐半阴，喜湿润空气。耐修剪，生长势强，病虫害极少，对烟害的抗性很强。

[繁殖] 播种及扦插繁殖。

[用途] 观叶、观果树种，宜配置在林下及阴处，又可盆栽供室内观赏，也可用于城市绿化。

五十四、杜鹃花科 Ericaceae

常绿或落叶灌木，稀乔木。单叶互生，稀对生或轮生，全缘，稀有锯齿，无托叶。花两性，单生或排成簇生、总状、穗状、伞形或圆锥花序；花萼宿存，4～5裂；花冠合瓣，4～5裂，稀离瓣；雄蕊数为花冠裂片的2倍或同数，花药常具芒、孔裂；子房上位，2～5室，每室胚珠多数，中轴胎座，花柱1，具花盘。蒴果，稀浆果或核果。

约50属1 300种；我国14属700余种。

杜鹃花属 Rhododendron L.

常绿或落叶灌木，稀小乔木。叶互生，全缘，稀有毛状小锯齿。花有梗，顶生伞形总状花序，稀单生或簇生；萼5裂，宿存，花后不断增大；花冠鲜艳，钟状、漏斗状或管状，裂片与萼片同数；雄蕊5～10，有时更多；花药无芒，顶孔开裂；花盘厚；子房上位，5～10室或更多，多数胚珠。蒴果。

约800种；我国约650种，全国均产，尤以四川、云南最多，是杜鹃花属的世界分布中心。

分 种 检 索 表

1. 落叶灌木
　2. 叶散生；花2～6朵簇生枝顶，鲜红色、深红色；子房、蒴果均被糙伏毛 ……………
　………………………………………………………………… 1. 杜鹃 R. simsii
　2. 叶常3枚轮生枝顶；花常双生枝顶，稀3朵，淡紫红色；子房及蒴果均密生长柔毛
　………………………………………………………… 2. 满山红 R. mariesii
1. 常绿灌木；密总状花序，花冠白色 …………………… 3. 照山白 R. micranthum

1. 杜鹃（映山红）*Rhododendron simsii* **Planch.** （图 7 - 250）

［识别要点］落叶灌木，分枝多，枝细而直。枝条、苞片、花柄、花萼、叶两面均有棕褐色扁平糙伏毛。叶纸质，卵状椭圆形或椭圆状披针形，长2～6cm。花2～6朵簇生枝顶，鲜红色或深红色，有紫斑；雄蕊10，花药紫色；萼有毛；子房密被伏毛。蒴果卵形，密被糙伏毛。花期4～6月；果10月成熟。

栽培杜鹃花是指经杂交育种形成的杜鹃花品种。品种分类的主要依据是开花的季节及品种的来源。通常可分为以下几类：

（1）春鹃。3～4月开花，根据亲本的不同和花、叶的特征，可分为下列两类：

①毛鹃（大花型）：主要亲本为白花杜鹃。叶大，被毛，表面通常无光泽；花大，单瓣，雄蕊10。如'火红'、'琉球花'、'紫雁'等品种。

②东鹃（小花型）：主要亲本为石岩杜鹃。叶小，表面有光泽；花小而密

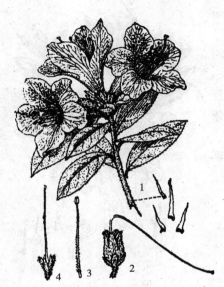

图 7 - 250 杜 鹃
1. 花枝 2. 果 3. 雄蕊 4. 雌蕊

寒。为酸性土壤指示植物。

［繁殖］播种或嫁接繁殖。

［用途］我国华南、华东地区常见观花树种之一，华北地区多盆栽。

2. 满山红 *Rhododendron mariesii* Hemsl. et Wils.（图 7 - 251）

［识别要点］落叶灌木。枝轮生，幼枝有黄褐色长柔毛。叶厚纸质，常3枚轮生枝顶，故又叫三叶杜鹃，卵状披针形。花常双生枝顶（少有3朵），花冠玫瑰红色；花梗直立，有硬毛；萼5裂，有棕色伏毛；雄蕊10；子房密生棕色长柔毛。蒴果圆柱形，密生棕色长柔毛。花期4月；果期8月。

［分布］分布于长江下游，南达福建、台湾。

其他同杜鹃。

集，单瓣或套瓣（花萼变为花瓣），雄蕊10。如'碧紫'品种。

（2）夏鹃。主要亲本为皋月杜鹃。叶小，表面有光泽，单瓣或重瓣，无套瓣。

（3）春夏鹃。春鹃与夏鹃的杂交种，特征间于两者之间，自春至夏开花不绝。

（4）西鹃。国外引进杜鹃的统称，主要亲本有映山红、白花杜鹃等。花大，色彩艳丽，大多为重瓣和皱瓣，如'火焰'、'荒狮子'、'四海波'等品种。

［分布］原产长江流域及珠江流域，四川、云南、河南、山东均有。

［习性］原产高海拔地区，喜凉爽、湿润气候，忌酷热干燥；要求富含腐殖质、疏松、湿润及 pH5.5～6.5 的酸性土壤，不耐曝晒，夏秋要适当遮荫。耐修剪，根系浅，寿命长。较耐热，不耐

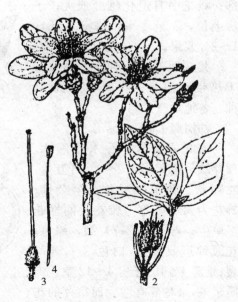

图 7 - 251 满山红
1. 花枝 2. 果枝 3. 雌蕊 4. 雄蕊

3. 照山白 *Rhododendron micranthum* Turcz（图 7-252）

[识别要点] 常绿灌木。小枝细，具短毛及腺鳞。叶厚革质，倒披针形，长 3～4cm，两面有腺鳞，背面更多，边缘略反卷。花小，白色，呈顶生密总状花序，雄蕊 10。蒴果矩圆形。花期 5～6月。

[分布] 原产东北、华北、甘肃、四川、山东、湖北。

其他同杜鹃。

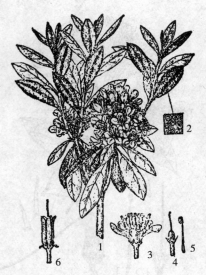

图 7-252　照山白
1. 花枝　2. 叶之下面　3. 花
4. 花萼及雌蕊　5. 雄蕊　6. 果

五十五、柿科 Ebenaceae

乔木或灌木。单叶互生，稀对生，全缘；无托叶。花单性异株或杂性，单生或聚伞花序，常腋生；萼 3～7 裂，宿存，花后增大；花冠 3～7 裂；雄蕊数为花冠裂片的 2～4 倍，稀同数，生于花冠基部；雌花中有退化雄蕊或无；子房上位，2 至多室，每室有胚珠 1～2。浆果。

共 3 属 500 余种，主要分布于热带至温带；我国 1 属约 46 种，各地均产。

柿树属 *Diospyros* L.

落叶或常绿，乔木或灌木。顶芽缺，侧芽芽鳞 2～3。叶互生，二列状。花单性异株，罕杂性；雄花为聚伞花序，雌花及两性花多单生；萼 4（3～7）裂，绿色；花冠钟形或壶形，白色，4～5（7）裂；雄蕊 4～16；子房 4～12 室。肉质浆果，果基部有增大而宿存的花萼；种子扁平，稀无种子。

约 500 种；我国约 46 种。

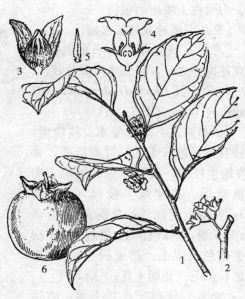

图 7-253　柿　树
1. 花枝　2. 雄花序　3. 雄花纵切面　4. 雌花纵切面
5. 雄蕊　6. 果

1. 柿树 *Diospyros kaki* L. f.（图 7 - 253）

[识别要点] 落叶乔木。树皮呈长方块状深裂，不易剥落。树冠球形或圆锥形。叶片宽椭圆形至卵状椭圆形，长 6～18cm，近革质，上面深绿色，有光泽，下面淡绿色。小枝及叶下面密被黄褐色柔毛。花钟状，黄白色，多为雌雄异株或杂性同株。浆果卵圆形或扁球形，形状多变，大小不一，熟时橙黄色或鲜黄色，萼宿存。花期 5～6 月；果期 9～10 月。

野柿树（var. *sylvestris* Makino）：小枝、叶柄被锈色毛，叶片下面密生黄褐色短柔毛。果径 1.5～5cm。

[分布] 我国特有树种。自长城以南至长江流域以南各地均有栽培，以华北栽培最多。

[习性] 喜光，喜温暖亦耐寒，能耐－20℃的短期低温，对土壤要求不严。对有毒气体抗性较强。根系发达，寿命长，300 年生的古树还能结果。

[繁殖] 嫁接繁殖，以君迁子作砧木。

[用途] 树冠广展如伞，叶大冠浓，秋叶红艳，丹实似火，悬于绿荫丛中，至 11 月落叶后，还高挂树上，极为美观，是优良的观叶、观果树种及行道树种。

2. 君迁子 *Diospyros lotus* L.

与柿树的主要区别为：冬芽先端尖。叶长椭圆形，表面深绿色，下面被灰色柔毛。果小，蓝黑色。为柿树的砧木。

[繁殖] 播种繁殖。

其他同柿树。

五十六、木犀科 Oleaceae

乔木、灌木或藤本。单叶或复叶，对生或互生，稀轮生，无托叶。花两性，稀单性，整齐，辐射对称，组成圆锥、总状、聚伞花序，有时簇生或单生；萼 4 齿裂，稀无花萼；花冠合瓣，4 裂或缺；雄蕊 2（3～5），着生于花冠筒上；子房上位，2 心皮，2 室，每室常 2 胚珠。蒴果、浆果、核果、翅果。

约 30 属 600 种；我国 11 属 200 余种，南北各地都有分布。

分 属 检 索 表

1. 翅果或蒴果
　2. 翅果，果体浆状，顶端有长翅；复叶，小叶具齿 ……………（一）白蜡树属 *Fraxinus*
　2. 蒴果
　　3. 枝中空或片隔状髓；花黄色，先叶开放 ……………（二）连翘属 *Forsythia*
　　3. 枝实心；花紫色、红色、白色 ……………（三）丁香属 *Syringa*
1. 核果或浆果

4. 核果；单叶，对生
　5. 花冠裂片 4～6，线形，仅在基部合生 ……………… （四）流苏树属 *Chionanthus*
　5. 花冠裂片 4，短，有长短不等的花冠筒
　　6. 花簇生或短总状，腋生 ……………………………… （五）木犀属 *Osmanthus*
　　6. 圆锥或总状花序，顶生 ……………………………… （六）女贞属 *Ligustrum*
4. 浆果；复叶，稀单叶，对生或互生 ……………………… （七）茉莉属 *Jasminum*

（一）白蜡树属 *Fraxinus* L.

乔木，稀灌木。冬芽鳞芽褐色，稀黑色。奇数羽状复叶，对生。花小，单性或杂性，雌雄异株；圆锥花序；萼 4 裂或缺；花瓣 4（2～6），分离或基部合生，稀缺；子房 2 室，每室胚珠 2。翅果。

共 70 种，主产温带；我国 20 余种，各地均有分布。

分 种 检 索 表

1. 花序生于当年生枝顶及叶腋，花叶同时或叶后开放
　2. 鳞芽；小叶常为 7，下面中脉有短柔毛；翅果倒披针形 ……… 1. 白蜡树 *F. chinensis*
　2. 裸芽；小叶 5～7；翅果条状披针形 ……………………… 2. 光蜡树 *F. griffithii*
1. 花序侧生于去年生枝叶腋，花先叶开放
　3. 花有萼；小叶 3～7（9），有柄，基部无黄褐色毛
　　4. 小叶通常 7，长 8～14cm；果实长 3～6cm，果翅明显长于果核 …………………
　　　………………………………………………………… 3. 洋白蜡 *F. pennsylvanica*
　　4. 小叶通常 3～7，通常 5，长 8～14cm；果实长 1～2cm，果翅等于或短于果核 …
　　　………………………………………………………… 4. 绒毛白蜡 *F. velutina*
　3. 花无萼；小叶 7～13，小叶无柄，基部密生黄褐色毛 …… 5. 水曲柳 *F. mandshurica*

1. 白蜡树 *Fraxinus chinensis* Roxb. （图 7 - 254）

〔识别要点〕落叶乔木，高达 15m。树冠卵圆形，树皮灰褐色。小枝光滑无毛，冬芽淡褐色。奇数羽状复叶，小叶常 7（5～9），椭圆形至椭圆状卵形，长 3～10cm，端渐尖或突尖，缘有波状齿，下面沿脉有短柔毛，小叶柄着生处膨大。圆锥花序顶生或侧生于当年生枝，与叶同放或叶后开放；花萼钟状，无花瓣。果倒披针形，长 3～4cm，基部窄，先端尖、钝或微凹。花期 3～5 月；果期 9～10 月。

〔分布〕东北中南部至黄河流域、长江流域，西至甘肃，南达广东、广西及福建等地。

〔习性〕喜光，喜湿耐涝，适宜温暖湿润气候，亦耐干旱，耐寒冷，对土壤要求不严。抗烟尘及有毒气体。深根性，根系发达，萌芽、根蘖力均强，生

长快，耐修剪。

　　[繁殖] 播种、扦插或埋根繁殖。

　　[用途] 树干端正挺秀，树干通直，枝叶繁茂，秋叶黄色，是优良的行道树或绿荫树。我国重要经济树种，可放养白蜡虫，生产白蜡。枝条可供编织用。

2. 光蜡树 *Fraxinus griffithii* C. B. Clarke（图 7 - 255）

　　[识别要点] 树皮剥落，光滑。幼枝被毛，后脱落，裸芽。小叶 5～7，卵形至矩圆形，长 5～13cm，革质，全缘或有疏小锯齿，幼叶有毛，后脱落。萼杯状，花瓣4。翅果条状披针形，长 2.5～3cm。花期 4 月；果期10 月。

　　[分布] 台湾、湖南、湖北、广东、广西等地。

　　[习性] 喜光，喜暖热气候。
　　其他同白蜡。

3. 洋白蜡 *Fraxinus pennsylvanica* Marsh.（图 7 - 256）

　　[识别要点] 树皮灰褐色，深纵裂。小枝、叶轴密生短柔毛，小叶常7枚，比白蜡叶稍窄。花序生去年生枝侧，雌雄异株，无花瓣。翅果倒披针形，长3～7cm，果翅明显长于种子。

　　[分布] 原产美国东部，我国东北、华北、西北常见栽培。
　　其他同白蜡。

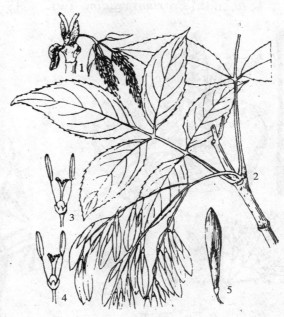

图 7 - 254　白蜡树
1. 花枝　2. 果枝　3、4. 花　5. 果

图 7 - 255　光蜡树
1. 果枝　2. 花

4. 绒毛白蜡 Fraxinus velutina Torr.（图 7 - 257）

图 7 - 256　洋白蜡

1. 一段枝（冬态示芽）　2. 雄花序　3. 雄花　4. 雌花序　5. 雌花　6. 复叶　7. 翅果

图 7 - 257　绒毛白蜡

　　[识别要点] 落叶乔木，树冠伞形。树皮灰褐色，浅纵裂。幼枝、冬芽上均有柔毛。小叶 3～7，通常 5，顶生小叶较大，椭圆形至卵形，通常两面有毛，或下面有短柔毛。花序侧生于 2 年生枝，花萼 4～5 裂，无花瓣。翅果长圆形，较小，长 1.5～3cm。花期 4 月；果期 9～10 月。

　　[分布] 原产北美。我国黄河中、下游及长江下游各地有栽培。

　　[习性] 耐寒，耐旱，较耐盐碱。浅根性，侧根发达，萌芽力强，生长快，寿命长。

　　[繁殖] 播种、扦插或埋根繁殖。

　　[用途] 优良行道树或绿荫树。我国重要经济树种，放养白蜡虫，生产白蜡。

5. 水 曲 柳 Fraxinus mandshurica Rupr.（图 7 - 258）

图 7 - 258　水曲柳

[识别要点] 树皮灰褐色，浅纵裂。小枝四棱形。小叶 7～13，长 8～16cm，叶轴具窄翅，叶背面沿脉有黄褐色绒毛，小叶与叶轴着生处有黄褐色绒毛。花序生于去年生枝侧，花单性异株，无花被。翅果常扭曲，果翅下延至果基部。

[分布] 产东北、华北，小兴安岭最多。

[习性] 喜光，幼时耐阴，对土壤适应性强，耐寒，耐旱，较耐盐碱。浅根性，侧根发达，萌芽力强，生长快，寿命长。

[繁殖] 播种、扦插或埋根繁殖。

[用途] 与黄檗、核桃楸合称为东北三大珍贵阔叶用材树种。是优良行道树或绿荫树。我国重要经济树种，放养白蜡虫，生产白蜡。

（二）连翘属 *Forsythia* Vahl

落叶灌木。枝中空或片状髓。单叶对生，稀 3 裂或 3 小叶，有锯齿。花 1～3（5）朵腋生，先叶开放；萼 4 深裂；花冠钟状，黄色，4 深裂，裂片长于冠筒；雄蕊 2；花柱细长，柱头 2 裂。蒴果 2 裂；种子有翅。

约 7 种；我国 4 种。

1. 连翘 *Forsythia suspensa* (Thunb.) Vahl（图 7-259）

[识别要点] 落叶丛生灌木，枝拱形下垂。小枝皮孔明显，髓中空。单叶对生，有时 3 裂或 3 小叶，卵形或椭圆状卵形，长 3～10cm，宽 3～5cm，无毛，先端尖锐，基部宽楔形，缘有粗锯齿。花常单生，稀 3 朵腋生，先叶开放；萼裂片长圆形，与花冠筒等长。蒴果卵圆形，瘤点较多，萼片宿存。花期 3～4 月；果期 8～9 月。

①三叶连翘（var. *fortunei* Rehd.）：叶通常为 3 小叶或 3 裂。花冠裂片窄，常扭曲。

②垂枝连翘（var. *sieboldii* Zabei.）：枝较细而下垂，通常可匍匐地面。花冠裂片宽，扁平，微开展。

③金脉连翘（'Goldvein'）：叶脉金黄色。

[分布] 产东北、华北至西南，各地有栽培。

[习性] 喜光，稍耐阴，耐寒冷，耐干瘠，怕涝，抗病虫。萌蘖性强。

图 7-259 连翘
1. 叶枝 2. 花枝 3、4. 花 5. 果 6. 种子

[繁殖] 播种、扦插或压条繁殖。

[用途] 枝条拱曲，金花满枝，极为艳丽，是北方优良的早春花木，宜丛植于草坪、角隅、建筑周围、路旁、溪边、池畔、岩石间、假山下，也可片植于向阳坡地或列植为花篱、花境。

2. 金钟花 Forsythia viridissima Lindl. (图 7-260)

与连翘的主要区别为：枝具片隔状髓心。单叶不裂，上半部有粗锯齿。萼裂片卵圆形，长约为花冠筒之半，萼片脱落。

[分布] 产长江流域至西南，华北各地园林中广泛栽培。

其他同连翘。

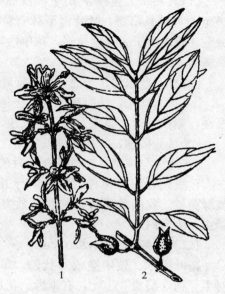

图 7-260　金钟花
1. 花枝　2. 果枝

(三) 丁香属 Syringa L.

落叶灌木或小乔木，枝为假二叉分枝，顶芽常缺。单叶对生，稀羽状复叶，全缘，稀羽状深裂。花两性，顶生或侧生圆锥花序；萼钟形，4 裂，宿存；花冠漏斗状，4 裂；雄蕊 2；柱头 2 裂，每室胚珠 2。蒴果 2 裂，每室 2 种子；种子具翅。

共 30 种；我国 20 余种，主产西南至东北。

分 种 检 索 表

1. 小乔木或灌木，叶不裂，枝较粗壮
　2. 叶广卵形，花冠筒甚长于萼，花紫色 ……………………………… 1. 紫丁香 S. oblata
　2. 叶卵形或卵圆形，花冠筒短于或稍长于萼，花白色 …………………………………
　　………………………… 2. 暴马丁香 S. reticulata var. mandshurica
1. 灌木，叶羽状深裂，枝细密 ……………………………… 3. 裂叶丁香 S. laciniata

1. 紫丁香（华北紫丁香）Syringa oblata Lindl. (图 7-261)

[识别要点] 灌木或小乔木，高达 4m。枝粗壮无毛。单叶对生，叶片宽卵形，宽大于长，先端短尖，基部心形、截形、全缘，两面无毛。圆锥花序长 6～12cm，花冠紫色或暗紫色，花冠筒长 1～1.5cm，花药着生于花冠筒中部或稍上。蒴果长圆形，先端尖。花期 4～5 月；果期 9～10 月。

图 7 - 261 紫丁香
1. 花枝　2. 枝芽　3. 花纵剖面　4. 去花瓣后花之纵剖面
（放大）　5. 果　6. 种子

①白丁香（var. *alba* Rehd.）：叶较小，叶下面微有短柔毛。花白色，单瓣。

②紫萼丁香（var. *giraldii* Rehd.）：叶先端狭尖，叶下面及叶缘有短柔毛。花序较大，花瓣、花萼、花轴以及叶柄均为紫色。

③佛手丁香（var. *plena* Hort.）：花白色，重瓣。

［分布］产吉林、辽宁、内蒙古、河北、陕西、四川等地。

［习性］喜光，稍耐阴，喜湿润、肥沃、排水良好的壤土，抗寒及抗旱性强。

［繁殖］播种、分株、扦插、嫁接繁殖。

［用途］枝叶繁茂，花美味香，芬芳袭人，且花期早，秋季落叶时叶变橙黄色、紫色，是我国北方主要的观赏花木之一。

2. 暴马丁香 *Syringa reticulata*（Bl.）Hara var. *mandshurica*（Maxim.）Hara（图 7 - 262）

［识别要点］灌木或小乔木，高达 8m。树干及枝皮孔明显。叶卵形至宽卵形，先端渐尖，基部圆形或截形，叶面皱折，下面无毛或疏生短柔毛，背面侧

脉隆起。顶生圆锥花序，长 10～15cm；花冠白色，筒短，花冠裂片较花冠筒长；花丝比花冠裂片长 2 倍，伸出花冠外。蒴果矩圆形，长 1～2cm，先端钝，光滑或有疣状突起，经冬不落。花期 5～6 月；果期 8～10 月。

［分布］产华中、东北、华北及西北东部。

［习性］喜光，喜潮湿土壤。耐寒性强。

［繁殖］播种、嫁接繁殖。

［用途］花期较晚，在丁香园中有延长观花期的效果。乔木性较强，可作其他丁香的乔化砧。花可提取芳香油，亦为优良蜜源植物。

图 7-262 暴马丁香
1. 花枝 2. 花 3. 果枝

3. 裂叶丁香 *Syringa laciniata* Mill.

［识别要点］灌木，高达 2m。分枝细密，小枝暗紫色。单叶对生，羽状深裂，叶柄有窄翅。圆锥花序淡紫色，筒细长。花期 5 月。

［分布］产西北部。

［习性］喜光，喜潮湿土壤，耐寒性强。

［繁殖］嫁接繁殖。

（四）流苏树属 *Chionanthus* L.

落叶灌木或小乔木。单叶对生，全缘。花单性或两性，排成疏散的圆锥花序；花萼 4 裂；花冠白色，4 深裂，裂片狭窄；雄蕊 2；子房 2 室。核果肉质，卵圆形；种子 1 枚。

共 2 种；我国 1 种。

流苏树 *Chionanthus retusus* Lindl. et Paxt. （图 7-263）

图 7-263 流苏树
1. 花枝 2. 果枝 3. 花 4. 花萼及雌蕊

[识别要点] 乔木，高达 20m。树皮灰色，大枝皮卷状纸质剥落，小枝初时有毛。叶卵形至倒卵状椭圆形，先端钝或微凹，全缘或有时有小齿，叶柄基部带紫色。花白色，花冠筒极短，4 裂片狭长，长 1～2cm。核果椭圆形，长 1～1.5cm，蓝黑色。花期 4～5 月；果期 9～10 月。

[分布] 主产华北，华南、西南、甘肃、陕西均有分布。

[习性] 喜光，耐寒，抗旱，喜深厚、肥沃、湿润土壤。生长较慢。

[繁殖] 播种、扦插、嫁接繁殖，用白蜡树作砧木。

[用途] 花密优美，花形奇特，秀丽可爱，花期可达 20d，是优美的观赏树种。叶可代茶。

（五）木犀属 *Osmanthus* Lour.

常绿灌木或小乔木。单叶对生，全缘或有锯齿。花两性、杂性或雌雄异株，白色至橙黄色，在叶腋簇生或成总状花序；萼 4 裂；花冠筒短，4 裂；雄蕊 2，稀 4；子房 2 室。核果。

共 40 种；我国 25 种，产长江以南。

桂花（木犀）*Osmanthus fragrans* (Thunb.) Lour.（图 7-264）

[识别要点] 常绿灌木或小乔木，高达 12m。树体无毛。叶革质，椭圆形至椭圆状披针形，长 4～10cm，先端急尖或渐尖，全缘或上半部疏生细锯齿。花序簇生叶腋或聚伞状；花冠橙黄色或白色，浓香，近基部 4 裂。核果椭圆形，长 1～1.5cm，熟时紫黑色。花期 9～10 月；果期翌年 4～5 月。

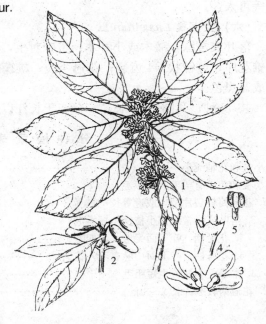

图 7-264　桂　花
1. 花枝　2. 果枝　3. 花瓣展开（示雄蕊）
4. 雌蕊　5. 雄蕊

①金桂（var. *thunbergii* Mak.）：花金黄色，香味浓或极浓。

②银桂（var. *latifolius* Mak.）：花黄白或淡黄色，香味浓至极浓。

③丹桂（var. *aurantiacus* Mak.）：花橙黄或橘红色，香味较淡。

④四季桂（var. *semperflorens* Hort.）：花黄色或白色，一年内花开数次，

香味淡。

[分布] 原产我国西南地区，现长江流域广泛栽培。北方盆栽。

[习性] 喜光，喜温暖湿润气候，耐半阴，不耐寒；对土壤要求不严，不耐干旱瘠薄，忌积水。萌发力强，寿命长，对有毒气体抗性较强。

[繁殖] 扦插、嫁接、压条繁殖。

[用途] 四季常青，枝繁叶茂，秋日花开，芳香四溢，常作园景树，孤植、对植或成丛、成林栽植。在古典厅前多采用两株对称栽植，古称"双桂当庭"或"双桂留芳"；与牡丹、荷花、山茶等配置，可使园林四时花开。对有毒气体有一定抗性，可用于工矿区绿化。花用于食品加工或提取芳香油，叶、果、根等可入药。

（六）女贞属 Ligustrum L.

落叶或常绿，灌木或小乔木。单叶对生，全缘。花小，两性，白色，顶生圆锥花序；萼钟状，4 齿裂；花冠 4 裂；雄蕊 2。子房 2 室，浆果状核果，黑色或蓝黑色。

共 50 种；我国约 28 种，多分布于长江以南至西南。

分 种 检 索 表

1. 小枝和花轴无毛 ······························ 1. 女贞 L. lucidum
1. 小枝和花轴有柔毛或短粗毛
　2. 花冠筒较裂片稍短或近等长
　　3. 落叶或半常绿，小枝密生短柔毛
　　　4. 花无柄，叶下面无毛，花期晚 ············ 2. 小叶女贞 L. quihoui
　　　4. 花有柄，叶下面中脉有毛，花期早 ········ 3. 小蜡 L. sinense
　　3. 常绿，小枝疏生短粗毛 ··············· 4. 日本女贞 L. japonicum
　2. 花冠筒较裂片长 2～3 倍 ············· 5. 水蜡 L. obtusifolium

1. 女贞（大叶女贞）Ligustrum lucidum Ait. （图 7 - 265）

[识别要点] 常绿乔木，高达 15m。树皮灰色。全株无毛。叶革质，卵形至卵状披针形，长 6～12cm，宽 3～7cm，顶端尖，基部圆形或宽楔形。花序长 10～20cm，花白色，几无柄，芳香，花冠裂片与花冠筒近等长。核果椭圆形，长约 1cm，紫黑色，有白粉。花期 6～7 月；果期 11～12 月。

[分布] 长江流域及以南各地。长江以北地区有栽培。

[习性] 喜光，稍耐阴，喜温暖，不耐寒，不耐干旱，在微酸性至微碱性湿润土壤上生长良好。对二氧化硫、氯气、氟化氢等有害气体抗性强。生长快，萌芽力强，耐修剪。侧根发达，移栽极易成活。

图 7 - 265　女　贞　　　　　　　　　图 7 - 266　小叶女贞
1. 花枝　2. 果枝　3. 花　4. 花萼及雄蕊　　　1. 花枝　2. 花序的一部分（放大）
5. 花萼及雌蕊　6. 种子　　　　　　　　　3. 花　4. 小果序

［繁殖］播种或扦插繁殖。

［用途］终年常绿，枝叶清秀，苍翠可爱；夏日白花满树，微带芳香，冬季紫果经久不凋，是优良绿化树种和抗污染树种。我国北方地区露地多栽植于建筑物的南侧。

2. 小叶女贞 *Ligustrum quihoui* Carr.（图 7 - 266）

［识别要点］落叶或半常绿灌木，高 2～3m。小枝被短柔毛。叶薄革质，椭圆形至倒卵状长圆形，长 1.5～5cm，宽 0.5～2cm，边缘微反卷，无毛，叶柄有短柔毛。花序长 7～21cm，花白色，芳香，无柄，花冠筒与裂片等长，花药伸出花冠外。核果宽椭圆形，紫黑色。花期 7～8 月；果期 10～11 月。

［分布］产我国华北、华东、华中、西南。

［习性］喜光，稍耐阴，喜温暖湿润环境，较耐寒，耐干旱，对土壤适应性强。对各种有毒气体抗性均强。萌芽力、根蘖力均强，耐修剪。

［繁殖］播种或扦插繁殖。

［用途］多用作绿篱或修剪成球形植于广场、草坪、林缘，是优良的抗污染树种。

3. 小蜡 *Ligustrum sinense* Lour.（图 7 - 267）

与小叶女贞的主要区别是：叶背沿中脉有短柔毛。花序长 4～10cm，有细而明显的花梗，花冠筒短于花冠裂片，雄蕊超出花冠裂片。果实近圆形。花期 4～5 月。

其他同小叶女贞。

4. 日本女贞 *Ligustrum japonicum* Thunb.

[识别要点] 常绿，灌木或小乔木，高达 6m。小枝幼时有毛，皮孔明显。叶革质，平展，卵形至卵状椭圆形，长 4～8cm，先端短锐尖，基部圆，叶缘及中脉常带紫红色。顶生圆锥花序，白色，花冠裂片略短于花冠筒。

金叶女贞（*Ligustrum* 'Vicaryi'）：丛生灌木，花白色。新叶鲜黄色，老叶黄绿色。扦插繁殖。多用于建造色带或色篱。

[分布] 原产日本。我国长江流域以南各地有栽培。

[习性] 耐寒力强于女贞。

其他同女贞。

图 7-267 小 蜡
1. 花枝 2. 花

5. 水蜡 *Ligustrum obtusifolium* Sieb. et Zucc.（图 7-268）

与小叶女贞的主要区别为：落叶灌木。叶背有短柔毛；花序短而下垂，长约 3cm；花冠筒比花冠裂片长 2～3 倍；花药和花冠裂片近等长。花期 7 月。

其他同小叶女贞。

（七）茉莉属 *Jasminum* L.

直立或攀缘灌木。枝条绿色，多为四棱形。单叶、3 出复叶或奇数羽状复叶，对生，稀互生，全缘。聚伞花序或伞房花序，稀单生；萼钟状，4～9 裂；花冠高脚碟状，4～9 裂；雄蕊 2，内藏。浆果，常双生或其中 1 个不发育而为单生。

共 300 种；我国 43 种，分布于长江流域以南至西南。

图 7-268 水 蜡
1. 花枝 2. 花 3. 果枝

分 种 检 索 表

1. 单叶，花白色 ┈┈┈┈┈┈┈┈┈┈┈┈┈┈┈┈┈ 1. 茉莉 J. *sambac*
1. 奇数羽状复叶或 3 出复叶，花黄色
　2. 叶对生
　　3. 落叶性，先花后叶，花径 2～2.5cm，花冠裂片较筒部短 ┈┈┈┈
　　┈┈┈┈┈┈┈┈┈┈┈┈┈┈┈┈┈┈ 2. 迎春花 J. *nudiflorum*
　　3. 常绿性，花叶同放，花径 3.5～4cm，花冠裂片较筒部长 ┈ 3. 云南黄馨 J. *mesnyi*
　2. 叶互生，萼片线形，与萼筒近等长 ┈┈┈┈┈┈┈┈ 4. 探春花 J. *floridum*

1. 茉莉（茉莉花） *Jasminum sambac* **（L.）Aiton**（图 7 - 269）

　〔识别要点〕常绿攀缘状灌木。枝细长，有短柔毛。单叶对生，卵圆形至椭圆形，薄纸质，仅背面脉腋有簇毛。聚伞花序常 3 朵，顶生或腋生，花白色，浓香。花期 5～10 月。

　〔分布〕我国广东、福建及长江流域以南各地栽培。北方盆栽。

　〔习性〕喜光，喜温暖湿润气候及酸性土壤，不耐寒，低于3℃时易受冻害。

　〔繁殖〕扦插、压条及分株繁殖。

　〔用途〕著名香花树种，花朵可熏制茶和提炼茉莉花油。

2. 迎春花 *Jasminum nudiflorum* **Lindl.**（图 7 - 270）

图 7 - 269　茉　莉

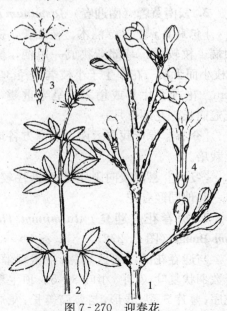

图 7 - 270　迎春花
1. 花枝　2. 枝叶　3. 花　4. 花纵剖面

[识别要点]落叶灌木。枝绿色，细长直出或拱形，四棱状。3出复叶对生，小叶卵状椭圆形，长1～3cm，缘有短刺毛。花黄色，单生于2年生枝叶腋，先叶开放，有叶状狭窄的绿色苞片；萼裂片5～6；花冠裂片6，长椭圆形，约为花冠筒长的1/2。花期2～4月，通常不结实。

[分布]产我国中部、北部及西南，各地广泛栽培。

[习性]喜光，喜温暖、湿润、肥沃的土壤，适应性强，较耐寒、耐旱，但不耐涝。浅根性，生长快，萌芽、萌蘖力强，耐修剪。

[繁殖]扦插、压条及分株繁殖。

[用途]花开极早，绿枝弯垂，金花满枝，为人们所喜爱，宜植于路缘、山坡、池畔、岸边、悬崖、草坪边缘，或作花篱、花丛及岩石园材料。与蜡梅、水仙、山茶构成新春美景。也是良好的插花材料。

图7-271　云南黄馨

3. 云南黄馨（南迎春）*Jasminum mesnyi* Hance（图7-271）

[识别要点]常绿灌木。枝细长，拱形下垂。叶对生，3小叶，表面光滑，顶端1枚较大，基部渐狭成一短柄，侧生2枚小而无柄。花单生于小枝端，径3.5～4cm。花冠裂片6或稍多，呈半重瓣，较花冠筒长。花期4月。

[分布]原产我国云南，现南方各地广泛栽培。

[习性]喜温暖向阳环境，耐寒性较差。其他同迎春花。

4. 探春花（迎夏）*Jasminum floridum* Bunge（图7-272）

与迎春花的主要区别为：半常绿灌木。奇数羽状复叶，互生，小叶3～5。顶生聚伞花序；萼片5裂，线形，与萼筒等长；花冠黄色，裂片5，长约为花冠筒的1/2，先叶后花。

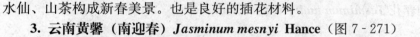

图7-272　探春花
1.花枝　2.果枝　3.花

其他同迎春花。

五十七、马钱科 Loganiaceae

乔木、灌木或藤本，稀草本。单叶对生，少互生或轮生，托叶退化。花两性整齐，通常成聚伞花序或圆锥花序，有时为穗状花序或单生；花萼 4～5 裂；花冠合瓣，4～5 裂；雄蕊与花瓣裂片同数并与之互生；上位子房，常 2 室。蒴果、浆果或核果。

约 35 属 600 种；我国 9 属 60 种。

醉鱼草属 Buddleja L.

乔木、灌木或藤本，稀草本。植物体常被线状、星状或鳞片状毛，无顶芽。单叶对生，稀互生。花两性，整齐，排成头状、穗状或圆锥花序或簇生；花萼钟状，4 裂；花冠 4 裂，管状或漏斗状；雄蕊 4；子房 2 室，每室胚珠多数。蒴果，2 瓣裂，稀浆果；种子多数。

约 40 种；我国 20 种。

分 种 检 索 表

1. 小枝圆柱形；叶狭披针形；花白色，花冠筒长 2～4mm ············ 1. 驳骨丹 B. asiatica
1. 小枝四棱形；叶卵状至卵状披针形；花淡紫、紫色至白色，花冠筒长 7～20mm
  2. 叶长 5～20cm；花序圆锥形，雄蕊着生于花冠筒中部········· 2. 大叶醉鱼草 B. davidii
  2. 叶长 5～10cm；花序穗状，雄蕊着生于花冠筒下部 ········· 3. 醉鱼草 B. lindleyana

1. 驳骨丹（白花醉鱼草）Buddleja asiatica Lour.

[识别要点] 直立落叶灌木或小乔木，高达 2～6m。各部密生星状毛。单叶对生，披针形或狭披针形，长 5～12cm，端渐尖，基楔形，表面无毛，背面密被白色或浅黄色绒毛。总状或圆锥花序顶生或腋生；花萼 4 裂，密被绒毛；花冠白色，芳香；花冠筒长 2～4mm，4 裂，外生绒毛；雄蕊 4，着生于花冠筒中部。蒴果长 3～5mm。花期 10 月至次年 2 月。

[分布] 我国华东、中南、西南等地。

[习性] 喜酸性、中性至微碱性土壤。

[繁殖] 播种或扦插繁殖。

[用途] 观赏，也可作插花材料。

2. 大叶醉鱼草 Buddleja davidii Franch. （图 7 - 273）

[识别要点] 落叶灌木，高达 5m。枝条四棱形而稍有翅，幼时密被白色星状毛。单叶对生，卵状披针形至披针形，长 10～25cm，缘疏生细锯齿，表面

无毛，背面密被白色星状绒毛。小聚伞花序集成穗状圆锥花枝；花萼 4 裂，密被星状绒毛；花冠淡紫色，芳香，长约 1cm；花冠筒细而直，长 0.7～1cm，顶部橙黄色，4 裂，外面生星状绒毛及腺毛；雄蕊 4，着生于花冠筒中部。蒴果长圆形，长 6～8mm。花期 6～9 月。

① 紫花醉鱼草（var. *veitchiana* Rehd.）：植株强健。密生大型穗状花序，花红紫色而具鲜橙色的花心，花期较早。

②绛花醉鱼草（var. *magnifica* Rehd. et Wils.）：花较大，深绛紫色，花冠筒顶部深橙色，裂片边缘反卷，密生穗状花序。

③ 大花醉鱼草（var. *superba* Rehd. et Wils.）：与绛花醉鱼草相似，惟花冠裂片不反卷，圆锥花序较大。

图 7 - 273　大叶醉鱼草
1. 花枝　2. 花　3. 花冠筒展开
（示雄蕊着生部）

④垂花醉鱼草（var. *wilsonii* Rehd. et Wils.）：植株较高，枝条呈拱形。叶长而狭。穗状花序稀疏而下垂，有时长达 70cm；花冠较小，红紫色，裂片边缘稍反卷。

［分布］主产长江流域一带，西南、西北等地也有。

［习性］喜光，耐阴；对土壤适应性强；耐寒性较强，可在北京露地越冬；耐旱，稍耐湿。萌芽力强。

［繁殖］播种或扦插繁殖。

［用途］花色丰富，花序较大，又有香气，叶茂花繁，紫花开在少花的夏、秋季，颇受欢迎，可在路旁、墙隅、草坪边缘、坡地丛植，亦可植为自然式花篱。植株有毒，应用时应注意。枝、叶、根皮入药外用，也可作农药。

3. 醉鱼草 *Buddleja lindleyana* Fortune（图 7 - 274）

图 7 - 274　醉鱼草

　　[识别要点] 落叶灌木，高达5m。全株被毛。枝条四棱形而稍有翅。单叶对生，萌条上的叶互生，卵状、椭圆形至长披针形，长3～11cm，全缘或具波状齿。穗状聚伞花序，长4～40cm，花冠紫色，雄蕊着生于花冠筒下部，子房无毛。蒴果长圆形，长6mm。花期8月至次年4月。种子无翅。

　　其他同大叶醉鱼草。植株有毒，可作沙虫剂。

五十八、夹竹桃科 Apocynaceae

　　乔木、灌木或藤本，稀多年生草本。植物体具乳汁或水质。单叶对生或轮生，稀互生，全缘，稀有细齿，无托叶。花两性，单生或聚伞花序；萼5，稀4，基部内面常有腺体；花冠5，稀4，喉部常有副冠或鳞片或毛状附属物；雄蕊5，着生在花冠筒上或花冠喉部，花丝分离，通常有花盘；子房上位，稀半下位，1～2室。浆果、核果、蒴果或蓇葖果。种子一端有毛或膜质翅。

　　约250属2 000种，主产热带、亚热带，少数在温带；我国46属176种33变种。

分 属 检 索 表

1. 叶对生或轮生
　2. 叶对生，藤本 ……………………………………… (一) 络石属 *Trachelospermum*
　2. 叶轮生或对生，灌木或乔木
　　3. 蓇葖果；无花盘 ……………………………………… (二) 夹竹桃属 *Nerium*
　　3. 蒴果；花盘厚，肉质杯状 ……………………………… (三) 黄蝉属 *Allemanda*
1. 叶互生
　4. 枝肉质肥厚，花冠筒喉部无鳞片，蓇葖果……………… (四) 鸡蛋花属 *Plumeria*
　4. 枝不为肉质，花冠筒喉部有被毛的鳞片，核果 ……… (五) 黄花夹竹桃属 *Thevetia*

(一) 络石属 *Trachelospermum* Lem.

　　常绿攀缘藤木。具白色乳汁。单叶对生，有短柄，羽状脉。聚伞花序顶生、腋生或近腋生；花萼5裂，内面基部具5～10枚腺体；花冠白色，高脚碟状，裂片5，右旋；雄蕊5枚，着生于花冠筒内面中部以上，花丝短，花药围绕柱头四周；花盘环状，5裂；子房由2离生心皮组成。蓇葖果双生，长圆柱形；种子顶端有毛。

　　约30种，分布于亚洲热带或亚热带；我国10种6变种，几遍全国。

1. 络石 *Trachelospermum jasminoides* (Lindl.) Lem. (图7-275)

　　[识别要点] 常绿藤木。茎长达10m，赤褐色。幼枝有黄色柔毛，常有气生根。叶薄革质，椭圆形或卵状披针形，长2～10cm，全缘，脉间常呈白色，

表面无毛，背面有柔毛。腋生聚伞花序；萼 5 深裂，花后反卷；花冠白色，芳香，裂片 5，右旋形如风车；花冠筒中部以上扩大，喉部有毛；花药内藏。线形蓇葖果，对生，长 15cm；种子有白色毛。花期 4～5 月；果期 7～12 月。

图 7-275　络　石

1. 花枝　2. 果枝　3. 花　4. 花冠筒展开（示雄蕊着生）5. 花萼纵剖面及雌蕊　6. 雄蕊　7. 种子

① 石血（var. *heterophyllum*）：叶形异，通常狭披针形。

② 斑叶络石（'Variegatum'）：叶圆形，色杂，白色、绿色，后变为淡红色。

[分布] 主产长江、淮河流域以南各地。

[习性] 喜光，耐阴；喜温暖湿润气候，耐寒性弱；对土壤要求不严，抗干旱，不耐积水。萌蘖性强。

[繁殖] 扦插、压条繁殖。

[用途] 叶色浓绿，四季常青，冬叶红色，花繁色白，且具芳香，是优美的垂直绿化和常绿地被植物，植于枯树、假山、墙垣之旁，攀缘而上，均颇优美。根、茎、叶、果入药。乳汁对心脏有毒害作用。

2. 紫花络石 *Trachelospermum axillare* Hook. f.

与络石的主要区别为：花冠紫色。叶革质，倒披针形、倒卵形或倒卵状矩圆形，长 8～15cm。

[分布] 西南、华南、华东、华中等地。

其他同络石。

（二）夹竹桃属 *Nerium* L.

常绿灌木或小乔木，具水液。叶 3～4 枚轮生，稀对生，革质，具柄，全缘，羽状脉，侧脉密生而平行。顶生伞房状聚伞花序；花萼 5，基部内面有腺体；花冠漏斗状，5 裂，裂片右旋；花冠筒喉部有 5 枚阔鳞片状副花冠，顶端撕裂；雄蕊 5，着生于花冠筒中部以上，花丝短，花药内藏且成丝状，被长柔毛，无花盘；子房由 2 枚离生心皮组成。蓇葖果 2 枚，离生；种子具白色绵毛。

约 4 种；我国引入 2 种。

夹竹桃 *Nerium indicum* Mill.（图 7-276）

[识别要点] 常绿直立大灌木，高达 5m，含水液。嫩枝具棱。叶 3～4 枚轮生，枝条下部对生，窄披针形，长 11～15cm，上面光亮无毛，中脉明显，叶缘反卷。花序顶生；花冠深红色或粉红色，单瓣 5 枚，喉部具 5 片撕裂状副花冠，重瓣 15～18 枚，组成 3 轮，每裂片基部具顶端撕裂的鳞片。蓇葖果细长；种子长圆形，顶端种毛长 9～12mm。花期 6～10 月。

[分布] 伊朗、印度、尼泊尔。我国长江以南广为栽植，北方盆栽。

[习性] 喜光；喜温暖湿润气候，不耐寒；耐旱力强；抗烟尘及有毒气体能力强；对土壤适应性强，在碱性土上也能正常生长。性强健，管理粗放，萌蘖性强，病虫害少，生命力强。

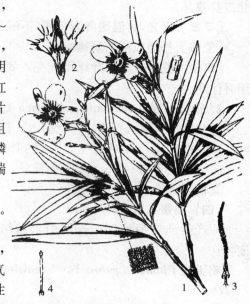

图 7 - 276　夹竹桃
1. 花枝　2. 花纵剖面　3. 雄蕊　4. 雌蕊

[繁殖] 扦插或压条繁殖。

[用途] 姿态潇洒，花色艳丽，兼有桃竹之胜，自夏至秋花开不绝，有特殊香气，可植于公园、庭院、街头、绿地等处。此外，性强健，耐烟尘，抗污染，是工矿区等生长条件较差地区绿化的好树种。全株有毒，可供药用，人畜误食有危险。

（三）黄蝉属 Allemanda L.

我国引入 2 种。

1. 黄蝉 Allemanda neriifolia Hook.（图 7 - 277）

[识别要点] 直立灌木，高达 1～2m，具乳汁。枝灰白色。叶 3～5 枚轮生，椭圆形或倒卵状长圆形，长 6～12cm，先端尖或极尖，全缘，初生叶背脉上有毛外，其余光滑。花序顶生，花梗有毛，花冠橙黄色；花筒长 2cm，内有红褐色条纹；单瓣 5 枚，左旋。球形蒴果，有长刺。花期 5～8 月。

[分布] 原产巴西。我国长江以南广为栽植，

图 7 - 277　黄　蝉

北方盆栽。

　　[习性] 喜光,喜温暖湿润气候,不耐寒,耐旱力强。萌蘖性强,生命力强。

　　[繁殖] 扦插或压条繁殖。

　　[用途] 花大美丽,叶绿而光亮,我国南方常作庭院观赏。全株有毒,应用时注意。

　　2. 软枝黄蝉 *Allemanda cathartica* **L.**

　　与黄蝉的主要区别为:藤状灌木,长达4m。枝条软,弯曲,具白色乳汁。叶3～4枚轮生,有时对生,长椭圆形,长10～15cm。花冠大型,长7～11cm;花冠筒长3～4cm,基部圆筒状。

　　其他同黄蝉。

　　(四) 鸡蛋花属 *Plumeria* L.

　　原产美洲热带地区;我国引入栽培1种1变种。

　　鸡蛋花 *Plumeria rubra* **L.** 'Acutifolia'(图7-278)

　　[识别要点] 落叶小乔木,高达5～8m,具乳汁,全株无毛。枝粗壮肉质。单叶互生,常集生于枝端,长圆状倒披针形或长圆形,长20～

图7-278　鸡蛋花

40cm,先端短渐尖,基部狭楔形,全缘。顶生聚伞花序,花冠外面白色带红色斑纹,里面黄色芳香。蓇葖果双生。花期5～10月。

　　[分布] 原产墨西哥。我国长江以南广为栽植,北方盆栽。

　　[习性] 喜光,喜湿热气候,不耐寒,耐旱力强。萌蘖性强,生命力强。

　　[繁殖] 扦插或压条繁殖。

　　[用途] 树形美丽,叶大色绿,花素雅具芳香,作庭院观赏。

　　(五) 黄花夹竹桃属 *Thevetia* L.

　　我国栽培2种1变种。

　　黄花夹竹桃 *Thevetia peruviana* **(Pers.) K. Schum.** (图7-279)

　　[识别要点] 常绿灌木或小乔木,高达5m,具乳汁,全株无毛。树皮棕褐色,皮孔明显,小枝下垂。单叶互生,线形或线状披针形,长10～15cm,两端长,全缘,光亮,革质,中脉下陷,侧脉不明显。顶生聚伞花

图7-279　黄花夹竹桃

序,花黄色,芳香。核果扁三角状球形。花期 5～12 月。

[分布]原产美洲热带地区。我国华南地区有栽培,长江流域及以北地区常盆栽。

[习性]喜光,喜干热气候,不耐寒,耐旱力强。

[繁殖]扦插或压条繁殖。

[用途]枝柔软下垂,叶绿光亮,花叶艳黄,花期长,是一种美丽的观花树种,常用作庭院观赏。全株有毒,可提取药物。

五十九、马鞭草科 Verbenaceae

灌木或乔木,有时为藤本,稀为草本。单叶或掌状复叶,对生,稀轮生,无托叶。花两性,组成顶生或腋生的各种花序;花萼 4～5 裂,宿存;花冠管口裂成二唇形或略不相等 4～5 裂;雄蕊 4,少数 2,稀 5～6,着生于花冠筒上部或基部;子房上位,2～5 室,每室 2 胚珠,或每室生一隔膜而分成 4～10 室,每室 1 胚珠。核果、蒴果或浆果状核果;种子胚乳少或无。

80 余属 3 000 余种,主要分布于热带和亚热带地区;我国 21 属 175 种,主产长江流域以南各地。

分 属 检 索 表

1. 总状、穗状或近头状花序
  2. 枝上有倒钩状皮刺,穗状或近头状花序,果熟后仅基部被花萼所包围 ……………………………………………… (一) 马缨丹属 Lantana
  2. 枝上皮刺不为倒钩状或枝无刺,总状花序,果熟后全部被花萼所包围 …………………………………………………………… (二) 假连翘属 Duranta
1. 聚伞花序,或由聚伞花序组成各式花序
  3. 花萼色杂,在果期显著增大
    4. 花萼端近全缘,花冠筒弯曲 ……………… (三) 冬红属 Holmskioldia
    4. 花萼端深裂、有齿或平截,花冠筒弯曲 ……… (四) 赪桐属 Clerodendrum
  3. 花萼绿色,在果期不显著增大
    5. 掌状复叶,小枝四棱形 ………………………… (五) 牡荆属 Vitex
    5. 单叶,小枝不为四棱形 ……………………… (六) 紫珠属 Callicarpa

(一) 马缨丹属 Lantana L.

直立或半藤状灌木,有强烈气味。茎四方形,有或无皮刺。单叶对生,边缘有圆钝齿,表面多皱。花密集成头状,顶生或腋生,具总梗;苞片长于花萼;花萼小,膜质;花冠筒细长,顶端裂;雄蕊着生于花冠筒中部,内藏;子房 2 室,

花柱短,柱头歪斜近头状。核果球形。

约150种,主产于美洲热带;我国引入栽培2种。

马缨丹 *Lantana camara* L.（图7-280）

[识别要点]灌木,高1~2m。茎、枝均四方形,有短柔毛,通常有短倒钩状刺。单叶对生,卵形至卵状长圆形,长3~9cm,先端渐尖,基部圆形,两面有糙毛,揉烂后有强烈的气味。腋生头状花序,花冠黄色、橙黄色、粉红色至深红色。核果圆球形,熟时紫黑色。全年开花。

[分布]原产于美洲热带地区。我国南方各地已为野生状。

[习性]喜光,喜温暖湿润气候,对土壤要求不严,以深厚肥沃、排水良好的沙壤土较佳。

[繁殖]嫁接、扦插、播种繁殖。

[用途]花美丽,花期长,我国南方庭园中有栽培,常作花坛和地被植物,北方多盆栽。根、叶、花药用。

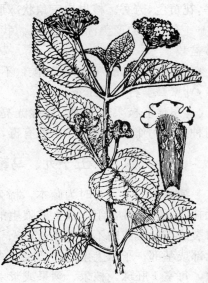

图7-280　马缨丹

(二)假连翘属 *Duranta* L.

灌木。枝有刺或无刺。单叶对生或轮生,全缘或有锯齿。总状、穗状或圆锥状花序,顶生或腋生;苞片小;花萼顶端有5齿,宿存,结果时增大;花冠顶端5裂;雄蕊4,内藏,2长2短;子房8室,花柱短,柱头为稍偏斜的头状。核果肉质,几乎完全包藏在增大宿存的花萼内。

约36种,分布于美洲热带地区;我国引种栽培1种。

假连翘 *Duranta repens* L.（图7-281）

图7-281　假连翘
1. 花枝　2. 果枝

［识别要点］灌木，高 1.5～3m。枝常拱形下垂，具皮刺。幼枝具柔毛。叶对生，少轮生，卵形或卵状椭圆形，长 2～6.5cm，全缘或中部以上有锯齿。顶生或腋生总状花序，花冠蓝色或淡蓝紫色。球形核果，无毛，有光泽，熟时红黄色，被增大花萼包围。花果期 5～10 月。

①白花假连翘（'Alba'）：花冠白色。

②金叶假连翘（'Dwarf'）：嫩叶金黄色，花冠淡紫色。

③花叶假连翘（'Variegata'）：叶有黄色或白色斑纹，花冠淡紫色。

［分布］原产于墨西哥和巴西，热带地区广泛栽培。我国南方各地均有栽培。

［习性］喜光，喜温暖湿润气候，耐寒性差，耐半阴。耐修剪。对土壤要求不严，不耐积水。

［繁殖］扦插或播种繁殖。

［用途］枝条柔软下垂，花色与果色美丽，是良好的观花、观叶、观果树种，也是优良的绿篱植物，亦常作花坛布置材料。花、叶、果入药。

（三）冬红属 Holmskioldia Retz.

灌木。小枝四棱形，被毛。叶对生，全缘或具锯齿。聚伞花序腋生或集生于枝端；花萼膜质，倒圆锥状碟形或喇叭状，近全缘，有颜色；花冠筒弯曲，5 浅裂；雄蕊 4，着生于冠筒基部，伸出花冠外。核果倒卵形，4 裂，被花萼所包围。

约 3 种，分布于印度、马达加斯加及非洲热带；我国引入栽培 1 种。

图 7 - 282　冬　红

冬红 Holmslioldia sanguinea Retz. （图 7 - 282）

［识别要点］常绿灌木，高 3～7m。小枝四棱状。叶革质，卵形或宽卵形，具锯齿，两面疏被毛及腺点，沿叶脉毛较密；叶柄长 1～2cm，被毛及腺点。2～6 聚伞花序组成圆锥花序，花序梗及花梗被腺毛及长毛；花萼朱红色或橙红色，倒圆锥状碟形，径达 2cm，网脉明显；花冠朱红色，筒部长达 2～2.5cm，被腺点。核果倒卵圆形，4 深裂，为宿萼包被。花期冬末春初；种子秋冬季成熟。

［分布］原产喜马拉雅至马来西亚。我国台湾、广东及广西有栽培。

［习性］喜光，喜温暖多湿的气候，不耐寒，喜肥沃的沙质土壤。

［繁殖］播种或扦插繁殖。

［用途］花色艳丽，在冬末春初少花季节开花，故名"冬红"，为庭园常见

木本花卉。

（四）赪桐属 Clerodendrum L.

落叶或半常绿，灌木或小乔木，少为攀缘状藤本或草本。单叶对生或轮生，全缘或具锯齿。聚伞花序，或由聚伞花序组成伞房状或圆锥状花序，顶生或腋生；苞片宿存或早落；花萼钟状、杯状，有色泽，宿存，花后多少增大；花冠筒通常细长，顶端有5裂等形或不等形的裂片；雄蕊4，伸出花冠外；子房4室。浆果状核果，包于宿存增大的花萼内。

约400种，分布于热带和亚热带，少数分布于温带；我国有34种14变种。

分 种 检 索 表

1. 直立灌木，由聚伞花序组成顶生伞房状、圆锥状花序，花萼裂片不为白色
  2. 聚伞花序组成大型顶生圆锥花序，花萼、花冠为鲜红色 ………… 1. 赪桐 C. japonicum
  2. 聚伞花序组成顶生伞房花序，花萼、花冠非鲜红色，花萼大，萼裂片5 …………
  …………………………………………………… 2. 海州常山 C. trichotomum
1. 弱藤本，腋生聚伞花序，花萼裂片白色 …………………… 3. 龙吐珠 C. thomsonae

1. 赪桐 Clerodendrum japonicum （Thunb.） Sweet （图7-283）

[识别要点] 高达4m。小枝有绒毛，实心髓。叶卵圆形或心形，长10～35cm，先端渐尖，基部圆形或浅心形，边缘具浅锯齿，叶表面疏生伏毛，背面密生锈黄色盾形腺体，掌状脉。顶生大型圆锥状聚伞花序，长14～34cm；花萼大，红色，5深裂；花冠鲜红色，筒部细长，顶端5裂并开展；雄蕊细长，长达花冠筒的3倍，与雌蕊花柱伸出于花冠之外。果近球形，蓝黑色，宿萼增大，初包被果实，后向外反折呈星状。花果期5～11月。

图7-283 赪桐

[分布] 原产长江流域以南各地。印度、马来西亚、日本等地也有分布。

[习性] 喜光，喜温暖多湿气候，耐半阴，耐湿又耐旱，不甚耐寒，不择土壤。

[繁殖] 分株、插根或播种繁殖。

[用途] 花色鲜艳，花期长，为优良的庭园观赏花木，适于在树荫下栽植。

2. 海州常山 Clerodendrum trichotomum Thunb. （图7-284）

[识别要点] 落叶灌木或小乔木，高达 4m。嫩枝、叶柄及花序轴有黄褐色短柔毛，枝髓有淡黄色薄片状横隔。单叶对生，卵形至椭圆形，5～16cm，端渐尖，基部截形或宽楔形，全缘或有微波状齿牙，两面近无毛。花序顶生或腋生，组成松散的伞房状；花萼大，萼裂片 5，深达基部；花冠白色或粉红色，花丝及花柱一起伸出花冠外，花柱不超过雄蕊。球形核果，熟时蓝紫色，被增大的花萼所包围。花果期 6～11 月。

[分布] 产华东、中南、西南等地。河北、北京有栽培。

[习性] 喜光，也较耐阴，喜凉爽、湿润气候。适应性强，较耐旱和耐盐碱。

[繁殖] 播种繁殖。

[用途] 花形奇特美丽，且花期长，宿存的红色花萼及蓝色果亮丽，是良好的景观花木。

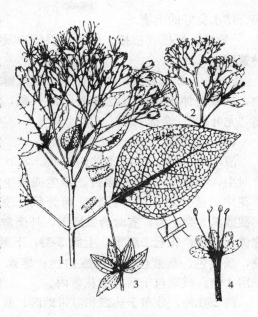

图 7 - 284　海州常山
1. 花枝　2. 果枝　3. 花　4. 花冠及雄蕊

3. 龙吐珠 Clerodendrum thomsonae Balf.（图 7 - 285）

[识别要点] 落叶柔弱木质藤本，高 2～3m。茎四棱状。单叶对生，叶卵状长圆形，先端渐尖，基部圆形，全缘，有短柄。聚伞花序生于枝顶或上部叶腋，长 8～12cm；花萼钟状，膨大呈三角状，白色，5 裂，膨大似宝珠；花冠鲜红色。果肉质；种子较大，黑色。

[分布] 原产非洲热带西部，现各地广为栽培。

[习性] 喜光，也较耐阴，要求湿

图 7 - 285　龙吐珠

润、排水良好的土壤。

［繁殖］扦插（枝插、芽插、根插）及播种繁殖。

［用途］开花繁茂，萼片白色，花冠鲜红色，从萼中伸出，形似龙嘴喷出的火焰，故名"龙吐珠"。全株入药。

（五）牡荆属 *Vitex* L.

灌木或乔木。小枝通常四棱状。掌状复叶对生，小叶 3～7，具锯齿。顶生或腋生聚伞花序；苞片小；花萼钟状，稀管状，顶端平截或具 5 裂小齿，有时为二唇形，外面常有腺体，宿存；花冠二唇形，上唇 2 裂，下唇 3 裂，浅蓝色、蓝紫色、黄色或白色；雄蕊 4；子房 4 室。核果包于宿存的花萼内。

约 250 种，分布于热带和温带地区；我国 14 种，主产长江流域以南。

黄荆 *Vitex negundo* L.（图 7-286）

［识别要点］灌木或乔木。小枝通常四棱状，密生灰白色绒毛。掌状复叶对生，小叶 5，稀 3，卵状长椭圆形至披针形，全缘或疏生锯齿。顶生圆锥状聚伞花序，长 10～27cm；花萼钟状，顶端 5 裂，外面被灰白色毛；花冠二唇形，浅蓝色；雄蕊 4，伸出花冠外。球形核果，宿萼与果实近等长。花期 4～6 月。

［分布］主产长江流域以南，全国各地都有分布。

① 牡荆［var. *cannabifolia*（Sieb. et Zucc.）Rand. -Mazz.］：小叶有粗锯齿，花冠淡紫色。产河北以南至华南、西南各地。

② 荆条［var. *heterophylla*（Franch.）Rehd.］（图 7-287）：小叶有缺刻状锯齿，浅裂至深裂，花冠紫色。产东北、华北、西北及西南各地。

图 7-286　黄荆
1. 花枝　2. 花　3. 叶下面部分放大

图 7-287　荆　条
1. 枝条　2. 花序　3. 花

③白花荆条（f. *albiflora* Jen et Y. J. Chang）：花白色。产北京地区。

［习性］喜光，耐干旱，耐贫瘠，对土壤适应性强。

［繁殖］播种或分株繁殖。

［用途］黄荆，尤其是荆条，叶秀丽，花清香，是良好的绿化材料，树桩可作盆景。枝、叶入药，花含蜜汁，是良好的蜜源树种。枝还可编筐。

（六）紫珠属 *Callicarpa* L.

灌木，稀乔木或藤本。小枝被星状毛或粗糠状柔毛。单叶对生，稀3叶轮生，有锯齿，稀全缘。腋生聚伞花序；花萼4深裂至截头状，宿存；花冠4裂；雄蕊4，花丝伸出花冠外或与花冠筒近等长；子房4室。浆果状核果，紫色、红色、白色。

约190种，分布于亚洲热带和大洋洲；我国46种，主产长江流域以南。

分 种 检 索 表

1. 叶长3～7cm，缘中部以上有锯齿，叶柄长2～5mm；总花柄为叶柄长度的3～4倍……
………………………………………………… 1. 小紫珠 *C. dichotoma*
1. 叶长7～15cm，缘自基部以上有锯齿，叶柄长5～10mm；总花梗与叶柄等长或短于叶柄 …………………………………………… 2. 日本紫珠 *C. japonica*

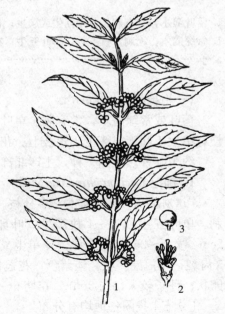

1. 小紫珠 *Calicarpa dichotoma* (Lour.) K. Koch（图7-288）

［识别要点］落叶灌木，高1～2m。小枝纤细，幼时被星状毛。单叶对生，倒卵形，中部以上有锯齿，叶柄长2～5mm，叶背有黄色腺点。腋生聚伞花序，花萼杯状，花冠紫色。果球形，直径2mm，紫色。花期5～6月；果期9～10月。

［分布］产河北、山东、河南至华南地区。

［习性］喜光，喜温暖、湿润、肥沃的土壤。

［繁殖］扦插或播种繁殖。

［用途］果实紫色，是良好的秋季观果植物。枝叶可提取芳香油；根入药，

图7-288　小紫珠
1. 果枝　2. 花　3. 果

治疗关节痛。

2. 日本紫珠 *Calicarpa japonica* Thunb.

与小紫珠的主要区别为：小枝有毛，后脱落。叶长 7～15cm，叶缘全部有锯齿，叶背无腺点。花白色，花丝与花冠近等长。叶长 5～10mm，叶缘自基部起具细锯齿，叶柄长 5～10mm。

[分布] 产东北南部、华北、华东、华中等地。

其他同小紫珠。

六十、茄科 Solanaceae

草本、灌木或小乔木，稀为藤本。单叶，稀羽状复叶，互生，叶全缘，齿裂或羽状分裂；无托叶。花两性，各式花序或单生，辐射对称，无苞片；花萼合生，常 5 裂或成截头状，宿存，结果时有的常增大；花冠钟状、坛状、漏斗状或辐射状，常 5 裂；雄蕊与花冠裂片同数且互生；子房上位，通常 2 室，中轴胎座。浆果或蒴果。

共 80 属 3 000 多种，广泛分布于温带及热带地区；我国 24 属约 105 种。

分 属 检 索 表

1. 落叶灌木，常有刺，单叶互生或簇生；花紫色 ……………………（一）枸杞属 *Lycium*
1. 常绿灌木，无刺，枝下垂，单叶互生；花黄绿色，腋生或顶生 ……………………………
……………………………………………………………………（二）夜来香属 *Cestrum*

（一）枸杞属 *Lycium* L.

落叶或常绿灌木，常有刺。单叶互生或簇生，全缘，具柄或近无柄。花有梗，单生于叶腋或簇生于短枝上。花、果形态同科。

约 100 种；我国 7 种，主产北部与西北部。

1. 枸杞 *Lycium chinense* Mill.

[识别要点] 落叶灌木，多分枝。枝细长，弯曲下垂，有纵条棱，具针状刺。单叶互生或 2～4 枚簇生，叶卵形、卵状菱形及卵状披针形，长 1.5～5cm，宽 5～25mm，全缘。花单生或 2～4 朵簇生叶腋；花萼常为 3 中裂或 4～5 齿裂；花冠漏斗状，淡紫色，花冠筒稍短于或近等于花冠裂片。浆果红色，卵状；种子较大，约 3mm。花期 6～9 月；果熟期 8～11 月。

[分布] 我国各地均有分布。

[习性] 强健，稍耐阴；喜温暖，较耐寒；对土壤要求不严，耐干旱、耐碱性都很强，忌黏质土。

[繁殖] 播种、扦插、压条或分株繁殖。

[用途] 花朵紫色，红果累累，状若珊瑚，颇为美丽，是庭园秋季观赏灌木，可供池畔、河岸、山坡等处栽植。果实、根皮均入药。嫩叶为木本蔬菜。

2. 宁夏枸杞 *Lycium barbarum* L. （图 7-289）

与枸杞的主要区别为：叶披针形或长椭圆状披针形，叶宽 4～6mm。花萼常 2 中裂，花冠筒明显长于花冠裂片，裂片边缘无缘毛。果红色或橙色，长 8～20mm；种子较小，约 2mm。

[分布] 产北方各地，宁夏最多。

其他同枸杞。果可食用或入药；根皮称"低骨皮"，也可入药。

（二）夜来香属 *Cestrum* L.

夜来香（木本夜来香）*Cestrum nocturnum* L. （图 7-290）

图 7-289　宁夏枸杞　　　　　　　图 7-290　夜来香
1. 花枝　2. 果枝　3. 花冠及雄蕊　　　1. 花枝　2. 果枝

[识别要点] 常绿灌木，枝下垂。单叶互生，卵形，先端短尖，叶缘波状。花黄绿色，腋生或顶生，夜间极香。花期 7～10 月。

[分布] 原产美洲热带。我国南方各地普遍栽培。

[习性] 喜光，喜温暖湿润气候，不耐寒，要求疏松、肥沃、湿润的土壤。适应性强。

［繁殖］扦插或分株繁殖。

［用途］枝条细密，花香形美，是良好的观赏花木。叶入药。

六十一、玄参科 Scrophulariaceae

草本或灌木，稀乔木。单叶，对生、互生或轮生，无托叶。花两性，总状、穗状、聚伞状花序再组成圆锥花序，多为两侧对称；苞片有或无，有时具2枚小苞片；花萼4～5裂，宿存；花冠合瓣，4～5裂，通常成二唇形或多少不等；雄蕊通常4，2强，稀2或5，着生在花冠筒上；子房上位，2室，每室具多数胚珠，中轴胎座。蒴果，稀浆果；种子多数，具胚乳。

约200属3 000种；我国60属670种。

泡桐属 Paulownia Sieb. et Zucc.

落叶乔木。枝对生，常无顶芽，通常假二叉分枝。小枝粗壮，髓腔大。单叶对生，有时在新枝上3枚轮生，有长柄，全缘，波状或3～5浅裂，无托叶。花3～5朵聚伞花序组成顶生圆锥花序；萼钟状，5裂，宿存；花冠大，唇形，紫色或白色，内面有深紫色斑点；雄蕊4，2长2短；子房2室，柱头2裂。蒴果卵圆形或椭圆形，室背开裂，果皮较薄；种子小而多，扁平，两侧具半透明膜质翅。

11种，我国均产。

分 种 检 索 表

1. 花冠白色或外面稍带紫色，喉部压扁；花萼浅裂至1/4～1/3；果大，长圆形，长
  6～10cm ·· 1. 白花泡桐 *P. fortunei*
1. 花冠紫色，喉部不压扁；花萼深裂1/3以上；果小，卵圆形或卵状椭圆形，长3～
  5.5cm，皮薄
  2. 聚伞花序有明显总梗，总梗与花梗近等长；花萼深裂至1/3，花后萼毛脱落········
    ·· 2. 兰考泡桐 *P. elongata*
  2. 聚伞花序无总梗或总梗明显短于花梗；花萼深裂至1/2～2/3，花后萼毛不脱落
    3. 叶、果无黏质腺毛 ································· 3. 四川泡桐 *P. fargesii*
    3. 叶、果有黏质腺毛 ······························· 4. 毛泡桐 *P. tomentosa*

1. 白花泡桐 *Paulownia fortunei* (Seem.) Hemsl. （图7-291）

［识别要点］叶窄，长卵形，长12～25cm，先端长尖，背面被白色星状毛或无柄的树枝状毛，全缘，稀浅裂。花冠乳白色至微带淡紫色，喉部压扁，内有大紫斑；花萼浅裂为萼的1/4～1/3，花后脱毛。果大，长6～11cm，径3～4cm，果皮厚，木质。

图 7-291　白花泡桐

1. 花枝　2. 果枝　3. 雄蕊　4. 花萼及雌蕊　5. 种子
6. 子房横剖面

[分布] 主产长江流域以南各地。

[习性] 最喜光，不耐贫瘠，不耐积水，不耐盐碱。

2.　兰考泡桐 Paulownia elongata S. Y. Hu

[识别要点] 叶宽卵形或卵形，长 15～30cm，全缘或 3～5 浅裂，背面有树枝状毛。花序窄长；萼裂至 1/3；花紫色，稀白色。蒴果卵圆形。

[分布] 产黄河流域中下游及长江流域以北，华北平原分布最多。

[习性] 喜温暖气候，适生于沙壤土上。是北方平原及丘陵地区粮桐间作及"四旁"绿化的理想树种。

3.　四川泡桐 Paulownia fargesii Franch.

[识别要点] 叶卵圆形，全缘，表面被短柔毛，背面被白色星状毛。花序宽圆锥形，小聚伞花序在圆锥花序上部无总梗，在下部有短总梗；花萼深裂至 1/2，花后黄色萼毛不脱落；花紫色或近白色，内面常无紫斑。蒴果卵圆形或卵状椭圆形，果皮厚，长 5.5～7.5cm。

[分布] 产华中至西南。

[习性] 喜光，稍耐阴，喜生于多雨潮湿的山区，不耐旱。

4. 毛泡桐 Paulownia tomentosa（Thunb.）Steud.（图 7-292）

[识别要点] 落叶大乔木，树皮褐灰色。小枝有明显的皮孔，幼枝常具黏质短腺毛。叶阔卵形或卵形，长 20～29cm，宽 15～28cm，全缘或 3～5 裂，表面具长柔毛、腺毛及分枝毛，背面密被具长柄的白色树枝状毛。顶生圆锥花序；花蕾近圆形，密生黄色毛；花萼深裂 1/2 或过中部；花冠漏斗钟形，鲜紫色或蓝紫色，长 5～7cm。蒴果卵圆形，果小，长 3～4cm，径 2～2.7cm，果

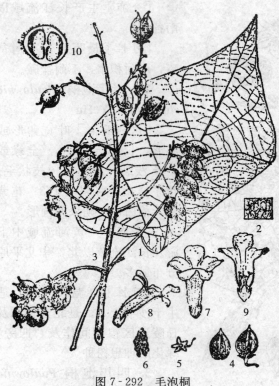

图 7-292　毛泡桐

1. 叶　2. 叶下面放大　3. 果序　4. 果瓣　5. 果萼
6. 种子　7、8. 花　9. 花纵剖面　10. 子房横剖面

皮薄；种子连翅长 3～4mm，宿萼不反卷。花期 4～5 月；果 8～9 月成熟。

[分布] 主产黄河流域，我国北方普遍栽培，是泡桐属中最耐寒的一种。

[习性] 强阳性树种，不耐庇荫，对温度适应范围较宽。根系近肉质，怕积水而较耐干旱，不耐盐碱，喜肥。对二氧化碳、氯气、氟化氢气体抗性较强。

[繁殖] 播种或埋根繁殖。

[用途] 树干端直，树冠宽大，叶大荫浓，花大而美，宜作行道树、庭院树、"四旁"绿化树种。具有较强的速生性。材质好，木材具有较强的隔热防潮性能，耐腐蚀，导音好，是良好的乐器、航模、家具用材。根、叶、花、果可药用。

六十二、紫葳科 Bignoniaceae

落叶或常绿。乔木、灌木或藤本，稀草本。单叶或复叶，对生或轮生，稀互生，无托叶。花两性，大而美丽，两侧对称，顶生或腋生，花单生、簇生或组成总状、圆锥花序；花萼连合，全缘或 2～5 裂；花冠合瓣，5 裂，漏斗状或二唇形，上唇 2 裂，下唇 3 裂；雄蕊 5 或 4，与裂片同数而互生，其中发育雄蕊 2 或 4；子房上位，1～2 室，中轴或侧膜胎座，胚珠多数。蒴果，稀浆果；种子扁平，有翅或毛。

约 120 属 650 种，分布于热带；我国有 22 属 49 种（含引入），南北各地均有分布。

分属检索表

1. 乔木，单叶，叶背脉腋有腺斑 ·· （一）梓树属 *Catalpa*

1. 藤本或半藤状灌木，复叶，叶背脉腋无腺斑
　　2. 植株有卷须，小叶 2～3 枚 ……………………………………（二）炮仗藤属 *Pyrostegia*
　　2. 植株无卷须，小叶 3 枚或更多
　　　3. 落叶藤本，雄蕊内藏 ……………………………………（三）凌霄属 *Campsis*
　　　3. 常绿半藤状灌木，雄蕊伸出花冠筒外 ……………（四）硬骨凌霄属 *Tecomaria*

（一）梓树属 *Catalpa* Scop.

　　落叶乔木，无顶芽。单叶对生或 3 枚轮生，全缘或有缺裂，基出脉 3～5，叶背脉腋常具腺斑。花大，顶生总状或圆锥花序；花萼 2 裂；花冠钟状，二唇形；发育雄蕊 2，内藏，着生于下唇；子房 2 室。蒴果细长；种子多数，两端具长毛。

　　约 11 种；我国 4 种，引入 3 种，主产长江、黄河流域。

分 种 检 索 表

1. 小枝、叶背无毛
　　3. 叶三角形，全缘或中下部有裂片；花白色、粉红色，有紫斑 ……… 1. 楸树 *C. bungei*
　　3. 叶长卵形，全缘；花白色，有黄条纹紫斑 ………………………… 2. 黄金树 *C. speciosa*
1. 小枝、叶背有毛
　　2. 叶宽卵形，全缘或顶部有裂片；花乳黄色 ……………………………… 3. 梓树 *C. ovata*
　　2. 叶卵形，全缘或幼树叶有裂片；花白色，有紫斑 ………………… 4. 灰楸 *C. fargesii*

1. 楸 树 *Catalpa bungei* C. A. Mey.
（图 7 - 293）

　　[识别要点] 树高达 20～30m，树干通直，树冠狭长或倒卵形。树皮灰褐色，浅纵裂。小枝无毛。叶三角状卵形至卵状椭圆形，长 6～15cm，先端渐尖，基部截形或广楔形，全缘或中下部有裂片，两面无毛，基部脉腋有紫斑。顶生伞房状总状花序，有花 5～20 朵，花序有分枝毛；花冠白色，内有紫色斑点。蒴果长 25～55cm，直径 5～6mm；种子连毛长 4～5cm。花期 4～5 月；果期 9～10 月。

　　[分布] 原产我国，长江下游和黄河流域各地普遍栽培。

图 7 - 293 楸　树

[习性] 喜光，喜温凉气候，苗期耐庇荫。在深厚肥沃、湿润疏松的中性、微酸性和钙质壤土中生长迅速，不耐干旱和水湿。主根明显、粗壮，侧根发达，根蘖力、萌芽力都很强。自花不育，需异株或异花授粉。

[繁殖] 嫁接或埋根繁殖。

[用途] 树姿挺秀，叶荫浓郁，花大美丽。抗性强，对二氧化硫及氯气有较强抗性，吸滞灰尘、粉尘能力较强，是优良绿化树种。花可提取芳香油，也是优质用材树。

图 7-294　黄金树

2. 黄金树 *Catalpa speciosa* Warder（图 7-294）

[识别要点] 原产地树高 38m。叶长卵形，长 15～35cm，全缘，稀 1～2 浅裂，叶背有柔毛，基部脉腋有绿黄色腺斑。花白色，内有黄色条纹及紫色斑点。蒴果粗短，长 20cm，径 1～1.8cm。

[分布] 原产美国中北部，我国 1911 年引入上海，现长江流域以北有栽培。

[习性] 强阳性树种，耐寒性差，喜深厚、肥沃、湿润土壤。

[繁殖] 播种、埋根繁殖。

[用途] 花大美丽，树形优美，多用作行道树、庭荫树及"四旁"绿化树。

3. 梓树 *Catalpa ovata* Don（图 7-295）

[识别要点] 树冠宽阔，枝条开展。树皮灰褐色，浅纵裂。嫩枝被短毛。叶广卵形或近圆形，基部心形或圆形，全缘或中部以上 3～5 浅裂，叶背沿脉有毛，基部脉腋有紫斑。顶生圆锥花序，花萼绿色或紫色；花冠淡黄色，内面有黄色条纹及紫色斑纹。蒴果细长下垂；

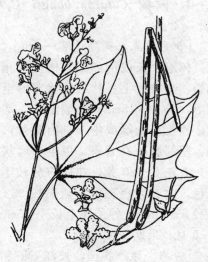

图 7-295　梓　树

种子具毛。花期5～6月；果期8～11月。

[分布] 产辽宁南部至广东北部，西至西南各地，新疆有栽培。

[习性] 喜光，稍耐阴；适生于温带地区，耐寒；喜深厚、肥沃、湿润土壤，不耐干瘠。抗性强，深根性。

[繁殖] 播种或埋根繁殖。

[用途] 花大美丽，树冠宽大，是行道树、庭荫树及"四旁"绿化的好树种。常与桑树配置，"桑梓"意即故乡。木材轻软，易加工，可制作琴底板，在乐器业上有"桐天梓地"之说。

4. 灰楸 *Catalpa fargesii* Bureau

与楸树的主要区别为：嫩枝、叶片、叶柄和圆锥花序密被簇状毛和分枝毛。叶卵形，全缘或幼树叶有裂片。花冠粉红色或淡紫色，喉部有紫色斑点。种子连毛长5～7.5cm。

[分布] 产山西、河北、山东、安徽、湖南、湖北、河南、陕西、甘肃等地。

其他同楸树。

(二)炮仗藤属 *Pyrostegia* Presl.

约5种；产南美；我国引入栽培1种。

炮仗花 *Pyrostegia ignea* Presl.
(图7-296)

[识别要点] 常绿藤本。茎粗壮，有棱，小枝有纵槽纹。复叶对生，小叶3枚，顶生小叶为线形、3叉的卷须；叶卵形至卵状椭圆形，长5～10cm，全缘，两面无毛，背面有穴状腺体。圆锥状聚伞花序，下垂；花萼5裂，钟状；花冠筒状，橙红色，端5裂，二唇形，裂片钝，外反卷，有明显被毛的白边；发育雄蕊4，2枚自筒部伸出；子房线形，2室。蒴果长线形；种子有翅。花期3～4月。

[分布] 原产巴西。我国华南、海南、云南南部、厦门有栽培。

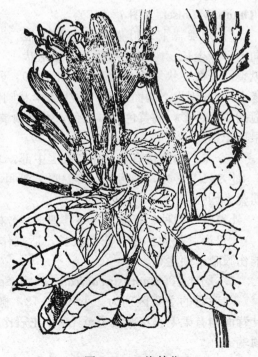

图7-296　炮仗花

　　[习性] 喜光，喜温暖湿润气候，稍耐寒。华南可露地越冬。

　　[繁殖] 压条或扦插繁殖。

　　[用途] 花形如炮仗，花朵鲜艳，成串下垂，深受人们喜爱，适宜作花架、阳台、花廊或屋顶垂直绿化。

　　（三）凌霄属 Campsis Lour.

　　落叶木质藤本，以气生根攀缘。奇数羽状复叶，对生，小叶有粗锯齿。顶生聚伞或圆锥花序；花萼钟状，近革质，5裂不等大；花冠漏斗状，橙红色至鲜红色，裂片5，大而开展；雄蕊4，2强，弯曲，内藏；子房2室，基部有大花盘。蒴果，室背开裂，由隔膜上分裂为2果瓣；种子多数，扁平，有半透明的膜质翅。

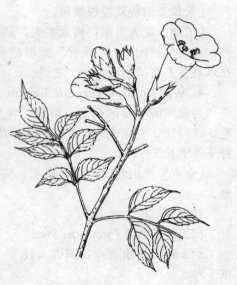

图7-297 凌　霄

　　共2种；我国1种。

　　1. 凌霄 Campsis grandiflora (Thunb.) Loisel.（图7-297）

　　[识别要点] 落叶藤本，借气生根向上攀缘生长。树皮灰褐色，呈细条状纵裂。奇数羽状复叶，对生，小叶7～9，卵形至卵状披针形，长3～7cm，叶缘有7～8锯齿，两面无毛。顶生聚伞状圆锥花序，花大，花萼裂至中部；花冠漏斗状钟形，橘黄色或鲜红色。蒴果顶端钝；种子有膜质翅。花期6～9月；果期10月。

　　[分布] 中国特有种。原产我国中部，北方习见栽培。

　　[习性] 喜光，稍耐阴，喜温暖、湿润、排水良好的土壤。速生，萌芽力、萌蘖力均强。

　　[繁殖] 播种、扦插、压条、埋根、分株繁殖。

　　[用途] 花大色艳，花期较长，适宜作花架、花廊垂直绿化。花粉有毒，能伤眼睛，须注意。

　　2. 美国凌霄 Campsis radicans (L.) Seem.（图7-298）

　　与凌霄的主要区别为：小叶9～13，椭圆形，叶缘有4～5齿，叶轴及小叶背面均有柔毛。花萼浅裂至1/3；花冠比凌霄花小，约4cm；橘黄色。蒴果顶端尖。

　　[分布] 原产北美。我国各地引种栽培。

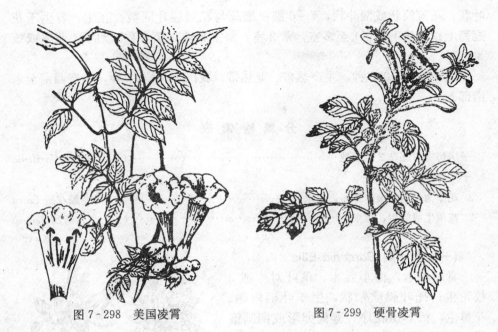

图 7 - 298　美国凌霄　　　　　　　　图 7 - 299　硬骨凌霄

[习性] 耐寒力较强。

其他同凌霄。

（四）硬骨凌霄属 Tecomaria Spach

2 种，产非洲；我国引入栽培 1 种。

硬骨凌霄（南非凌霄）*Tecomaria capensis*（Thunb.）Spach（图 7 - 299）

[识别要点] 常绿半藤状灌木。枝绿褐色，常有小瘤状凸起。奇数羽状复叶，对生；小叶 7～9，卵形至阔椭圆形，长 1～2.5cm，叶缘有不规则锯齿，两面无毛。顶生总状花序；花冠长漏斗形，弯曲，橘红色，有深红色条纹；雄蕊伸出。蒴果线形。花期 6～10 月。

[分布] 原产非洲好望角。我国华南有露地栽培，长江流域及华北多盆栽。

[习性] 喜光，喜温暖、湿润、排水良好的土壤，不耐寒，不耐阴。

[繁殖] 扦插或压条繁殖。

[用途] 终年常绿，夏秋开花不艳，宜布置室内及花坛。

六十三、茜草科 Rubiaceae

乔木、灌木、藤本或草本。单叶对生或轮生，常全缘，稀锯齿；托叶位于叶柄间或叶柄内，宿存或脱落。花两性，稀单性，常辐射对称，单生或成各式花序，多聚伞花序；萼筒与子房合生，全缘或有齿裂，有时其中 1 裂片扩大成叶状；花冠筒状或漏斗状，4～6裂；雄蕊与花冠裂片同数，互生，着生于花冠筒上；子房下位，1至多室，常2室，每室胚珠1至多数。蒴果、浆果或核果。

共500属6 000种，主产热带、亚热带。我国71属477种，主产西南至东南部。

分 属 检 索 表

1. 子房每室有胚珠2至多数 ·· (一) 栀子属 *Gardenia*
1. 子房每室有胚珠1
  2. 花序为伞房状聚伞花序，浆果 ······························ (二) 龙船花属 *Ixora*
  2. 花单生或簇生，核果 ··· (三) 六月雪属 *Serissa*

(一) 栀子属 *Gardenia* Ellis

常绿灌木，稀小乔木。单叶对生或3枚轮生；托叶膜质鞘状，生于叶柄内侧。花单生，稀伞房花序；萼筒卵形或倒圆锥形，有棱；花冠高脚碟状或漏斗状，5～11裂；雄蕊5～11，生于花冠喉部内侧；花盘环状或圆锥状；子房1室，胚珠多数。革质或肉质浆果，常有棱。

约250种；我国4种。

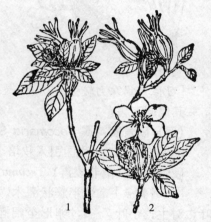

图7-300　栀子
1. 果枝　2. 花枝

栀子 *Gardenia jasminoides* Ellis（图7-300）

[识别要点] 常绿灌木，高1～3m。小枝绿色，有垢状毛。叶长椭圆形，长5～12cm，端渐尖，基部宽楔形，全缘，无毛，革质而有光泽。花单生枝端或叶腋；花萼5～7裂，裂片线形；花冠高脚碟状，先端常6裂，白色，浓香；花丝短，花药线形。果卵形，黄色，具6纵棱，有宿存萼片。花期6～8月；果期9月。

① 大花栀子（f. *grandiflora* Makino）：叶较大。花大而重瓣，径7～10cm。

② 水栀子（var. *radicana* Makino）：又名雀舌栀子。矮小灌木，茎匍匐，叶小而狭长，花较小。

[分布] 原产长江流域以南各地，我国中部河南及中南部有栽培。

　　[习性] 喜光，也能耐阴，在庇荫条件下叶色浓绿，但开花稍差；喜温暖湿润气候，耐热也稍耐寒；喜肥沃、排水良好、酸性的轻黏壤土，也耐干旱瘠薄，但植株易衰老。抗二氧化硫能力较强。萌蘖力、萌芽力均强，耐修剪。

　　[繁殖] 扦插、压条繁殖。

　　[用途] 叶色亮绿，四季常青，花大洁白，芳香馥郁，又有一定耐阴和抗有毒气体的能力，是良好的绿化、美化、香化材料，成片丛植或植作花篱均极适宜，作阳台绿化、盆花、切花或盆景都十分相宜，也可用于街道和工矿区绿化。

（二）龙船花属 *Ixora* L.

　　约 400 种，主产热带亚洲和非洲；我国11 种，产西南至东部。

龙船花 *Ixora chinensis* **Lam.** （图 7 - 301）

图 7 - 301　龙船花
1. 花枝　2. 花

　　[识别要点] 常绿小灌木，高 0.5～2m。全株无毛。单叶对生，薄革质，椭圆状披针形或倒卵状长椭圆形，长 6～13cm，端钝或钝尖，基部楔形或浑圆，全缘，叶柄极短。顶生伞房状聚伞花序，花序分枝红色；花冠高脚蝶状，红色或橙红色；筒细长，裂片 4，先端浑圆。浆果近球形，熟时黑红色。花期6～11 月。

　　[分布] 原产热带非洲。我国华南有野生。

　　[习性] 喜温暖、高温环境，不耐寒，耐半阴，要求肥沃、疏松、富含腐殖质的酸性土壤。

　　[繁殖] 播种或扦插繁殖。

　　[用途] 株形美丽，花红色艳，花期长，是理想的观赏花木。

（三）六月雪属 *Serissa* Comm.

　　常绿小灌木。枝、叶及花揉碎有臭味。叶小，对生，全缘，近无柄，托叶宿存。花腋生或顶生，单生或簇生；萼筒 4～6 裂，倒圆锥形，宿存；花冠白色，漏斗状，4～6 裂，喉部有毛；雄蕊 4～6，着生于花冠筒上；花盘大，子房 2 室，每室 1 胚珠。球形核果。

　　本属共 3 种。

六月雪 *Serissa foetida* **Comm.** （图 7 - 302）

［识别要点］常绿或半常绿小灌木，高不及 1m，多分枝。单叶对生或簇生于短枝，长椭圆形，长 0.7～2cm，端有小突尖，基部渐狭，全缘，两面叶脉、叶缘及叶柄上均有白色毛。花小，单生或数朵簇生，花冠白色或淡粉紫色。核果小，球形。花期5～6月；果期10月。

① 金边六月雪（var. *aureo-marginata* Hort.）：叶缘金黄色。

② 重瓣六月雪（var. *pleniflora* Nakai）：花重瓣，白色。

③ 荫木（var. *crassiramea* Makino）：较原种矮小，小枝直伸。叶质地厚，密集。花单瓣，白色带紫晕。

④ 重瓣荫木（var. *crassiramea* f. *plena* Makino et Nemoto）：枝叶似荫木，花重瓣。

图 7 - 302　六月雪

［分布］原产长江流域以南各地。

［习性］喜温暖、阴湿环境，不耐严寒，要求肥沃的沙质壤土。萌芽力、萌蘖力强，耐修剪。

［用途］枝叶密集，夏日白花盛开，宛如白雪满树，宜作花坛边界、花篱和下木，于庭园路边及步道两侧作花境配置极为别致，交错栽植在山石、岩际也极适宜，还是制作盆景的上好材料。根、茎、叶入药。

六十四、忍冬科 Caprifoliaceae

灌木，稀为小乔木或草本。单叶，很少羽状复叶，对生，通常无托叶。花两性，聚伞花序或再组成各式花序，也有单生或数朵簇生；花萼筒与子房合生，顶端4～5裂；花冠管状或轮状，4～5裂，有时二唇形；雄蕊与花冠裂片同数且与裂片互生；子房下位，1～5室，每室有胚珠1至多数。浆果、核果或蒴果。

约18属500余种，主要分布于北半球温带地区，尤以亚洲东部和美洲东北部为多；中国12属300余种，广布南北各地。

分 属 检 索 表

1. 开裂的蒴果 ……………………………………………………… （一）锦带花属 *Weigela*
1. 核果或浆果

2. 浆果 ·· （二）忍冬属 *Lonicera*

2. 核果

  3. 瘦果状核果

    4. 果两个合生，外面密生刺状刚毛 ·················· （三）猬实属 *Kolkwitzia*

    4. 果分离，外面无刺状刚毛 ···························· （四）六道木属 *Abelia*

  3. 浆果状核果

    5. 叶为单叶 ······································· （五）荚迷属 *Viburnum*

    5. 叶为奇数羽状复叶 ·························· （六）接骨木属 *Sambucus*

（一）锦带花属 *Weigela* Thunb.

落叶灌木，具坚实髓心。冬芽有数片尖锐的芽鳞。单叶对生，有锯齿，无托叶。花较大，排成腋生或顶生聚伞花序或簇生，很少单生；萼片5裂；花冠白色、粉红色、深红色、紫红色，管状钟形或漏斗状，两侧对称，顶端5裂，裂片短于花冠筒；雄蕊5，短于花冠，子房2室，伸长，每室有胚珠多数。蒴果长椭圆形，有喙，开裂为2果瓣；种子多数，常有翅。

约12种，产亚洲东部；中国6种，产中部、东南部至东北部。

分 种 检 索 表

1. 花萼裂片披针形，中部以下连合；柱头2裂；种子几无翅 ········ 1. 锦带花 *W. florida*

1. 花萼裂片线形，裂至基部；柱头头状；种子有翅

································· 2. 海仙花 *W. coraeensis*

1. 锦带花（五色海棠）*Weigela florida* (Bunge) A. DC. (图 7 - 303)

[识别要点] 灌木，高达3m。枝条开展，小枝细弱，有2棱，幼时具二列柔毛。叶椭圆形或卵状椭圆形，长5～10cm，端锐尖，基部圆形至楔形，缘有锯齿，表面脉上有毛，背面尤密。花1～4朵成聚伞花序；萼片5裂，披针形，下半部连合；花冠漏斗状钟形，玫瑰红色，裂片5。蒴果柱形；种子无翅。花期4～6月；果期10～11月。

[分布] 原产华北、东北及华东北部。

[习性] 喜光，耐寒；对土壤要求不严，能耐瘠薄土壤，但以深厚、湿润而腐殖质丰

图 7 - 303　锦带花
1. 花枝　2. 花冠（示雄蕊）

富的壤土生长最好，不耐积水。对氯化氢抗性较强。萌芽力、萌蘖力强，生长迅速。

[繁殖] 扦插、分株、压条繁殖。

[用途] 枝叶繁茂，花色艳丽，花期长达 2 个月之久，是华北地区春季主要观花灌木之一。

2. 海仙花 Weigela coraeensis Thunb.（图 7 - 304）

图 7 - 304　海仙花
1. 花枝　2. 花冠及雄蕊　3. 花萼及雌蕊

[识别要点] 灌木，高达 5m。小枝粗壮，无毛或近无毛。叶阔椭圆形或倒卵形，长 8～12cm，顶端尾状，基部阔楔形，边缘具钝锯齿，表面深绿，背面淡绿，脉间稍有毛。花数朵组成聚伞花序，腋生；萼片线状披针形，裂达基部；花冠漏斗状钟形，初时白色、黄白色或淡玫瑰红色，后变为深红色。蒴果柱形；种子有翅。花期 5～6 月。

白海仙花（var. *alba*）：花白色带黄，后变青白玫瑰色。产山东、浙江、江西等地。

[分布] 产华东各地。朝鲜、日本也有。

[繁殖] 扦插、分株、压条繁殖。

[习性] 喜光，稍耐阴，耐寒性不如锦带花，喜湿润肥沃土壤。

[用途] 枝叶较粗大，是江南园林中常见的观花树种。江浙一带栽培较普遍。

（二）忍冬属 Lonicera L.

落叶，很少半常绿或常绿灌木，直立或右旋攀缘，很少为乔木状。小枝实心髓或空心。皮部老时呈纵裂剥落。单叶对生，全缘，稀有裂，有短柄或无柄；通常无托叶。花成对腋生，简称双花，稀 3 朵、稀顶生，具总梗或缺，有苞片 2 及小苞片 4；花萼顶端 5 裂，裂齿常不相等；花冠管状，基部常弯曲，唇形或近 5 等裂；雄蕊 5，伸出或内藏；子房 2～3 室，每室有多数胚珠；花柱细长，头状柱头。肉质浆果，内有种子 3～8。

约 200 种，分布于北半球温带和亚热带地区；中国约 140 种，南北各地均有分布，以西南部最多。

分 种 检 索 表

1. 藤木，苞片叶状卵形·· 1. 金银花 L. japonica
1. 灌木，苞片线形或披针形
　2. 落叶，枝中空，苞片线形，相邻两花萼筒分离 ············· 2. 金银木 L. maackii
　2. 常绿或半常绿，枝实心髓，苞片线状披针形，相邻两花萼筒合生达中部 ···········
　　 ··· 3. 郁香忍冬 L. fragrantissima

1. 金银花（忍冬、金银藤）*Lonicera japonica* **Thunb.**（图 7-305）

［识别要点］半常绿缠绕藤木，长可达 9m。枝细长中空，皮棕褐色，条状剥落，幼时密被短柔毛。叶卵形或椭圆状卵形，长 3～8cm，端短渐尖至钝，基部圆形至近心形，全缘，幼时两面具柔毛，老后光滑。花成对腋生，苞片叶状；萼筒无毛；花冠二唇形，上唇 4 裂而直立，下唇反转；花冠筒与裂片等长；花初开为白色略带紫晕，后转黄色，芳香。浆果球形，离生，黑色。花期 5～7 月；8～10 月果熟。

［分布］中国南北各地均有分布，北起辽宁，西至陕西，南达湖南，西南至云南、贵州。

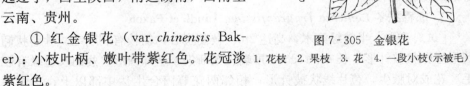

图 7-305　金银花
1. 花枝　2. 果枝　3. 花　4. 一段小枝(示被毛)

① 红金银花（var. *chinensis* Baker）：小枝叶柄、嫩叶带紫红色。花冠淡紫红色。

② 黄脉金银花（'Aureo-reticulata'）：叶较小，网脉黄色。

③ 白金银花（var. *halliana*）：花开时白色，后变为黄色。

④ 紫脉金银花（var. *repens*）：叶脉紫色，花冠白色带紫晕。

⑤ 四季金银花（'Semperflorens'）：春季至秋末开花不断。

［习性］喜光也耐阴，耐寒，耐旱及水湿，对土壤要求不严，酸碱土壤均能生长。性强健，适应性强，根系发达，萌蘖力强，茎着地即能生根。

［繁殖］播种、扦插、压条、分株繁殖。

［用途］藤蔓缭绕，冬叶微红，花先白后黄，富含清香，是色香兼备的藤

本植物，适宜作篱垣、花架、花廊等垂直绿化。花期长，花芳香，又值盛夏酷暑开放，是庭园布置夏景及屋顶绿化的好材料。老桩作盆景，姿态古雅。花蕾、茎入药。良好蜜源植物。

2. 金银木（金银忍冬）Lonicera maackii（Rupr.）Maxim. （图 7 - 306）

[识别要点] 落叶灌木，高达 5m。小枝髓中空，幼时具微毛。叶卵状椭圆形至卵状披针形，长 5～8cm，端渐尖，基部宽楔形或圆形，全缘，两面疏生柔毛。花成对腋生，总花梗短于叶柄，苞片线形；相邻两花的萼筒分离；花冠唇形，花先白后黄，芳香；唇瓣长为花冠筒的 2～3 倍；雄蕊 5，与花柱均短于花冠。球形浆果，红色，合生。花期 5 月；果 9 月成熟。

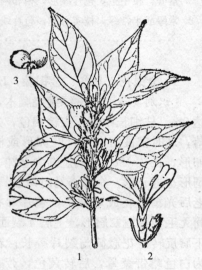

图 7 - 306　金银木
1. 花枝　2. 花　3. 果实

红花金银木（f. *erubescens* Rehd.）：花较大，淡红色。嫩叶红色。

[分布] 产东北，分布很广，华北、华东、华中及西北东部、西南北部均有。

[习性] 性强健，耐寒，耐旱，喜光也耐阴，喜湿润肥沃、深厚的壤土。

[繁殖] 播种或扦插繁殖。

[用途] 树势旺盛，枝叶丰满，初夏开花有芳香，秋季红果缀枝头，是良好的观赏花灌木。

3. 郁香忍冬 Lonicera *fragrantissima* Lindl. et Paxon

[识别要点] 半常绿灌木，高达 2m。枝髓实心，幼枝有刺刚毛。叶卵状椭圆形至卵状披针形，长 4～10cm，顶端尖至渐尖，基部圆形，两面及边缘有硬毛。花成对腋生，苞片线状披针形；相邻两花萼筒合生达中部以上；花冠唇形，粉红色或白色，芳香。球形浆果，红色，两果合生过半。花 3～4 月先叶开放；果 5～6 月成熟。

[分布] 产安徽南部、江西、湖北、河南、河北、山西、陕西南部等地。

[习性] 喜光，也耐阴；喜湿润、肥沃及深厚的壤土，不耐干旱及积水。萌蘖性强。

[繁殖] 播种、扦插或分株繁殖。

[用途] 枝叶茂盛，早春先叶开花，香气浓郁，常植于庭园观赏。树桩制

作盆景。

（三）猬实属 *Kolkwitzia* Graebn.

仅 1 种，中国特有属。

猬实 *Kolkwitzia amabilis* Graebn. （图 7-307）

［识别要点］落叶灌木，高达 3m。冬芽具数对被柔毛外鳞，小枝幼时疏生柔毛。叶对生，具短柄，叶卵形至卵状椭圆形，长 3～7cm，端渐尖，基部圆形，缘疏生浅齿或近全缘，两面疏生柔毛。伞房状聚伞花序生侧枝顶端，花序中小花梗具 2 花，2 花的萼筒下部合生；萼筒外部生耸起长柔毛，裂片 5；花冠钟状，5 裂，粉红色至紫色，其中 2 片稍宽而短；子房椭圆状，顶端渐狭。果为 2 个合生（有时 1 个不发育），外被刺刚毛，瘦果状核果，具 1 种子。花期 5～6 月；果期 8～9 月。

图 7-307　猬　实
1. 花枝　2. 花　3. 花冠展开（示雄蕊）　4. 雌蕊
5. 子房横剖面

［分布］产我国中部及西北部。

［习性］喜充分日照，有一定耐寒力，喜排水良好、肥沃土壤，也有一定耐干旱瘠薄能力。

［繁殖］播种、扦插、分株繁殖。

［用途］着花茂密，花色娇艳，是国内外著名观花灌木。

（四）六道木属 *Abelia* R. Br.

落叶灌木。老枝有时具 6 棱。单叶对生，有短柄，全缘或有锯齿，无托叶。单花、双花或多花组成圆锥状聚伞花序；苞片 2～4；萼 2～5 裂，花后增大，宿存；花冠漏斗状、钟状，5 裂；雄蕊 4，2 长 2 短，生于花冠筒基部；子房 3 室，仅 1 室发育。瘦果状核果，果皮革质。

20 余种，分布于东亚及墨西哥；我国 9 种，主产长江以南及西南地区。

1. 六道木 *Abelia biflora* Turcz. （图 7-308）

[识别要点] 灌木，高约 3m。枝具明显 6 条沟棱，幼枝有倒生刚毛。叶长圆形或长圆状披针形，长 2～7cm，全缘或有缺刻状疏齿，两面及缘有毛；叶柄短，基部膨大，被刚毛。双花生于枝梢叶腋，花无总梗；花萼筒被短刺毛，裂片 4；花冠高脚碟状，白色、淡红色，裂片 4，外有短柔毛及刺毛。瘦果状核果，常弯曲，具 4 宿萼。花期 5 月；果期 8～9 月。

[分布] 产辽宁、河北、山西、内蒙古、陕西等地。

[习性] 耐阴，耐寒，喜湿润土壤，耐干旱贫瘠。根系发达，萌芽力、萌蘖力强。

[繁殖] 播种、扦插及分株繁殖。

[用途] 叶秀花美，花萼裂片特异，常在林荫下栽培。树干可制作拐杖。叶、花入药。

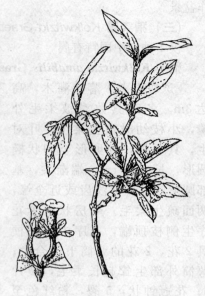

图 7-308　六道木

2. 糯米条 Abelia chinensis R. Br.

与六道木的主要区别为：枝节不膨大。叶卵形，叶基圆形或心形，叶柄基部不膨大。圆锥状聚伞花序，花萼 5 裂，花冠漏斗状，雄蕊伸出花冠外。瘦果状核果，具 4 宿萼。花期 7～9 月；果期 10～11 月。

[分布] 产长江流域以南。

[习性] 喜湿润、温暖气候，耐干旱贫瘠。根系发达，萌芽力、萌蘖力强。北方建筑物背风向阳处可露地越冬。

[繁殖] 播种或扦插繁殖。

[用途] 秋季良好观花树种。

（五）荚蒾属 Viburnum L.

落叶或常绿，灌木，少有小乔木，冬芽裸露或被鳞片。单叶对生，全缘或有锯齿或分裂，托叶有或无。花少，全发育或花序边缘为不孕花，组成伞房状、圆锥状或伞形聚伞花序；萼 5 小裂，萼筒短；花冠钟状、辐状或管状，5 裂；雄蕊 5；子房通常 1 室，有胚珠 1 至多数，花柱极短，柱头 3 裂。浆果状核果，具种子 1。

共 120 余种，分布于北半球温带和亚热带地区。我国 74 种，以西南地区最多。

分 种 检 索 表

1. 常绿 ··· 1. 珊瑚树 V. *awabuki*
1. 落叶
　2. 叶不裂，具锯齿，通常羽状脉
　　3. 裸芽，幼枝、叶背密被星状毛，叶表面羽状脉不下陷 ················
　　·· 2. 木本绣球 V. *macrocephalum*
　　3. 鳞芽，枝叶疏生星状毛，叶表面羽状脉甚凹下············ 3. 蝴蝶绣球 V. *plicatum*
　2. 叶 3 裂，裂片有不规则齿，掌状 3 出脉 ·············· 4. 天目琼花 V. *sargentii*

1. 珊瑚树（法国冬青）*Viburnum awabuki* K. Koch

〔识别要点〕常绿灌木或小乔木，高 2～10m。树皮灰色，枝有小瘤状凸起的皮孔。叶长椭圆形，长 7～15cm，端急尖或钝，基部阔楔形，全缘或近顶部有不规则的浅波状钝齿，革质，表面深绿而有光泽，背面浅绿色。顶生圆锥状聚伞花序，长 5～10cm；萼筒钟状，5 小裂；花冠白色，芳香，5 裂。核果倒卵形，先红后黑。花期 5～6 月；果 9～10 月成熟。

〔分布〕产华南、华东、西南等地。长江流域有栽培。

〔习性〕喜光，稍能耐阴，喜温暖，不耐寒；喜湿润肥沃土壤，喜中性土，在酸性和微碱性土中也能适应。对有毒气体氯气、二氧化硫的抗性较强，对汞和氟有一定的吸收能力，耐烟尘，抗火力强。根系发达，萌蘖力强。

〔繁殖〕扦插繁殖为主，播种也可。

〔用途〕枝茂叶繁，终年碧绿光亮，春日开白花，深秋果实鲜红，累累垂于枝头，状如珊瑚，甚为美观，是良好的观叶、观果树种。江南城市及园林中普遍栽作绿篱或绿墙，也作基础栽植或丛植装饰墙角。枝叶繁密，富含水分，耐火力强，可作防火隔离树带，隔音及抗污染能力强，也是工厂绿化的好树种。

2. 木本绣球（大绣球、斗球、荚蒾绣球）

Viburnum macrocephalum Fort.（图 7-309）

〔识别要点〕灌木，高达 4m。树冠呈球形。冬芽裸露，幼枝及叶背密被星状毛，老枝灰黑色。叶卵形或椭圆形，长 5～8cm，

图 7-309　木本绣球

端钝，基圆形，边缘有细齿。球状大型聚伞花序，几全由白色不孕花组成，直径约 20cm，花萼筒无毛，花冠白色。花期 4～6 月，不结实。

琼花（f. *keteleeri* Rehd.）：聚伞花序，直径10～12cm，中央为两性可育花，仅边缘为大型白色不孕花。花后结果，核果椭圆形，先红后黑。果期9～10月。

[分布] 主产长江流域，南北各地都有栽培。

[习性] 喜光，略耐阴，性强健，较耐寒，喜生于湿润、排水良好、肥沃壤土。萌芽力、萌蘖力均强。

[繁殖] 扦插繁殖。

[用途] 树姿开展圆整，春日繁花聚簇，团团如球，犹似雪花压树，枝垂近地，尤饶幽趣。其变型琼花花形扁圆，边缘着生洁白不孕花，宛如群蝶起舞，逗人喜爱。宜孤植或群植于庭院、路旁草坪或林缘，开花时如处于花海中，别有情趣与风韵。

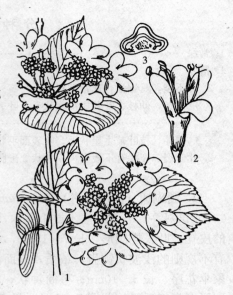

图 7 - 310　蝴蝶绣球
1. 花枝　2. 花　3. 花横切面

3. 蝴蝶绣球(雪球荚蒾、日本绣球) *Viburnum plicatum* Thunb. (图 7 - 310)

[识别要点] 落叶灌木，高 2～4m。枝开展，幼枝疏生星状绒毛。叶阔卵形或倒卵圆形，长 4～8cm，端凸尖，基部圆形，缘具锯齿，表面羽状脉甚凹下，背面疏生星状毛及绒毛。复伞状聚伞花序，径 6～12cm，全为大型白色不孕花。花期4～5月。

蝴蝶树（f. *tomentosum* Rehd.）：又名蝴蝶荚蒾、蝴蝶戏珠花，实为原种。花序仅边缘有大型白色不孕花，形如蝴蝶。果红色，后变蓝黑色。

[分布] 产华东、华中、华南、西南、西北东部等地。

其他同木本绣球。

4. 天目琼花（鸡树条荚蒾）*Viburnum sargentii* Koehne（图 7 - 311）

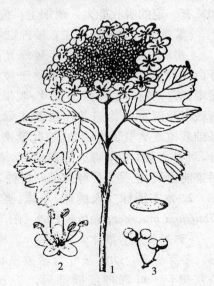

图 7 - 311　天目琼花
1. 花枝　2. 花　3. 果实

［识别要点］灌木，高约 3m。树皮暗灰色，浅纵裂，略带木栓质。小枝具明显的皮孔。叶广卵形至卵圆形，长 6～12cm，通常 3 裂，裂片边缘具不规则的齿；生于分枝上部的叶常为椭圆形至披针形，不裂，掌状 3 出脉；叶柄顶端有 2～4 腺体。复伞状聚伞花序，径 8～12cm，有白色大型不孕边花，花冠乳白色；雄蕊 5，花药紫色。核果近球形，红色。花期 5～6 月；果期 8～9 月。

［分布］东北南部、华北至长江流域均有分布。

［习性］喜光又耐阴，耐寒，多生于夏凉、湿润、多雾的灌丛中；对土壤要求不严，微酸性及中性土都能生长。根系发达，移植容易成活。

［繁殖］扦插或播种繁殖。

［用途］树姿清秀，叶绿、花白、果红，是春季观花、秋季观果的优良树种。嫩枝、叶、果入药。种子可榨油，制肥皂及润滑油。

（六）接骨木属 Sambucus L.

约 28 种，分布于北半球温带和亚热带地区。

接骨木 Sambucus williamsii Hance（图 7 - 312）

［识别要点］落叶大灌木。小枝红褐色，无毛。髓心粗，淡褐色。奇数羽状复叶对生，小叶 5～7，有细锯齿，搓揉后有臭味，托叶条形或退化成浅蓝色突起。圆锥状聚伞花序，花叶同放，无毛；萼 5 小裂，萼筒长 1mm；花冠辐状，5 裂，开花初为粉红色，后变为白色或淡黄色；雄蕊 5，花药黄色；子房 3 室，半下位，柱头 3 裂。球形浆果状核果，红色。花期 4～5 月；果期 9～10 月。

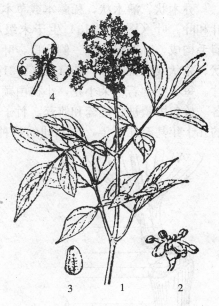

［分布］产东北、华北、华东、华中、华南及西南。

［习性］喜光，耐寒，耐旱。根系发达，萌芽力、萌蘖力强。

［繁殖］播种、扦插、分株繁殖。

［用途］观赏树种。茎、叶入药，祛风活血，行淤止痛。

图 7 - 312　接骨木
1. 花枝　2. 花　3. 种子　4. 果实

第二节 单子叶植物纲 Monocotyledoneae

多为须根系。茎内有不规则排列的散生维管束,没有形成层,不能形成树皮,也没有直径增粗生长;单叶,羽状或掌状分裂,有时裂片上有啮齿状缺刻,全缘,平行脉或弧形脉;花各部为3基数,种子的胚具1片顶生的子叶。单子叶植物种类约占被子植物的1/4,其中草本植物占绝大多数,木本植物约占10%。

共69科约5万种;我国约47科4 100余种。

一、禾本科 Poaceae

禾本科分竹亚科和禾亚科两个亚科,约660属10 000种以上,广泛分布于世界各地。我国约225属1 200多种。竹亚科是一类再生性很强的植物,是重要的造园材料。

竹亚科 Bambusoideae

乔木状、灌木状,稀藤本或草本。单叶互生,竹子有两种形态的叶,即秆叶和叶。叶(图7-313)生于末级小枝顶端,由叶鞘、叶舌、叶耳、叶片、肩毛构成,叶鞘包茎,一侧开口,叶片条形或带形,中脉发达,侧脉平行。穗状、总状或圆锥花序。花(图7-314)由小穗组成,小穗基部具2至数枚颖片。每小穗含若干朵小花,小穗由颖、小穗轴和小花组成,小花由外稃和内稃各一枚包围鳞被、雄蕊和雌蕊。竹子一个有性世代只开一次花,有的几年,有的几十年甚至几百年,依不同的竹种而定。如果起源相同,可能成片同时开

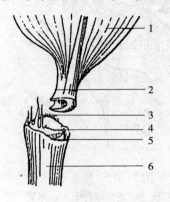

图7-313 竹叶的构造
1. 竹叶 2. 叶柄 3. 肩毛 4. 内叶舌
5. 外叶舌 6. 叶鞘

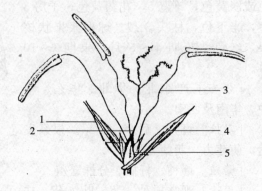

图7-314 竹花的构造
1. 内稃 2. 雌蕊 3. 雄蕊 4. 外稃
5. 鳞被

花。地下茎（图 7 - 315）又称竹鞭，常
分合轴丛生、合轴散生、单轴散生、复
轴混生 4 个类型。竹鞭的节上生芽，芽
长大称竹笋，竹笋上的变态叶称竹箨，
又称箨。竹箨（图 7 - 316）由箨鞘、箨
舌、箨耳、箨叶（箨片）和繸毛构成。
笋生长成秆，竹秆（图 7 - 317）是竹子
的主体，分秆柄、秆基和秆茎三部分。
秆柄是竹秆最下部分，与竹鞭或母竹的
秆基相连、细小、短缩、不生根，是竹
子地上和地下系统连接输导的枢纽。秆
基是竹秆入土生根部分，由数节至十数
节组成，节间缩短而粗大。秆茎是竹秆

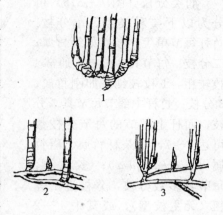

图 7 - 315　竹地下茎
1. 合轴丛生　2. 合轴散生　3. 复轴混生

的地上部分，每节分二环：下环为笋环，又叫箨环，是竹笋脱落后留下的环
痕；上环为秆环，是居间分生组织停止生长留下的环痕，其隆起的程度随竹种
的不同而不同。秆环和箨环之间的距离称节内，其上生芽，芽萌发成枝；秆
环、箨环、节内合称节，两节之间称节间，节间通常中空，节与节之间有节隔
相隔，秆具明显的节与节间。

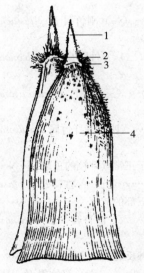

图 7 - 316　竹箨的构造
1. 箨叶　2. 箨舌　3. 箨耳
4. 箨鞘

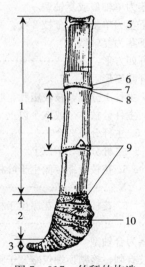

图 7 - 317　竹秆的构造
1. 秆茎　2. 秆基　3. 秆柄　4. 节间
5. 节隔　6. 秆环　7. 节内　8. 箨
环　9. 芽　10. 根眼

竹类分枝（图 7 - 318）可分为以下 4 种类型。单分枝：竹秆每节单生 1 枝，如箬竹属；二分枝：每节具 2 分枝，通常 1 枝较粗，1 枝较细，如刚竹属；3 分枝：竹秆中部节每节具 3 分枝，而秆上部节的每节分枝数可达 5～7，如茶秆竹属、唐竹属（*Sinobambusa*）；多枝型：每节具多数分枝，分枝近于等粗（无主枝型），或其中 1～2 枝较粗长（有主枝型）。

共49属700余种；我国39属500种（也有学者认为31属300种），产于长江流域以南广大地区，向北延伸到黄河流域冲积平原或沟谷地带。

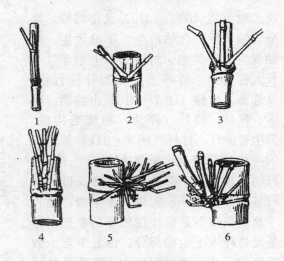

图 7 - 318　竹分枝类型

1. 一枝型　2. 二枝型　3. 三枝型　4. 变异三枝型
5. 主枝不突出多枝型　6. 主枝突出多枝型

竹亚科分属检索表

1. 地下茎为单轴型或复轴型
　2. 地下茎为单轴型，分枝 2 枚，乔木状，叶片小 …………（一）刚竹属 *Phyllostachys*
　2. 地下茎为复轴型
　　3. 秆四方形 ………………………………（二）方竹属 *Ghimonobambusa*
　　3. 秆圆筒形
　　　4. 主秆 1 分枝，枝较粗壮，叶片大型 ………………（三）箬竹属 *Indocalamus*
　　　4. 主秆分枝 3 个或 3 个以上
　　　　5. 主秆分枝 3 个 …………………………（四）茶秆竹属 *Pseudosasa*
　　　　5. 主秆分枝 3 个以上
　　　　　6. 花枝短缩，侧生于叶枝下部的各节上，而不生于正常具叶枝的顶端 ……
　　　　　…………………………………………（五）苦竹属 *Pleioblastus*
　　　　　6. 花枝延长，花序生于枝叶的顶端，稀生于叶枝下部的节上 ………………
　　　　　…………………………………………（六）箭竹属 *Sinarundinaria*
1. 地下茎为合轴型
　7. 小枝有刺，箨鞘顶端仅略宽于箨叶基部，箨叶直立或向外反卷 ………………
　………………………………………………………（七）簕竹属 *Bambusa*
　7. 小枝无刺，箨鞘顶端远宽于箨叶基部，箨叶向外反卷
　　8. 秆节间表面常略被厚层白粉，节间甚长，50～100cm，秆箨硬纸质 ……………

·· （八）单竹属 *Lingnania*

8. 秆节间幼时略被白粉，节间中等长，10～50cm，秆箨革质 ···························
·· （九）慈竹属 *Sinocalamus*

（一）刚竹属 *Phyllostachys* Sieb. et Zucc.

乔木或灌木状。地下茎为单轴散生型。竹秆散生，圆筒形。节间在分枝一侧扁平或有沟槽，每节2分枝。秆箨革质，早落，箨叶披针形，箨舌发达，箨耳有缘毛。叶披针形或长披针形，有小横脉，表面光滑，背面常为粉绿色。花序圆锥状、复穗状或头状，由多数小穗组成；小穗外被叶状或苞片状佛焰苞；小花2～6，颖片1～3或不发育，外稃先端锐尖，内稃有2脊，2裂片先端锐尖；鳞被3，形小；雄蕊3；雌蕊花柱细长，柱头3裂，羽毛状。颖果。

约50种，主产我国；我国40余种，主要分布在黄河流域以南至秦岭以北。

分 种 检 索 表

1. 老秆全部绿色
   2. 秆下部诸节间不短缩，也不肿胀
      3. 箨鞘有箨耳或鞘口缘毛
         4. 秆环不隆起，竹秆各节仅现1箨环，新秆密被细柔毛和白粉 ··············
         ·· 1. 毛竹 *P. pubescens*
         4. 秆环与箨环均隆起，竹秆各节现2箨环，新秆无毛和白粉
         ·· 2. 桂竹 *P. bambusoides*
      3. 箨鞘无箨耳及鞘口缘毛
         5. 秆表面在扩大镜下有晶状凹点，分枝以下竹秆上秆环不明显或低于箨环 ······
         ·· 3. 刚竹 *P. viridis*
         5. 秆表面在扩大镜下无晶状凹点，分枝以下竹秆上秆环均隆起
            6. 箨鞘无白粉，箨舌截平，暗紫色 ································ 4. 淡竹 *P. glauca*
            6. 箨鞘有白粉，箨舌弧形，淡褐色 ································ 5. 早园竹 *P. propinqua*
   2. 秆下部诸节间不规则短缩或畸形肿胀 ································ 6. 罗汉竹 *P. aurea*
1. 老秆非绿色，或在绿色底上有其他色彩
   7. 老秆全部紫黑色 ·· 7. 紫竹 *P. nigra*
   7. 老秆绿色，沟槽处为黄色 ·· 8. 黄槽竹 *P. aureosulcata*

1. 毛竹 *Phyllostachys pubescens* Mazel ex H. de Lebaie （图 7 - 319）

[识别要点] 高大乔木状竹类。秆高10～25m，径10～25cm，中部间间可长达40cm。新秆绿色，密被柔毛，有白粉；老秆灰绿色，无毛，白粉脱落，逐渐变黑，顶稍下垂。分枝以下秆上秆环不明显，箨环隆起。箨鞘厚革质，长于节间，褐紫色，背面密生棕色毛及深褐色斑点；箨耳小，边缘有长

缘毛；箨舌宽短，弓形，两侧下延，边缘有长缘毛；箨叶狭长三角形，向外反曲。枝叶 2 列状排列，每小枝保留 2～3 叶；叶较小，披针形，长 4～11cm；叶舌隆起，叶耳不明显，有肩毛，后渐脱落。花枝单生，不具叶，小穗丛形如穗状花序，外被覆瓦状佛焰苞。小穗含小花。颖果针状。笋期 3 月底至 5 月初。

龟甲竹〔var. *heterocycla*（Carr.）H. de Lehaie〕：秆较原种稍矮小，下部节间极度缩短、肿胀，呈龟甲状。

〔分布〕原产于我国秦岭、汉水流域至长江流域以南，多生长于海拔 1 000m 以下的山地。分布很广，浙江、江西、湖南为分布中心，陕西汉中、安康为毛竹分布北界。

〔习性〕喜温暖湿润的气候，要求年平均温度 15～20℃，耐极端最低温度 −16.7℃；年降水量 800～1 000mm，喜空气相对湿度大；喜肥沃、深厚、排水良好的酸性沙壤土，干燥的沙荒石砾地、盐碱地和排水不良的低洼地均不利于生长。

〔繁殖〕播种、分株、埋根繁殖。

〔用途〕秆高叶翠，四季常青，秀丽挺拔，与松、梅共植，誉为"岁寒三友"，可点缀园林。在风景区大面积种植，谷深林茂，云雾缭绕，竹林中有小径穿越，曲折、幽静、深邃，形成"一径万秆参天"的景观。因其无毛、无花粉，故是精密仪器厂等栽植的上等树种。也是良好的建筑材料、加工利用材料。竹笋鲜美可食。

2. 桂竹 *Phyllostachys bambusoides* Sieb. et Zucc. （图7-320）

〔识别要点〕秆高 11～20m，径

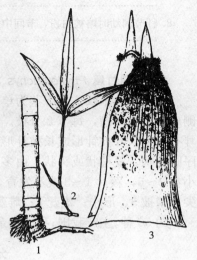

图 7 - 319　毛　竹
1. 带地下茎的竹秆　2. 枝叶　3. 竹箨

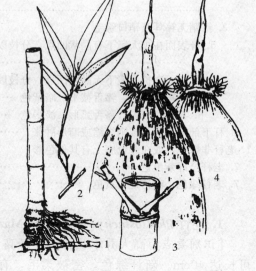

图 7 - 320　桂　竹
1. 带地下茎的秆　2. 枝叶　3. 秆及分枝　4. 竹箨

8～10cm。新秆绿色，无毛无白粉，有时节下有白粉环。秆环、箨环均隆起。箨鞘黄褐色底密被黑紫色斑点或斑块，常疏生脱落性直立短硬毛，无白粉；箨耳小，1 枚或 2 枚，镰形或长倒卵形，有长而弯曲的肩毛；箨舌微隆起；箨叶三角形至带形，橘红色，有绿边，皱折下垂。小枝初生 4～6 小叶，后常为2～3 叶；叶带状披针形，长 7～15cm，有叶耳和长肩毛。笋期 4～6月。

斑竹（f. *tanakae* Makino ex Tsuboi）：竹秆和分枝上有紫褐色斑块或斑点。

[分布] 原产于我国秦岭、淮河流域以南。辽宁、河北、山西、山东沿海、河南、陕西都有栽植。

[习性] 抗性较强，适应范围大。能耐－18℃的低温。多生长在山坡下部和平地土层深厚肥沃的地方，在黏重土壤上生长较差。华北地区大型耐寒优良竹种。

[用途] 观赏特性同毛竹，经济用途仅次于毛竹，竹笋味美可食，是"南竹北移"的优良竹种。

3. 刚竹 *Phyllostachys viridis* (Young) McClure

[识别要点] 秆高 10～15m，径 4～9cm。挺直，淡绿色，分枝以下的秆环不明显。新秆无毛，鲜绿色，微被白粉；老秆绿色，仅节下有白粉环，秆表面在放大镜下可见白色晶状小点。箨鞘无毛，乳黄色或淡绿色底上有深绿色纵脉及棕褐色斑纹；无箨耳；箨舌近截平或微弧形，有细纤毛；箨叶狭长三角形至带状，下垂，多少波折。每小枝有 2～6 叶，有发达的叶耳与硬毛，老时可脱落；叶片披针形，长 6～16cm。笋期 5～7 月。

① 槽里黄刚竹（绿皮黄筋竹）（f. *houzeauana* C. D. Chu et C. S. Chao）：秆绿色，着生分枝一侧的纵槽为黄金色。

② 黄皮刚竹（黄皮绿筋竹）（f. *youngii* C. D. Chu et C. S. Chao）：秆常较小，金黄色，节下面有绿色环带，节间有少数绿色纵条。叶片常有淡黄色纵条纹。

[分布] 原产于我国。分布于黄河流域至长江流域以南广大地区。

[习性] 抗性强，能耐－18℃的低温；微耐盐碱，在 pH 为 8.5 左右的碱土和含盐 0.1％的盐碱土中也能生长。

[用途] 观赏特性同毛竹。材质坚硬，韧性较差，可供小型建筑及农具柄材使用。笋可食。

4. 淡竹 *Phyllostachys glauca* McClure（图 7 - 321）

[识别要点] 秆高 5～12m，径 2～5cm，无毛。新秆密被白粉而为蓝绿色，

仅节下有白粉环，无毛；老秆绿色
或灰黄绿色，秆环微隆起。箨鞘淡
红褐或淡绿色，有紫色细纵条纹，
无毛，有紫褐色斑点；无箨耳及毛；
箨舌截平，暗紫色，微有波状齿缺
和细短纤毛；箨叶带状披针形，绿
色，有紫色细条纹，平直下垂或外
展。每小枝 2～3 叶；叶片带状披针
形或披针形，长 8～16cm；叶鞘初
时有叶耳，后渐脱落；叶舌紫色或
紫褐色。笋期 4 月中旬至 5 月底。

筼竹（f. *yunzhu* J. L. Lu）：秆
渐次出现紫褐色斑点或斑块。分布
在河南、山西。竹材匀齐劲直，柔
韧致密。秆色美观，常栽于庭园观
赏。适于编织竹器及各种工艺品，
为河南博爱著名的"清化竹器"原
材料。

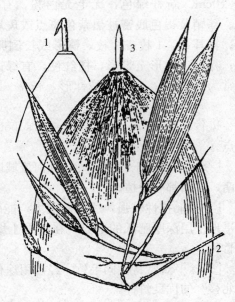

图 7 - 321 淡 竹
1. 秆箨腹面　2. 枝叶　3. 秆箨正面

[分布] 原产我国。分布在长江、黄河中下游各地，以江苏、山东、陕西
等地较多。

[习性] 适应性较强，在－18℃左右的低温和轻度的盐碱土中能正常生长；
能耐一定程度的干燥瘠薄和暂时流水浸渍。北移到辽宁营口、盖县等地能安全
越冬。

[繁殖] 播种、分株、埋根繁殖。

[用途] 材质优良，韧性好，可编织各种竹器，也可作农具。笋味鲜美，
可食用。

5. 早园竹 *Phyllostachys propinqua* McClure

[识别要点] 秆高 8～10m，胸径 5cm 以下。新秆绿色具白粉，老秆淡绿
色，节下有白粉圈。笋淡紫褐色。箨环与秆环均隆起；箨鞘淡紫褐色或深黄褐
色，被白粉，有紫色斑点及不明显的条纹，上部边缘有枯焦；无箨耳；箨舌淡
褐色，弧形；箨叶带状披针形，紫褐色，平直反曲。小枝具叶 2～3 片；叶带
状披针形，长 7～16cm，宽 1～2cm，背面基部有毛；叶舌弧形隆起。笋期4～
6 月。

[分布] 主产于华东地区。辽宁、河北、北京、河南、山西有栽培。

[习性] 抗寒性强，能耐短期的－20℃低温。适应性强，在轻碱地、沙土及低洼地均能生长。

[繁殖] 播种、分株、埋根繁殖。

[用途] 秆高叶茂，生长强壮，是华北园林中栽培观赏的主要竹种。秆质坚韧，为柄材、棚架、编织等优良材料。笋味鲜美，可食用。

6. 罗汉竹 *Phyllostchys aurea* Carr. ex A. et C. Riviere

[识别要点] 秆高 5～12m，径 2～5cm，中部或以下数节节间不规则缩短或畸形肿胀，或其节环交互歪斜，或节间近于正常而节下有长约 1cm 的一端明显膨大。老秆黄绿色或灰绿色，节下有白粉环。箨鞘无毛，紫色或淡紫色底上有黑褐色斑点，上部两侧有黏焦现象，基部有一圈细毛环，无箨耳；箨舌极短，截平或微凹，边缘有长纤毛；箨叶长三角形，皱曲。叶片长披针形，长 6.5～13cm。笋期 4～5 月。

[分布] 原产我国。长江流域各地有栽培。

[习性] 适应性较强，能耐－20℃低温。

[繁殖] 播种、分株、埋根繁殖。

[用途] 常植于庭院观赏。笋供食用。

7. 紫竹 *Phyllosachys nigra* (Lodd.) Munro（图 7 - 322）

[识别要点] 中小型竹，秆高 3～10m，径 2～4cm。新秆有细毛茸，绿色；老秆变为棕紫色至紫黑色。箨鞘淡玫瑰紫色，背面密生毛，无斑点；箨耳镰形，紫色；箨舌长而隆起；箨叶三角状披针形，绿色至淡紫色。叶片 2～3 枚生于小枝顶端，叶鞘初粗毛；叶片披针形，长 4～10cm，质地较薄。笋期 4～5 月。

毛金竹 [var. *henonis* (Bean.) Stapf]：秆高大，可达 7～18m。秆壁较厚，新秆绿色，老秆灰绿色或灰色。

[分布] 原产我国。广泛分布于华北及长江流域至西南地区。

[习性] 耐寒性较强，能耐－18℃低温。在北京可露地栽植。

[繁殖] 播种、分株、埋根繁殖。

图 7 - 322　紫竹
1. 秆的一段　2. 枝叶　3. 笋　4. 竹箨
5. 秆箨顶端背面　6. 秆箨顶端腹面

［用途］秆紫黑，叶翠绿，颇具特色，常植于庭园观赏。笋供食用。

8. 黄槽竹 *Phyllostchys aureosulcata* McClure

［识别要点］秆高 3～6m，径 2～4cm。新秆有白粉，秆绿色，分枝一侧纵槽呈黄色。箨鞘质地较薄，背部无毛，通常无斑点，上部纵脉明显隆起；箨耳镰形，缘有紫褐色长毛，与箨叶明显相连；箨舌宽短，弧形，边缘缘毛较短；箨叶长三角状披针形，初皱折而后平直。叶片披针形，长 7～15cm。笋期 4～5 月。

金镶玉竹（f. *spectabilis* C. D. Chu et C. S. Chao）：秆高 10～15cm，直径 4～10cm。秆金黄色，分枝一侧纵槽绿色，秆上有数条绿色纵条。

［分布］原产我国。北京等地有栽培。

［繁殖］播种、分株、埋根繁殖。

［习性及用途］适应性较强，能耐−20℃低温。在干旱瘠薄地植株呈低矮灌木状。常植于庭院观赏。

（二）方竹属 *Chimonobambusa* Makino

约 15 种，分布于中国、日本、印度和马来西亚等地；中国约有 3 种。

方 竹 *Chimonobambusa quadrangularis* (Fenzi) Makino（图 7 - 323）

［识别要点］秆散生，高 3～8m，径 2～4cm，节间长 8～22cm，粗糙，横断面四方形。幼时密被黄褐色倒向小刺毛，以后脱落，在毛的基部留有小疣状突起。秆环基隆起。箨环幼时有小刺毛，基部数节常有刺状气根一圈，上部各节初有 3 分枝，以后增多；箨鞘无毛，背面具多数紫色小斑点；箨耳及箨舌均极不发达；箨叶极小或退化。叶 2～5 枚着生在小枝上；叶鞘无毛；叶舌截平，极短；叶片薄纸质，窄披针形，长 8～29cm。肥沃之地四季可出笋。通常笋期在 8 月至翌年 1 月。

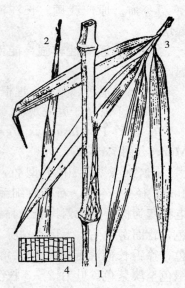

图 7 - 323 方 竹
1. 秆 2. 笋 3. 枝叶 4. 叶之下面

［分布］我国特产，分布于华东、华南及秦岭等低山坡。

［习性］适应性较强，不耐寒。

［繁殖］播种、分株、埋根繁殖。

［用途］秆方形奇特，为著名的庭园观赏竹种。秆可作手杖。笋味美，可食。

（三）箬竹属 *Indocalamus* Nakai

灌木型或小灌木型竹类。地下茎复轴型。秆散生或丛生，每节有 1 分枝，分枝通常与主秆同粗。秆箨宿存性。叶片宽大，有多条次脉及小横脉。顶生总状花序或圆锥花序，具苞片或不具苞片；分枝腋间有瘤状枕；鳞被 3；雄蕊 3；花柱 2，分离或基部稍连合，柱头羽毛状。

中国 10 多种。

阔叶箬竹 _Indocalamus lati-folius_ （Keng） McClure（图 7 - 324）

［识别要点］秆高 1～2m，下部直径 0.6～1cm，节间长 5～20cm，微有毛。秆环平，箨微隆起；秆箨宿存，质坚硬，背部常有粗糙的棕紫色小刺毛，边缘内卷；箨舌截平，鞘口顶端有长 1～3mm 的流苏状缘毛；箨叶小。每小枝具叶 1～3 片；叶片长椭圆形，长 10～40cm，表面无毛，背面灰白色，略生微毛，小横脉明显，边缘粗糙或一边近平滑。圆锥花序基部常为叶鞘包被，花序分枝与主轴均密生微毛，小穗有 5～9 小花。颖果成熟后古铜色。笋期 5 月。

图 7 - 324 阔叶箬竹
1、2. 花枝 3. 叶鞘顶端 4. 叶下面部分（放大）
5. 小穗 6. 小花 7. 雄蕊 8. 鳞被及雌蕊

［分布］产于河北、山西、山东、河南、山西等地，向南分布至长江流域，北京有栽培。

［习性］稍耐阴，耐寒，喜湿润，不耐旱。

［繁殖］播种、分株、埋根繁殖。

［用途］植株低矮，叶宽大，在园林中栽植观赏或作地被绿化材料，也可植于河边护岸。秆可制笔管、竹筷。叶可制斗笠、船篷等防雨用品。颖果称"竹米"，可食用或药用。

（四）茶秆竹属（青篱竹属）_Pseudosasa_ Makino ex Nakai

50 余种，大都分布中亚。

茶秆竹（青篱竹）_Pseudosasa amabilis_ （McClure） Kengf.

［识别要点］秆直立，每节具 3 至多分枝。秆高 10～13m，直径 5～6cm。

新秆淡绿色，被淡棕色刺毛，后脱落，具白粉。秆箨厚革质，脱落晚，棕绿色，密被棕色刺毛，鞘口毛长 1.5cm；箨舌弧形；箨叶三角状披针形。每小枝具叶 4～8 片；叶片带状披针形，长 15～35cm，宽 2.5～3.5cm。笋期 3～4 月。

［分布］主产广东、广西和湖南相邻的丘陵河谷地带，福建、江西有分布。

［习性］喜酸性土壤，不耐盐碱，不耐寒，不耐旱，喜温暖湿润的环境。

［繁殖］播种、分株、埋根繁殖。

［用途］竹材通直、节平、坚韧、弹性强、抗虫蛀，为良好绿化竹种及竹用材种。

（五）苦竹属 *Pleioblastus* Nakai

灌木状或小乔木状竹类。地下茎复轴型。秆散生或丛生，圆筒形。秆环显著隆起，每节有 3～7 分枝；箨鞘厚革质，基部常宿存，使箨环上具木栓质环状物；箨叶锥状披针形。每小枝具叶 2～13 片，叶鞘口部常具波状弯曲的刚毛，叶舌较长或较短，叶片有小横脉。总状花序着生枝下部各节；小穗绿色，具花数朵；颖 2～5，有锐尖头，边缘有纤毛；外稃披针形，近革质，边缘粗糙；内稃背部 2 脊间有沟纹；鳞被 3 片；雄蕊 3 枚；花柱 1，柱头 3，羽毛状。颖果长圆形。

约有 90 种，分布于东亚，以日本为多；我国 10 余种。

苦竹 *Pleioblastus amarus* (Keng) Keng f. （图 7 - 325）

［识别要点］秆高 3～7m，径 2～5cm。节间圆筒形，在分枝的一侧稍扁平。箨环隆起呈环状木栓层；箨鞘厚纸质或革质，绿色，有棕色或白色刺毛，边缘密生金黄色缘毛；箨耳小，具直立棕色缘毛；箨舌截平；箨叶细长披针形。叶鞘无毛，有横脉；叶舌坚韧，截平；叶片披针形，

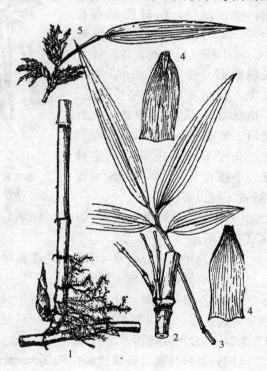

图 7 - 325　苦　竹
1. 带地下茎的秆　2. 竹秆及分枝　3. 枝叶
4. 竹箨　5. 果枝

长 8～20cm，质坚韧，表面深绿色，背面淡绿色，有微毛。笋期 5～6 月。

[分布] 原产我国，分布于长江流域西南部。

[习性] 适应性强，较耐寒。北京在小气候条件下能露地栽植。在低山、丘陵、山麓、平地的一般土壤中均能生长良好。

[繁殖] 播种、分株、埋根繁殖。

[用途] 常于庭园栽植观赏。秆直而节间长，大者可作伞柄、帐竿、支架等用，小的可作笔管、筷子等。笋味苦，不能食用。

(六) 箭竹属 Sinarundinaria Nakai

10 余种，大都分布于我国华中、华西各地山岳地带。

箭竹 Sinarundinaria nitida (Mitford) Nakai (图 7 - 326)

灌木状竹类。地下茎复轴型。秆直立，每节具 3 至多分枝。秆高约 3m，下部直径 1cm。秆环平，箨微隆起，新秆具白粉。箨环显著突出，秆环不明显；箨鞘具明显紫色脉纹；箨舌弧形，淡紫色；箨叶淡绿色。每小枝具叶 2～4 片；叶鞘常紫色，具脱落性淡黄色肩毛；叶片矩圆状披针形，长 5～13cm，次脉 4 对。笋期 8 月中下旬。

[分布] 产甘肃南部、陕西、四川、云南等地。

[习性] 适应性强，耐寒，耐旱，耐贫瘠。

[繁殖] 播种、分株、埋根繁殖。

[用途] 良好绿化竹种，秆可编筐。

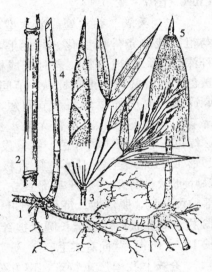

图 7 - 326 箭 竹
1. 带地下茎的秆 2. 竹秆 3. 枝叶
4. 笋 5. 竹箨

(七) 箣竹属 Bambusa Schreb

乔木状或灌木状，地下茎合轴型。秆丛生，圆筒形，每节有枝条多数，有时不发育的枝常硬化成棘刺。箨鞘较迟落，厚革质或硬纸质；箨耳发育，近相等或不相等；箨叶直立、宽大。叶片小型至中等，线状披针形至长圆状披针形，小横脉常不明显。小穗簇生于枝条各节，组成大型无叶或有叶的假圆锥花序；小穗有少至多数小花，颖 1～4 枚，内稃等长或稍长于外稃，鳞被 3；雄蕊 6 枚；子房基部通常有柄，柱头羽毛状。颖果长圆形。

100 余种，分布于东亚、中亚、马来西亚及大洋洲等；我国有 60 余种，大都分布于华南及西南地区。

分 种 检 索 表

1. 植株的秆 2 型，除正常秆外，尚有畸形肿胀的秆 ……………… 1. 佛肚竹 *B. ventricosa*
1. 植株的秆仅 1 型，即仅有正常的秆，秆的节间绿色，无条纹 … 2. 孝顺竹 *B. multiplex*

1. 佛肚竹 *Bambusa ventricosa* Mc-Clure（图 7 - 327）

［识别要点］乔木型或灌木型。高与粗因栽培条件而变化。秆无毛，幼秆深绿色，稍被白粉，老时变成橄榄黄色。秆有两种：正常秆高，节间长，圆筒形；畸形秆矮而粗，节间短，下部节间膨大呈瓶状。箨鞘无毛，初时深绿色，老时变成橘红色；箨耳发达，圆形或倒卵形至镰刀形；箨舌极短；箨叶卵状披针形，于秆基部直立，上部的稍外反，脱落性。每小枝具叶 7～13 枚；叶卵状披针形至长圆状披针形，长 12～21cm，背面有柔毛。

［分布］我国广东特产，南方公园中栽植或盆栽，为优良的盆栽竹种。

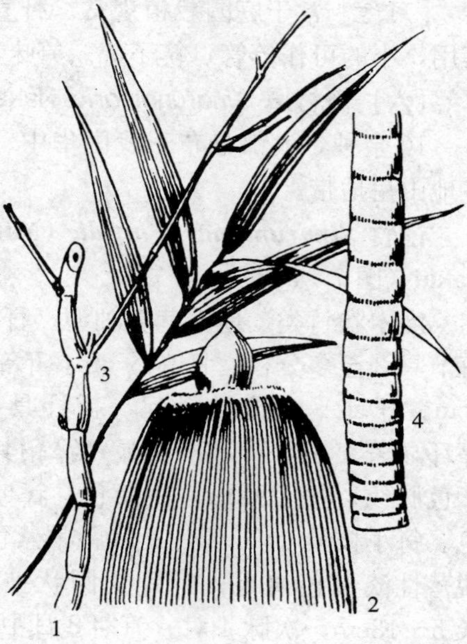

图 7 - 327　佛肚竹
1. 秆　2. 秆箨　3. 枝叶　4. 大佛肚竹秆

2. 孝顺竹（凤凰竹）*Bambusa multiplex* (Lour.) Raeuschel（图 7 - 328）

［识别要点］秆在地面密集丛生。秆高 2～7m，径 1～3cm。新秆绿色，密被白粉和刺毛；老秆黄绿色，光滑无毛。秆的节间绿色，无条纹。箨鞘无毛，硬脆，厚纸质；箨耳缺或不明显；箨舌不显著；箨叶三角形或长三角形，直立。每小枝具叶 5～9 枚，排成两列；叶鞘无毛，叶耳不明显，叶舌截平；叶片薄纸质，线状披针形或披针形。笋期 6～9 月。

①凤尾竹［var. *nana* (Roxb.) Keng f.］：比原种矮小，高 1～2m，径不超过 1cm。枝叶稠密，纤细而下弯。每小枝有叶 10 余枚，羽状排列，叶片长 2～5cm。长江流域以南各地常植于庭园观赏或盆栽。

②花孝顺竹（f. *alphonsekarri* Sasaki）：竹秆金黄色，夹有显著绿色纵条纹。常盆栽或栽植于庭园观赏。

［分布］原产于中国、日本及东南亚地区。我国华南、西南至长江流域各地都有分布。

［习性］喜温暖湿润气候及排水良好、湿润的土壤，是丛生竹类中分布最广、适应性最强的竹种，可以北移引种。

［用途］植丛秀美，多栽培于庭园供观赏，或种植宅旁作绿篱用，也常在湖边、河岸栽植。

（八）单竹属 *Lingnania* Mc-Clure

乔木型或灌木型。地下茎合轴型。秆丛生，通常直立，节间圆柱形，极长。秆环平，每节具多数分枝。主枝和侧枝粗细相仿，丛生节上。秆箨脱落；箨鞘顶端甚宽，截平或弓形；箨叶近外反，基部宽度仅为箨鞘顶端的 1/2～1/4。叶片线

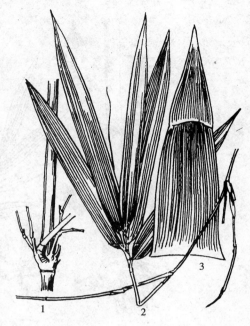

图 7 - 328 孝顺竹
1. 秆 2. 枝叶 3. 秆箨

状披针形、披针形或卵状披针形，不具小横脉。花序由无柄或近无柄的假小穗簇生于花枝上组成，小花紫色或古铜色；小穗有小花数至多朵；颖 1～2 片，外稃宽卵形，无毛而具光泽，内稃与外稃近等长或比外稃稍长，无毛或脊上被纤毛；鳞被通常 3 枚；雄蕊 6 枚；花柱单一，有时极短或近乎缺，柱头 3 枚，极少 2 枚，羽毛状。

约 10 种，分布于中国南部和越南；中国产 7 种。

粉单竹 *Lingnania chungii* McClure（图 7 - 329）

［识别要点］高 18m，径 6～8cm。节部圆柱形，淡黄绿色，被白粉，尤以幼秆被粉较多，长 50～100cm。秆环平，箨环木栓质，隆起，其上有倒生的棕色刺毛；箨鞘硬纸质，坚脆，顶端宽，截平，背面多刺毛；箨耳狭长圆形，粗糙；箨舌比箨叶基部宽；箨叶淡绿色，卵状披针形，边缘内卷，强烈外反。每小枝有叶 6～7 枝；叶片线状披针形至长圆状披针形，大小差异较大，长 7～21cm，基部歪斜，两侧不等，质地较厚；叶鞘光滑无毛；叶耳较明显，被长缘毛；叶舌较短。笋期 6～8 月。

［分布］产我国华南各地，分布于广东、广西和湖南等地。

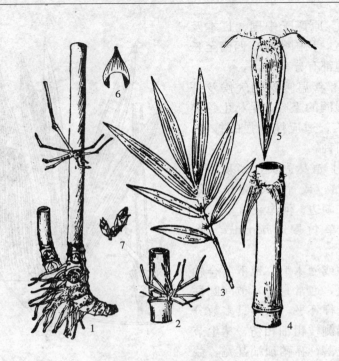

图 7 - 329 粉单竹
1. 带地下茎的竹秆 2. 秆及分枝 3. 枝叶 4. 竹秆
5. 倒生刺毛 6. 竹箨 7. 笋

［习性］喜温暖湿润气候及疏松、肥沃的沙壤土。

［繁殖］播种、分株、埋根繁殖。

［用途］节间长而节平，为中上等劈篾用材。竹髓和竹青供药用。优良绿化用竹。

（九）慈竹属 *Sinocalamus* McClure

乔木型竹类，无刺。地下茎合轴型。秆丛生，梢部呈弧形弯曲或下垂如钩丝状，节间圆筒形。秆箨脱落性。箨鞘硬革质，大型，基部甚宽，顶端截形而两肩宽圆；箨耳缺或不显著；箨舌颇发达，有时极显著地伸出，且具流苏状毛；箨叶小，常外反，极少直立，基部远狭于箨鞘顶部。每节具多数分枝，主枝较粗而长。叶片宽大，叶耳通常缺，叶舌显著。无叶或具叶的假圆锥花序；小穗簇生或呈头状聚集于花枝每节上，每小穗有花多朵；颖片宽卵形，外稃较颖为大，内稃约与外稃等长且较狭；鳞被通常3；雄蕊6；花柱单一，柱头2～4，羽毛状。

约20种，多分布于非洲东南部；我国产10种。

分 种 检 索 表

1. 竹秆中等大小，基部数节无明显气根或根眼，节间有刺毛，竹壁薄，枝下各节无芽…
……………………………………………………………… 1. 慈竹 S. affinis
1. 竹秆高大，基部数节具明显气根或根眼，节间无毛，竹壁厚，枝下各节有芽，主枝粗长
……………………………………………………………… 2. 麻竹 S. latiflorus

1. 慈竹 Sinocalamus affinis (Rendle) McClure（图 7 - 330）

[识别要点] 秆高 5～10m，径 4～8cm。竹壁薄，顶梢下垂。箨鞘革质，背部密被棕黑色刺毛；箨耳缺；箨舌流苏状；箨叶先端尖，向外反倒，基部收缩略呈圆形，正面多脉，密生白色刺毛，边缘粗糙内卷。叶片数枚至十多枚着生于小枝顶端；叶片质薄，长卵状披针形，长 10～30cm，表面暗绿色，背面灰绿色；侧脉 5～10 对，无小横脉。笋期 6 月，持续至 9～10 月。

[分布] 原产我国。分布在云南、贵州、湖北、湖南、四川及陕西南部各地。

[习性] 喜温暖湿润气候及肥沃疏松土壤，干旱瘠薄处生长不良。

[繁殖] 播种、分株、埋根繁殖。

[用途] 秆丛生，枝叶茂盛秀丽，于庭园池旁、石际、窗前、宅后栽植，都极适宜。笋味苦，煮后去水可食用。

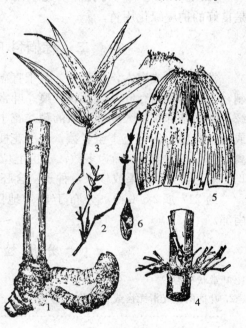

图 7 - 330　慈　竹
1. 秆及地下茎　2. 花枝　3. 枝叶　4. 秆及分枝
5. 竹箨　6. 笋

2. 麻竹 Sinocalamus latiflorus (Munro) McClure

[识别要点] 竹秆高大，秆高 15～20m，最高达 25m，径 10～30cm，基部数节具明显气根或根眼，节间无毛，竹壁厚，枝下各节有芽，主枝粗长，顶梢下垂。秆环平而微突；箨环木栓质，隆起；箨鞘大，革质，坚脆，背部平滑，无条纹；箨耳小；箨舌齿裂状；箨叶三角形或披针形，向外反倒。叶片数枚至十多枚着生于小枝先端；叶片宽大，长圆状披针形或卵状披针形，长 15～

35cm，表面无毛，背面中脉突起；有小锯齿；叶耳不明显；叶舌突起，平截；侧脉 5～10 对，无小横脉。笋期早且长，5 月出土，持续至 10～12 月。

　　[分布] 原产我国，华南至西南有分布。

　　[习性] 喜温暖湿润气候及肥沃疏松土壤，在黏土上生长不良。

　　[繁殖] 播种、分株、埋根繁殖。

　　[用途] 秆粗大，为良好的建筑用材。笋期长，味美，主要笋用竹之一，是良好的护堤绿化用竹。

二、棕榈科 Palmaceae

　　常绿乔木或灌木，少藤本。茎干直立，常不分枝，粗壮或柔弱，有刺或无刺，干部常具宿存叶基或环状叶痕。叶常丛生于枝顶，掌状或羽状分裂，稀全缘；叶柄基部常扩大成纤维状的鞘。花小，辐射对称，两性或单性，排成圆锥或穗状花序；佛焰苞 1 至多数，包围花梗和花序的分枝；花被 6 裂，2 轮，分离或合生；雄蕊 6，稀为多数；子房上位，1～3 室，很少为 4～7 室，每室有 1 胚珠。果实为浆果或核果，种子富含胚乳。

　　约 217 属 2 500 种，分布于热带地区。我国 28 属 100 种，主要分布于南部。

分 属 检 索 表

1. 叶掌状分裂
　　2. 叶柄两侧光滑无齿或有齿刺；丛生灌木，干细如指；叶裂片 30 片以下 ……………………………………………………………………（一）棕竹属 Rhapis
　　2. 叶柄两侧有齿刺；乔木或灌木，干粗 15cm 以上；叶裂片 30 片以上，裂片顶端通常 2 裂
　　　　3. 叶裂片分裂至中上部，端深 2 裂而下垂，叶柄两侧有较大的倒钩齿 ……………………………………………………………………（二）蒲葵属 Livistona
　　　　3. 叶裂片分裂至中下部，端裂较浅，常挺直或下折，叶柄两侧有极细的锯齿 ……………………………………………………………（三）棕榈属 Trachycarpus
1. 叶羽状分裂
　　4. 叶为 2～3 回羽状全裂，裂片菱形，边缘具不整齐的啮蚀状齿 ……………………………………………………………………………（四）鱼尾葵属 Caryota
　　4. 叶为 1 回羽状分裂，裂片线形、条状披针形、长方形、椭圆形
　　　　5. 叶轴上近基部裂片变成针刺状 ………………………（五）油棕属 Elaeis
　　　　5. 叶柄和叶轴均无刺
　　　　　　6. 叶裂片基部耳垂形 ………………………………（六）桄榔属 Arenga
　　　　　　6. 叶裂片基部不为耳垂形
　　　　　　　　7. 果较大，径 15cm 以上，内果皮有 3 个萌发孔 ………（七）椰子属 Cocos

7. 果较小，径 6cm 以下，内果皮无萌发孔 ·················· （八）槟榔属 *Areca*

（一）棕竹属 *Rhapis* L.

丛生灌木。茎细，直立，上部常为网状叶鞘包围。叶聚生茎顶，叶片扇形，折叠状，掌状深裂几达基部，裂片 2 至多数，叶脉显著；叶柄纤细，上面无凹槽，顶端与叶片连接处有小戟突。花单性，雌雄异株，无梗，组成松散、分枝的肉穗花序。雄花花萼杯状，3 齿裂；花冠倒卵形或棒形，3 浅裂，裂片三角形，镊合状排列；雄蕊 6 枚着生于花冠管上，2 轮。雌花花萼与雄花相似；花冠则较雄花短，心皮 3 枚，分离；胚珠 1 枚。果球形或卵形，稍肉质；种子单生，球形或近球形。

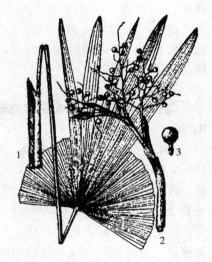

约 15 种，分布于亚洲东部及东南部；我国有 7 种或更多，产于广东、广西、云南、贵州、四川等地南部和西部。

1. 棕竹（矮棕竹）*Rhapis humilis* Bl.
（图 7 - 331）

［识别要点］丛生灌木。茎高 1～3m。叶掌状深裂；裂片 10～24，条形，宽 1～2cm，端尖，并有不规则的齿缺，缘有细锯

图 7 - 331 棕 竹
1. 枝叶 2. 果枝 3. 果实

齿；横脉疏而不明显。肉穗花序较长且分枝多；花单性，雌雄异株，淡黄色。果球形，直径约 7mm，单生或成对着生于宿存的花冠管上，且花冠管成一实心的柱状体；种子 1 颗，球形，直径约 4.5mm。花期 4～5 月。

［分布］产华南及西南地区。北方盆栽，在室内越冬。

［习性］生长健壮，适应性强。喜温暖湿润的环境，耐阴，不耐寒，宜湿润而排水良好的微酸性土。

［繁殖］播种或分株繁殖。

［用途］秀丽青翠，叶形优美，秆如细竹，为热带优良的观赏植物，造景时可作下木，常植于建筑的庭院及小天井中，盆栽供室内布置。茎秆可作手杖及伞柄。根及叶鞘入药。

2. 筋头竹 *Rhapis excelsa*（Thunb.）Henry ex Rehd.

与棕竹的主要区别为：叶片 5～10 深裂，裂片较宽短，表面常呈龟甲状隆起，并有光泽，宿存的花冠管不变成实心的柱状体。

其他同棕竹。

（二）蒲葵属 *Livistona* R. Br.

乔木，茎干直立，多单生而不分枝，具有环状叶痕。单叶簇生干端，近圆形或扇形，掌状深裂至中上部，裂片顶端 2 裂，下垂；叶柄长，两侧具齿。花两性，佛焰苞多数，圆筒形，花萼、花冠均 3 裂，雄蕊 6，花丝基部合生。核果球形或椭圆形，粗糙；种子 1，胚乳均匀。

30 种；我国 4 种。

蒲葵 *Livistona chinensis*（Jacq.）R. Br.（图 7 - 332）

［识别要点］乔木，高达 10～20m，基部常膨大，树干端直，不分枝。叶大，扇形，革质，光滑，掌状分裂至中上部，裂片末端 2 裂，下垂；叶柄两侧有较大的钩状齿。树皮

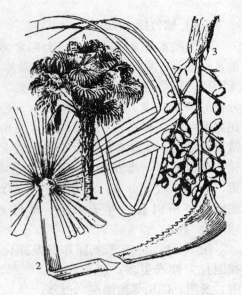

图 7 - 332　蒲葵
1. 树形　2. 叶　3. 果枝

灰棕色，有环纹及纵纹。腋生肉穗花序；花黄绿色，无柄，较小；花苞棕色。核果椭圆形，熟时紫黑色。花期 3～4 月；果期 10～12 月。

［分布］我国广东、广西、福建、台湾等地广泛栽培。

［习性］喜高温多湿的热带气候，喜光也耐阴，喜肥沃、湿润、富含有机质的黏壤土。生长慢，抗风性强。

［繁殖］播种繁殖。

［用途］热带地区重要绿化树种之一，叶可制作蒲扇。

（三）棕榈属 *Trachycarpus* H. Wendl.

乔木。茎干直立，具有环状叶痕，上部具黑色叶鞘。单叶簇生干端，近圆形或扇形，掌状深裂至中部以下，裂片顶端 2 裂，几直伸；叶柄两侧具齿。花杂性或单性，小，雌雄同株或异株；花丛生于叶丛中；佛焰苞多数，具毛；花萼、花冠均 3 裂；雄蕊 6，花丝分离。核果球形，粗糙；种子腹面有沟槽，胚乳均匀。

10 种；我国产 6 种，以西南、华南、华中、华东等地区为分布中心。

棕榈 *Trachycarpus fortunei*（Hook. f. ）H. Wendl.（图 7 - 333）

［识别要点］常绿乔木。树干圆柱形，高达 10m，干径达 24cm。叶簇竖干

顶,近圆形,径50～70cm,掌状裂深达中下部;叶柄长40～100cm,两侧细齿明显。雌雄异株,圆锥状肉穗花序腋生,花小而黄色。核果肾状球形,径约1cm,蓝黑色,被白粉。花期4～5月;10～11月果熟。

〔分布〕产于我国。北起陕西南部,南到广东、广西和云南,西达西藏边界,东至上海和浙江。

〔习性〕本科中最耐寒的植物,在上海可耐-18℃低温,但喜温暖湿润气候;有较强的耐阴能力;喜排水良好、湿润肥沃的中性、石灰性、微酸性黏质壤土,耐轻盐碱土,也耐一定干旱与水湿。喜肥,抗烟尘,有很强的吸毒能力。根系浅,须根发达,生长缓慢。

〔繁殖〕播种繁殖。

〔用途〕挺拔秀丽。适应性强,能抗多种有毒气体。棕皮用途广泛,其叶鞘纤维拉力强,耐磨又耐腐,可编织蓑衣、鱼网,搓绳索,制刷具、地毯及床垫等。老叶可加工制成绳索。花、果、种子入药。种子富含淀粉、蛋白质,能加工成很好的饲料。常用盆栽或桶栽作室内或建筑前装饰及布置会场,是园林结合生产的理想树种。

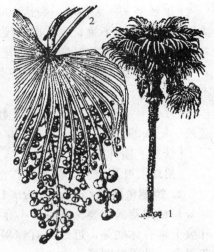

图 7 - 333 棕榈
1. 树形 2. 带叶果枝

（四）鱼尾葵属 Caryota L.

灌木、小乔木或大乔木。茎单生或丛生,具环状叶痕。叶大,聚生茎顶,2～3回羽状全裂,羽片半菱形,状如鱼尾,具放射平行脉;叶柄基部膨大,叶鞘纤维质。花单性,雌雄同株,常3朵聚生,中间为雌花,两侧为雄花;花序生于叶丛中,下垂;佛焰苞3～5;花萼、花冠均为3。浆果近球形。

12种;我国4种,产华南、西南等地区。

1. 鱼尾葵 Caryota ochlandra Hance
（图 7 - 334）

图 7 - 334 鱼尾葵
1. 树形 2. 叶 3. 果枝

［识别要点］大乔木，高达20m。干直立，有环状叶痕。叶2回羽状全裂，大而粗壮，先端下垂，羽片厚而硬，形似鱼尾。花序悬垂，长达3m，多分枝，花黄色。果球形，熟时淡红色。花期7月。

［分布］原产亚洲热带、亚热带及大洋洲。我国福建、广东、广西、云南有栽培。

［习性］喜温暖、湿润气候，较耐寒。根系浅，不耐干旱。要求排水良好、疏松、肥沃的土壤。

［繁殖］播种繁殖。

［用途］叶形奇特，供观赏，是华南地区良好的绿化树种之一。

2. 短穗鱼尾葵 *Caryota mitis* Lour.

与鱼尾葵的主要区别为：小乔木，树干丛生。干竹节状，高5～9m，环状叶痕上常有休眠芽，近地面有棕褐色肉质气根。花序稠密，长60cm。果熟时蓝黑色；种子扁圆形。

［分布］产广东、广西及亚热带地区。

［用途］优美庭院树种。茎含淀粉，可食。

（五）油棕属 *Elaeis* Jacq.

直立乔木。干单生，叶基宿存。叶簇生茎顶，羽状全裂，裂片基部外折，叶柄及叶轴两侧有刺。花序短，生于叶丛中；花单性，雌雄异序；雄花小，排成稠密的柔荑花序，花序轴先端芒状，雄蕊6；雌花大，近头状花序，子房3室。卵形或倒卵形聚合核果，果顶端有3萌发孔；种子1～3。

2种，原产热带非洲；我国热带地区有栽培。

油棕 *Elaeis guineensis* Jacq.（图7-335）

［识别要点］常绿乔木。叶大，顶生，羽状全裂，长达7m，裂片多数，线状披针形，边缘有刺。腋生复合佛焰花序，四季开花。坚果，卵形紫褐色，有光泽。

图7-335　油棕

［分布］原产热带西非。我国广西、广东、台湾、福建等地有栽培。

［习性］热带喜光树种，要求高温、高湿及光照充足的环境，喜深厚肥沃、排水良好的沙质壤土，pH 4～6。不耐寒，不耐旱。

［繁殖］播种繁殖。

　　[用途] 世界主要产油树种之一，有"世界油王"之称。也是良好绿化树种之一，用作行道树等。

（六）桄榔属 *Arenga* Labill.

　　乔木或灌木，单干或丛生。茎干被黑色、粗纤维状叶鞘残体。叶簇生茎顶，羽状全裂，裂片顶端常具不整齐啮蚀状，基部一侧或两侧呈耳垂形。腋生肉穗花序，总梗短，多分枝而下垂，自下而上抽穗开花，当最下部花序结果后，全株即告死亡；花单性，同株异穗，通常单生或 3 朵聚生，雄花居中。果球形或倒卵形；种子 2～3。

　　约 17 种；我国 2 种，产广东、广西、云南、福建等地。

桄榔 *Arenga pinnata* （Wurmb.） Merr.

　　[识别要点] 乔木，高达 17m。叶聚生干顶，斜出，长 4～9m，羽状全裂，裂片每侧 140 余枚，顶端不整齐啮蚀状，叶缘疏生不整齐啮蚀状齿缺，基部两侧耳垂形，一大一小；叶柄粗壮，径 5～8cm；叶鞘粗纤维质，黑色。肉穗花序下垂。果倒卵形，棕黑色；种子 3，宽椭圆形。

　　[分布] 产广东、广西、云南、福建等地。

　　[习性] 喜阴湿环境，在石灰岩山地上生长良好。

　　[繁殖] 播种繁殖。

　　[用途] 叶片坚韧，可制作凉帽、扇子等，叶鞘可制作绳索、刷子等。

（七）椰子属 *Cocos* L.

　　直立乔木，树干具环状叶痕。叶簇生茎顶，羽状全裂，裂片多数，基部明显向外折叠；叶柄无刺。花单性同株、同序，花序生于叶丛中；雌花左右对称；雄蕊 6；子房 3 室，每室 1 胚珠。果实大，椭圆形，微具 3 棱，外果皮革质，中果皮厚纤维质，内果皮骨质、坚硬，基部具 3 个萌发孔；种子 1，种皮薄，胚乳白色肉质，内空腔贮藏水液。

　　1 种，产西南至华南热带地区。

椰子（椰树） *Cocos nucifera* L. （图 7-336）

　　[识别要点] 高大乔木，高 15～35m，单干，直立，无刺，常弯曲。树干上有环状

图 7-336　椰　子
1. 树形　2. 果　3. 果枝

叶痕。叶为巨型羽状复叶,长3～7m,羽状全裂,簇生于干鞘。腋生肉穗花序,长达2m;总苞舟形。大坚果,球形或椭圆形,几乎四季开花。果实7～9月成熟。

[分布]我国华南地区。

[习性]典型的热带喜光树种,喜高温、湿润、光照充足的气候,土壤为海滨深厚冲积土为好。根系发达,抗风力较强。

[繁殖]播种繁殖。

[用途]热带地区良好绿化树种。全身是宝,果实是重要热带嘉果之一,是重要的木本油料树种及纤维树种。

(八) 槟榔属 *Areca* L.

乔木或丛生灌木,具环状叶痕。叶簇生茎顶,羽状全裂;叶柄无刺。花序生于叶丛中,多分枝;佛焰苞早落;花单性,雌雄同序;雄花生于花序上部,雄蕊3或6;雌花少而大,生于花序下部;子房1室,每室1胚珠。核果小,径不及6cm。果肉纤维质;种子1,种皮薄,胚乳嚼烂状。

54种;我国1种,产云南南部等地。

槟榔 *Areca catechu* L. (图7-337)

[识别要点]乔木,高达20m。树干端直,有环纹,无分枝。羽状复叶,簇生于顶端;小叶片多数,狭长披针形。肉穗花序,花白色,有香气。坚果长圆形,橙红色。花期3～8月;果期12月至翌年5月。

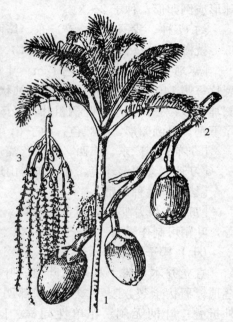

图7-337 槟榔
1. 树形　2. 果枝　3. 花序

[分布]亚洲热带及美洲热带。我国广东、海南、台湾、云南有栽培。

[习性]喜高温高湿气候,不耐寒,适生温度24～26℃、年降水量2 000mm,要求富含有机质的冲积土或壤土。

[繁殖]播种繁殖。

[用途]典型的热带风光树种之一。种子入药。

三、百合科 Liliaceae

多年生草本,稀为木本。具鳞茎、根茎或块茎。植株直立或攀缘。叶基生或茎生,茎生叶多为互生,稀对生或轮生,平行弧形脉,少网状脉。花单生或组成总状、穗状、伞形花序，少数为聚伞花序，顶生或腋生；花钟状、坛状或漏斗状；花丝离生或连合；子房上位，稀为半下位，通常为 3 室，常具中轴胎座，每室 1 至多数胚珠。果实为蒴果或浆果；种子多数，成熟后常为黑色。

约240属4 000种，广泛分布于世界各地；我国60属约560种，遍及全国各地。

分 属 检 索 表

1. 叶剑形，质地坚硬；花大，花被片分离，长 3cm 以上 ……………… （一）丝兰属 Yucca
1. 叶非剑形，质地较软；花大，花被片下部合生，长 3cm 以下 …………………………
………………………………………………………………………… （二）朱蕉属 Cordyline

（一）丝兰属 Yucca L.

常绿灌木或小乔木。茎分枝或不分枝。叶片狭长，剑形，顶端尖硬，多集生于干端。花杯状或碟状，下垂，在花茎顶端处成一圆锥或总状花序；花被片 6，离生或近离生；雄蕊 6，较花被片短；花柱短，柱头 3 裂。蒴果卵形，通常开裂或肉质不开裂；种子扁平，黑色。

30 多种，产于美洲；现我国引入 4 种，各地都有栽培。

分 种 检 索 表

1. 叶质硬，多直伸不下垂，叶缘老时有少许丝线 ……………… 凤尾兰 Y. gloriosa
1. 叶质较软，端常反曲，叶缘有明显的白丝线 ……………… 丝兰 Y. smalliana

1. 凤尾兰 Yucca gloriosa L. （图 7 - 338）

[识别要点] 灌木或小乔木。干短，有时分枝，高可达 5m。叶密集，螺旋排列茎端，质坚硬，有白粉，剑形，长 40～70cm，顶端硬尖，边缘光滑；老叶有时具疏丝。圆锥花序高超过 1m，花白色，大而下垂。果椭圆状卵形，不开裂。花期 6～10 月。

[分布] 原产于北美东部及东南部。现我国长江流域各地普遍栽植。

[习性] 适应性强，耐水湿。

[繁殖] 分株繁殖。

[用途] 花大、树美、叶绿，是良好的庭园观赏树木，常植于花坛中央、建筑前、草坪中、

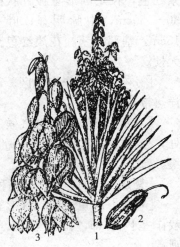

图 7 - 338 凤尾兰
1. 花枝　2. 果实　3. 花序

路旁，或栽作绿篱。叶纤维韧性强，可供制缆绳用。

2. 丝兰 *Yucca smalliana* **Fern.**（图7 - 339）

［识别要点］木本。植株低矮，近无茎。叶丛生，较硬直，线状披针形，长30～75cm，先端尖或针刺状，基部渐狭，边缘有卷曲白丝。圆锥花序宽大直立；花白色，下垂。

［分布］原产于北美；我国长江流域有栽培。

（二）朱蕉属 *Cordyline* **Comm. ex Juss.**

灌木，树冠棕榈状。花排成圆穗花丛，花被片6，雄蕊6，子房3室。浆果。

约15种，产热带及亚热带，多用作观赏。

朱蕉 *Cordyline fruticosa* **(L.) A. Cheval**（图7 - 340）

［识别要点］常绿灌木，高达3m。茎通常不分枝。叶常聚集茎顶，绿色或紫红色，长矩圆形至披针状椭圆形，长30～50cm，中脉明显；叶柄长10～15cm，基部抱茎。花淡红色至紫色，近无梗。

［分布］我国华南地区。印度及太平洋热带岛屿亦产。

［习性］喜高温多湿气候。宜植半阴处，忌碱土，喜排水良好的腐殖质土壤。

［繁殖］扦插、分株、播种繁殖。

［用途］叶色美丽，株形秀美，常盆栽作室内装饰。南方栽植于庭院，供观赏。

图7 - 339　丝　兰

图7 - 340　朱　蕉

各论复习思考题

1. 简述裸子植物的主要形态特征及裸子植物与被子植物的主要区别点。

2. 球果由哪几部分构成？哪些科的雌球花发育成球果？松科、杉科和柏科的主要区别点是什么？

3. 世界著名的五大公园树种是什么？举出我国特有的活化石树种。

4. 比较冷杉属与云杉属在形态上的异同点。比较落叶松属与雪松属在形态上的异同点。

5. 编制你所在地区松科主要属分属检索表（平行式）。

6. 比较红松、华山松、日本五针松在形态上的异同点。

7. 比较油松、赤松、樟子松、马尾松、黑松、湿地松在形态上的异同点。

8. 比较柳杉与日本柳杉的形态异同点。

9. 比较落羽杉属与水杉属的形态异同点。

10. 比较圆柏属与刺柏属的形态异同点。圆柏在园林中配置时应注意什么？

11. 编制你所在地区柏科主要属分属检索表（平行式）。

12. 比较罗汉松、紫杉、三尖杉的形态异同点。

13. 按下列要求选择树种：耐水湿适合在沼泽地种植的树种；适宜在石灰岩山地或钙质土绿化的树种；适宜在干旱瘠薄的立地条件下种植的树种；极喜光树种；极耐阴树种。

14. 为什么说麻黄科是裸子植物中较进化的类群？

15. 简要说明木麻黄的生态习性和主要用途。

16. 杨柳科植物的主要特征是什么？杨属和柳属有何区别？

17. 以检索表的形式将毛白杨、加杨、新疆杨、旱柳、河柳给予区别。

18. 简述毛白杨、垂柳、银芽柳的习性及园林用途？

19. 简述杨梅的习性及园林用途。

20. 胡桃科植物的主要特征是什么？简述核桃、枫杨的观赏特性及园林用途。

21. 桦木科植物的主要特征是什么？黑桦、白桦、红桦的主要区别是什么？

22. 壳斗科植物的果实有何特点？雄柔荑花序直立的有哪些属？

23. 壳斗科植物在园林上有何用途？如何区别栗属与栎属？

24. 槲栎与槲树，麻栎与栓皮栎的主要区别是什么？苦槠、青冈栎、石栎的观赏价值及园林用途如何？

25. 榆科植物有何主要特征？如何区别榆属与榉属？

26. 榔榆、白榆、春榆的主要区别有哪些？如何区别黑弹树、朴树和珊瑚朴？

27. 简述榆树、榉树、青檀的园林用途。

28. 桑科植物的果实有何特点？简述无花果、榕树、薜荔的习性及园林用途。

29. 简要说明银桦的分布及观赏价值。

30. 简述叶子花主要特征及园林用途。

31. 牡丹的识别要点是什么？其主要生物学特性和生态学特性是什么？

32. 影响牡丹开花时间的因素是什么？如何控制牡丹的花期？

33. 小檗科植物在园林上有何用途？如何区别小檗属和十大功劳属？

34. 木兰科的识别特征是什么？为什么说木兰是被子植物的原始类型？

35. 比较木兰属、含笑属、木莲属和鹅掌楸属的主要特征。

36. 举例说明木兰科树种在园林绿化中的应用。

37. 蜡梅科树种的花期在什么时候？蜡梅有哪些常见品种？

38. 樟科的识别特征是什么？

39. 比较樟属、楠木属、润楠属和檫木属的特征。

40. 比较下列相近种的特征：樟树与银木；浙江樟与天竺桂；浙江楠与紫楠。

41. 海桐科植物的主要特征是什么？园林中如何应用？

42. 虎耳草科的花有什么特征？园林中如何运用？

43. 金缕梅科的主要识别依据是什么？

44. 比较英桐、法桐、美桐的形态特征。

45. 蔷薇科分为哪几个亚科？分亚科的依据是什么？

46. 梅花品种如何分类？观赏桃如何分类？现代月季如何分类？

47. 比较下列相近种的特征：李叶绣线菊与麻叶绣线菊；海棠花与西府海棠；蔷薇、月季与玫瑰；梅与杏。

48. 根据物候、花色、观赏功能等分别写出下列各类观赏植物：早春先花后叶的树种；夏天开红花的树种；适合丛植的观花树种；适合配置岩石园的树种；适合制作盆景的树种；适合作绿篱的树种。

49. 简述英桐、枫香、梅花、月季的园林用途。

50. 简述含羞草亚科、云实亚科和蝶形花亚科的异同点。

51. 什么是蝶形花冠？紫荆的花是否为蝶形花冠？为什么？

52. 谈谈紫荆与洋紫荆、合欢与金合欢、国槐与洋槐如何区别？

53. 柑橘类、橙类、柚类之间有哪些主要区别？芸香科植物的果实有几种类型？

54. 臭椿的主要用途是什么？在园林绿化中应用的臭椿品种有哪些？简述其观赏特性。

55. 臭椿和香椿分别属于什么科？它们在形态上有哪些区别？

56. 米兰和九里香分别属于什么科？它们在形态上有哪些区别？

57. 大戟科的主要特征是什么？本科有哪些重要的经济树种和观赏树种？

58. 简述乌桕和山麻杆的观赏特性及园林用途。乌桕与山乌桕的形态特征、地理分布各有何区别？

59. 区别大叶黄杨、黄杨和雀舌黄杨。

60. 区别黄连木、盐肤木、南酸枣、野漆树。

61. 冬青科的主要特征是什么？枸骨为何又名鸟不宿？它的主要用途是什么？

62. 铁冬青与冬青在形态上有何区别？它们的主要用途是什么？

63. 卫矛可用于垂直绿化的树种有哪些？它们的主要特征是什么？

64. 列表区别卫矛科 5 个树种。哪些性状反映出卫矛科与黄杨科之间的关系？

65. 槭树科与漆树科在形态上有哪些主要区别？

66. 列表区别槭树属 6 个树种。元宝枫的果与枫杨的果有何本质的区别？

67. 世界五大行道树是什么？为什么说七叶树是世界著名观赏树之一？

68. 无患子科中可用于食用的果树有哪些？它们在形态上有何区别？

69. 无患子与龙眼如何区别？它们有何主要用途？举例说明栾树和黄山栾树的观赏特性和园林应用。

70. 枣树为什么被人们称为"铁秆庄稼"？枣树的叶与刺槐的叶有何不同？枳椇为什么又称拐枣？

71. 五叶地锦与爬山虎在形态上有何区别？举例说明它们的观赏特性和园林用途。

72. 葡萄科植物在园林上如何配置？简述葡萄的生态习性及主要用途？

73. 列表区别葡萄属、蛇葡萄属、爬山虎属的形态特征。

74. 椴树属树木的花序有何独特之处？椴树属植物在园林中有何用途？

75. 列表区别紫椴、蒙椴、糠椴、南京椴。

76. 比较猴欢喜属与杜英属的异同点。

77. 编制猴欢喜、仿栗、杜英、中华杜英的检索表。

78. 比较木棉科、锦葵科的异同点。锦葵科的花有何显著特点？园林应用中如何体现？

79. 木槿与木芙蓉如何区别？在园林配置方面有何特点？

80. 区别梧桐与法国梧桐。简述其园林用途。

81. 简述猕猴桃的形态特征与园林用途。

82. 如何识别茶属、木荷属、厚皮香属? 种植山茶应选择何种立地条件?

83. 如何区别金丝桃和金丝梅? 简述其园林应用。

84. 如何识别柽柳与多枝柽柳? 简述柽柳的生态特性。

85. 瑞香科植物的花有何特点? 在园林中如何配置?

86. 胡颓子科植物有何主要特征? 如何区别胡颓子和牛奶子?

87. 如何区别紫薇和大花紫薇? 紫薇的花期有何特点? 在园林中如何应用?

88. 石榴科植物的花期有何特点? 园林中如何应用? 石榴的繁殖方法有哪些?

89. 珙桐科树种有什么独特的美学价值? 如何区别紫树与喜树?

90. 桃金娘科植物有何特点? 从营养器官上区别赤桉、蓝桉与大叶桉;白千层与红千层。

91. 五加科植物的主要特征是什么? 掌状复叶的属有哪些? 叶具观赏价值的是哪些种?

92. 五加科植物中常用作垂直绿化材料的有哪些种?

93. 山茱萸科的主要特征是什么? 山茱萸属与四照花属之间如何区分?

94. 山茱萸科有哪些树种可作为耐阴植物使用? 在园林应用中如何搭配?

95. 栽培杜鹃花如何分类? 各类栽培杜鹃的主要亲本是什么? 主要特征是什么?

96. 杜鹃花有何观赏价值? 在园林中如何应用?

97. 柿树科植物的花萼有何特点? 柿树科植物在园林中有何用途?

98. 木犀科的主要特征是什么? 适合于丛植、开黄花的植物有哪些? 作绿篱的植物有哪些?

99. 桂花品种可分成哪几类? 主要特征是什么?

100. 如何区别驳骨丹、大叶醉鱼草、醉鱼草? 在公共绿地栽植醉鱼草时应注意哪些问题?

101. 在园林绿化中,栽植夹竹桃科植物时应注意哪些问题? 哪些种可作为垂直绿化使用?

102. 列表区别夹竹桃、络石、黄蝉、软枝黄蝉、鸡蛋花。

103. 马鞭草科植物的花有何特点? 园林上有何用途?

104. 如何区别海州常山、龙吐珠、桢桐;小紫珠、假连翘、连翘;荆条、黄荆?

105. 如何区别枸杞、宁夏枸杞？在园林绿化中如何应用枸杞进行造景？

106. 如何识别玄参科树种？泡桐在园林中有何用途？

107. 梓树属与凌霄属有哪些异同点？园林配置上有何差别？

108. 区别梓树、楸树、黄金树；凌霄、美国凌霄、硬骨凌霄。

109. 茜草科树种的托叶、花各有哪些显著特点？

110. 茜草科有哪些树种为著名的香花植物？哪些树种可作地被和矮篱使用？

111. 如何识别忍冬科树种？荚蒾属树种的果实为何颜色？观赏价值如何？

112. 金银花与金银木有何区别？在搭配上应注意什么？

113. 木绣球和琼花的主要区别在哪里？在园林上如何运用最能体现其观赏价值？

114. 竹子的地下茎、竹秆、竹叶和竹箨有何特点？

115. 编制你所在地区常见竹种分属检索表。

116. 举例说明观赏竹类的观赏价值。

117. 棕榈科树木有何特点？生长习性如何？在园林中如何应用？

118. 区别棕榈与蒲葵；椰子与槟榔；鱼尾葵与散尾葵。

119. 百合科植物的主要特征是什么？凤尾兰和丝兰的主要区别点是什么？园林中如何运用？

实 验 实 训 指 导

实训一　园林树木标本的采集与制作

人们为了科研或教学需要，必须把树木采集回来，并以适当的方式将其保存，制作成标本。目前，园林树木标本的保存有两种方法。一种是用甲醛溶液或其他防腐剂将植物浸泡起来瓶装，称为浸泡标本，此法制作上不太方便，不经济，保存的数量也有限，因此，只用于大型的花、果的保存，以及教学实验材料的保存。另一种大量长期用于教学和科研的标本，主要是用草纸压干，装帧在洁白的台纸上，并且按照植物分类的等级即纲、目、科、属、种存放在特制的标本柜内，按一定的系统陈列在标本室内，也就是通常所说的腊叶标本。

一、实习目的

为了查清某一地区的树木资源，更好地利用野生资源，深入研究树木的特性，首先要采集标本。通过实习学会树木腊叶标本的采集与制作方法，进一步利用植物检索表或其他工具书识别本地区常见的园林树木。

二、实习材料

本地区常见园林树木 30～50 种。

三、实习用品

采集箱、采集铲、枝剪、高枝剪、标本夹、标本绳、折尺、扩大镜、标本瓶、台纸（38cm×27cm 的白色厚纸）、吸水纸（吸水力强的干燥纸）、标本签、采集记录卡、采集号牌、针线、胶水或两面胶条、玻璃瓶；甲醛、乙醇、硫酸铜、冰醋酸、甘油、氯化镁、变色硅胶、pH 试纸等。

四、实习方法与步骤

1. **标本的采集**　按照以下原则进行：

（1）按预定的线路采集有代表性的植物，最好是有茎、叶、花及果，必要时还要有根（特别是一些中草药，药用的部分是根部）的完整植物作标本。

（2）对于单性植物，必须分别采到两性的标本。

（3）对于有营养枝和生殖枝之分的，必须采全。

（4）对于有异型叶的植物，必须把不同形状的叶采到，并放在一起。

（5）标本枝条或植株大小，以较 8 开台纸稍小为宜。

（6）标本一般要采集 2～3 份，给以同一编号，每个标本选好后即拴上号牌并尽快放入采集箱内。

2. 特征的记录　拴好号牌后，应认真进行观察，将特征记录在采集卡上。记录时应注意：

（1）填写的采集号必须与号牌同号。

（2）性状。填写灌木、乔木、草本或藤本等。

（3）胸高直径。草本和小乔木一般不填。

（4）叶。记载叶形、叶两面的颜色、有无粉质、毛、刺等。

（5）花。记载颜色、形状、花被和雌雄蕊的数目。

（6）果实。记载种类、颜色、形状及大小。

（7）备注栏可记用途及其他。

植物标本记录卡

号数：		份数：		
采集地点：		海拔：	m	
生境：				
性状：	高度：	m	胸围（直径）：	cm
树皮：				
叶：				
花：				
果：				
备注：				
科名：		俗名：		
学名：				
采集单位：		采集人：	采集日期：	

3. 标本的整理和压制　将采回的标本进行初步整理，剪去多余的枝、叶、花、果，保持自然生长特征，然后将一片标本夹放平，上放 5～10 张吸水纸，把标本展在吸水纸上。草本植物太长时，可折成 N 字形或 V 字形，叶子要展平。大部分叶子正面向上，少量叶子反面向上。压制标本时，应注意今后观察

的方向，压制的过程就是定型的过程，所以压的时候必须使叶子正反两面都能看到。叶、花都不要重叠。然后每隔5～10张吸水纸放一份标本（潮湿、肉质标本要多放几层吸水纸）。整理时要在阴凉处，以免萎缩变形。标本压到一定高度后，再放上20多张吸水纸，盖上另一片标本夹，用绳子捆紧，置于通风干燥处。

对于有肉质茎、块根、块茎、鳞茎等肉质部分的标本不宜压干，可事先用开水或酒精将其杀死，或将其放入开水中烫30s，然后切成两半后再压。

新鲜的标本都含有很多的水分，需经常换纸，尤其最初几天以及梅雨季节采来的标本，换纸要特别勤，每天换纸1～2次，换下来的草纸及时晒干或烘干，以备再用。换纸次数可以逐日减少直至干透，否则标本容易霉变，轻则叶子发黑，重则叶子脱落。一般植物标本经10～20d才能压干。水生或肉质多浆植物要勤换纸，压干时间更长。在换纸过程中，如有叶、花、果脱落，应及时将脱落部分放入小纸袋中，并记上采集号，附于标本上（有条件的学校可使用微波炉烘干标本）。

4. 标本的装帧　压干的标本可以装帧在洁白台纸上，台纸采用38cm×27cm的白色厚纸。装帧时应将标本放在适当的位置上，必要时可做一定的修剪，把标本用线钉在台纸上，枝条或较大的根每隔10cm左右处钉上一针，或用很窄、较厚的纸条在适当地方把枝、叶粘在台纸上，最后在台纸的左上角贴上采集记录卡，并将写有学名、中名的标本签贴在台纸的右下角，这样就成为一份完整的腊制标本。另外有的标本由于存放不当或时间过长，为了预防标本虫蛀或霉变，必须经严格消毒（通常采用升汞涂抹或用甲醛熏蒸）后，再上台纸。

园林树木标本记录

采集号：	中名：
学名：	科名：
采集地点：	采集人：
鉴定人：	采集日期：

5. 腊叶标本的保存和入柜　凡经上台纸和装入纸袋的树木标本，经正式定名后，都应装入标本柜中保存。腊叶标本在标本柜内的排列方式主要有以下几种：

（1）按系统排列。各科的排列顺序可按现在较为完善的系统，如恩格勒系统、哈钦松系统等。对一些专门研究某科的人，按系统的排列很方便，便于整理和查找。目前一般较大的标本室都是按照系统排列的。如分一批标本时，先在每种标本上写明号数，再依号码的顺序排列起来，可以省去很多时间。

（2）按地区排列。把同一地区采来的标本放在一起，对研究地区植物比较方便，如北京市植物、江苏省植物等。

（3）按拉丁字母的顺序排列。科、属、种的顺序全按拉丁字母顺序排列，这种排列方式，对于熟悉科、属、种的拉丁学名的人，查找标本极为方便。如不熟悉拉丁学名，是很困难的。因此在标本不太多的情况下，也有的采用中文笔画的顺序排列，对不熟悉拉丁学名的人使用较方便。

以上各种排列方法，应根据不同情况、不同需要以及标本的多少，采取不同的排列方式。

五、实习报告

1. 每位学生交 5 份以上腊叶标本。
2. 每位学生交 1 份本地区的树种名录。

实训二　园林树木物候期观察

一、实习目的

1. 学会园林树木物候期的观测方法。

2. 掌握树木的季相变化，为园林树木种植设计、选配树种、形成四季景观提供依据。

3. 为园林树木栽培（包括繁殖、栽植、养护与育种）提供生物学依据。如确定繁殖时期；确定栽植季节与先后，树木周年养护管理，催延花期等；根据树木开花习性进行亲本选择与处理，有利于杂交育种和不同品种特性的比较试验等。

二、实习材料

本地区常见树木 30～50 种。

三、实习用品

围尺、卡尺、记录表、记录夹、记录笔；5％的盐酸等。

四、实习方法与步骤

1. 观测地点的选定　观测地点必须具备如下特征：具有代表性，可多年观测，不轻易移动。观测地点选定后，将其名称、地形、坡向、坡度、海拔、土壤种类、pH 等项目详细记录在园林树木物候期观测记录表中。

2. 观测目标选定　在本地从露地栽培或野生（盆栽不宜选用）树木中，选生长发育正常并已开花结实 3 年以上的树木。对雌雄异株的树木最好同时选有雌株和雄株，并在记录中注明雌、雄性别。观测植株选定后，应做好标记，并绘制平面位置图存档。

3. 观测时间与方法　一般 3～5d 进行一次。展叶期、花期、秋叶叶变期及落果期要每天进行观测，时间在每天 14：00～15：00。冬季休眠可停止观测。

4. 观测部位的选定　应选向阳面的枝条或中上部枝（因物候表现较早）。高树项目不易看清，宜用望远镜或用高枝剪剪下小枝观察。观测时应靠近植株观察各发育期，不可远站粗略估计进行判断。

五、实习要求

1. 观测记录　物候观测应随看随记，不应凭记忆事后补记。

2. 观测人员　物候观测需选责任心强的专人负责。人员要固定，不能轮流值班式观测。专职观测者因故不能坚持者，应由经培训的后备人员接替，不可中断。

六、实习内容

1. 根系生长周期　利用根窖或根箱，每周观测新根数量和生长长度。

2. 树液流动开始期　从新伤口出现水滴状分泌液为准。如核桃、葡萄（在覆土防寒地区一般不易观察到）等树种。

3. 萌芽期　树木由休眠转入生长的标志。

（1）芽膨大始期。具鳞芽者，芽鳞开始分离，侧面显露出浅色的线形或角形时，为芽膨大始期（具裸芽者如枫杨、山核桃等）。不同树种芽膨大特征有所不同，应区别对待。

（2）芽开放期或显蕾期（花蕾或花序出现期）。树木的鳞芽，当鳞片裂开、芽顶部出现新鲜颜色的幼叶或花蕾顶部时，为芽开放期。

4. 展叶期

（1）展叶开始期。从芽苞中伸出的卷须或按叶脉折叠着的小叶，出现第一批有 1～2 片平展时，为展叶开始期。针叶树以幼叶从叶鞘中开始出现为准；具复叶的树木，以其中 1～2 片小叶平展时为准。

（2）展叶盛期。阔叶树以其半数枝条上的小叶完全平展时为准；针叶树以新针叶长度达老针叶长度 1/2 时为准。

有些树种开始展叶后，很快完全展开，可以不记展叶盛期。

5. 开花期

（1）开花始期。见一半以上植株有 5% 的（只有一株亦按此标准）花瓣完全展开时为开花始期。

（2）盛花期。在观测树上见一半以上的花蕾都展开花瓣或一半以上的柔荑花序松散下垂或散粉时，为开花盛期。针叶树可不记开花盛期。

（3）开花末期。在观测树上残留约 5% 的花瓣时，为开花末期。针叶树类和其他风媒树木以散粉终止或柔荑花序脱落为准。

（4）多次开花期。有些一年一次于春季开花的树木，有些年份于夏季或初冬再度开花。即使未选定为观测对象，也应另行记录，并分析再次开花的原因。内容包括：a. 树种名称，是个别植株或是多数植株，大约比例；b. 再度开花日期，繁茂和花器完善程度，花期长短；c. 原因：调查记录与未再开花的同种树比较树龄、树势情况，生态环境上有何不同，当年春温、干旱、秋冬温度情况，树体枝叶是否（因冰雹、病虫害等）损伤，养护管理情况；d. 再度开花树能否再次结实、数量、能否成熟等。

6. 果实生长发育和落果期　自坐果至果实或种子成熟脱落止。

（1）幼果出现期。见子房开始膨大（苹果、梨果直径 0.8cm 左右）时，为幼果出现期。

（2）果实成长期。选定幼果，每周测量其纵、横径或体积，直到采收或成熟脱落为止。

（3）果实或种子成熟期。观测树上有一半果实或种子变为成熟色时，为果实或种子的全熟期。

（4）脱落期。成熟种子开始散布或连同果实脱落。如见松属的种子散布，柏属果落，杨属、柳属飞絮，榆钱飘飞，栎属种脱，豆科有些荚果开裂等。

7. 新梢生长期　由叶芽萌动开始，至枝条停止生长为止。新梢的生长分一次梢（习称春梢）、二次梢（习称秋梢）。

（1）春梢开始生长期。选定的主枝 1 年生延长枝上顶部营养芽（叶芽）开放为春梢开始生长期。

（2）春梢停止生长期。春梢顶部芽停止生长。

（3）秋梢开始生长期。当年春梢上腋芽开放为秋梢开始生长期。

（4）秋梢停止生长期。当年二次梢（秋梢）上腋芽停止生长。

8. 秋季变色期　由于正常季节变化，树木出现变色叶，其颜色不再消失，并且新变色的叶在不断增多到全部变色的时期。不能与因夏季干旱或其他原因引起的叶变色混同。常绿树多无叶变色期。

树种物候期观测记录表（No.）

观测地点：　地形：　　坡向：　　　坡度：　　　海拔：　　　土壤种类：

观测项目	树种						
萌芽期	芽膨大开始期 叶芽膨大开始期						
展叶期	展叶开始期 展叶盛期 春色叶变期						
开花期	开花始期 开花盛期 开花末期 最佳观花期						
果实发育期	幼果出现期 果实成熟期 果实脱落期						
新梢生长期	春梢始长期 春梢停长期 秋梢始长期 秋梢停长期						
秋叶变色	秋叶开始变色期 秋叶全部变色期						
落叶期	落叶开始期 落叶盛期 落叶末期 秋色叶观赏期 最佳观秋色叶期						

观测者：　　　记录者：　　　　　观测时间：　　　年　月　日

（1）秋叶开始变色期。全株有 5％的叶变色。

（2）秋叶全部变色期。全株叶片完全变色。

9. 落叶期

（1）落叶初期。约有 5％叶片脱落。

（2）落叶盛期。全株有 30％～50％叶片脱落。

（3）落叶末期。全株叶片脱落达 90％～95％。

七、实习报告

1. 找出本地区常见观花树种、观果树种的最佳观花时期及观果时期。

2. 通过本地区园林树木物候期的观测，列出本地区春季、秋季的观叶树种及其观叶的最佳时期。

实训三　园林树木的识别

一、实习目的

通过本地区常见园林绿化树种的观测，掌握其形态特征，了解其生态习性、繁育方法及园林用途。

二、实习材料

本地区常见园林树木 30～50 种。

三、实习用品

卷尺、放大镜、解剖刀、解剖针、镊子、记录夹、记录纸等。

四、实习方法与步骤

1. 形态观测记录

（1）树木生长习性。乔木、灌木、木质藤本。

（2）树木生长状况。高度、冠幅（南北、东西）、分枝方式、树种特性（常绿或落叶）。

（3）叶。叶形、正反面叶色、叶缘、叶毛的分布及颜色、叶长度及宽度、叶脉的数量及形状。

（4）枝。枝色、枝长。

（5）皮孔。大小、颜色、形状及分布。

（6）树皮。颜色、开裂方式、光滑度。

（7）皮刺（卷须、吸盘）。着生位置、形状、长度、颜色、分布状况。

（8）芽。种类、颜色、形状。

（9）花。花形、花色、花瓣的数量、花序的种类。

（10）果实。种类、形状、颜色、长度、宽度。

2. 立地条件调查记录

（1）土壤。种类、质地、颜色、pH。

（2）地形。种类、海拔、坡向、坡度、地下水位。

（3）肥力评价。对植物生长的土壤肥力状况进行评价。

3. 总结　某植物的形态特征、生长地选择、园林用途，并对其观赏价值做出评价。

园林树木观测记录表

植物名称：_____ 类别_____ 高度_____ 冠幅：南北_____ 东西_____

分枝方式：_____

叶：叶形_____ 叶色_____ 叶缘_____

叶毛：分布_____ 颜色_____ 叶长_____ 叶宽_____

叶脉：数量_____ 形状_____ 枝：颜色_____ 枝长_____

皮孔：大小_____ 颜色_____ 形状_____ 分布_____

树皮：颜色_____ 开裂方式_____ 光滑度_____

皮刺（卷须、吸盘）：着生位置_____ 形状_____ 长度_____

颜色_____ 分布情况_____

芽：种类_____ 颜色_____ 形状_____

花：花形_____ 花色_____ 花瓣的数量_____ 花序的种类_____

果实：种类_____ 形状_____ 颜色_____ 长度_____ 宽度_____

土壤：种类_____ 质地_____ 颜色_____ pH_____

地形：种类_____ 海拔_____ 坡向_____

坡度_____ 地下水位_____ 肥力评价_____

总结：藤本树种的形态_____

适宜生长地_____

园林用途_____

观赏价值_____

调查者：_____ 记录者：_____ 调查时间：_____

实训四　园林树木检索表的编制

一、实习目的

学会利用检索表鉴定园林树木的方法；了解常见园林树木检索表的种类及编制方法。

二、实习材料

本地区园林树木标本或腊叶标本 5～10 种。

三、实习用品及工具书

1. 用品　枝剪、放大镜、镊子、解剖刀、解剖针、记录夹、记录笔及记录纸等。

2. 工具书　本省（市）植物志、当地树木志、园林树木检索表等。

四、实习方法与内容

1. 常见园林植物检索表的种类、编制方法及要点　植物检索表是植物分类的重要手段，也是鉴定植物、认识植物种类的工具。检索表的种类有：分科检索表、分属检索表、分种检索表，分别用来查科、查属和查种。检索表形式有多种，目前广泛采用的有两种检索表，即二歧检索表（也叫齐头平行检索表）和定距检索表，只要掌握检索表的形态术语，认真细致地逐条加以对照，就能检索到不认识的植物。为了便于掌握检索表的编制方法，下面将两种检索表的编制方式，以松科、柏科 7 个树种为例做一分种检索表，以供参考。

二歧检索表（齐头平行检索表）

1. 常绿乔木 ……………………………………………………………… 2
1. 常绿匍匐灌木 ………………………………………………………… 3
2. 叶鳞形或刺形 ………………………………………………………… 4
2. 叶条形 ………………………………………………………………… 5
3. 同一植株上鳞形或刺形 …………………………………………… 砂地柏
3. 叶全为刺形 ………………………………………………………… 铺地柏
4. 叶全为鳞形 …………………………………………………………… 6
4. 叶刺形或鳞形 ……………………………………………………… 桧柏
5. 叶 2 针一束或 2～3 针一束 …………………………………………… 7
5. 叶 5 针一束 ………………………………………………………… 华山松
6. 枝条垂直排列在一平面上 ………………………………………… 侧柏
6. 枝条水平排列在一平面上 ………………………………………… 北美香柏
7. 枝轮生，叶 2 针一束，皮条状开裂，无花斑 ………………………… 8
7. 枝散生，叶 3 针一束，皮片状剥落，有花斑 ……………………… 白皮松
8. 叶长小于 10cm，扭曲，皮淡红色 ………………………………… 樟子松
8. 叶长 10cm 以上，不扭曲，皮灰黑色 ……………………………… 油松

定 距 检 索 表

1. 常绿匍匐灌木
  2. 同一植株上叶鳞形或刺形 ………………………………………… 砂地柏
  2. 叶全为刺形 ……………………………………………………… 铺地柏
1. 常绿乔木
  3. 叶鳞形或刺形
    4. 叶全为鳞形
      5. 枝条垂直排列在一平面上 …………………………………… 侧柏
      5. 枝条水平排列在一平面上 …………………………………… 北美香柏
    4. 叶刺形或鳞形 ………………………………………………… 桧柏
  3. 叶条形
    6. 叶 5 针一束 …………………………………………………… 华山松
    6. 叶 2 针一束或 2～3 针一束

　　7. 枝轮生，叶 2 针一束

　　　8. 叶长小于 10cm，扭曲，皮淡红色 ·· 樟子松

　　　8. 叶长 10cm 以上，不扭曲，皮灰黑色 ·· 油松

　　7. 枝散生，叶 3 针一束，皮片状剥落，有花斑 ···························· 白皮松

　　从上面的例子可看出，两种检索表采用的特征是相同的，其不同处就是在编排的方式上。这两种检索表在应用上各有其优缺点，目前采用最多的是定距检索表。实践证明，要想编制一个好用的检索表，必须注意以下几点：

　　（1）首先决定做分科、分属还是分种的检索表，并认真观察和记录植物的特征，在掌握各种植物特征的基础上，列出相似特征和区别特征的比较表，同时要找出各种植物之间的突出区别，才有可能进行编制。

　　（2）在选用区别特征时，最好选用相反的特征，如单叶或复叶、木本或草本，或采用易区别的特征。千万不能采用似是而非或不肯定的特征，如叶较大或叶较小。

　　（3）采用特征要明显，最好选用手持放大镜就能看到的特征，防止采用难看到的特征。

　　（4）检索表的编排只能用两个相同的号码，不能用 3 个甚至 4 个相同的号码并排。

　　（5）有时同一种植物，由于生长的环境不同，既有乔木也有灌木，遇到这种情况时，在乔木和灌木的各项中都编进去，这样就保证可以查到。

　　（6）为了证明编制的检索表是否正确，还应到实践中去验证。如果在实践中可用，而且选用的特征也都准确无误，那么，此项工作就完成了。

　　2. 利用检索表鉴定园林树木　全国植物志和地方植物志的陆续出版，为鉴别植物种类提供了很大的方便。因为检索表包括的范围各有不同。所以，有全国检索表，也有地方植物检索表；有枝、叶检索表，也有花、果检索表及观赏植物冬态检索表等。在使用时，应根据不同的需要，利用不同的检索表，绝不能在鉴定木本植物时用草本植物检索表。最好是根据要鉴定植物的产地确定检索表。如果要鉴定的植物是从北京地区采来的，那么，利用北京植物检索表或北京植物志。

　　鉴定树木的关键，是应懂得用科学的形态术语描述植物的特征。通过营养器官进行检索比较容易，只要掌握植物的枝、叶、皮、形、干等各部位形态特征，与检索表一一对照，就能很快检索出来。通过生殖器官进行检索，就需要细致一些，特别对花的各部分构造，要做认真细致的解剖观察，如子房的位置、心皮和胚珠的数目等，都要搞清楚，一旦描述错了，就会错上加错，即使

鉴定出来，也不正确。如：油松为常绿乔木；枝轮生；叶针形，2针一束，叶长度大于10cm，不扭曲；树皮灰黑色。根据这些特征，就可以利用上述检索表从头按次序逐项往下查，最后鉴定出该树种为油松。如果具有现成的分科检索表、分属检索表，首先要鉴定出该种植物所属的科，再用该科的分属检索表，查出它所属的属，最后利用该属的分种检索表，查出它所属的种即可。

3. 鉴定植物时应注意的问题　为了保证鉴定的正确，一定要防止先入为主、主观臆测和倒查的倾向，要遵照以下几点去做。

（1）标本要完整。除营养体外，要有花、果。特别对花的各部分特征一定要看清楚。

（2）鉴定时，要根据观察到的特征，从头按次序逐项往下查。在看相对的两项特征时，要看究竟哪一项符合要鉴定的植物特征，要顺着符合的一项查下去，直到查出为止。因此，在鉴定的过程中，不允许跳过一项而去查另一项，否则特别容易发生错误。

（3）检索表的结构都是以两个相对的特征编写的，而两项号码是相同的，排列的位置也是相对称的。故每查一项，必须对另一项也要看看，然后再根据植物的特征确定符合哪一项，若只看一项就加以肯定，极易发生错误。只要查错一项，就会导致整个鉴定工作的错误。

（4）为了证明鉴定的结果是否正确，还应找有关专著或资料进行核对，看是否完全符合该科、该属、该种的特征，植物标本上的形态特征是否和书上的图、文一致。如果全部符合，证明鉴定的结论是正确的，否则还需要加以研究，直至完全正确为止。

五、实习报告

1. 自选本地区8～10种园林树木，编制其分种检索表。

2. 列出毛白杨、新疆杨、华山松、木荷、白玉兰、广玉兰、乌桕、梧桐、紫薇、樟树、枇杷、牡丹、月季、金橘、十大功劳、含笑、紫藤、木香、常春藤的枝、叶特征，利用常见园林植物营养器官检索表或本地区植物检索表进行检索，并写出检索方法。

3. 列出本地区重要园林绿化树种，并列出其识别要点。

实训五　园林树木应用调查

学习园林树木的根本目的不仅是掌握其形态特征，更主要的是更好地应用，即在了解其生态习性、观赏价值、园林用途的基础上，对其进行合理配置，发挥园林树木绿化美化环境的作用，创造优美的环境空间，供人们休憩娱乐之用。

一、实习目的

通过实地调查，掌握本地区 150～200 种园林树种的形态特征、生态习性及园林用途，进一步识别园林树木。

二、实习材料

本地区常见园林树木 150～200 种。

三、实习仪器及用品

测高器、30m 皮尺、围尺、军用铁锹、5％的盐酸溶液、记录夹、记录铅笔、记录表格若干；pH 试纸、海拔仪等。

四、实习方法与步骤

1. 树木观赏特性调查

（1）树木名称。学名、俗名、科名、栽植位置。

（2）生长特性。常绿、落叶；乔木、灌木、木质藤本。

（3）高度及胸径（乔木记录此项）。

（4）观赏特性。观叶、观花、观果、观形、观皮、观根。

（5）观赏部位特性。

①观叶：记录叶形、叶色。

②观花：记录花形、花色、花径、花序种类、花期。

③观果：记录果形、果色、果序种类、花期。

④观形：记录树冠形状如球形、卵圆形、龙须形、平顶形、塔形、柱形、倒卵形、开心形（有干或无干）、螺旋形、伞形等；树干形状如通直圆满、龙须柳、丛生等。

⑤观皮：记录树皮颜色、开裂方式、光滑度。

⑥观根：记录根形、颜色、根类型（如龟背竹、春芋、榕树的气生根）等。

2. 生态习性调查

（1）光照。喜光树种、耐阴树种。

（2）温度。热带树种、亚热带树种、温带树种、寒温带树种；耐高温树种、耐寒树种。

（3）水分。喜湿树种、耐干旱树种。

（4）土壤 pH。喜酸树种、耐盐碱树种（通过土壤盐酸反应或 pH 试纸检测得知）。

（5）对土壤肥力的需求。记录喜肥树种、耐贫瘠树种。

（6）对土壤质地的需求。记录轻壤、中壤、重壤。

3. 地形调查

（1）地貌。平地、坡地。

（2）坡地。坡向、坡度、海拔。

4. 园林用途 调查内容有行道树、绿篱、灌木丛、垂直绿化、棚架材料、防尘抗污染树种、庭荫树、水土保持树种；树种配置包括花坛、色带、插花材料、根雕材料、地被材料、盆景材料；配置类型有对植、列植、丛植、孤植、中心植、片植等。

5. 经济用途 香料、药材、涂料、干果、鲜果、油料、纤维、淀粉等。

6. 记录园林植物应用调查表

园林树木应用调查记录表

植物名称：_____ 生长习性：_____ 栽培位置：_____

高度：_____ 胸径：_____ 观赏特性：_____

观赏部位特征：_____ 配置方式：_____

生态习性：光照_____ 温度_____ 水分_____

pH _____ 土壤肥力_____ 土壤质地_____

地形_____ 海拔_____ 坡度_____ 坡向_____

初步确定园林用途：_____

经济用途：_____

调查者：_____ 记录者：_____ 时间：_____ 年 月 日

7. 把本地区常见园林树木150～200种，依据其园林用途、生态习性进行统计。

园林树木应用调查统计表

编号	名称	生长特性	观赏部位	生态习性	花期	果期	园林用途	备注

调查者：_____ 记录者：_____ 调查时间：_____ 年 月 日

五、实习报告

每位学生交一份本地区园林树木应用调查报告。

附　　录

附录一　木本植物常用形态术语

一、性　　状

●常绿树种　当年新生叶当年不脱落的树种，叶片寿命长于 1 年，如侧柏、油松、白皮松等。

●落叶树种　当年新生叶当年秋季脱落的树种，叶片寿命短于 1 年，如毛白杨、白玉兰、杜仲等。

●乔木　具有明显直立的主干，通常主干高度在 3m 以上，又可分为大乔木、中等乔木及小乔木等。

●灌木　没有明显主干，由地面分出多数枝条或虽具主干而高度不超过 5m，如榆叶梅、毛樱桃、紫丁香等。

●半灌木　茎枝上部越冬枯死，仅基部为多年生而木质化，又叫亚灌木，如沙蒿等。

●木质藤本　茎干柔软，只能依附他物支持而上。

●缠绕藤本　以主枝缠绕他物，如紫藤、葛藤。

●攀缘藤本　以卷须、不定根、吸盘等攀附器官攀缘于他物，如爬墙虎、葡萄、五叶地锦等。

二、树形（附图 1）

球形　如黄栌等。

塔形　如雪松等。

伞形　如龙爪槐、垂枝榆等。

圆柱形　如杜松、箭杆杨等。

平顶形　如合欢等。

卵圆形　如毛白杨、法桐等。

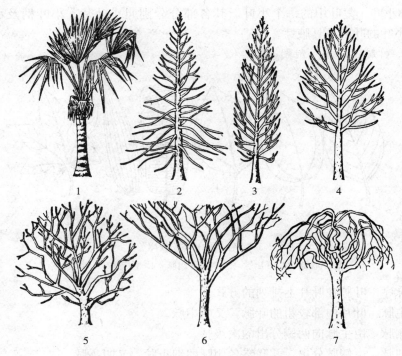

附图1　树　形

1. 棕榈形　2. 尖塔形　3. 圆柱形　4. 卵形　5. 圆球形　6. 平顶形　7. 伞形

倒卵形　如白玉兰等。

三、叶（附图2）

1. 叶的概念

●叶片　叶柄顶端的宽扁部分。

●叶柄　叶片与枝条连接的部分。

●托叶　叶片或叶柄基部两侧小型的叶状体。

●叶腋　叶柄与枝间夹角内的部位，常具腋芽。

●单叶　叶柄具一个叶片的叶，叶片与叶柄间不具关节。

●复叶　总叶柄具2片以上分离的叶片。

●总叶柄　复叶的叶柄，或着生小叶以下的部分。

●叶轴　总叶柄以上着生小叶的部分。

附图2　叶

1. 叶先端　2. 叶缘　3. 中脉

4. 细脉　5. 侧脉　6. 叶基

7. 叶柄　8. 托叶　9. 腋芽

●小叶　复叶中的每个小叶。其各部分分别叫小叶片、小叶柄及小托叶等。小叶的叶腋不具腋芽。

2. 叶脉及脉序（附图3）

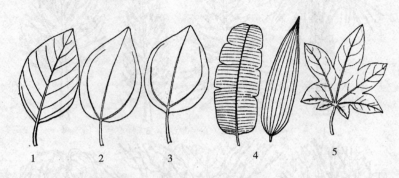

附图3　叶脉及脉序

1. 羽状脉　2. 3出脉　3. 离基3出脉　4. 平行脉　5. 掌状脉

脉序　叶脉在叶片上排列的方式。

主脉　叶片中部较粗的叶脉，又叫中脉。

侧脉　由主脉向两侧分出的次级脉。

细脉　由侧脉分出，并联络各侧脉的细小脉，又叫小脉。

网状脉　叶脉数回分支变细，并互相联结为网状的脉序。

羽状脉　具1条主脉，侧脉排列呈羽状，如榆树等。

3出脉　由叶基伸出3条主脉，如肉桂、枣树等。

离基3出脉　羽状脉中最下一对较粗的侧脉出自离开叶基稍上之处，如檫树、浙江桂等。

掌状脉　几条近等粗的主脉由叶柄顶端生出，如葡萄、紫荆、法桐等。

平行脉　为多数次脉紧密平行排列的叶脉，如竹类等。

3. 叶序　叶在枝上着生的方式（附图4）。

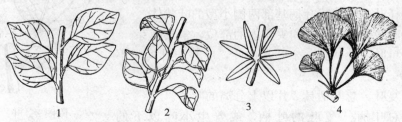

附图4　叶在枝上着生的方式

1. 互生　2. 对生　3. 轮生　4. 簇生

互生　每节着生1叶,节间有距离,叶片在枝条上交错排列,如杨、柳、碧桃等。

螺旋状着生　每节着生1叶，呈螺旋状排列，如杉木、云杉、冷杉等。

对生　每节相对两面各生1叶，如桂花、紫丁香、毛泡桐等。

轮生　每节规则地着生3个以上的叶子，如夹竹桃等。

簇生　多数叶片成簇生于短枝上，如银杏、落叶松、雪松等。

4. 叶形　叶片的形状（附图5）。

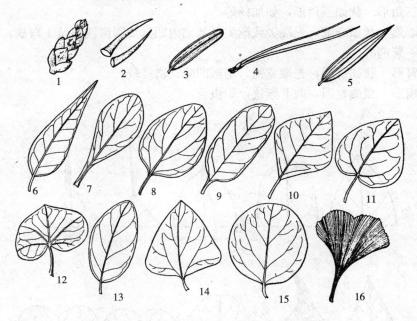

附图5　叶　形

1. 鳞形　2. 锥形　3. 条形　4. 针形　5. 刺形　6. 披针形　7. 匙形　8. 卵形　9. 长圆形　10. 菱形　11. 心形　12. 肾形　13. 椭圆形　14. 三角形　15. 圆形　16. 扇形

鳞形　叶细小呈鳞片状，如侧柏、柽柳、木麻黄等。

锥形　叶短而先端尖，基部略宽，又叫钻形，如柳杉。

刺形　叶扁平狭长，先端锐尖或渐尖，如刺柏等。

条形　叶扁平狭长，两侧边缘近平行，又叫线形，如冷杉、水杉等。

针形　叶细长而先端尖如针状，如马尾松、油松、华山松等。

披针形　叶窄长，最宽处在中部或中部以下，先端渐长尖，长为宽的4~5倍，如柠檬桉。

倒披针形　颠倒的披针形，最宽处在上部。

匙形　状如汤匙，全形窄长，先端宽而圆，向下渐窄，如紫叶小檗等。

卵形　状如鸡蛋，中部以下最宽，长为宽的1.5~2倍，如毛白杨等。

倒卵形　颠倒的卵形，最宽处在上端，如白玉兰等。

圆形　状如圆形，如圆叶乌桕、黄栌等。

长圆形　长方状椭圆形，长约为宽的3倍，两侧边缘近平行，又叫矩圆形。

椭圆形　近于长圆形，但中部最宽，边缘自中部起向上、下两端渐窄，长为宽的1.5～2倍，如杜仲、君迁子等。

菱形　近斜方形，如小叶杨、乌桕、丝棉木等。

三角形　状如三角形，如加杨等。

心形　状如心脏，先端尖或渐尖，基部内凹具2圆形浅裂及1弯缺，如紫丁香、紫荆等。

肾形　状如肾形，先端宽钝，基部凹陷，横径较长。

扇形　顶端宽圆，向下渐狭，如银杏。

5. 叶先端（附图6）

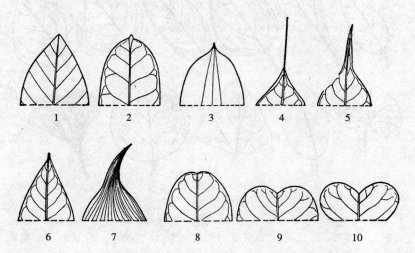

附图6　叶先端

1. 尖　2. 微凸　3. 凸尖　4. 芒尖　5. 尾尖　6. 渐尖　7. 骤尖
8. 微凹　9. 凹缺　10. 2裂

尖　先端呈一锐角，又叫急尖，如女贞。

微凸　中脉的顶端略伸出于先端之外，又叫具小短尖头。

凸尖　叶先端由中脉延伸于外形成一短突尖或短尖头，又叫具短尖头。

芒尖　凸尖延长呈芒状。

尾尖　先端呈尾状，如菩提树。

渐尖　先端渐狭呈长尖头，如夹竹桃。

骤尖　先端逐渐尖削呈一个坚硬的尖头，有时也用于表示突然渐尖头，又名骤凸。

钝　先端钝或窄圆。

微凹　先端圆，顶端中间稍凹，如黄檀。

凹缺　先端凹缺稍深，又名微缺，如黄杨。

倒心形　先端深凹，呈倒心形。

2裂　先端具2浅裂，如银杏。

6. 叶基（附图7）

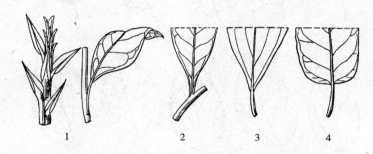

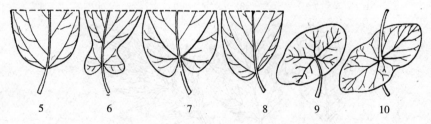

附图7　叶　基

1.下延　2.渐狭　3.楔形　4.截形　5.圆形　6.耳形　7.心形
8.偏斜　9.盾状　10.合生穿茎

下延　叶基自着生处起贴生于枝上，如杉木、柳杉等。

渐狭　叶基两侧向内渐缩形成翅状叶柄的叶基。

楔形　叶下部两侧渐狭呈楔子形，如八角等。

截形　叶基部几乎截形，如元宝枫等。

圆形　叶基部渐圆，如山杨、圆叶乌桕等。

耳形　基部两侧各有1耳形裂片，如辽东栎等。

心形　叶基部心脏形，如紫荆、山桐子等。

偏斜　基部两侧不对称，如椴树、小叶朴。

鞘状　基部伸展形成鞘状，如沙拐枣。

盾状　叶柄着生于叶背部的一点，如柠檬桉幼苗、蝙蝠葛等。

合生穿茎　两个对生无柄叶的基部合生成一体，如盘叶忍冬、金松。
7. 叶缘（附图 8）

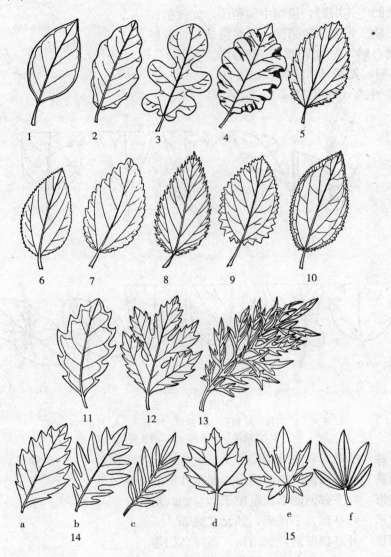

附图 8　叶　缘

1. 全缘　2. 波状　3. 深波状　4. 皱波状　5. 锯齿　6. 细锯齿　7. 钝齿　8. 重锯齿
9. 齿牙　10. 小齿牙　11. 浅裂　12. 深裂　13. 全裂　14. 羽状分裂（a. 羽状浅裂
b. 羽状深裂　c. 羽状全裂）　15. 掌状分裂（d. 掌状浅裂　e. 掌状深裂　f. 掌状全裂）

全缘　叶缘不具任何锯齿和缺裂，如丁香、紫荆等。

波状　边缘波浪状起伏，如樟树、毛白杨等。

浅波状　边缘波状较浅，如白栎。

深波状　边缘波状较深，如蒙古栎。

皱波状　边缘波状皱曲，如北京杨壮枝的叶。

锯齿　边缘有尖锐的锯齿，齿端向前，如白榆、油茶等。

细锯齿　边缘锯齿细密，如垂柳等。

钝齿　边缘锯齿先端钝，如加杨等。

重锯齿　锯齿之间又具小锯齿，如樱花。

齿牙　边缘有尖锐的齿牙，齿端向外，齿的两边近相等，又叫牙齿状，如苎麻。

小齿牙　边缘具较小的齿牙，又叫小牙齿状，如荬菜。

缺刻的　边缘具不整齐较深的裂片。

条裂的　边缘分裂为狭条。

浅裂的　边缘浅裂至中脉的1/3左右，如辽东栎等。

深裂的　叶片深裂至离中脉或叶基部不远处，如鸡爪槭等。

全裂的　叶片分裂深至中脉或叶柄顶端，裂片彼此完全分开，如银桦。

羽状分裂　裂片排列呈羽状，并具羽状脉。因分裂深浅程度不同，又可分为羽状浅裂、羽状深裂、羽状全裂等。

掌状分裂　裂片排列呈掌状，并具掌状脉。因分裂深浅程度不同，又可分为掌状浅裂、掌状全裂、掌状3浅裂、掌状5浅裂、掌状5深裂等。

8. 复叶的种类（附图9）

单身复叶　外形似单叶，但小叶片与叶柄间具关节，又叫单小叶复叶，如柑橘。

2出复叶　总叶柄上仅具2个小叶，又叫2小叶复叶，如歪头菜等。

3出复叶　总叶柄上具3个小叶，如迎春等。

羽状3出复叶　顶生小叶着生在总叶轴的顶端，其小叶柄较2个侧生小叶的小叶柄长，如胡枝子等。

掌状3出复叶　3个小叶都着生在总叶柄顶端的一点上，小叶柄近等长，如橡胶树等。

羽状复叶　复叶的小叶排列呈羽状，生于总叶轴的两侧。

奇数羽状复叶　羽状复叶的顶端有1个小叶，小叶的总数为单数，如槐树等。

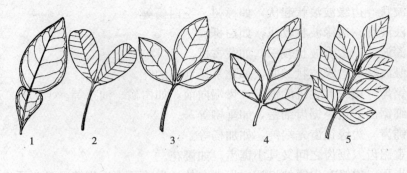

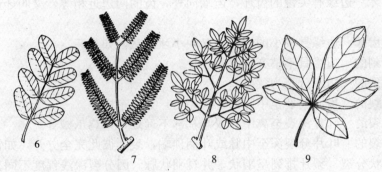

附图 9　复叶的种类

1. 单身复叶　2. 2 出复叶　3. 3 出复叶　4. 羽状 3 出复叶　5. 奇数羽状复叶　6. 偶数羽状复叶　7. 2 回羽状复叶　8. 3 回羽状复叶　9. 掌状 3 出复叶

　　偶数羽状复叶　羽状复叶的顶端有 2 个小叶，小叶的总数为双数，如皂荚等。

　　2 回羽状复叶　总叶柄的两侧有羽状排列的一回羽状复叶，总叶柄的末次分枝连同其上小叶叫羽片，羽片的轴叫羽片轴或小羽轴，如合欢等。

　　3 回羽状复叶　总叶柄两侧有羽状排列的 2 回羽状复叶，如南天竹、苦楝等。

　　掌状复叶　几个小叶着生在总叶柄顶端，如荆条、七叶树等。

　　9. 叶的变态（附图 10）

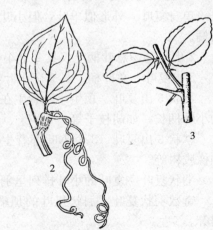

附图 10　叶的变态

1. 叶状柄　2. 卷须　3. 托叶刺

除冬芽的芽鳞、花的各部分、苞片及竹箨外，尚有下列几种。

托叶刺　由托叶变成的刺，如刺槐、枣树等。

卷须　由叶片（或托叶）变为纤弱细长的卷须，如爬山虎、五叶地锦、菝葜的卷须。

叶状柄　小叶退化，叶柄呈扁平的叶状体，如相思树等。

叶鞘　由数枚芽鳞组成，包围针叶基部，如松属树木。

托叶鞘　由托叶延伸而成，如木蓼等。

10.幼叶在芽内的卷叠式（附图 11）

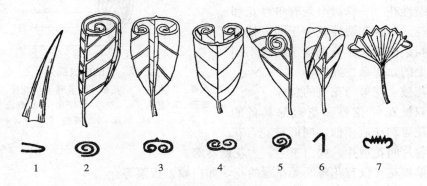

附图 11　幼叶在芽内的卷叠式
1. 对折　2. 席卷　3. 内卷　4. 外卷　5. 拳卷　6. 折扇状　7. 内折

对折　幼叶片的左右两半沿中脉向内折合，如桃、白玉兰等。

席卷　幼叶由一侧边缘向内包卷如卷席，如李等。

内卷　幼叶片自两侧的边缘向内卷曲，如毛白杨等。

外卷　幼叶片自两侧的边缘向外卷曲，如夹竹桃等。

拳卷　由叶片的先端向内卷曲，如苏铁等。

折扇状　幼叶折叠如折扇，如葡萄、棕榈等。

内折　幼叶对折后，又自上向下折合，如鹅掌楸等。

四、花

1.花的概说（附图 12）

完全花　由花萼、花冠、雄蕊和雌蕊四部分组成的花。花的各部着生处叫花托，承托花的柄叫花梗，又叫花柄。

不完全花　缺少花萼、花冠、雄蕊和雌蕊 1～3 部分的花。

两性花　兼有雄蕊和雌蕊的花。

单性花　仅有雄蕊或雌蕊的花。

雄花　只有雄蕊没有雌蕊或雌蕊退化的花。

雌花　只有雌蕊没有雄蕊或雄蕊退化的花。

雌雄同株　雄花和雌花生于同一植株上的现象。

雌雄异株　雄花和雌花不生于同一植株上的现象。

杂性花　一株树上兼有单性花和两性花。单性和两性花生于同一植株的，叫杂性同株；分别生于同种不同植株上的，叫杂性异株。

花被　花萼与花冠的总称。

双被花　花萼和花冠都具备的花。花萼和花冠相似，叫同被花，花被的各片叫花被片，如白玉兰、大花秋葵等。

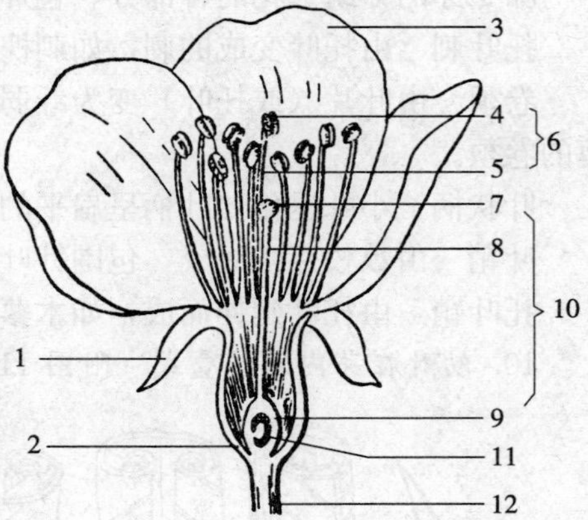

附图 12　花的组成部分

1. 花萼　2. 花托　3. 花瓣　4. 花药　5. 花丝
6. 雄蕊　7. 柱头　8. 花柱　9. 子房　10. 雌蕊
11. 胚珠　12. 花梗

单被花　仅有花萼而无花冠的花，如白榆、板栗等。

整齐花　通过花的任一直径，都可以截得两个对称半面的花，又名辐射对称花，如桃、李。

不整齐花　只有一个直径可以截得两个对称半面的花，又名左右对称花，如泡桐、刺槐。

2. 花萼　花最外或最下的一轮花被，通常绿色，亦有不为绿色的，分为离萼与合萼两种。

萼片　花萼片分离的各片。

萼筒　花萼的合生部分。

萼裂片　萼筒的上部分离的裂片。

副萼　花萼排列为 2 轮时最外的一轮。

3. 花冠

花的第二轮位于花萼的内面，通常大于花萼，质较薄，呈各种颜色。花冠各瓣彼此分离的叫离瓣花冠；花冠各瓣多少合生的叫合瓣花冠。

（1）花冠各部分的名称。

花冠筒　合瓣花冠下部连合的部分。

花冠裂片　合瓣花冠上部分离的部分。

瓣片　花瓣上部扩大部分。

瓣爪　花瓣基部细窄如爪状。

（2）花冠的形状（附图 13）。

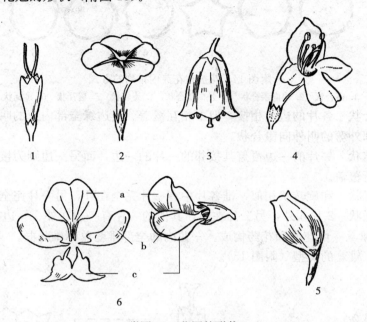

附图 13　花冠的形状

1. 筒状　2. 漏斗状　3. 钟状　4. 唇形　5. 舌状　6. 蝶形（a. 旗瓣
b. 翼瓣　c. 龙骨瓣）

筒状　又名管状，指花冠大部分合成一管状或圆筒状，如醉鱼草、紫丁香等。

漏斗状　花冠下部筒状，向上渐渐扩大呈漏斗状，如鸡蛋花、黄檀等。

钟状　花冠筒宽而稍短，上部扩大呈一钟形，如吊钟花等。

高脚碟状　花冠下部窄筒形，上部花冠裂片突向水平开展，如迎春花等。

坛状　花冠筒膨大为卵形或球形，上部收缩成短颈，花冠裂片微外曲，如柿树的花等。

唇形　花冠稍呈二唇形，上面 2 裂片多少合生为上唇，下面 3 裂片为下唇，如唇形科植物的花。

舌状　花冠基部呈一短筒，上面向一边张开呈扁平舌状，如菊科某些种中篮状花序的边缘。

蝶状　其上最大的一片花瓣叫旗瓣，侧面 2 片较小的叫翼瓣，最下两片，下缘稍合生的，状如龙骨，叫龙骨瓣，如刺槐、槐树的花等。

（3）花被在花芽内排列的方式（附图 14）。

附图 14　花被在花芽内排列的方式

1. 镊合状　2. 内向镊合状　3. 外向镊合状　4. 旋转状　5. 覆瓦状　6. 重瓦状

镊合状　各片的边缘相接，但不相互覆盖。其边缘全部内弯的叫内向镊合状；全部外弯的叫外向镊合状。

旋转状　一片的一边覆盖其接邻的一片的一边，而另一边则为接邻的另一片边缘所覆盖。

覆瓦状　和旋转状相似，惟各片中有一片完全在外，另一片完全在内。

重瓦状　2 片在外，另 2 片在内，其他的一片有一边在外、一边在内。

4. 雄蕊　由花丝和花药构成。一花内的全部雄蕊总称雄蕊群。

（1）雄蕊的类型（附图 15）。

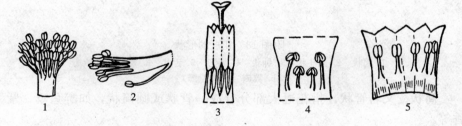

附图 15　雄蕊的类型

1. 单体雄蕊　2. 两体雄蕊　3. 聚药雄蕊　4. 二强雄蕊　5. 冠生雄蕊

离生雄蕊　雄蕊彼此分离的。

合生雄蕊　雄蕊多少合生的。

单体雄蕊　花丝合生为 1 束，如扶桑等。

两体雄蕊　花丝成 2 束，如刺槐、黄檀等。

多体雄蕊　花丝成多束，如金丝桃等。

聚药雄蕊　花药合生而花丝分离，如菊科、山梗菜等。

雄蕊筒　花丝完全合生呈球形或圆筒形，又叫花丝筒，如楝树、梧桐等。

二强雄蕊　雄蕊 4 枚，其中一对较另一对长，如荆条、柚木等。

冠生雄蕊　着生在花冠上。

退化雄蕊　雄蕊没有花药或有花药形成，但不含花粉者。

　　(2) 花药。花丝顶端膨大的囊状体。花药有间隔部分，叫药隔，它是由花丝顶端伸出形成的。往往把花药分成若干室，这些室叫药室。

　　①花药开裂方式：

　　纵裂　　药室纵向开裂，这是最常见的，如白玉兰等。

　　孔裂　　药室顶部或近顶部有小孔，花粉由该区散出，如杜鹃花科、野牡丹科等。

　　瓣裂　　药室有活盖，当雄蕊成熟时，盖就掀开，花粉散出，如樟科、小檗科等。

　　横裂　　药室横向开裂，如铁杉、金钱松、大红花等。

　　②花药着生状态：

　　基着药　　花药基部着生于花丝顶。

　　背着药　　花药背部着生于花丝顶。

　　全着药　　花药一侧全部着生于花丝上。

　　广歧药　　药室张开，且完全分离，几成一直线着生于花丝顶端。

　　丁字药　　花药背部的中央着生于花丝的顶端呈丁字形。

　　个字药　　药室基部张开而上部着生于花丝顶端。

　　5. 雌蕊　　位于花的中央，由心皮（变形的大孢子）连接而成，发育成果实。

　　(1) 雌蕊的组成部分。

　　子房　　雌蕊的主要部分，通常膨大，1至多室，每室有1至多数胚珠。

　　花柱　　位于柱头与子房之间，通常长柱形，有时极短或无。

　　柱头　　位于花柱顶端，是接受花粉的部分，形状各异。

　　(2) 雌蕊的类型。

　　单雌蕊　　由1心皮构成1室的雌蕊，如刺槐、紫穗槐等。

　　复雌蕊　　由2个以上心皮构成的雌蕊，又叫合生心皮雌蕊，如楝树、油茶、泡桐等。

　　离生心皮雌蕊　　由若干个彼此分离的心皮组成的雌蕊，如白兰花、八角等。

　　(3) 胎座、胚珠着生的地方。

　　中轴胎座　　在合生心皮的多室子房，各心皮的边缘在中央连合形成中轴，胚珠着生在中轴上，如苹果、柑橘等。

　　特立中央胎座　　在一室的复子房内，中轴由子房腔的基部升起，但不达顶部，胚芽着生在轴上，如石竹科植物。

　　侧膜胎座　　在合生心皮一室的子房内，胚珠生于每一心皮的边缘，胎座稍厚或隆起，有时扩展成一假隔膜，如番木瓜等。

边缘胎座　在单心皮一室的子房内，胚珠生于心皮的边缘，如含羞草亚科和蝶形花亚科植物。

顶生胎座　胚珠生于子房室的顶部，如瑞香科植物。

基生胎座　胚珠生于子房室的基部，如菊科植物。

（4）胚珠。发育成种子的部分，通常由珠心和 1～2 层珠被组成。在种子植物中，胚珠着生于子房内的植物叫被子植物，如梅、李、桃等；胚珠裸露而不包于子房内的植物叫裸子植物，如松、杉、柏等。

①胚珠的组成部分：

珠心　胚珠中心部分，内有胚囊。

珠被　包被珠心的薄膜，通常为 2 层，称外珠被和内珠被，杨柳科植物只有 1 层珠被，檀香科植物无珠被。

珠柄　连接胚珠和胎座的部分。

合点　珠被和珠心的结合点。

珠孔　珠心通往外部的孔道。

②胚珠的类型：

直生胚珠　中轴甚短，合点在下，珠孔向上方。

弯生胚珠　胚珠横卧，珠孔弯向下方。

倒生胚珠　中轴颇长，合点在上，珠孔在下。

半倒生胚珠　胚珠横卧，珠孔向侧方，又叫横生胚珠。

6. 花托　花梗顶端膨大的部分，花的各部着生处。

（1）按子房着生在花托上的位置划分（附图 16）。

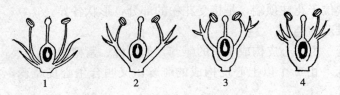

附图 16　雌　蕊

1. 子房上位下位花　2. 子房上位周位花　3. 子房半下位周位花
4. 子房下位上位花

子房上位　花托呈圆锥状，子房生于花托上面，雄蕊群、花冠、花萼依次生于子房的下方，又叫下位花，如金丝桃、八角等。有些花托凹陷，子房生于中央，雄蕊群、花冠、花萼生于花托上端内侧周围，虽属子房上位，但应叫周位花，如桃、李等。

子房半下位　子房下半部与花托愈合，上半部与花托分离，又叫周位花，如绣球花、秤锤树等。

子房下位　花托凹陷，子房与花托完全愈合，雄蕊群、花冠、花萼生于花托顶部，又叫上位花，如番石榴、苹果等。

(2) 花托上的其他部分。

花盘　花托的扩大部分，形状不一，生于子房基部、上部或介于雄蕊和花瓣之间。全缘至分裂，或呈疏离的腺体。

蜜腺　雄蕊或雌蕊基部的小突起物，常分泌蜜液。

雌雄蕊柄　雌、雄蕊基部延长成柄状，如西番莲科植物和白花菜。

子房柄　雌蕊的基部延长成柄状，如白花菜科的醉蝶花和有些蝶形花亚科的植物。

7. 花序　花在枝条上的排列方式。花有单生的，也有排成花序的，整个花枝的轴叫花轴，也叫总花轴，而支持这群花的柄叫总花柄，又叫总花梗。

(1) 花序的类型（附图 17）。按花开放顺序的先后可分为以下几种：

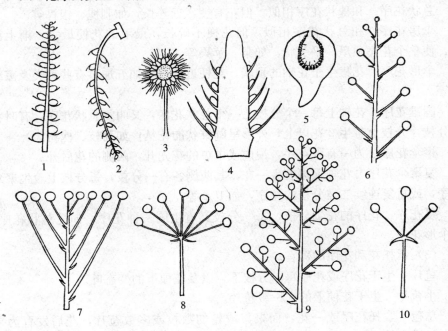

附图 17　花序的类型

1. 穗状花序　2. 柔荑花序　3. 头状花序　4. 肉穗花序　5. 隐头花序　6. 总状花序
7. 伞房花序　8. 伞形花序　9. 圆锥花序　10. 聚伞花序

无限花序　花序下部的花先开，依次向上开放，或由花序外围向中心依次开放。

有限花序　花序最顶点或最中心的花先开，外侧或下部的花后开。

混合花序　有限花序和无限花序混生的花序，即主轴可无限延长，生长无限花序，而侧枝为有限花序。如泡桐、滇楸的花序由聚伞花序排成圆锥花序状，云南山楂的花序由聚伞花序排成伞房花序状。

（2）常见的花序。

穗状花序　花多数，无梗，排列于不分枝的主轴上，如水青树等。

柔荑花序　由单性花组成的穗状花序，通常花轴细软下垂，开花后（雄花序）或果熟后（果序）整个脱落，如杨柳科。

头状花序　花轴短缩，顶端膨大，上面着生许多无梗花，全形呈圆球形，如悬铃木、枫香等。

肉穗花序　为一种穗状花序，总轴肉质肥厚，分枝或不分枝，且为一佛焰苞所包被，如棕榈科。

隐头花序　花聚生于凹陷、中空、肉质的总花托内，如无花果、榕树等。

总状花序　和穗状花序相似，但花有梗，近等长，如刺槐、银桦等。

伞房花序　和总状花序相似，但花梗不等长，最下的花梗最大，渐上渐短，使整个花序顶呈一平头状，如梨、苹果等。

伞形花序　花集生于花轴的顶端，花梗近等长，如五加科有些种类及窿缘桉等。

圆锥花序　花轴上每一个分枝是一个总状花序，又叫复总状花序，有时花轴分枝，分枝上着生2花以上，外形呈圆锥状的花丛，如荔枝、槐树。

聚伞花序　为一有限花序，最内或中央的花先开，两侧的花后开。

复聚伞花序　花轴顶端着生一花，其两侧各有一分枝，每分枝上着生聚伞花序，或重复连续二歧分枝的花序，如卫矛等。

复花序　花序的花轴分枝，每一分枝又着生同一种花序，如复总状花序、复伞形花序。

（3）承托花和花序的器官。

苞片　生于花序或花序每一分枝下，以及花梗下的变态叶。

小苞片　生于花梗上的次一级苞片。

总苞　紧托花序或一花，而聚集成轮的数枚或多数苞片，花后发育为果苞，如桦木等。

佛焰苞　肉穗花序中包围一花束的一枚大苞片。

五、果　实

果实是植物开花受精后的子房发育形成的。包围果实的壁叫果皮，一般可分为3层，最外一层叫外果皮，中间一层叫中果皮，最内一层叫内果皮。

1. 果实的主要类型

聚合果　由一花内的各离生心皮形成的小果聚合而成。由于小果类型不同，可分为聚合蓇葖果，如八角属及木兰属；聚合核果，如悬钩子；聚合浆果，如五味子；聚合瘦果，如铁线莲等。

聚花果　由一整个花序形成的合生果，如桑葚、无花果、菠萝蜜等。

单果　由一花中的一个子房或一个心皮形成的单个果实。

2. 单果类型（附图18）

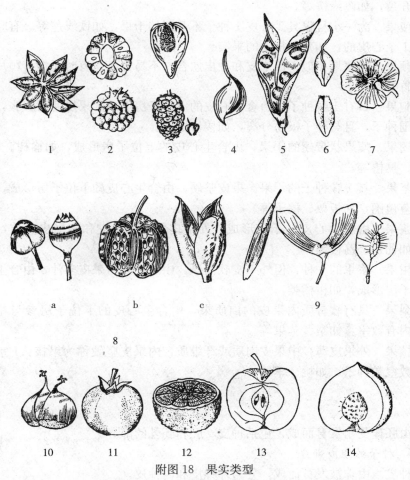

附图18　果实类型

1. 聚合蓇葖果　2. 聚合核果　3. 聚花果　4. 蓇葖果　5. 荚果　6. 颖果　7. 胞果
8. 蒴果（a. 瓣裂　b. 室背开裂　c. 室间开裂）　9. 翅果　10. 坚果　11. 浆果
12. 柑果　13. 梨果　14. 核果

　　蓇葖果　为开裂的干果，成熟时心皮沿背缝线或腹缝线开裂，如银桦、白玉兰等。

　　荚果　由单心皮上位子房形成的干果，成熟时通常沿背、腹两缝线开裂或不裂，如蝶形花亚科、含羞草亚科。

　　蒴果　由2个以上合生心皮的子房形成。开裂方式有：室背开裂，即沿心皮的背缝线开裂，如橡胶树等；室间开裂，即沿室之间的隔膜开裂，如杜鹃等；室轴开裂，即室背或室间开裂的裂瓣与隔膜同时分离，但心皮间的隔膜保持联合，如乌桕等；孔裂，即果实成熟时种子由小孔散出；瓣裂，即以瓣片的方式开裂，如窿缘桉等。

　　瘦果　为一小且仅具1心皮1种子不开裂的干果，如铁线莲等。有时亦有多于1个心皮的，如菊科植物的果实。

　　颖果　与瘦果相似，但果皮和种皮愈合，不易分离，有时还包有颖片，如多数竹类。

　　胞果　具有1颗种子，由合生心皮的上位子房形成，果皮薄而膨胀，疏松地包围种子，且与种子极易分离，如梭梭树等。

　　翅果　瘦果状带翅的干果，由合生心皮的上位子房形成，如榆树、槭树、杜仲、臭椿等。

　　坚果　具1颗种子的干果，果皮坚硬，由合生心皮的下位子房形成，并常有总苞包围，如板栗、榛子等。

　　浆果　由合生心皮的子房形成，外果皮薄，中果皮和内果皮肉质，含浆汁，如葡萄、荔枝等。

　　柑果　浆果的一种，但外果皮软而厚，中果皮和内果皮多汁，由合生心皮上位子房形成，如柑橘类。

　　梨果　具有软骨质内果皮的肉质果，由合生心皮的下位子房参与花托形成，内有数室，如梨、苹果等。

　　核果　外果皮薄，中果皮肉质或纤维质，内果皮坚硬称为果核，1室1种子或数室数种子，如桃、李等。

六、种　子

由胚珠受精发育而成，包括种皮、胚和胚乳的部分。

1. 种子的组成部分

种皮　由珠被发育而成，分为外种皮和内种皮。

外种皮　种子的外皮，由外珠被形成。

内种皮　常不存在，位于外种皮之内，主要由内珠被形成。

假种皮　由珠被以外的珠柄或胎座等部分发育而成，部分或全部包围种子。

种脐　种子成熟脱落，在种子上留下原来着生处的痕迹。

种阜　位于种脐附近的小凸起，由珠柄、珠脊或珠孔等处生出。

2. 胚　包藏于种子内处于休眠状态的幼植物，包括胚根、胚轴、胚芽、子叶等部分。一般每种子只有1个胚，柑橘类则具2个以上的胚，称为多胚性。

胚根　位于胚的末端，为未发育的根。

胚轴　连接胚芽、子叶与胚根的部分。

胚芽　未发育的幼枝，位于胚的先端子叶内。

子叶　幼胚的叶，位于胚的上端。

七、根

1. 根系（附图 19）　由幼胚和胚根发育成根，根系是植物的主根和侧根的总称。

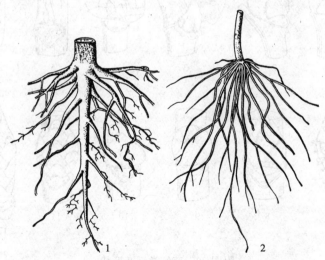

附图 19　根　系
1. 直根系　2. 须根系

直根系　主根粗长，垂直向下，如麻栎、马尾松等。

须根系　主根不发达或早期死亡，而由茎的基部发生许多较细的不定根，如棕榈、蒲葵等。

2. 根的变态

板根　热带树木在干基和根颈之间形成板壁状凸起的根，如榕树、人面子、野生荔枝等。

呼吸根 伸出地面或浮在水面用以呼吸的根，如水松、落羽杉的屈膝状呼吸根。

附生根 攀附他物的不定根，如络石、凌霄等。

气根 生于地面上的根，如榕树从大枝上发生多数向下垂直的根。

寄生根 着生在寄主的组织内，以吸收水分和养料的根，如桑寄生、槲寄生等。

八、芽

尚未萌发的枝、叶和花的雏形。其外部包被的鳞片称为芽鳞，通常是叶的变态。

1. 芽的类型（附图20）

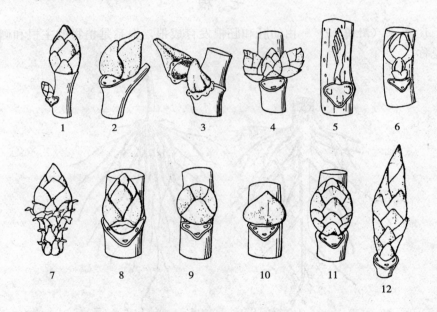

附图20 芽的类型及形状

1. 顶芽 2. 假顶芽 3. 柄下芽 4. 并生芽 5. 裸芽 6. 叠生芽 7. 圆锥形 8. 卵形
9. 圆球形 10. 扁三角形 11. 椭圆形 12. 纺锤形

顶芽 生于枝顶的芽。

腋芽 生于叶腋的芽，形体一般较顶芽小，又叫侧芽。

假顶芽 顶芽退化或枯死后，能代替顶芽生长发育的最靠近枝顶的腋芽，如柳、板栗等。

柄下芽 隐藏于叶柄基部内的芽，又名隐芽，如悬铃木等。

单生芽　单个独生于一处的芽。

并生芽　数个并生在一起的芽，如桃、杏等。位于外侧的芽叫副芽，中间的叫主芽。

叠生芽　数个上下重叠在一起的芽，如枫杨、皂荚等。位于上部的芽叫副芽，最下的叫主芽。

花芽　将发育成花或花序的芽。

叶芽　将发育成枝、叶的芽。

混合芽　将同时发育成枝、叶、花混合的芽。

裸芽　没有芽鳞的芽，如枫杨、山核桃等。

鳞芽　有芽鳞的芽，如樟树、加杨等。

2. 芽的形状

圆球形　状如圆球，如白榆花芽等。

卵形　其状如卵，狭端在上，如青冈等。

椭圆形　其纵截面为椭圆形，如青檀等。

圆锥形　渐上渐狭，横截面为圆形，如云杉、青杨等。

纺锤形　渐上渐窄，状如纺锤，如水青冈等。

扁三角形　其纵截面为三角形，横切面为扁圆形，如柿树等。

九、枝　条

1. 枝条（附图 21，附图 22）　着生叶、花、果等器官的轴。

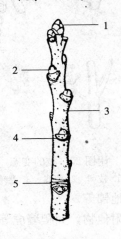

附图 21　枝　条
1. 顶芽　2. 腋芽　3. 皮孔
4. 叶痕　5. 芽鳞痕

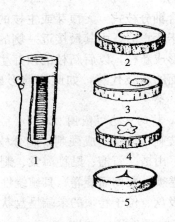

附图 22　髓的形状
1. 片状髓　2. 圆形　3. 偏斜形
4. 五角形　5. 三角形

节　枝上着生叶的部位。

节间　两节之间的部分。节间较长的枝条叫长枝；节间极短的叫短枝，又称叶距，一般生长极为缓慢。

叶痕　叶脱落后，叶柄基部在小枝上留下的痕迹。

维管束痕　叶脱落后，维管束在叶痕中留下的痕迹，又叫叶迹。其形状不一，散生或聚生。

托叶痕　托叶脱落后留下的痕迹。常呈条状、三角状或围绕着枝条呈环状。

芽鳞痕　芽开放后，顶芽芽鳞脱落留下的痕迹，其数目与芽鳞数相同。

皮孔　枝条上的表皮破裂所形成的小裂口。根据树种的不同，其形状、大小、颜色、疏密等各有不同。

髓　枝条的中心部分。髓按形状可分为：

①空心髓：小枝全部中空或仅节间中空而节内有髓片隔，如竹、连翘等。

②片状髓：小枝具片状分隔的髓心，如核桃、杜仲、枫杨等。

③实心髓：髓体充满小髓部，其横断面形状有圆形如榆树等、三角形如鼠李属树种等、方形如荆条等、五角形如麻栎等、偏斜形如椴树等。

2. 分枝的类型

总状分枝式　主枝的顶芽生长占绝对优势，并长期持续，又叫单轴分枝式，如银杏、杉木、箭杆杨。

合轴分枝式　无顶芽或主枝的顶芽生长减缓或趋于死亡后，由其最接近一侧的腋芽相继生长发育形成新枝，以后新枝的顶芽生长停止，又为它下面的新枝代替，如此相继形成"主枝"，如榆树、桑。

3. 枝的变态（附图 23）

枝刺　枝条变成硬刺，刺分枝或不分枝，如皂荚、山楂、石榴、贴梗海棠、刺榆等。

卷须　柔韧而旋卷，具缠绕性能，如葡萄、五叶地锦等。

吸盘　位于卷须的末端呈盘状，能分泌黏质以黏附他物，如爬墙虎等。

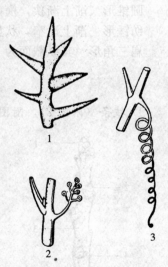

附图 23　枝的变态
1. 枝刺　2. 吸盘　3. 卷须

十、附 属 物

1. 毛　表皮细胞产生的毛状体，可分为几类。

短柔毛　较短而柔软的毛，如柿树叶下面的毛。

微柔毛　细小的短柔毛，如小叶白蜡小枝的毛。

绒毛　羊毛状卷曲，多次交织而贴伏呈毡状的毛，又叫毡毛，如毛白杨叶下面的毛。

茸毛　长而直立，密生如丝绒状的毛，如茸毛白蜡。

疏柔毛　长而柔软，直立而较疏的毛，如毛薄皮木的叶下面。

长柔毛　长而柔软，常弯曲，但不平伏之毛，如毛叶石楠的幼叶。

绢毛　长、直、柔软贴伏、有丝绸光泽的毛，又叫丝状毛，如杭子梢枝叶、绢毛蔷薇叶下面的毛。

刚伏毛　硬、短而贴伏或稍稍翘起、触之有粗糙感觉的毛，如蜡梅的表面毛。

硬毛　短粗而硬，直立，但触之无粗糙感，如映山红叶下面的毛。

短硬毛　较硬而细短的毛，如大果榆叶面的毛。

刚毛　长而直立，先端尖，触之粗硬的毛，又叫刺毛，如刺毛忍冬枝叶上的毛。

睫毛　毛成行生于边缘，又叫缘毛，如黄檗叶缘的毛。

星状毛　毛的分枝向四方辐射似星芒，如糠椴叶下面的毛。

丁字毛　毛两分枝呈一直线，外观似一根毛，其着生点在中央，呈丁字状，如灯台树、木兰的叶。

枝状毛　毛的分枝如树枝状，如毛泡桐叶的毛。

腺毛　毛顶端具腺点或与毛状腺体混生的毛。

2. 腺鳞　毛呈圆片状，通常腺质，如胡颓子、茅栗叶下面的被覆物。

3. 垢鳞　鳞片呈垢状，容易擦落，又叫皮屑状鳞片，如照山白的枝叶和叶下面的被覆物。

4. 腺体　痣状或盾状小体，多少带海绵质或肉质，间或分泌少量的油脂物质，通常干燥，为数不多，具有一定的位置，如合欢、油桐的叶柄、樟科第三轮雄蕊的基部所着生的。

5. 腺窝　生于脉腋内的腺体，亦有叫腺体的，如樟科有些种类的叶子下面脉腋的窝。

6. 腺点　外生的小凸点，数目通常极多，呈各种颜色，为表皮细胞分泌的油状或胶状物，如紫穗槐、杨梅的叶下面的斑点。

7. 油点　叶表皮下的若干细胞，由于分泌物大量累积，溶化了细胞壁，形成油腔，在太阳光下，通常呈现出圆形的透明点，如桃金娘科和芸香科大多数种类的叶子。

8. **乳头状突起**　小而圆的乳头状突起，如红豆杉、鹅掌楸的叶下面所见的。

9. **疣状突起**　圆形的、小疣状的突起，如疣枝桦的小枝、蒙古栎壳斗苞片上的小突起。

10. **皮刺**　表皮形成的刺状突起，位置不固定，如花椒、玫瑰的枝叶上着生的刺。

11. **木栓翅**　木栓质突起呈翅状，如卫矛、大果榆的小枝。

12. **白粉**　白色粉状物，如蓝桉的枝叶、苹果的果皮上的一层被覆物。

十一、质　地

透明的　薄而几乎透明的，如竹类花的鳞被。

半透明的　如钻天杨、小叶杨叶的边缘。

干膜质的　薄而干燥，呈枯萎状，如麻黄的鞘状退化叶。

膜质的　薄而软，但不透明，如桑树、构树的叶。

革质的　坚韧如皮革，如栲类、黄杨的叶。

软骨质的　坚韧，常较薄，如梨果的内果皮。

骨质的　似骨骼的质地，如山楂、桃、杏果实的内果皮。

草质的　质软，如草本植物的茎、干。

肉质的　质厚而稍有浆汁，如芦荟的叶。

木栓质的　松软而稍有弹性，如栓皮栎的树皮、卫矛枝上的木栓翅。

纤维质的　含有多量的纤维，如椰子的中果皮、棕榈的叶鞘。

角质的　如牛角的质地。

十二、裸子植物常用形态术语 (附图 24)

裸子植物亦属木本植物，由于分类上所应用的术语不能概括前面所述各个部分。因此将裸子植物常用形态术语单列一项，说明如下：

1. **球花**

雄球花　由多数雄蕊着生于中轴上所形成的球花，相当于小孢子叶球。雄蕊相当于小孢子叶。花药（即花粉囊）相当于小孢子囊。

雌球花　由多数着生胚珠的鳞片组成的花序，相当于大孢子叶球。

珠鳞　松、杉、柏等科树木的雌球花上着生胚珠的鳞片，相当于大孢子叶。

珠座　银杏的雌球花顶部着生胚珠的变形种鳞。

珠托　红豆杉科树木的雌球花顶部着生胚珠的鳞片，通常呈盘状或漏

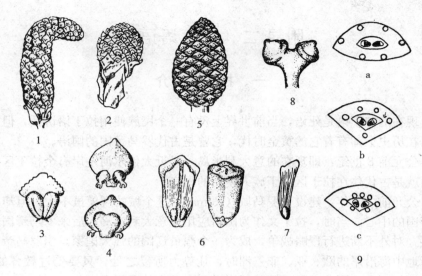

附图 24　裸子植物常用形态术语

1. 雄球花　2. 雌球花　3. 雄球花 1 个雄蕊　4. 雌球花珠鳞的背腹面　5. 马尾松球果
6. 马尾松种鳞　7. 马尾松种子　8. 银杏雌球花　9. 树脂道 (a. 边生　b. 中生　c. 内生)

斗状。

　　套被　罗汉松属树木的雌球花顶部着生胚珠的鳞片，通常呈囊状或杯状。

　　苞鳞　承托雌球花上珠鳞或球果上种鳞的苞片。

　　2. 球果　松、杉、柏科树木的成熟雌球花，由多数着生种子的鳞片（即种鳞）组成。

　　种鳞　球果上着生种子的鳞片，又叫果鳞。

　　鳞盾　松属树种的种鳞上部露出部分，通常肥厚。

　　鳞脐　鳞盾顶端或中央凸起或凹陷部分。

　　3. 叶　松属树种的叶有两种：原生叶螺旋状着生，幼苗期扁平条形，后呈膜质苞片状鳞片，基部下延或不下延；次生叶针形，2 针、3 针或 5 针一束，生于原生叶腋部不发育短枝的顶端。

　　气孔线　叶上面或下面的气孔纵向连续或间断排列成的线。

　　气孔带　由多条气孔线紧密并生所连成的带。

　　中脉带　条形叶下面两气孔带之间的凸起或微凸起的中脉部分。

　　边带　气孔带与叶缘之间的绿色部分。

　　树脂道　叶内含有树脂的管道，又叫树脂管。靠皮下层细胞着生的为边生，位于叶肉薄壁组织中的为中生，靠维管束鞘着生的为内生，也有位于接连皮下层细胞及内皮层之间形成分隔的。

附录二　拉丁语语音

一、拉丁语简介

现在的拉丁语是死语，当前世界上没有一个民族使用拉丁语讲话，但是拉丁语在历史上却有着它的黄金时代，它曾是古代罗马帝国的国语。

公元前 8 世纪：即现在的意大利半岛，靠近太伯尔河左岸有个拉丁区，拉丁语就是古代住在拉丁区拉丁族人使用的语言。

公元前 735 年：建设了罗马城（Roma），这个城的规模虽不大，但却是罗马帝国的中心。当时，拉丁文作为国语应用全意大利半岛，后来罗马帝国逐渐强盛，对外不断进行侵略战争，成为一个幅员辽阔的强大国家。当罗马帝国称霸于地中海沿岸的欧、亚、非三洲时，凡势力所侵之处，只要受过教育的人，都使用拉丁文。因此，拉丁语成了当时西方国家的通用语言。

中世纪：罗马帝国灭亡后，西方各国才逐渐用本民族语言代替拉丁语，但它们都是以拉丁语为基础，拉丁口语和各种方言、土语的结合而形成的意大利语、法兰西语、西班牙语、罗马尼亚语等。此时，拉丁语在欧洲的影响仍然很大，如医学、植物学、动物学以及其他不少学科的著作还多用拉丁语撰写。

近代：除了科学领域中使用拉丁语外，在任何国家和民族都不使用了。

拉丁语的特点：文字结构严密，词汇丰富，词义固定不变。

二、拉丁语字母表

古代拉丁语只有 21 个字母，以后又加进了 J、U、W、Y、Z，因此，现代拉丁语和英语一样，都是 26 个字母，书写形式也完全相同，但发音却有许多差异。拉丁语字母和发音见表。

1. 由于国际音标和拉丁文字母写法有的相同，为了避免混淆，故将音标放在方括号［　］中。

2. C 在元音 a、o、u，双元音 au，一切辅音之前及一词之末发［k］音，如：山茶属 Camellia，柏木属 Cupressus，柳杉属 Cryptomeria；C 在元音 e、i、y 及双元音 ae、oe、eu 前发［ts］音，如：雪松属 Cedrus，樟属 Cinnamomum，紫荆属 Cercis。

3. Q 永远与 u 连用发［kv］音，如：栎属 Quercus。

4. S一般发 [s] 音，如在两元音之间或元音与鼻音之间发 [z] 音，如：柳属 Salix，蔷薇属 Rosa，紫荆 Cercis chinensis。

拉丁字母及发音表

字母	名称	发音	字母	名称	发音
A a	[a]	[a]	N n	[en]	[n]
B b	[be]	[b]	O o	[o]	[o]
C c	[tse]	[k] [ts]	P p	[pe]	[p]
D d	[de]	[d]	Q q	[ku]	[k]
E e	[e]	[e]	R r	[er]	[r]
F f	[ef]	[f]	S s	[es]	[s]
G g	[ge]	[g] [d]	T t	[te]	[t]
H h	[ha]	[h]	U u	[u]	[u]
I i	[i]	[i]	V v	[ve]	[v]
J j	[jota]	[i]	W w	[ve]	[v]
K k	[ka]	[k]	X x	[iks]	[iks]
L l	[el]	[l]	Y y	[ipsilon]	[i]
M m	[em]	[m]	Z z	[zeta]	[z]

三、语言分类及发音

拉丁语的语音分元音和辅音两类。

1. **元音**　即发音时气流自由地通过口腔，不受任何阻碍发出的音。分单元音和双元音。

（1）单元音 6 个。[a]、[e]、[i]、[o]、[u]、[y]。

（2）双元音 4 个。两个元音字母结合在一起读成一个音或发连音并且作为一个音节。ae [e] aceae，Elaeagnus 胡颓子属，oe [e] Phoebe 桢楠属，au [au] Paulownia 泡桐属，eu [eu] Eucalyptus 桉树属。

2. **辅音**　分单辅音和双辅音。

（1）单辅音 20 个。发音时声带不振动的为清辅音，发音时声带振动的为浊辅音。清辅音 9 个：p、t、k、f、s、c、h、q、x；浊辅音 11 个：b、d、g、v、z、l、m、n、r、j、w。

（2）双辅音 4 个。两个辅音结合在一起发一个音，ch、th、rh、ph。ch

[k] Chamaecyparis 花柏属，th［t］Theaceae 茶科，rh［r］Rhamnus 鼠李属，ph［f］Aphanathe 糙叶树属。

四、音节及拼音

1. 音节　音节是单词读音的单位，元音是构成音节的主体，所以一个单词中有几个元音，就有几个音节，一个单词可以是单音节词，也可以是双音节或多音节词。

（1）单音节词。Rhus，Flos。

（2）双音节词。Rosa，Juglans，Pinus，Phoebe，Salix。

（3）多音节词。Betula，Populus，Magnolia，Podocarpus，Cunninghamia。

2. 划分音节的规则

（1）两个元音（或双元音）之间只有一个辅音时，该辅音与后面一个元音划在一起成为一个音节。如：Ma‐lus 苹果属，Sa‐bi‐na 圆柏属，Ro‐bi‐ni‐a 刺槐属。

（2）两个元音（或双元音）之间如果有两个辅音时，这两个辅音分别归前后两个音节。如：Cer‐cis 紫荆属，Cas‐ta‐nop‐sis 栲属。

（3）两个元音之间如果有 3 个以上的辅音，最后一个辅音和其后的一个元音划在一起，其余的辅音跟前面的一个元音划在一起。如 Gink‐go 银杏属，Camp‐to‐the‐ca 喜树属。

（4）下面字母组合在划分音节时永远在一起。

①双辅音：ch、ph、rh、th。如：Ma‐chi‐lus 润楠属，Phel‐lo‐den‐dron 黄檗属，Zan‐tho‐xy‐lum 花椒属，Pho‐ti‐ni‐a 石楠属，A‐mor‐pha 紫穗槐属。

②gu、qu、gn。如：A‐qui‐fo‐li‐a‐ce‐ae 冬青科，E‐lae‐a‐gnus 胡颓子属。

③一个辅音后面连着 l 或 r 时，则这个辅音和 l 或 r 应划在一个音节内。如 Ju‐glans 胡桃属，Li‐ri‐o‐den‐dron 鹅掌楸属。

3. 拼音　一个辅音字母和一个元音字母合并在一起发音，称顺拼音，反之则称倒拼音。除双元音和双辅音外，一个元音不能和另一个元音字母拼音，辅音也是如此。顺拼音时能拼成一个音，倒拼音时虽是一个音节，但并不只拼成一个音。如：Ru‐ta‐ce‐ae 芸香科，Ul‐mus 榆属。

4. 重音　在一个多音节的单词内，把某一个音节的元音字母读得重一些称重音。通常以"′"符号加在重音的元音字母上表示。确定重音音节的规则如下：

（1）只有一个音节的单词没有重音，如 Rhus 漆树属。

（2）两个音节的单词，重音总是在第一个音节上。如 Ma′- lus 苹果属，Pi′- nus 松属。

（3）两个以上的音节的单词，重音只出现在字尾起第二个音节或第三个音节上，永远不会出现在第一和第四个音节上。Ma - gno′- lia 木兰属，Car - tae′- gus 山楂属。

附录三　实验实训考核项目与标准

序号	考核项目	考核方法	评分等级与标准
1	园林树木形态描述	采集园林树木标本带花或果现场考核	优：正确描述 20 个以上形态术语 良：正确描述 16~19 个形态术语 及格：正确描述 12~15 个形态术语 不及格：正确描述不到 12 个形态术语
2	常见园林树种识别	在所学过的园林树种中任抽 20 种鉴定其科名和种名，现场考核	优：正确识别 18~20 种 良：正确识别 15~17 种 及格：正确识别 12~14 种 不及格：正确识别 12 种以下
3	园林植物的应用	调查报告	根据调查报告的质量评定其成绩

主　要　参　考　文　献

[1] 陈有民．园林树木学．北京：中国林业出版社，1988
[2] 江苏植物志编委会．江苏植物志（上、下册）．南京：江苏科学技术出版社，1982
[3] 南京林业学校主编．园林树木学．北京：中国林业出版社，1992
[4] 邱国金等．园林植物．北京：中国农业出版社，2001
[5] 邱国金等．园林树木．北京：中国林业出版社，2004
[6] 卓丽环，陈龙清等．园林树木学．北京：中国农业出版社，2004
[7] 楼炉焕等．观赏树木学．北京：中国农业出版社，2000
[8] 孙居文等．园林树木学．上海：上海交通大学出版社，2003
[9] 郑万钧等．中国树木志（1～3）．北京：中国林业出版社，1983、1985、1997
[10] 能济华等．观赏树木学，北京：中国农业出版社，1998

图书在版编目（CIP）数据

园林树木/邱国金主编 . —北京：中国农业出版社，
2006.2（2008.1 重印）
21 世纪农业部高职高专规划教材
ISBN 978 - 7 - 109 - 10581 - 2

Ⅰ. 园⋯ Ⅱ. 邱⋯ Ⅲ. 园林树木—高等学校：技术学校—
教材 Ⅳ. S68

中国版本图书馆 CIP 数据核字（2005）第 159905 号

中国农业出版社出版
（北京市朝阳区农展馆北路 2 号）
（邮政编码 100125）
责任编辑 戴碧霞

北京市联华印刷厂印刷   新华书店北京发行所发行
2006 年 2 月第 1 版   2013 年 2 月北京第 5 次印刷

开本：787mm×960mm 1/16   印张：27.5
字数：495 千字
定价：45.00 元
（凡本版图书出现印刷、装订错误，请向出版社发行部调换）